大连理工大学科技伦理与科技管理研究中心资助成果

大连理工大学“**985** 工程”三期

“科学、人文与社会发展研究创新平台”资助成果

科学学科学引论

王续琨　著

人民出版社

责任编辑:陈寒节

文字编辑:孟令堃

装帧设计:朱晓东

图书在版编目(CIP)数据

科学学科学引论/王续琨 著.—北京:人民出版社,2017.9

(科技哲学与科技管理丛书)

ISBN 978-7-01-018087-8

Ⅰ.①科… Ⅱ.①王… Ⅲ.①科学学-研究 Ⅳ.①G301

中国版本图书馆 CIP 数据核字(2017)第 203800 号

科学学科学引论

KEXUE XUEKEXUE YINLUN

王续琨 著

人民出版社 出版发行

(100706 北京市东城区隆福寺街 99 号)

北京中兴印刷有限公司印刷 新华书店经销

2017 年 9 月第 1 版 2017 年 9 月北京第 1 次印刷

开本:710 毫米×1000 毫米 1/16 印张:31

字数:465 千字

ISBN 978-7-01-018087-8 定价:90.00 元

邮购地址:100706 北京市东城区隆福寺街 99 号

人民东方图书销售中心 电话:(010)65250042 65289539

《科技哲学与科技管理丛书》总序

科技、哲学、管理，这是呈献在读者面前的这套丛书的三个关键词。这三个不同的概念通过标识这套丛书的“科技哲学”和“科技管理”两个截然不同的知识领域而联接在一起。

纵观人类文明史，我们看到科技、哲学、管理三者各自相对独立，又彼此渗透交叉，构成绚烂的历史画卷与交响的知识乐章。

科技，是贯穿人类文明史特别是近现代文明史的强大动力。从哥白尼革命到20世纪中叶的四个多世纪，是科学和技术超过以往五千年人类文明史的大时代。人类不独通过一次接一次的自然科学革命，认识了我们的太阳系、宇宙的历史与起源，揭示了物质组成的原子、基本粒子的结构与起源，而且唤起一场又一场技术革命和产业革命，从地下的黑色煤炭、石油和原子核内部获取巨大的能量，让灿烂的光明照亮整个世界；人类社会仿佛从科学技术获得一种无穷的力量而走上翻天覆地的道路，欧洲摆脱黑暗的中世纪而大踏步前进，而曾登上封建时代科学技术顶峰的中国迅速衰落，新兴资产阶级借助科学技术造就强大的生产力，炸毁了封建骑士制度，把资本主义扩张到全球范围；正是在19世纪自然科学、技术与社会的伟大变革中，马克思主义横空出世，掀起一场社会科学的理论革命，揭示了人类社会的发展规律，把社会主义从空想变为科学，并且在20世纪上半叶社会主义又从理论变为现实，震撼全世界，而资本帝国主义却在两次世界大战中从强盛走向衰败。20世纪中叶分子生物学革命以来的半个世纪里，整个世界进入现代科学技术更加迅猛发展的新时代。人类的视野进一步向物质世界的宇观和微观两极拓展，解开了生命的奥秘和遗传的密码，一系列高技术变革改变了整个世界面貌，人类的指头可以随时指点江山瞬息尽收天下奇闻，人类的脚步开始走出地球踏上月宫，迈向探索和进入宇宙的漫漫征程。现代科学技术进步加快了经济全球化的进程和世界经济的发展，而日益显露的一系列全球问题：人口膨胀与两极分化，资源短缺与环境恶化，严重威胁着人类的生存与发展。同时，也是这半个世纪，世界历史又发生了戏剧性的逆转，帝国主义经营几个世纪的世界殖民主义体系土崩瓦解，而衰落的资本主义凭借日新月异的科学技术优势竟奇迹般地焕发出空前的活力；亚非拉新兴独立的发展中国家刚刚走上迅速发展的道路，却又很快地拉大了与发达国家的差距；世界社会主义阵营奇迹般地崛起，而传统社会主义模式竟然在不可思议的苏联解体、东欧巨变中宣告失败，唯有贫穷落后的中国奇迹般地迈向小康社会，走出一条中国特色社会主义的新路子。

哲学，是人类智慧的结晶，社会文明的象征和时代精神的精华。哲学作为孕育科学胚胎的母体，科学作为哲学思想的基础，二者有着不解的亲缘关系。从古希腊的哲人到古华夏的圣贤，他们颇富哲理魅力的经典，凝结了欧亚大陆东西两端古代文明和科学幼芽的精髓，也成为撒播到全世界的文明种子。自从近代科学从哲学母体中分离出来和从神学枷锁中解放出来，科学走上独立发展的道路，不仅成为社会进步的强大动力，而且变成反哺哲学的肥沃土壤。科学技术每一个划时代的突破，都引起哲学思想的深刻变革。而哲学对科学活动的抽象与反思，又为科学活动提供了探索的方法与指南。正如爱因斯坦所说，“哲学的推广必须以科学成果为基础。可是哲学一经建立并广泛地被人们接受以后，它们又常常促使科学思想的进一步发展，指示科学如何从许多可能的道路中选择一条路。”① 近代历史分析与统计分析表明，世界哲学高潮与科学中心

① A. 爱因斯坦、L. 英费尔德：《物理学的进化》，上海科学技术出版社 1979 年版，第 39 页。

的转移呈现出有趣的对应关系①。人文主义与文艺复兴运动，打破宗教神学对科学的桎梏，使意大利成为近代世界第一个科学活动中心；弗朗西斯·培根的归纳哲学及对实验科学的倡导，导致世界科学中心转移到英国；法国百科全书派与启蒙运动的兴起，为法国科学后来居上、领先世界发挥了先导作用；从康德到黑格尔的哲学革命，给保守落后的德国注入辩证思维的活力而一跃成为19世纪世界科学中心；富兰克林的哲学学会活动与实用主义哲学思想，广泛吸纳欧洲人才与科技，催生了美国科学的崛起，使美国成为20世纪世界科学的中心。

管理，作为一种活动，自古以来就存在于人类社会之中，是关于组织自我调节与控制的行为和过程；作为一门学科，则发端于近代科学方法在工业生产管理中的应用，是研究人类社会各种管理活动规律与方法的知识体系。管理学领域不断引入数学与自然科学、人文与社会科学，并与管理实践相结合，引起管理学理论的变革与发展。19世纪末20世纪初，工业革命从欧洲向北美转移，工业企业管理实践对提高生产效率的追求，导致“经验管理”走向“科学管理”。20世纪上半叶，单纯追求生产效率的传统“科学管理”对工人身心的摧残，引起人们对工作条件、人际关系等人性化的因素在管理中的重要性的关注，促进了管理学向管理心理学和组织行为学的转向。20世纪下半叶，是管理实践与管理学科及理论急剧变革和发展的新时期。50年代到60年代，大科学的兴起，以及生产规模的扩大对管理整体运作的需要，而运筹学及系统科学的发展恰好适应这一需求，从而导致运筹学在管理中的应用和狭义管理科学的诞生，同时市场经营环境的复杂多变，使得管理学进一步从行为科学到战略管理的延展；20世纪80年代以来，尤其是90年代以后，经济全球化和科技进步的加快，知识经济时代的来临，可持续

① 刘则渊、王海山：《近代世界哲学高潮和科学中心关系的历史考察》，《科研管理》1981年第1期。

发展观的形成，引发管理学学科与理论的一系列变革，从组织变革理论和竞争战略管理，到科技管理、创新管理和知识管理。

进入21世纪，现代科学技术前沿领域——信息科学与技术、生命科学与技术、纳米科学与技术、环境科学与技术、清洁能源科学与技术，呈现更加活跃、突飞猛进的新态势，并不断引发一系列创新成果，推进新一轮产业结构的转换，有可能导致一次新的世界经济浪潮的来临。人们估计，其对全球的影响将可能大大超过科学技术对20世纪下半叶世界面貌的巨大改观。然而，这些当代科技前沿问题到底是否酝酿着新的重大突破，能否引起一场新的技术革命和产业革命，它们将会对全球人类、社会和自然环境造成什么样的、多大程度的后果，某些领域对人的发展、伦理、心理和行为又将产生什么样的、多大程度的影响，中国在现代科学技术前沿的世界版图中处在什么位置，对我国提升自主创新能力、建设创新型国家与可持续发展的和谐社会将会起到多大作用，我们怎样合理有效地对这些前沿领域进行规划与布局，如何抢占它们前沿的生长点与制高点，应当采取什么样的战略、政策与举措，等等，都值得从哲学的高度与管理的视角加以关注、思考、分析和评估。

这正是我们力主把"科技哲学"和"科技管理"两个跨学科的知识领域联接起来，编辑出版"科技哲学与科技管理丛书"的背景与初衷。

作为"985工程"教育部哲学社会科学创新基地暨辽宁省人文社会科学重点研究基地，大连理工大学科技伦理与科技管理研究中心创建之时，依托于我校"科学技术哲学"和"科学学与科技管理"两个博士点。我们注意到，当代科学技术及其社会应用的活动，愈来愈成为一个"二次方程式"，其数学解之根总是一正一负：正根就是"第一生产力"，而负根便是"社会破坏力"。因此，对科学技术活动及其后果，一方面需要进行哲学的反思与伦理的调控，另一方面需要展开科学学的探索与管理学的导向，从而既充分发挥科学技术的第一生产力功能，同时又避免科学技术应用的负作用。

这应当是我们基地建设、学科建设与学术研究的出发点和归宿。基于这一认识，我们创新基地建立伊始，就规划设想把基地的研究成果以学术专著形式出版，汇集成“科技哲学与科技管理丛书”奉献给读者。这一设想得到了人民出版社的高度重视与大力支持。对此，我们表示诚挚的感谢。

现在，这套丛书终于面世了。至于丛书是否符合我们的初衷，是否起到应有的作用，就有待广大读者来评判了。我们期待以这套丛书为桥梁，与科技界、哲学界、管理界及广大读者建立广泛的联系，为我国科技发展、哲学繁荣和管理进步而携手共进，贡献力量。

刘则渊

2006年12月15日

目 录

第一章 科学学科学的创生历程和学科定位

科学学科学是以科学学科作为研究对象的学科，是科学学科自我认识的产物。科学学科学经历了漫长的孕育过程，其学术基础是科学学科研究。科学学科学作为理论科学学的第二层级分支学科，不仅丰富了理论科学学和科学学的学科体系，而且同上位学科科学知识体系学和科学学其他分支学科形成相互促进、相互扶持的互动关系。

一、科学知识体系中的科学学科

现代科学知识体系所包含的科学学科，据说多达数千门甚至上万门。如此众多的学科之间存在着特定的结构关系。笔者在 2003 年出版的《交叉科学结构论》中绘制了一幅科学知识体系的层级结构图[①]，将整个科学知识体系（或科学学科体系）划分为由多个层级子系统构成的大系统，每个层级分别取用不同的名称（图 1.1）。

科学知识体系（system of scientific knowledge）的第一级子系统，称之为科学部类（scientific section）。传统上的科学分类（classification of science）研究，其实就是探讨科学部类的构成或结构问题。现代科学可以划分为哲学科学、数学科学、系统科学、交叉科学、自然科学、社会科学、思维科学等 7 个科学部类[②]。为哲学、数学添加“科学”二字，是为了明确标示它们作为科学部类的结构性特征。多年以来，有部分学者主张将人文科学由社会科学中分立出来，或将社会科学改称为人文社会科学。由于划清人文科学与社会科学的界限存在很大难度，笔

① 王续琨：《交叉科学结构论》，大连理工大学出版社 2003 年版，第 9 页。

② 王续琨、王月晶：《现代科学分类与图书分类体系》，《图书与情报工作》1992 年第 2 期。另见王续琨：《论科学学科与教育》，大连理工大学出版社 1997 年版，第 21—29 页。

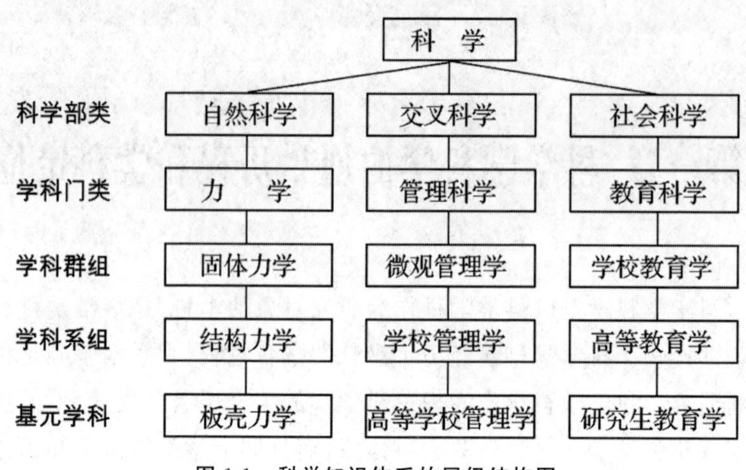

图 1.1　科学知识体系的层级结构图

者不赞同人文科学分立的观点，倾向于将人文科学看作是社会科学中的一个具有特殊性的部分，可以进行专门的研究。本书除引述他人著述之外，不专门使用“人文科学”概念。

科学知识体系的第二级子系统，称之为学科门类（discipline subsection）。例如，社会科学这个科学部类，包括历史科学、文化科学、政治科学、经济科学、法律科学、社会学、教育科学、语言科学、文艺科学、传播科学等10来个学科门类。交叉科学这个科学部类，按照目前的认识，至少包括地理科学、海洋科学、资源科学、生态科学、环境科学、城市科学、农村科学、建筑科学、设计科学、服装科学、安全科学、警务科学、军事科学、管理科学、科学史、技术史、工程史、科学哲学、技术哲学、工程哲学、科学学、技术学、工程学、网络科学、情报科学、知识科学、体育科学、人类学等近30个学科门类。

科学知识体系的第三级子系统是学科群组（discipline group）。例如，在教育科学这一学科门类中，除作为核心基础学科的普通教育学之外，其他学科可以按教育对象的不同，区分为学前教育学、学校教育学、社会教育学、家庭教育学、继续教育学、终身教育学、青年教育学、成人教育学、老年教育学、妇女教育学、民族教育学等多个学科群组。学科群组与过去人们惯用的“学科群”概念大体相当。《中华人民共和国国家标准·学科分类与代码》为学科群做了如下界定:“学科群是具有某一共同属性的一组学科。每个学科群包含了若干个分支学科。”[①]这个界定也有一定的模糊性,学科群的边界范围可能比较难以把握。而学科群组作为学科门类的次级子系统,由于有了学科门类这个上位参照系,能够为学科群组的划分和确认提供很大的便利。

科学知识体系的第四级子系统是学科系组(discipline subgroup)。例如,归属于教育科学这个社会科学学科门类之下的学校教育学,可以按照教育层次分解为基础教育学(小学教育学、中学教育学)、中等专业教育学、高等教育学等若干个学科系组。

科学知识体系的第五级子系统是基元学科(primary discipline)。例如,高等教育学这一学科系组,可以划分为专科生教育学、本科生教育学、研究生教育学、高等职业技术教育学等一系列基元学科。“基元学科”这个术语也许还不够贴切,“基元”用在此处不表示“不可再分”的意思。其实,基元学科仍然属于过渡环节,能够继续分化。伴随着研究工作的逐步深入,有些基元学科已经形成了次级分支学科(子学科),甚至有了次次级分支学科(孙学科)。研究生教育学这门基元学科虽然十几年前才进入研究者的视野,正式地提出学科名称[②],但我们坚信,在社会需要的拉动下,研究生教育学在今后的发展中,有可能衍生分化出比较研究生教育学、研究生教育结构学、研究生教育评价学、研究生课程学、研究生德育学、研究生教育心理学、研究生教育管理学和硕士研究生教育学、博士研究生教育学等众多的次级分支学科。

从科学知识体系整体到科学部类、学科门类、学科群组、学科系组、基元学科,构成了科学学科体系的一般层级序列。这个层级结构序列

① 《中华人民共和国国家标准·学科分类与代码》(GB/T 13745-92),中国标准出版社1993年版,第1页。

② 王续琨、徐雨森:《关于创建研究生教育学的思考》,《教育科学》2001年第2期;张应强、刘鸿:《关于建构研究生教育学学科体系的思考》,《黑龙江高教研究》2001年第3期;薛天祥:《科学方法论与〈研究生教育学〉理论体系探究》,《教育研究》2001年第6期。

是开放的，基元学科并不是学科序列的尽头，未来还会继续向下延伸。不同层级使用不同的称谓，在学科结构研究中就可以避免“学科嵌套，难辨大小”所带来的各种麻烦甚至混乱。科学学科体系层级序列的梳理和确认，首先有助于我们清晰地把握每个科学部类的学科结构，寻找演进发展中的薄弱环节。其次，进行不同科学部类层级序列的横向比较，可以帮助我们找到科学地图上的空白区，预测科学学科的衍生、演化态势和新学科的生长点、生长极。

需要特别说明的是，本书所研究的“科学学科”，是一个贯穿多个层级的“泛学科”概念。在不会引起混淆的场合下，不仅基元学科、学科系组、学科群组被看作是科学学科，学科门类甚至数学、哲学这两个科学部类也被看作是科学学科。在社会学和语言科学两个学科门类之间建立的社会语言学，其母体学科是社会学、语言科学，无须说成其“母体学科门类”是社会学、语言科学。同样，在数学和哲学两个科学部类之间建立的数学哲学，其母体学科是数学、哲学，无须说成其“母体科学部类”是数学科学、哲学科学。

二、科学学科学的由来

1.科学学科研究在中国的兴起

科学学科研究的思想渊源，可以追溯到古代的知识分类。近代以后，随着数学、自然科学分门别类的发展，西方学术界逐渐形成了“科学分科”的概念。由于传授科学知识的需要，人们的头脑中首先形成指称“学习科目”或“教学科目”的“学科”概念。19 世纪末，中文文献中出现“学科”一词，如 1898 年制定的《京师大学堂章程》有多处使用“学科阶级”这个词组，意指学习科目的顺序或阶段。

根据对“中国知网”的《中国学术期刊（网络版）》的检索结果，可以初步认定，1955 年以后才出现指称“学问分科”“学问科目”的“学科”概念①，即具有知识分支体系意义的“学科”。近期，笔者在《中国学术期

① 参见本书第 32 页。

刊(网络版)》中,以“学科”作为检索词进行“篇名”的“精确”检索,共检出 1955 年以来的 59131 篇文献。以下将其简称为“学科”期刊文献。为了直观地展示文献数量的变化情况,表 1.1 列出 1977 年至 2015 年期间 58921 篇文献的年度分布情况。1976 年以前的 54 篇文献,因为数量较少,而且年份不连续,没有列入表中。2016 年的 158 篇文献,也没有列入表中。

表 1.1 “学科”期刊文献的年度发表量统计(1977—2015 年)

年份	1977	1978	1979	1980	1981	1982	1983	1984	1985	1986	1987	1988	1989
文献数量	5	19	41	61	89	118	147	178	240	310	365	357	361
年份	1990	1991	1992	1993	1994	1995	1996	1997	1998	1999	2000	2001	2002
文献数量	371	461	560	485	762	838	894	1004	1031	1192	1333	1402	1793
年份	2003	2004	2005	2006	2007	2008	2009	2010	2011	2012	2013	2014	2015
文献数量	1962	2207	2526	2881	3400	3558	3660	3726	3943	4283	4277	4075	4006

检索日期:2016 年 2 月 16 日。

由表 1.1 可以清楚地看出,20 世纪 70 年代末以来,“学科”期刊文献在微小波动中呈现明显的增长趋势。该类文献的产出量,1977 年为 5 篇,1982 年突破 100 篇,1997 年超过 1000 篇,7 年以后的 2004 年实现数量翻番,又经过 8 年在 2012 年接近于实现再度翻番。2015 年的文献数量低于前两年,可能是数据录入不全所导致的。尚有一部分 2015 年年底出版的期刊,其数据目前还没有进入数据库。

我们将 1977 年至 2015 年的 39 年划分为三个时段,进行文献数量的比较。第一时段(1977—1989 年)、第二时段(1990—2002 年)、第三时段(2003—2015 年)产出“学科”期刊文献分别为 2291 篇、12126 篇、44504 篇,第二时段文献产出量是第一时段的 5.3 倍,第三时段文献产出量是第二时段的 3.7 倍。

这里需要做两点特别的说明。其一,“学科”期刊文献中,包含少量新闻报道、学位点介绍等非论文文献,对这类文献不做剔除处理不会对文献增长趋势造成实质性的影响；“学科”期刊文献中，从知识分支体系视角和从学习科目、教育管理视角研究“学科”问题的文献大约各占其半，严格说来后者不属于科学学科学意义上的科学学科范畴，但将其纳入统计范围，并不影响我们对“学科”文献数量变化趋势的分析。从学习科目、教育管理视角研究“学科”问题要以知识分支体系视角的学科研究为基础和圭臬，因此“学科”期刊文献的数量可以作为表征科学学科研究规模的一个基本指标。

20世纪80年代后期至90年代，伴随着自然科学、社会科学、交叉科学新学科的创建和大量引进，中国出版了一大批以“学科”为主题词的工具书，如《社会科学学科辞典》《交叉科学学科辞典》《自然科学学科辞典》《学科大全》《新学科手册》等。“学科”期刊文献数量的持续增长，是对这种“学科热”的直接呼应，反映了学术界对于科学学科研究关注度的不断提升，表明认知科学学科的社会需求在不断增长。人们需要了解、熟悉具有学习科目、教育管理意义的“学科”，同样需要了解、熟悉具有知识分支体系意义的“学科”，因为后者是前者的依据。从科学知识体系的视角来看，学科如何创生、学科确立的标准、学科演进的条件、学科之间的关系等，都是人们所关心的问题。

2.科学学科学在中国的创生

在学术界越来越关注科学学科研究的背景下，有学者开始思考以学科研究为基础创建一门新学科的问题。1987年，上海社会科学院陈燮君发表《关于开创学科学的思考》一文，认为“学科学是一门以学科为研究对象的新学科”，其“主要任务是研究学科的定义、分类、结构、模型、形态、特征、更替、衍生、周期、战略、动力、方法、传播、证伪、流派、组织、管理和预测的一般规律”[①]。1991年，陈燮君出版《学科学导论——学科发展理论探索》一书，该书包括学科学总论、学科结构论、学科文化背景论、学科方法和科学方法论、学科创造论、新学科战略论、新学科内在动力论、新学科环境机制论、新学科宏观控制论、新学科时间

① 陈燮君:《关于开创学科学的思考》,《社会科学》1987年第12期。

协同论、新学科学派发展论、新学科趋势论等12章内容，以静态和动态相结合的视角架构了“学科学”的学科理论体系[①]。

科学学科学（学科学）是科学学科研究逐步深化的必然产物，是对科学学科研究成果的学科化整合。20世纪90年代以来，科学学科学引起一部分学者的关注，“学科学”成为一种解析具体学科的研究视角，陆陆续续出现了几篇以这种视角审视旅游地理学[②]、翻译学、音乐学、高等教育学、口腔内科学[③]等具体学科的期刊论文。然而，由于缺乏专攻型研究者，这类论文数量太少，同前述科学学科研究期刊文献的持续增长趋势，形成明显的反差。

2000年，笔者发表《科学学：过去、现在和未来》一文，文中正式启用“科学学科学”这个学科名称用以替代“学科学”，将其列为理论科学学的一门分支学科[④]。“科学学科学”采用通行的学科命名方式，即研究对象加“学”字的方式予以命名。“科学学科”作为科学学科学的特有研究对象，专指知识分支体系意义的学科。“学科”前面加上“科学”二字，其意义不仅在于明确标示了“科学学科”是指科学知识体系语境下的学科，而且可以避免“学科学”这个学科名称被误读、误解的尴尬。

据我们所知，第一次接触“学科学”这个术语的人，基本上都将其中第一个“学”字视为动词，将“学科学”理解为“学——科学”。“学科学，用科学”是人们耳熟能详的常用语、宣传语。在期刊全文数据库中以“学科学”作为检索词进行“篇名”的“精确”检索，检出文献除少数几篇外都是“学——科学”文献。只有那些知晓“学科学”具有特定含义的人，才会使用“学科——学”的切分方式，将其解读为一门以“学科”作为研究对象的学科。以“科学学科”来替代“学科”，尽管可能会出现“科学学——科学”这样的不当解读方式，由于读不出明确含义，只能放弃不

---

① 陈燮君：《学科学导论——学科发展理论探索》，上海三联书店1991年版。

② 管文、熊绍华：《从学科学的角度谈旅游地理学的几个理论问题》，《旅游学刊》1993年第5期。

③ 周曾同：《从“学科学”角度理解〈口腔内科学〉新概念》，《临床口腔医学杂志》2014年第6期。

④ 王续琨：《科学学：过去、现在和未来》，《科学学研究》2000年第2期。

当解读，进而力图通过一定方式探寻、了解“科学学科学”的真实内涵，最终确认“科学学科学”是以“科学学科”作为研究对象的一门学科。

作为科学学科学研究对象的科学学科，可以从多个角度、侧面来进行研究。换言之，科学学科学作为科学知识体系学的重要分支学科，有着丰富的论析主题或研究内容。科学学科研究是科学学科学的学术基础和生长基地。由于“学科”期刊论文约有半数属于知识分支体系意义的科学学科研究范畴，对这些文献进行检索和梳理，可以探知科学学科学在特定时段的热门论题或重点研究内容。

期刊文献的题名或篇名，能够准确而简明地指出该文的论题。“题名是以最恰当、最简明的词语反映报告、论文中最重要的特定内容的逻辑组合。”①因此，检视文献篇名或题名检索结果，是一种比较简便的研究主题或论题的判定方法。我们选择科学学科学处于孕育期的1984年作为文献检索的起点，在《中国学术期刊（网络版）》中对最近32年（1984—2015年）的58441篇“学科”期刊文献进行篇名检视，首先初步筛选出十几个以“学科”作为核心词的主题词组，然后使用这些主题词组进行“篇名”的“精确”检索。检出文献在80篇以上的主题词组，总计有24个（组），列为表1.2（主题词组按照文献检出数量的多少排列）。

表1.2　按主题词组进行篇名检索的期刊文献数量（1984—2015年）

主题词组	文献量	主题词组	文献量	主题词组	文献量	主题词组	文献量
学科发展	3059	学科定位	497	学科地位	229	学科融合	151
学科体系	1323	学科性质	436	新兴学科	222	学科发展战略	150
交叉学科	649	学科整合	362	边缘学科	210	学科渗透	145
学科交叉	643	学科特点	334	学科属性	193	学科建构	110
新学科	637	学科分类	256	多学科研究	182	学科协同	105
跨学科研究	537	学科结构	238	学科创新	163	学科现状	88

检索日期：2016年2月16日。

① 中华人民共和国国家标准《科学技术报告、学位论文和学术论文的编写格式》（GB 7713-87），国家标准局，1987年5月5日。

含义相近的主题词组做了适当合并，如“学科特点”中包含“学科特征”文献 73 篇，“学科发展战略”中包含“学科战略”文献 17 篇。

依据检索结果，我们将科学学科学近期的主要论题概括为以下“七论”：科学学科属性类型论、科学新学科创生论、科学学科体系结构论、科学学科定位关系论、科学学科演进方式论、科学学科发展状态论、科学学科发展战略论。本书前半部的框架是参照这些论题设计的。

——科学学科属性类型论，涵盖“交叉学科”“学科性质”“学科特点”“学科分类”“边缘学科”“学科属性”等主题词组。在该论题之下，需要研究科学学科的属性特征和确认基准、科学学科类型划分的一般原则、科学学科分类方案等。

——科学新学科创生论，涵盖“新学科”“学科交叉”“跨学科研究”“新兴学科”和未列入表中的“学科意识”等主题词组。在该论题之下，主要探讨新学科孕育的内部条件和外部环境、新学科的创生模式、新学科创生区位的判定方法等。

——科学学科体系结构论，涵盖“学科体系”“学科结构”“学科建构”等主题词。在该论题之下，需要研究科学学科的层级结构、科学学科理论体系的建构原则、科学学科的分支学科架构方式等。

——科学学科定位关系论，涵盖“学科定位”“学科地位”等主题词组。在该论题之下，主要探讨科学学科定位的方法、科学学科在科学知识体系中的地位、科学学科与亲缘学科和相关学科的关系等。

——科学学科演进方式论，涵盖“学科整合”“多学科研究”“学科创新”“学科渗透”“学科融合”“学科协同”等主题词组。在该论题之下，需要研究科学学科演进的内部机制、科学学科演进的外部机制、科学学科演进中的互动方式等。

——科学学科发展状态论，涵盖“学科发展”和未列入表中的“学科现状”“学科发展现状”（两者合计 77 篇）等。主题词组“学科发展”的文献检出数量最多，内容也最丰富。在该论题之下，需要研究科学学科的发展现状、热点问题、历史经验、动力因素、环境条件等。

——科学学科发展战略论，涵盖“学科发展战略”“学科发展策略”

等主题词。在该论题之下，主要探讨科学学科发展战略的谋划原则、具体内容、保障条件等。“学科发展战略”文献大都包含在“学科发展”主题词组的检索结果之中，因其具有未来指向性，单独列为一个论题。

三、科学学科学的学科定位

所谓学科定位，是指确定科学学科学在科学知识体系中的地位或学科归属关系，亦即辨析和确认它与亲缘学科（上位学科和下位学科）、近邻学科、相关学科的关系。科学学（science studies，science of science）是20世纪前期在西方国家孕育和发展起来的一门多边缘学科或交叉科学学科门类。科学学所研究的科学，既指科学活动，又指科学知识体系。因此，从科学知识体系视角研究科学学科的科学学科学，理应归属于科学学。

在2015年出版的《交叉科学结构论（修订版）》中，笔者以《科学学：过去、现在和未来》（2000年）一文中的学科结构图为基础，重新绘制了包含分支学科更多的科学学学科结构框图[①]（图1.2）。在这个学科结构框图中，科学学科学被列为理论科学学之下科学知识体系学的一门分支学科。科学知识体系学的任务是研究整个科学知识体系的结构模式、演进机理。科学学科是科学知识体系的基础结构单元，整个科学知识体系是由数以千计甚至上万的科学学科组成的，因此科学学科学理应被视为科学知识体系学的分支学科。科学知识体系学的研究通常由整体走向部分，科学学科学侧重于科学知识体系的部分即知识分支体系的研究。从上位学科和下位学科的关系上来看，科学知识体系学对科学学科学发挥着指导作用，科学学科学对科学知识体系学发挥着支撑作用。

“科学知识体系学”这个学科名称由“科学技术体系学”之名延伸而来。1979年，中国科学家钱学森（1911—2009）发表《科学学、科学技术体系学、马克思主义哲学》一文，第一次提出“科学技术体系学”的概念。

① 王续琨、宋刚等：《交叉科学结构论（修订版）》，人民出版社2015年版，第290页。

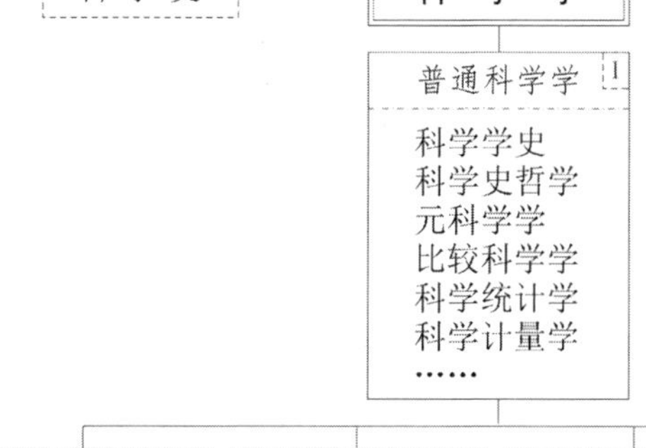

图 1.2　科学学的学科结构

他在文中指出："我们当前的任务是如何把恩格斯提出的'伟大的整体的联系的科学'完整起来，它要包括自然科学、科学的社会科学和工程技术，也就是建立科学技术体系学，研究其组成部分的相互联系和关系，学科的产生、发展和消亡，体系的运动和变化。"①1982 年，钱学森又发表了《现代科学的结构——再论科学技术体系学》一文，认为现代科学是由自然科学、社会科学、数学科学、系统科学、思维科学和人体科学六大部门组成的"严密、坚实的统一体系"，"进一步研究这个体系就

① 钱学森：《科学学、科学技术体系学、马克思主义哲学》，《哲学研究》1979 年第 1 期。

是科学技术体系学的任务”[1]。从上面的陈述中可以看出,钱学森所说“技术”或“工程技术”是进入科学体系的“技术”,是知识形态的“技术”。因此之故,科学技术体系学其实就是科学知识体系学,或者说两者具有等义性。

在《中国学术期刊(网络版)》中以“科学知识体系”作为检索词进行“篇名”的“精确”检索(检索日期 2016 年 2 月 17 日),检出 9 篇论文,其中从总体上论析科学知识体系的论文仅有 2 篇[2],余下 7 篇侧重探讨某个理论、某个学科、学科门类在科学知识体系中的地位或自身的知识体系,更接近于科学学科研究。以“科学体系”作为检索词检出的 1003 篇文献,绝大多数研究的是某个理论(如邓小平理论、党建理论、科学发展观等)的科学体系问题,从总体上论析科学知识体系的论文只有极少的几篇[3]。20 世纪 90 年代以来,中国学术期刊中仅出现 2 篇以“科学技术体系学”作为篇名主题词的论文[4]和 1 篇以“科学体系学”作为篇名主题词的论文[5]。这些情况表明,科学知识体系整体性研究和科学学科学的学科元研究都比较薄弱。科学学科学的纵深发展,对科学知识体系学将产生自下而上的推动作用。

科学学科学除了与科学知识体系学存在互动关系之外,与同一层级的跨学科学亦有密切的联系。所谓跨学科(interdisciplinary),是指超出单一学科范围的学术研究现象或方式。跨学科是科学学科孕育和创生的一种重要方式。科学学科学需要借鉴和吸纳跨学科学的研究成果。自从 1985 年中国学术期刊首次出现以“跨学科学”作为篇名主题

① 钱学森:《现代科学的结构——再论科学技术体系学》,《哲学研究》1982 年第 3 期。

② 陈洪敏:《科学知识体系的结构与演化规律》,《临沂师范学院学报》2003 年第 2 期;严建新:《国内几种科学知识体系结构的评述》,《科学学研究》2007 年第 1 期。

③ 严康敏:《知识分类反映科学体系发展趋势中的问题》,《图书馆论坛》1996 年第 2 期;陈文化、胡桂香、李迎春:《现代科学体系的立体结构:一体两翼——关于“科学分类”问题的新探讨》,《科学学研究》2002 年第 6 期。

④ 常绍舜:《浅谈现代化科学技术体系学的建构方法》,《民主与科学》1992 年第 1 期;黄顺基:《开创有中国特色的科学学研究——学习钱学森“科学技术体系学”的体会》,《科学学研究》1999 年第 4 期。

⑤ 陆近春:《科学体系学与科学社会学》,《科学学与科学技术管理》1993 年第 6 期。

词的文献①以来，不仅发表了一批学科元研究论文，而且出版了1部《跨学科学导论》专著②和160多部以"跨学科"作为书名主题词的著作。跨学科学的良好发展态势，能够为科学学科学提供必要的学术支持。

科学学科学与上一层级的潜科学学、科学政策学、科学管理学、科学教育学等也有着密切的联系。以科学政策学为例。科学学科的发展和繁荣离不开政策环境和制度安排，因此科学学科学的研究必然要涉及科学政策问题，应该充分利用科学政策学的研究成果。

需要特别说明的是，本书所研究的科学学科，涵盖哲学科学、数学科学、系统科学、交叉科学、自然科学、社会科学、思维科学等各科学部类所属的所有学科，不局限于传统科学学所面对的数学自然科学范围内的学科。这种意义的科学学科学，准确说来，应该归属于以数学科学、自然科学、系统科学和哲学科学、社会科学、思维科学、交叉科学等所有科学部类即广义科学作为对象的"大科学学"③。因此，这一节所涉及的科学知识体系学、跨学科学、科学政策学等，都是"大科学学"意义的分支学科，其中的科学都是广义科学。

① 刘仲林：《跨学科学》，《未来与发展》1985年第1期。

② 刘仲林主编：《跨学科学导论》，浙江教育出版社1990年版。

③ 王续琨：《交叉科学结构论》，大连理工大学出版社2003年版，第270页。

第二章 科学和科学学科概述

科学是文明的标志。科学作为人认识世界的智力活动,萌发于古代,初显于近代,大兴于现代。科学作为人认识世界的精神产物——体系化的知识,包含众多的科学学科。本章从解析科学、学科概念入手,阐释学科的主要特征、学科的确认基准和学科的命名方式,为后面各章的研究做充分的铺垫。

一、科学概念释义

1."科学"一词溯源

当今世界通行的"科学"概念,主要源头是拉丁文的 scientia 一词,其原意为认识、知识、学问、学术。大约在 14 世纪,古典法文、英文中出现了衍生于拉丁文的 science 一词。19 世纪之前,英国学术界很少有人使用 scientia 一词,用于指称科学知识的英文词汇仍然还是 philosophy(哲学)。法文最先将 science 一词用于指称知识的集合体。例如,法国数学家、哲学家勒内·笛卡儿(René Descartes,1596—1750)在 1637 年出版的《谈谈正确运用自己的理性在各门学问里寻求真理的方法》(在中国通常被简译为《谈谈方法》或《方法谈》《方法论》)一书中,使用 les sciences 指称人们创造出来的各种知识①,包括算术学、几何学、物理学、医学,也包括法学、历史学、修辞学以及关于诗词、小说的研究等。19 世纪以后,可能由于受到法文的影响,英文中的 science 一词才有了指称知识的含义,但主要限于自然科学知识。

在接受西方的 science 和日本的"科学"概念之前,中国知识界长期

① [法]笛卡尔:《谈谈方法》,王太庆译,商务印书馆 2000 年版,第 4 页。

使用“格致”“格物致知学”等词组来指称同自然界相关的知识。“格致”是产生于传统儒家文化土壤里的一个词汇。儒家经典“四书”之一的《礼记·大学》有云:“致知在格物,格物而后知至。”起初,人们仅仅将格物、致知作为道德修养的起点或路径。北宋理学家、教育家程颐(1033—1103),将其赋予了认识论意义。他说:“格,至也。穷理而至于物,则物理尽。”(《程氏遗书》二上)宋代儒学集大成者朱熹(1130—1200)进一步发挥说:“天地中间,上是天,下是地,中间有许多日月星辰,山川草木,人物禽兽,此皆形而下之器也。然这形而下之器之中,便各自有个道理,此便是形而上之道。所谓格物,便是要就这形而下之器,穷得那形而上之道理而已。”(《朱子语类》卷六十二)此后,很多人便将“致知”理解为获得知识,“格物”理解为接触事物。“格物致知”简化为“格致”,即意为通过接触、探究事物而获得的知识。《明史·志第七》记载,洪武十年(公元 1378 年),明太祖朱元璋(1328—1398)跟历算家说过一段关于学问的话:“朕自起以来,仰观乾象,天左旋,七政右旋,历家之论,确然不易。尔等犹守蔡氏之说,岂所谓格物致知学乎?”明代初年,已有了”格物致知学“的说法。元、明、清各代,曾出现以“格致”为书名主题词的书籍,多为百科类丛书,其中有一些同科学有关的内容,但还算不上真正的科学著作。例如,元代学者、医学家朱震亨(1281—1358)的《格致余论》,明代万历年间文学家、藏书家兼书商胡文焕编辑出版的《格致丛书》,清代康熙年间陈元龙(1652—1736)编纂的《格致镜原》等。“格致”概念,在中国一直使用到 20 世纪初。

16 世纪末以降,欧洲天主教传教士来华传教,开启中西文化交流的大门,不仅带来了天主教文化,也带来了西方科学技术。西方科学文献传入东方,中国人将西方的 scienza、science、philosophy、physics、wissenschaft 等译成“格致”“格致学”“格物学”“格致之学”“格物穷理之学”“格学”“西学格致”等。

在中国人不完全了解西方文化的背景下,欧洲传教士和中国学术人士借用有着儒家文化渊源的“格致”概念介绍西方科学。其实,中国的“格致”概念一直包含着“修身、齐家、治国、平天下”的义理,同西方偏于"物理"的 science 等并不完全对等。1633 年，意大利传教士高一志(Alfonso Vagnoni，1566—1640)编译的《空际格致》刊行于世，该书内容为介绍古希腊四元素学说和零散的化学工艺、药物学知识。1638—1640 年，德国传教士汤若望(J. A.S.von Bell，1592—1666)和杨之华、黄宏宪合作，翻译欧洲"矿物学之父"阿格里科拉(G.Agricola，1494—1555)的代表作《矿冶大全》(De re Metallica)，以《坤舆格致》作为书名。此书得到崇祯皇帝的赏识，后因明朝灭亡而没有得以刊行，仅有手抄本传世。英国科学家艾萨克·牛顿(Isaac Newton，1642—1727)的《自然哲学的数学原理》一书，曾被译为《数理格致》①。英文 scientist(科学家)一词，很长时间被译作"格致士""格致师""格致家""格物家"等。

1866 年，美国基督教长老会传教士丁韪良(William A.P.Martin，1827—1916)任京师同文馆总教习，为学生编译《格致入门》一书。1874 年，数学家、翻译家、教育家徐寿(1818—1884)和英国传教士、翻译家傅兰雅(John Fryer，1839—1928)在上海创办"格致书院"，其对应的英文名称现在可以译作"上海综合工学院"；同时创办中国第一份译介西方近代科学成就的杂志《格致汇编》，其英文刊名现在可以译为"中国科学杂志"。

18 世纪上半叶，日本江户时代在德川吉宗(1684—1751)执政时期，"锁国"之门打开了一道缝隙，知识阶层通过"兰学"(荷兰之学)有选择地接触西方科学文化，借用来自中国的"格致""格物""穷理""穷理学"等词汇译介西方的 science。1832 年，数学家高野长英(1804—1850)在《医原枢要内编》一书的题言中使用"人身窮理ハ醫家ノ一科學ニシテ"(意为生理学作为医生应该掌握的一门科学)的说法，"一科學"的含义接近于现在的"学科"概念。肇始于 19 世纪 60 年代末的明治维新运动，使日本真正打开了国门，大力引进西方科学技术。面对卷帙浩繁的西方著作，日本学者创用了大量以汉字书写的新词，用于翻译日文中没有对应词汇的术语。政治家、武士井上毅(1844—1895)和启蒙思

① 樊洪业：《"科学"概念与〈科学〉杂志》，《科学》1997 年第 6 期。

想家福泽谕吉(1835—1901)分别在1871年、1872年也在自己的著述中使用“科学”一词,但还不具有同西方science相对等的含义。1874年,曾留学荷兰的日本哲学家、教育家西周(1829—1897),在《明六杂志》上连载的《知说》一文中以汉字“学”对译science,同时又使用“科学”一词指称同技术紧密相关的学问[①]。进入19世纪80年代,日本学术界普遍接受以“科学”对译science的做法。

中国学术界在介绍“科学”概念的辞源时,有多项文献认为日文的“科学”来源于南宋思想家、文学家陈亮(1143—1194)和南宋思想家、文学家、政论家叶适(1150—1223)的著述。经查寻,这种说法,有可能来源于2004年出版的《新语探源》一书。该书认为,“在中国许多论及外来语的辞书和著作中,都把‘科学’列入日本新创汉字词。其实,‘科学’在中国古典里早有先例,并非日本人新创,日本人所做的工作是,借用此词之形,引申其义,以对译西洋概念。”[②]接下来,这本书给出了两段有关“科学”一词的引文。一段引文出自陈亮的《送叔祖主筠州高要簿序》:“自科学之兴,世为士者往往困于一日之程文,甚至于老死而或不遇。”[③]另一段引文出自叶适的《同安县学朱先生祠堂记》:“今夫笺传衰歇,而士之聪明亦益以放恣,夷夏同指,科学冒没,浅识而深守,正说而伪受,交背于一室之内,而不以是心为残贼无几矣。”

为核定这个史实,笔者通过“读秀学术搜索”的“咨询”功能,翻阅了中华书局出版的《陈亮集》上册和《叶适集》第一册的扫描电子版,分别找到《送三七叔祖主筠州高要簿序》《同安县学朱先生祠堂记》。经过文字比对,发现《新语探源》两句引文中的“科学”一词,在《陈亮集》中是

① 周程:《“科学”一词并非从日本引进》,《中国文化研究》2009年夏之卷。

② 冯天瑜:《新语探源——中西日文化互动与近代汉字术语生成》,中华书局2004年版,第371页。

③ 这句话被命题教师编制成中学历史课程的一道多项选择试题,在网上广为流传。引文中的“科学”被解释为“科举之学”,即同科举有关的学问或为科举而办的学校。

"科举"[①],在《叶适集》也是"科举"[②]。原称之为《龙川文集》的陈亮著述和原称之为《水心文集》的叶适著述,在数百年的刊刻传布过程中,难免出现某些讹脱和踳乱之处。经由当代学者点校的《陈亮集》和《叶适集》,可信度还是比较高的。由此推断,陈亮、叶适著述中的"科学"可能系"科举"之误,因为繁体"學"与"舉"两个字在字形上非常接近。在《新语探源》一书中,作者没有说明上述两段引文出自何种版本的陈亮著作和叶适著作。在 1991 年上海汉语大词典出版社出版的《汉语大词典》第八卷中,"科学"词目的第一个义项为"科举之学",其下列有陈亮的"自科学之兴"这句话。《新语探源》一书很可能是借用了《汉语大词典》中的引文。在不存在引用者误读的前提下,我们只能推断是原著本身存在错讹,《汉语大词典》"科学"词目的编写者和其他引用者没有进行不同版本的比较和甄别。

退一步讲,即使原著不存在将"科举"误刻、误印为"科学"的错讹,亦即陈亮、叶适的著述中确实有"科学"一词,也不能轻易地就做出"西周等借用古汉语'科学'一词意译英语 science"[③]的判断。《新语探源》一书没有提供西周等人读过陈亮、叶适著述和借用古汉语"科学"一词的具体证据。没有直接的确凿证据,就否定日本学者的造词首功,是不慎重的。

中国古代文献中是否有"科学",的确是一个饶有兴味的问题。前些年,国内学者利用先进的检索工具对文渊阁《四库全书》《四部丛刊》等丛书进行全面检索,找到唐、宋、明、清各代多篇使用"科学"一词的文献[④]。其中年代最久远的是唐朝末年罗衮(公元 9 世纪末至 10 世纪初在世)的一篇墓志铭。这些文献中的"科学",基本上都是"科举之学"的

① [宋]陈亮:《陈亮集》增订本上册,邓广铭点校,中华书局 1976 年版,第 263 页。

② [宋]叶适:《叶适集》第一册,刘公纯、王孝鱼、李哲夫点校,中华书局 1961 年版,第 167 页。

③ 冯天瑜:《新语探源——中西日文化互动与近代汉字术语生成》,中华书局 2004 年版,第 373 页。

④ 周程、纪秀芳:《究竟谁在中国最先使用了"科学"一词?》,《自然辩证法通讯》2009 年第 4 期。

意思，与西方近代的科学(science)概念没有任何瓜葛。中国古代文献中真实存在的“科学”一词，均非出自于名家名篇，很难对日本的西周等人产生直接的诱发作用。目前，我们还没有找到中国古代文献中的“科学”一词在明治维新时期影响了日本学术界的佐证材料。基于此，我们只能继续认定是日本学者最先利用“科”和“学”两个汉字创造了同 science 相对应的“科学”一词。

从字源的角度来看，选择“科学”来对译西方语言文字中的 science、scienza、ciencia 等，有一定的道理。“科”字，从禾从斗，本义为用“斗”这种量具测度“禾”的品类、等级，后来引申为分类①。公元 6 世纪，隋文帝、隋炀帝废“九品中正”荐举制而兴科举制之后，出现多个使用“科”字的词汇，如科目、科甲、科名、科场、科试等。“学”字，从双手从爻从宀从子，本义为双手摆爻象算术的木棍在屋子里教孩子学习算数，其引申义为学说、知识、学问。日本学者以“科”和“学”组合而成的“科学”一词，指称“可以分科的学问”以及创造这种学问的活动。西周幼习儒学，使用具有分科之学含义的“科学”概念，隐含着与分科取士的“科举”相对应的意味。

中文语境同 science 相对应的“科学”一词的来源问题，目前国内学术界仍有不同的看法。尽管古代文献中有“科学”一词，但没有证据表明中国学者是选择了古代文献的“科学”一词作为 science 的对译词汇。多数研究者认为，“科学”概念同“哲学”“伦理学”“社会学”等学术术语一样，直接移植了日文汉字词汇，关键人物是康有为(1858—1926)和王国维(1877—1927)。1898 年，大同译书局出版政治家、教育家康有为编撰的《日本书目志》，在第二卷“理学门”中出现汉字书名《科学入门》(普及舍译)、《科学之原理》(木村骏吉著)，首次将日文的“科学”一词直接转换为中文词汇。1899 年 11 月，文史学家、教育家王国维在为南洋公学东文普通学校同窗樊炳清(1977—1929)翻译的《东洋史要》所做的

① “科”字的另一个主要含义是法令、律条，相关词汇如科比(法律条文和事例)、科令、科防(条律禁令)、科条、科第(依据科条来规定次第等级)、科罪(依律判罪)、科纲(法纲)、科断(依法判刑)等。

序中写道："自近世历史为一科学，故事实之间，不可无系统。抑无论何学，苟无系统之智识者，不可谓之科学。"[①]

"科学"作为一个新的学术术语，从引进中国到普遍接受，经历了十多年时间。一方面，一部分精英人士迅速接受这个全新的术语。翻译家、教育家严复（1854—1921）在 1897 年开始翻译、1902 年出版的译著《原富》[②]中大量使用"科学"一词。1900 年，翻译家、编辑家杜亚泉（1873—1933）创办科学期刊《亚泉杂志》（后改名为《普通学报》），将"科学"作为 science 的固定译法。1902 年，思想家、学者梁启超（1873—1929）在《地理与文明之关系》一文中第一次使用"科学"一词替代此前的"格致""格致学"："成一科之学者谓之科学，如格致诸学是也。"[③]20 世纪初年，"科学"一词不时出现在蔡元培（1868—1940）等学术名家的文章和译著中。此外，还出现了用"科学"冠名的机构、团体和刊物。虞辉祖（1864—1921）、植物学家钟观光（1868—1940）等于 1901 年创建"上海科学仪器公司"，1903 年创办《科学世界》杂志，向社会普及科学知识。1904 年，民主革命家吕大森（1881—1930）、宋教仁（1882—1913）等在武昌创办"科学补习所"，以"科学"为掩护进行秘密活动。

另一方面，一些学者仍然沿用"格致"一词，有的学者则使用 science 的音译词汇"赛因斯"，五四运动前后思想界人士甚至给 science 赋予"赛先生"这样的尊称或昵称。清政府于 1904 年 1 月公布的《奏定学堂章程》，是"格致"和"科学"概念混用时期的产物。《章程》列出大学堂经学、政法、文学、医科、格致、农科、工科、商科等各科应修的课程及其学时要求，其中的"格致"科包含数理化生等各门。与此同时，《章程》中又多处出现"科学"一词，例如，"现定各学堂课程科学，皆量学生之年齿精力而定，实可无竭蹶之虞。""各科学相间讲授，东西各国学堂通例，

① 王国维：《东洋史要·序》，《王国维文集》第四卷，中国文史出版社 1997 年版，第 381 页。

② 《原富》即《国民财富的性质和原因的研究》，是英国古典经济学家亚当·斯密（Adam Smith，1723—1790）于 1776 年出版的代表作。

③ 梁启超：《地理与文明之关系》，葛懋春、蒋俊编选：《梁启超哲学思想论文选》，北京大学出版社 1984 年版，第 81 页。

无不如此。”此处的“科学”一词大体上与课程、科目的含义相同，还没有用之于指称各种学问的整体。

1912年，时任中华民国临时政府教育总长的蔡元培主持制定《大学令》，规定“大学分为文科、理科、法科、商科、医科、农科、工科”，以“理科”之名置换了此前的“格致”科。1915年，留学美国康乃尔大学的任鸿隽（1886—1961）和赵元任（1892—1982）等人创建中国科学社，创办《科学》杂志。同年创刊的《清华学报》第1期，已经找不到“格致”一词的痕迹，出现了《七十年科学发达史》这样的文稿篇名。至此，可以认为“格致”一词已经被“科学”一词所全面替代和覆盖了。1923年，新文化运动的重要引领者胡适（1891—1962）曾经对“科学”一词在那段时间的社会影响做过这样的陈述：“这三十年来，有一个名词在国内几乎做到了无上尊严的地位；无论懂与不懂的人，无论守旧和维新的人，都不敢公然地对它表示轻视或戏侮的态度。那个名词就是‘科学’。”①

2.科学界说

科学是什么？science是什么？这是一个可以回答，但是却很难给出完美答案的问题。因为科学（science）是一个具有多重本质、多种属性的概念。

18世纪80年代，德国哲学家伊曼努尔·康德（Immanuel Kant，1724—1804）指出：“任何一种学说，如果它可以成为一个系统，即成为一个按照原则而整理好的知识整体的话，就叫做科学。”②19世纪70年代，恩格斯（1820—1895）指出：“在马克思看来，科学是一种在历史上起推动作用的、革命的力量。”③英国晶体物理学家、科学学主要创始人之一贝尔纳（J.D.Bernal，1901—1971）指出：“科学可作为（1.1）一种建制；（1.2）一种方法；（1.3）一种积累的知识传统；（1.4）一种维持或发展生产

---

① 胡适：《〈科学与人生观〉序》，《科学与人生观》，亚东图书馆1923年版，胡序第2页。

② ［德］康德：《自然科学的形而上学基础》，邓晓芒译，生活·读书·新知三联书店，1988年版，第2页。

③ 恩格斯：《卡尔·马克思的葬仪》，《马克思恩格斯全集》第二十五卷，人民出版社2001年版，第597页。

的主要因素；以及(1.5)构成我们的诸信仰和对宇宙和人类的诸态度的最强大势力之一。”[①]在西方，关于科学本性的讨论，几百年来从没有停止过。

来源于science的“科学”概念传入中国之后，学术界同样有着各种各样的理解。梁启超作为最早使用“科学”术语的文化精英之一，在1902年发表多篇含有“科学”一词的文章。在这些文章中，他将“自然科学”与传统的“格致”相等同，视为“狭义之科学”[②]，将物理学称之为“物质学”。在他看来，一般意义的“科学”，不仅包括“天文学、物质学、化学、生理学”等“天然科学”[③]，而且还包括“政治学、生计学、群学”等“形而上学”[④]，是所有学问的总称。新文化运动先驱者陈独秀(1879—1942)说：“科学者何？吾人对于事物之概念，综合客观之现象，诉之主观之理性而不矛盾之谓也。”[⑤]他看重的是科学能够为人们提供理性主义的方法论。陈独秀还说：“科学有广狭之义：狭义的是指自然科学而言，广义是指社会科学而言。社会科学是拿研究自然科学的方法，用在一切社会人事的学问上，像社会学、伦理学、历史学、法律学、经济学等。凡用自然科学方法来研究、说明的都是科学，这乃是科学最大的效用。”[⑥]这是一种与众不同的解释，若将“广义是指社会科学”改为“广义科学包括社会科学”就与现今的观点相一致了。化学家、教育家任鸿隽说：“科学者，智识而有统系者之大名。就广义言之，凡智识之分别部居，以类相从，井然独绎一事物者，皆得谓之科学。自狭义言之，则智识之关于某一现象，其推理重实验，其察物有条贯，而又能分别关联抽举其大例者谓之科学。是故历史、美术、文学、哲理、神学之属非科学也，

① [英]贝尔纳：《历史上的科学》，伍况甫等译，科学出版社1959年版，第6页。

② 梁启超：《进化论革命者颉德之学说》，《饮冰室合集》(第五册)，中华书局1988年重印版，文集之十二第79页。

③ 梁启超：《新史学》，《饮冰室合集》(第四册)，中华书局1988年重印版，文集之九第11页。

④ 梁启超：《格致学沿革考略》，《饮冰室合集》(第四册)，中华书局1988年重印版，文集之十一第4页。

⑤ 陈独秀：《敬告青年》，《青年杂志》1915年第1卷第1期。

⑥ 陈独秀：《新文化运动是什么?》，《新青年》1920年第7卷第5期。

而天文、物理、生理、心理之属为科学。今世普通之所谓科学，狭义之科学也。持此以与吾国古来之学术相较，而科学之有无可得而言。”[①]从狭义和广义两个层面来理解科学，似乎已经成为“科学”概念引进中国之后学术界的一个共识。

英国科学史家斯蒂芬·梅森(Stephen F.Mason)说：“如果我们要说明科学的过去情形和科学在历史上的成就，我们就会发现很难找到一种能简洁表示的、适用于一切时间和地点的科学定义。”[②]的确，为“科学”这样一个内涵丰富的概念做出一个准确、清晰、简明的定义，是十分困难的。为了传播“科学”概念，人们又不得不按照各自的理解为它做出相应的界定。以下是笔者在辞典、百科全书中随机搜集到的一些“科学”的定义。

◎科学　研究和探讨自然、社会历史诸现象的规律的学问。(《四角号码新词典》，商务印书馆1959年版，第150页)

◎科学是按在自然界的次序对事物进行分类和对它们意义的认识。(英国《新百科全书》第16卷，第5292页)

◎科学　社会意识形态之一。关于自然界、社会和思维发展规律的知识体系。它是在人们社会实践的基础上产生和发展的，是实践经验的总结。科学分自然科学和社会科学两大类，哲学是二者的概括和总结。(《新华词典》，商务印书馆1980年版，第469页；《新华词典》，商务印书馆2001年修订版，第555页)

◎科学　以范畴、定理、定律形式反映现实世界多种现象的本质和运动规律的知识体系。(《中国大百科全书·哲学》上册，中国大百科全书出版社1987年版，第404页)

◎科学　关于自然、社会和思维领域的各种具体规律性知识的理论体系。科学是社会的精神财富，是人类智慧的结晶，是精神文明的重

---

① 任鸿隽：《说中国无科学之原因》，《科学》1915年第1卷第1期；《科学救国之梦：任鸿隽文存》，上海科学技术出版社、上海科技教育出版社2002年版，第19页。

② [英]斯蒂芬·梅森：《自然科学史》，周煦良译，上海译文出版社1980年版，第562页。

要组成部分。(刘炳瑛主编:《马克思主义原理辞典》,浙江人民出版社1988年版,第603页)

◎科学　是关于客观世界中特定事物和现象的本质、关系和活动规律的知识体系。它以概念和逻辑的形式反映事物和现象的本质与规律。科学可分为自然科学、社会科学、思维科学等门类。(杨斌主编:《软科学大辞典》,中国社会科学出版社1991年版,第363页)

◎科学是正确反映自然、社会、思维的本质和规律的系统知识。科学的内涵丰富,可以从不同角度予以定义。(孙鼎国主编:《西方文化百科》,吉林人民出版社1991年版,第563页)

◎科学(science)　反映客观世界(自然界、社会和思维)的本质联系及其运动规律的知识体系,组织科学活动的社会建制。……科学作为知识体系,是一种社会意识形式。科学作为生产知识的活动,是一种独特的社会劳动,并且发展为一种社会体制。(《自然辩证法百科全书》编辑委员会:《自然辩证法百科全书》,中国大百科全书出版社1995年版,第264—265页)

◎科学　运用范畴、定理、定律等思维形式反映现实世界各种现象的本质和规律的知识体系。社会意识形式之一。按研究对象的不同,可分为自然科学、社会科学和思维科学,以及总结和贯穿于三个领域的哲学和数学。(《辞海》1999年版缩印本,上海辞书出版社2000年,第2107页)

◎科学　反映自然、社会、思维等客观规律的分科的知识体系。(周行健、余惠邦、杨兴发主编:《现代汉语规范用法大词典》,学苑出版社2000年版,第628页)

◎科学(science)　以范畴、定理、定律形式反映现实世界各种现象的本质和运动规律的知识体系。有时指生产知识的活动和过程。社会意识形式之一。(金炳华主编:《马克思主义哲学大辞典》,上海辞书出版社2003年版,第356页)

◎Science　基于可被证明(例如通过实验)的事实所获得的关于自然界和物理世界的结构和行为的知识。([英]霍恩比:《牛津高阶英

汉双解词典》第六版，商务印书馆 2004 年版，第 1552 页）

同一个学术概念的多种定义，能够揭示被定义事物不同层面、不同侧面的属性，因此具有一定程度的互补性，而不具有绝对的排他性。总体而言，上述“科学”定义的差别，主要表现在两个方面。

第一个差别是定义的覆盖范围不同。少数定义属于狭义科学的定义，亦即其范围限于自然科学（在传统上包含数学[①]）。19 世纪以后的英文 science 一词就是这种含义。兴起于英、美等西方国家的 history of science（科学史）、philosophy of science（科学哲学）、science studies 或 science of science（科学学），都是以自然科学（含数学）作为研究对象的，基本上不涉及社会科学。19 世纪 30 年代，英国哲学家和历史学家威廉·惠威尔（又译为威廉·休厄尔，William Whewell，1794—1866）仿照 artist（艺术家）一词，倡导使用由 science 派生出来的 scientist 一词，指称像迈克尔·法拉第（Michael Faraday，1791—1867）那样的以科学研究为职业的人。Scientist 后来逐步涵盖了物理学家、化学家、博物学家（矿物学家、生物学家）、天文学家等，同社会科学家没有关系。

造成这种状况的原因也许并不复杂。首先，数学和自然科学的崛起早于社会科学。数学早在古代就取得辉煌的成就，公理化的欧几里得几何学即创建于公元前 3 世纪。15 世纪下半叶，自然科学在欧洲首先走上独立的发展道路。17 世纪末叶，牛顿建立了完整的经典力学体系。18 世纪末至 19 世纪上半叶，物理学、化学、天文学、生物学等均获得长足发展。在这样的背景下，人们使用拉丁文 scientia 及其在西方语言文字中的衍生词来指称各种知识、学问，当然首先是指数学和自然科学。此谓之“先入为主”。比之数学和自然科学，社会科学的发展至少滞后了一个多世纪。19 世纪中后期，社会科学的几门主要学科（政

① 在传统上，数学被视为自然科学的一个基础学科门类，与物理学、化学、天文学、地球科学、生物学相并列。19 世纪下半叶，中国、日本学者曾使用“理学”之名翻译包含数学和自然科学的狭义 science。20 世纪 80 年代以后，一些中国学者主张将数学列为同自然科学、社会科学、思维科学、哲学相并列的一个科学部类。参见本书第 198—204 页。

治学、社会学、教育学等)才眉目清晰地呈现在人们面前。其次,数学、自然科学在社会经济活动中的作用得到了较为充分的显现,或者说数学、自然科学的社会功能,特别是其物质文明功能、生产力功能的展示,比哲学、社会科学更具有直接性、即时性。数学和自然科学成为"强势知识群体",而哲学和社会科学一直是"弱势知识群体"。社会对数学和自然科学的认同程度远远高于哲学和社会科学,因此人们很自然地把数学和自然科学作为 scientia 及其衍生词的主体部分或标志性部分。

中国工具书上的科学定义,绝大多数以广义科学作为对象,亦即其范围覆盖数学、自然科学、系统科学、哲学、社会科学、思维科学等所有的科学部类。这种理解同德文的 Wissenschaft 和俄文的 наука 具有一致性,泛指一切有体系的学问。但是,中国人日常生活中使用的"科学"概念通常却是狭义的。例如,人们一说到"科学家",马上想到的是力学家、物理学家、化学家、天文学家、地球科学家、生物学家等自然科学家和从事线性代数、微积分学、拓扑学、模糊数学等学科研究的数学家,一般而言不包含历史学家、政治学家、经济学家、社会学家、法学家、语言学家、教育学家等社会科学家和哲学家。一说到"科学技术",人们立即想到的是以认识自然界为使命的自然科学和以改造自然界为使命的自然技术,而很少涉及哲学和社会科学。"科学知识""崇尚科学""宣传科学"等词组中的"科学",在多数场合下专指数学和自然科学。

第二个差别是定义中使用的属概念不完全相同。使用"知识体系"作为属概念的定义最多,其他属概念则有"学问""认识""理论体系""精神财富""社会意识形态""社会建制""活动和过程"等。科学具有极为丰富的内涵,研究者的知识背景、所属学科、研究视角有所不同,因而就可能对其做出多种多样的定义。

笔者经过多年思考,为了进行学术对话的需要,在借鉴众多定义的基础上也尝试着为科学做出一个基本的界定:科学是人们创造知识的认识活动、社会活动以及由此所建立起来的知识体系①。这个定义包

① 王续琨:《交叉科学结构论》,大连理工大学出版社 2003 年版,第 3 页。

含两个子定义或两个基本点。首先，科学是发展着的客观知识的体系。知识是人们对客观事物和过程的反映。科学知识是人们对客观事物和过程的正确反映。科学知识包括科学经验知识（科学生活经验知识、科学生产经验知识）、科学理论知识两个层次。科学理论知识不仅“知其然”，而且“知其所以然”。其次，科学是创造知识的认识活动、社会活动。这个子定义，把科学理解为生产或创造“客观知识的体系”的活动过程或动态过程，即特定时空条件下的社会历史过程。科学学的众多分支学科，有些学科主要将科学视为一种知识体系，如科学知识体系学、科学学科学、跨学科学等；有些学科主要将科学视为一种认识活动，如科学语言学、科学创造心理学、科学研究方法学等；有些学科主要将科学视为一种社会活动，如科学政治学、科学经济学、科学发展战略学等。

本书的研究对象是科学学科。放在“学科”一词前面的“科学”，指的是涵盖所有领域的具有结构性特征的知识体系。也就是说，本书研究的“科学学科”是从作为知识体系的广义科学中抽取、切分出来的知识分支体系。

二、学科概念释义

1.“学科”一词溯源

体量庞大、结构复杂的科学知识体系，可以按照知识的某些特征、属性进行切割和分类。例如，将这个科学知识体系划分为若干个知识板块、知识领域、知识部门、知识群落、学科、知识单元等。人们比较熟悉的是“学科”概念。相对于科学概念、定义、定理、定律等微观知识单元，学科是科学知识体系居于中间层次的构成要素。

在中国，古代即已出现学问分科的思想。《论语》是先秦时期较早出现“科”字的文献。其《八佾》篇曰：“射不主皮，为力不同科，古之道也。”这里的“科”表示存在差别。就对人的教育而言，每个受教育者所获得的学业专长是不同的。有学者从《论语·述而》篇中总结出“孔门四教”：文、行、忠、信，也有学者从《论语·先进》篇中总结出“孔门四科”：德行、言语、政事、文学。

至宋代，中国文献中出现了“学科”一词。词人、官员孙光宪（901—968）的《北梦琐言》卷二记载：“咸通中，进士皮日休进书两通：其一，请以《孟子》为学科。”文学家、政治家欧阳修（1007—1072）、宋祁（998—1061）等人纂修的《新唐书》一百九十八卷《儒学传·序》有云：“自杨绾、郑余庆、郑覃等以大儒辅政，议优学科，先经谊，黜进士，后文辞，亦弗能克也。”宋代的“学科”是指按照儒家学说内容所设定的考试科目。

在西方国家，古希腊文 didasko（教）和拉丁文 disc（学）、disciplina（兼有知识和权力的含义）是多种西方语言文字的学科概念的直接源头。据语言学家考证，13 世纪，英文中出现 discipline 一词，意为各种知识，主要是医学、法律、神学等中世纪后期大学中的新兴知识门类。14 世纪，英文中又出现由拉丁文 subjectus（意为放置其下）派生的 subject 一词，具有同 discipline 相接近的含义。

经历过中世纪的漫漫长夜，15 世纪下半叶，近代自然科学在欧洲开启了发展之门。1543 年，波兰天文学家哥白尼（1473—1543）出版了“自然研究用来宣布其独立”的划时代著作——《天体运行论》，“从此自然研究便开始从神学中解放出来”，“科学的发展从此便大踏步地前进”[①]。英国哲学家弗朗西斯·培根（Francis Bacon，1561—1626）敏锐地感受到科学新时代的到来，大力倡导实验科学，强调感觉经验是一切知识的源泉。为了同这个新时代相呼应，他有一个全面改革知识的庞大计划，撰写大部头的《伟大的复兴》。1605 年，他完成这部巨著的第一部分，以《学术的进展》为名刊行于世。1620 年，他又出版了《伟大的复兴》的第二部分《新工具论》。在《学术的进展》一书中，弗朗西斯·培根系统地陈述了对人类知识各个领域的调查结果并论析了这些知识领域的未来发展。翻阅《学术的进展》一书英文版[②]可知，其中有几十处使用了 science 或 sciences 一词，subject 一词仅出现一次。在《学术的

① 恩格斯：《自然辩证法》，《马克思恩格斯选集》第四卷，人民出版社 1995 年版，第 263 页。

② Francis Bacon, *The Advancement of Learning*, London: Clarendon Press, 1969.

进展》中文版[1]中，其中既有大量的“科学”概念，又有大量的“学科”概念。通过对照中文版和英文版，笔者发现中文版的“学科”一词，只有一处对应于英文版的 subject，即中文版第 23 页/英文版第 32 页[2]。其余的“学科”一词，有的在英文版中是 arts，如中文版第 61 页/英文版第 81 页；有的在英文版中是 sciences，如中文版第 64 页/英文版第 85 页、中文版第 78 页/英文版第 105 页；有的在英文版中是 studies，如中文版第 88 页/英文版第 119 页；有的在英文版中是 science，如中文版第 89 页/英文版第 121 页、中文版第 99 页/英文版第 135 页；有多处在英文版中并没有对应的实词，“学科”一词是中文译者依据上下文的需要即具体语境添加进去的。这个情况表明，在 17 世纪初，英文中专用“学科”概念的使用还很不普遍。

英文中的 subject、discipline 和其他西方语言文字的类似词汇，在 17 世纪到 19 世纪的很长一段时间，主要被用于教育领域，指称学校的教学科目或课程。法国空想社会主义者昂利·圣西门（C. Henri de Saint-Simon，1760—1825）于 1813 年完成的《人类科学概论》一文，同时使用“学科”和“科学”概念：“在路易十五在位时期，物理学和数学开始成为国民教育讲授的学科；到路易十六执政时期，这两门科学就已经是最主要的课程了；最后，发展到今日，这两门科学已成为教学内容的主要部分。”[3]他使用“学科”概念指称国民教育科目，但“学科”（discipline）与“科学”（science）有时又可以相互置换。

恩格斯的《自然辩证法》书稿，大部分片断和札记写于 19 世纪 70 年代，其中没有出现“学科”（德文 fachrichtung、disziplin）概念。在今天看来适于使用“学科”的场合下，恩格斯在手稿有时使用“各种不同的科学”这样的词组。“正如一个运动形式是从另一个运动形式中发展出来一样，这些形式的反映，即各种不同的科学，也必然是一个从另一个

① [英]弗朗西斯·培根：《学术的进展》，刘运同译，上海人民出版社 2007 年版。

② Francis Bacon, *The Advancement of Learning*, London: Clarendon Press, 1969: 32.

③ [法]昂利·圣西门：《人类科学概论》，《圣西门选集》第一卷，王燕生、徐仲年、徐基恩等译，商务印书馆 1979 年版，第 47 页。

中产生出来。”[①]恩格斯批判法国哲学家、社会学家奥古斯特·孔德(I. M.Auguste F.X.Comte,1798—1857)的百科全书式自然科学整理法,谈到学校教育的科目、课程时,则使用“不到一门科学完全教完之后不教另一门科学”[②]这样的说法。进入19世纪,科学分类问题虽然已经引起很多学者的关注,但作为知识体系的“学科”概念,直到19世纪下半叶还不是一个常用、常见的术语。

在东方,由“科学”概念分立出来的“学科”概念,出现的也比较晚。1790年(乾隆五十五年),《钦定千叟宴诗》第二十五卷有一段记述钦天监西洋人那永福在“欧逻巴州西天西意违里亚”(即意大利)的见闻,其中有句“人有医、治、教、道四科学”[③]。1832年,日本数学家高野长英在《医原枢要内编》一书题言中使用“醫家ノ一科學”的说法。那永福所说的“四科学”和日本学者所说的“一科學”“一科一學”,同样也是表述学科之意。“科学”这个术语,说到整体是指整个科学知识体系,说到局部必然是指构成这个知识体系整体的学科。

19世纪60年代,日本学者福泽谕吉等多次论及西方大学的“学科”划分问题。哲学家西周在1870年开始的《百学连环》讲座中开始使用“学科”一词,同时他还提出了具体的学科分类架构,列出格物学、分析学、金石学、植物学、生物学、地质学、古界学、天文学、晴雨学等学科名称。明治维新初期,日本文部省的官方文书中同样出现了“学科”一词。中国外交家、诗人黄遵宪(1848—1905)于1887年定稿、1895年印行出版的《日本国志》卷三十二“学术志一”,介绍日本专门学校、大学的学院、学科设置时,多处使用“学科”一词[④]。1896年,清政府吏部尚书孙家鼐(1827—1909)在筹办京师大学堂期间提出“分科立学”的主张。1898年,他奉命担任京师大学堂首任管理学务大臣,主持制定《京师大

① 恩格斯:《自然辩证法》,人民出版社1971年版,第228页。

② 恩格斯:《自然辩证法》,人民出版社1971年版,第228页。

③ 《钦定千叟宴诗》卷二十五,文渊阁《钦定四库全书》集部·总集类,第25页。

④ 黄遵宪:《日本国志》下卷,吴振清、徐勇、王家祥点校整理,天津人民出版社2005年版,第797—798页。

学堂章程》，在“大学分科门目表”中列出政治科、文学科、格致科、农业科、工艺科、商务科、医术科等七个“科”，各“科”之下又列出若干个“门”，如“格致科”之下有天文学、地质学、高等算学、化学、物理学、动植物学六个“门”。值得注意的是，这个章程中还出现了“学科”一词，如“学科阶级”（指学习科目的顺序或阶段）。京师大学堂第三任管学大臣张百熙（1847—1907）拟定、由慈禧太后钦准于 1902 年颁行的《钦定京师大学堂章程》，张百熙会同两江总督张之洞（1837—1909）和刑部尚书荣庆（1859—1917）拟定、1904 年颁行的《奏定京师大学堂章程》，都大量地使用了“学科”一词。

在 20 世纪初之前，“学科”一词完全可以看作是“教学科目”或“学习科目”的缩略语。进入 20 世纪，梁启超是最早在知识体系意义上使用学科概念的中国学者。1902 年，他在《格致学沿革考略》一文中说：“质化天地动植诸学，其厘然成一完全学科也较早”[①]，认为质学（物理学）、化学、天文学、地质学、动物学、植物学等学科的形成早于政治学、生计学（经济学）、群学（社会学）等。同年发表的《进化论革命者颉德之学说》在论述生物进化论的广泛影响时说：“自达尔文种源说出世以来，全球思想界忽开一新天地，不徒有形科学为之一变而已，乃至史学、政治学、生计学、人群学、宗教学、伦理道德学，一切无不受其影响。斯宾塞起，更合万有于一炉而冶之，取至繁至赜之现象，用一贯之理而组织为一有系统之大学科。”[②]

20 世纪 20 年代以后，科学哲学、知识社会学、科学学的兴起，促使西方学者开始关注科学知识体系的构成单元——学科。20 世纪 50 年代，中国期刊中出现了具有知识体系含义的“学科”概念。在《中国学术期刊（网络版）》中，笔者以“学科”作为检索词进行“篇名”的“精确”检索，然后对检索结果进行检视辨识。可以初步认定，1954 年以前问世

① 梁启超：《格致学沿革考略》，《饮冰室合集》第四册，中华书局 1988 年重印版，文集之十一第 4 页。

② 梁启超：《进化论革命者颉德之学说》，《饮冰室合集》第五册，中华书局 1988 年重印版，文集之十二第 79 页。

的12篇文献,篇名中的"学科"都是学习科目意义的"学科",1955年发表的6篇文献中出现1篇以知识体系意义的"学科"作为篇名主题词的论文。这篇题为《论财政科学及其各学科的对象》的论文,系根据在中国人民大学工作的苏联专家阿·米·毕尔曼(А.М.Бирман)的学术报告稿整理而成,文中说:"财政科学与其他一切科学一样,它所研究的对象也是在一定的自然或社会领域中——对财政科学来说是客观存在的货币关系——客观存在的规律。由于货币关系是通过多种形式和方法表现的,因此,以这种货币关系作为研究对象的财政科学,也相应地分为若干科学学科。按其内容,财政科学可以分为三类:(1)一般学科;(2)专门学科;(3)纯实用学科。"①用现在的观点来看,这是一篇从自然辩证法或科学哲学视角分析财政科学学科结构的论文。

20世纪70年代末以后,由于自然辩证法、科学哲学、科学学研究在中国的迅速崛起,在知识体系意义上讨论学科问题的文献逐渐增多。与此同时,随着高等教育体制化建设的逐步深入,《授予博士、硕士学位和培养研究生学科、专业目录》经过多次修订,教育管理意义的"学科"概念越来越深入人心。1986年国家自然科学基金的设立和1991年国家社会科学基金的设立,按学科编制项目指南或项目课题指南,于是又出现了科学管理意义的"学科"概念。

在国外,"学科"概念具有多义性。在《牛津高阶英汉双解词典》第六版中,discipline一词,除训练、纪律、风纪、行为准则、自制力等义项之外,中文还可以译为知识领域、大学的学科、科目;subject一词,除题目、题材、问题、表现对象、接受试验者、实验对象、主语、国民等义项外,中文又可以译为学科、学习科目、课程。

在中国语境中,"学科"概念概括起来,至少具有以下四层含义。

第一层含义,"学科"用于指称科学知识体系的一个局部、分支体系,标示科学知识的类分划界,可以称之为知识体系意义的"学科",以

① [苏]阿·米·毕尔曼:《论财政科学及其各学科的对象》,《教学与研究》1955年第10期。

下简称为学科Ⅰ。科学知识体系学、科学学科学等科学学分支学科所讨论的“学科”，就是这种知识体系意义的“学科”。学科Ⅰ大体上对应于英文的discipline，具有相对明显的理论色彩，主要指向知识创造活动即科学研究活动。

第二层含义，“学科”用于指称学校开设的课程、学生学习的科目，可以称之为教学科目意义的“学科”，以下简称为学科Ⅱ。小学、中学教育领域所谈论的“学科建设”，高等教育领域所讨论的“学科教学”，其中的“学科”就是指这种教学科目意义的“学科”，如语文学科、数学学科、外语学科、体育学科、计算机学科等。学科Ⅱ大体上对应于英文的subject或course，具有明显的教学实践色彩，主要指向知识传播活动即学校教学活动。

第三层含义，“学科”用于指称高等学校的学术建制或学术组织，可以称之为教育管理意义的“学科”，以下简称为学科Ⅲ。“学科是大学的产物，是大学制度及其结构的基本元素”①，高等教育领域经常热议的“学科发展规划”“学科布局”“特色学科”“创一流学科”等，其中的“学科”是指教育管理意义的“学科”。这种意义的“学科”通常按《培养研究生的学科、专业目录》来命名，因此常常可以用“专业”概念来置换。它可能有相应的实体架构，也可能是多个学术机构因特定需要所做的非实体性“整合”。学科Ⅲ兼有理论色彩和教学实践色彩，既同知识创造活动有关又同知识传播活动有关。高等学校领导层、管理层经常思考和谈论的“重点学科”“学科评估”等，其中的“学科”属于这层含义。

第四层含义，“学科”用于指称科学研究项目申请、成果评审的学术范围，具有明显的管理实践色彩，可以称之为学术管理意义的“学科”，以下简称为学科$Ⅳ_1$。例如，国家社会科学基金委员会为项目申报、评审设定了马克思列宁主义·科学社会主义、党史·党建、哲学、理论经济、应用经济、统计学、政治学、法学、社会学、人口学、民族问题研究、国际问题研究、中国历史、世界历史、考古学、宗教学、中国文学、外国文

① 韩水法：《大学制度与学科发展》，《中国社会科学》2002年第3期。

学、语言学、新闻学与传播学、图书馆·情报与文献学、体育学、管理学、教育学、艺术学等25个一级学科；各一级学科之下，设置若干个二级学科。1992年版《中华人民共和国国家标准·学科分类与代码》设立58个一级学科，2009年版《中华人民共和国国家标准·学科分类与代码》设立62个一级学科，每个一级学科之下均有若干个二级学科、三级学科。这份国家级规范文件中的“学科”，可以简称为Ⅳ$_2$，是编制学术管理意义学科目录的依据。

“学科”概念的四层含义之间，各有不同程度的联系（图2.1）。就时间顺序而言，先出现教学科目意义的“学科”概念（学科Ⅱ），而后才出现知识分支体系意义的“学科”概念（学科Ⅰ）。但从源流上来看，只有先形成了作为知识分支体系的“学科”，才有传授这些知识的需要和在学校设置教学课程或学习科目的依据，现在应该将学科Ⅱ看成是从学科Ⅰ派生而来的，两者之间是一种串行关系。教育管理意义的“学科”（学科Ⅲ）是为发展学科Ⅰ、做强学科Ⅱ而组建和“整合”起来的。学术管理意义的“学科”（学科Ⅳ$_1$）同前面三层含义都有相关性，服务于前面三层含义。编制学术管理意义的“学科”（学科Ⅳ$_1$）目录，应以国家标准《学科分类与代码》（Ⅳ$_2$）为依据。从本源上来说，学科Ⅳ$_2$植根于学科Ⅰ，是从知识创造活动的成果中提炼出来的。一定时期的学科Ⅳ$_2$文本，既可以为学科Ⅰ、学科Ⅱ、学科Ⅲ提供规范的参照坐标，又需要伴随着科学研究的新进展、新突破而做出与时俱进的修订调整。

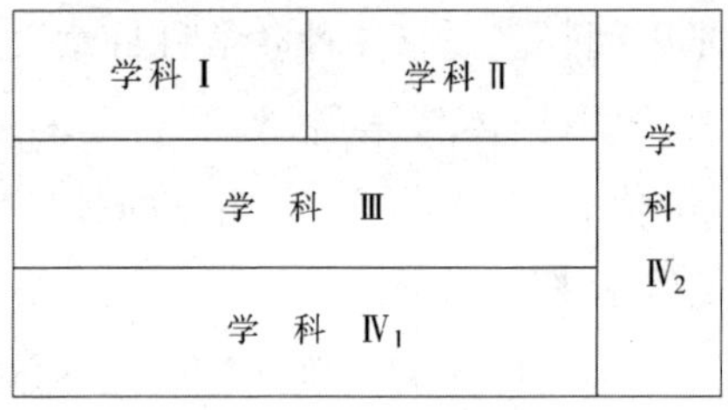

图2.1　学科概念四层含义的关联

2.学科界说

本书的研究对象是知识体系意义的“学科”。在诸多涉及科学分类、科学知识体系结构及其演进态势等问题的论文、著作中，“学科”通常被视为“公理性”的概念，很少有人对其加以定义，似乎是不言自明的。以下是笔者从工具书和规范文件中搜集到的几个属于知识体系意义的“学科”定义。

◎学科　按照学术的性质而分成的科学门类，如自然科学中的物理学、化学，社会科学中的历史学、语言学、法学等。（《新华词典》，商务印书馆1980年版，第956页；《新华词典》，商务印书馆2001年修订版，第1117页）

◎学科　学术的分类。指一定科学领域或一门科学的分支。如自然科学中的物理学、生物学；社会科学中的史学、教育学等。（《辞海》，上海辞书出版社1989年版，第2974页；《辞海》1999年版缩印本，上海辞书出版社2000年，第1360页）

◎学科　是相对独立的知识体系。（《中华人民共和国国家标准·学科分类与代码》，中国标准出版社1993年版，第1页）

◎学科　根据学问性质而划分的门类，如自然科学中的物理学、化学。（中国社会科学院语言研究所词典编辑室：《现代汉语词典》第三版，商务印书馆1998年版，第1429页）

◎学科　按照学问的性质而划分的门类。如自然科学中的物理学、化学，社会科学中的历史学、经济学等。（阮智富、郭忠新：《现代汉语大词典》下卷，上海辞书出版社2009年版，第1833页）

◎学科　按照学问的性质而划分的门类。如自然科学中的物理学、化学。（翰林辞书编写组：《现代汉语大词典》，江西教育出版社2014年版，第1186页）

上述定义尽管选择了不同的属概念（门类、分支、知识体系等），表述方式也有所不同，但在内涵上是大体相同的。后面三个定义，文字几乎完全相同，被定义的对象已经被“删繁就简”，仅仅从知识分支体系的角度为“学科”做出定义。

依据前述各种定义，科学知识体系的所有分支、部分都可以视为学科，显然学科有层次、级别上的差异，亦即有大学科、小学科之别，有上位学科、下位学科之分。哲学、数学作为科学知识体系的第一级分支体系，在传统上一直被视为学科；与哲学、社会科学处于同一层次的自然科学，其所属的物理学、化学、天文学、生物学等次级分支也一向被视为学科;天文学所属的天体力学、天文动力学、航海天文学、射电天文学、宇宙线天文学等同样被视为学科。最近几十年,学术界、教育界为了对学科进行层级区分,在不同场合出现了所谓一级学科、二级学科、三级学科的说法。

为了进行交流和对话,笔者在借鉴多家定义的基础上,尝试性地为学科做出一个一般性的定义:学科是具有特定研究对象的科学知识分支体系①。同前面列出的几个定义相比,这是一个侧重于发生学视角的定义。其中,包含三个要点。

第一个要点,是"具有特定研究对象",标示着特定研究对象是一门学科得以自立的首要条件。一门学科之所以能够创生、形成或建立起来,之所以能够将其与其他学科区别开来,最根本的原因就在于这门学科具有特定的且与其他学科探察视角有所不同的研究对象。有了研究对象,通过研究者的不懈努力,才可能形成该学科所应有的研究范式、理论体系、代表性著述等。

第二个要点,是"科学知识分支",标示着学科与整个科学知识体系存在不可割裂的关系。科学作为知识体系的整体,是由许许多多的知识分支——学科构成的。整体,建立在分支的基础之上;分支,脱离了整体便会失去应有的发展活力。

第三个要点,是"科学知识体系",标示着学科不是片断知识的随意堆积。在一门学科之中,各种科学概念、科学定义、科学假说、定理或规律性认识,需要条理清楚、逻辑严谨地组织起来,在整体上形成自洽的知识体系。

本书第一章曾做过说明,为了避免混淆,笔者将以学科作为研究对象的学科——学科学,改称为"科学学科学"。科学学科学的研究对象是科学学科。学科可以看作是科学学科的简化形式。在书中,凡是不会引起误解的地方,笔者有时依然使用简化形式的"学科"一词。章、节标题中,则大多使用"科学学科"这个词组。

① 王续琨:《交叉科学结构论》,大连理工大学出版社 2003 年版,第 5—6 页。

三、科学与学科：整体与部分的关系

“科学”和“学科”是一对两字倒序词汇。在汉语中，两字倒序词汇通常含义相同，如“介绍”“命运”“灵魂”，在20世纪初至30年代，其常见用法是“绍介”“运命”“魂灵”，与今义相同。“科学”和“学科”不是等义词汇。在知识体系意义上，两者既有一定的差异，又有内在的有机联系。概括地说，科学与学科是整体与部分的关系。

由前面对西方science概念传入过程的回溯可知，中国文化界、知识界在20世纪的开头十几年接受了science意义的“科学”概念，用以全面替代“格致”概念，同时形成了科学整体观。主持创办《科学》杂志的任鸿隽在其自传文稿《五十自述》中，回忆1912—1915年在美国康奈尔大学留学期间接受西方科学观念时曾说：“所谓科学者，非指一化学一物理学或一生物学，而为西方近三百年来用归纳方法研究天然与人为现象所得结果之总和。”①严复、陈独秀等人也认为广义的科学囊括所有的科学知识。

科学是science的整体，学科是science的部分；科学是全部的“分科之学”，学科是局部的“分科之学”；科学是“分科之学”的总体，学科是“学之分科”的一科。其实，“科学学科”这个词组，也能直观地告诉我们，学科是科学整体的组成部分。

科学是学科的上位概念，学科是科学的下位概念。但在两个概念的实际使用中，100多年来一直存在着混用现象。前面说过，在早期的日文文献和中文文献中，凡是“科学”或“科学”前面加上数字的场合，如“一科学”“四科学”等，都是“学科”之意。时至今日，“科学”有时还被一部分学者当作“学科”的同义词来使用。下面是笔者随机从三部工具书中摘录出来的三门具体学科的定义。

◎未来学　研究未来的一门综合性科学。（《简明社会科学词典》

① 任鸿隽：《五十自述》，樊洪业、张久春选编：《科学救国之梦：任鸿隽文存》，上海科技教育出版社、上海科学技术出版社2002年版，第683页。

编辑委员会:《简明社会科学词典》,上海辞书出版社 1982 年版,第 194 页)

◎心理学(psychology) 研究心理的一门科学。它主要研究人的心理活动,但也研究动物的原始心理状况,并以此作为手段来探索人的心理的起源和演进过程,帮助我们对人的心理取得全面了解。因此可以认为,心理学就是研究人的心理活动的一门科学。(《自然辩证法百科全书》编辑委员会:《自然辩证法百科全书》,中国大百科全书出版社 1995 年版,第 612 页)

◎物理学 以实验为基础,研究物质运动最基本、最一般的规律和物质的基本结构,以及它们的应用的科学。(《新华词典》,商务印书馆 2001 年修订版,第 1047 页)

上述定义中的属概念,使用“学科”也许比“科学”更为确切。但是,有些人习惯于使用“科学”,也无可厚非。这些定义其实也属于数字“一”加“科学”的用例,而且在“科学”前面有或短或长的定语,显然指的是科学的局部,而不是科学的整体。这表明,“科学”在特定语境下可以指称“学科”。

由于存在用“科学”特指科学知识分支体系的情况,语言类词典大部分有与此相关的义项。例如,在《牛津高阶英汉双解词典》第六版中,science 一词的第三个义项:a particular branch of science(意为“科学的某个特定分支”)。在这个英文解释的后面,译者给出的对应中文翻译为“自然科学学科”①。有些中文词典也同样列有以“科学”指称“学科”的义项。

虽然没有“学科”被用于指称“科学”的反例,但可以找到具体学科名称由“学”改为“科学”的实例。自然科学中的物理学、电学、风能学、生物学、微生物学、冶金学、食品工艺学,有人习惯于称之为物理科学、电科学、风能科学、生物科学或生命科学、微生物科学、冶金科学、食品

① [英]霍恩比:《牛津高阶英汉双解词典》第六版,石孝殊等译,商务印书馆 2004 年版,第 1552 页。

工艺科学；社会科学中的历史学、政治学、法学、经济学、教育学、文艺学、语言学，有人习惯于称之为历史科学、政治科学、法律科学、经济科学、教育科学、文艺科学、语言科学；交叉科学中的地理学、资源学、生态学、环境学、管理学、知识学，有学者愿意写为地理科学、资源科学、生态科学、环境科学、管理科学、知识科学。把“××学”称之为“××科学”，意在强调这门学科的非单一性，表明它有自身的学科结构，是由若干门分支学科[①]组成的学科门类、学科群组或学科子系统。多数“××学”只要拥有一定数量的分支学科，都可以加“科”字，称其为“××科学”。但社会学是一个例外，因为“社会学”与“社会科学”是不对等的。

科学与学科在某些方面是有细微差别的。科学有广义、狭义之分，狭义科学仅指自然科学知识所建构的知识体系，广义科学涵盖非自然领域的科学知识体系；学科则没有广义、狭义之分，自然科学之中的学科是一般意义的学科，非自然领域的学科也是一般意义的学科。整体与部分，是科学与学科的基本关系、核心关系。

科学与学科之间没有明晰而严格的界限，我们也没有必要刻意在两者之间划出一道泾渭分明的界限。“科学学科”作为科学学科学的研究对象，将科学与学科内在地联系在一起。

① 本书所说的分支学科，包括双边缘学科、多边缘分支学科。例如，城市生态工程学作为多边缘分支学科，既应该列为城市科学的分支学科，又应该列为生态科学、工程科学的分支学科。

第三章 科学学科基本类型和学科命名

众多的科学学科，因研究对象有别、发展程度不同而呈现出多种多样的形态样式。为了进一步深化研究工作，需要梳理出科学学科的若干基本类型。一门学科的名称是其同其他学科相区分的一个重要标志。学科名称的选择主要同其研究对象有关，但有的学科名称也与学科基本类型有关。

一、科学学科的基本类型

区分学科的类型，有多种视角。如果按照在生命周期中所处的阶段，所有的学科可以区分为潜学科、初生学科、成长学科、成熟学科、衰落学科、消亡学科。潜学科是指萌发中或孕育中的学科，还没有破土而出的学科。同潜学科相对应的概念，是显学科。初生学科、成长学科、成熟学科，都属于显学科。衰落学科的出现，有多种原因。例如西方的语文学(philology)出现于古代，侧重于研究古典文学和语言文本。及至18世纪中叶，从语文学中分立出来的语言学、考古学、宗教学、人类学、古典文学学和英语文学学等学科逐渐覆盖了语文学的传统研究内容，语文学便很少被人提及[①]。在自然科学领域，某些学科由于其研究对象被新的人工物所替代，因而呈现衰落之象。20世纪60年代初之前，曾出版过大量以“电子管”作为书名主题词的著作。其后，由于晶体管、集成电路和超大规模集成电路的逐步替代，电子管的应用范围已经越来越小，电子管制造工艺之类的课程消失了，电子管制造工艺学、电子管材料工艺学、电子管电路工程学等以电子管为对象的技术科学学

① 金林：《一门学科的繁荣和衰落》，《深圳特区报》2014年12月6日C3版。

科、工程科学学科则名存而实亡。

所谓学科基本类型，是科学学科研究中需要反复涉及的学科类别。本章依据学科之间的相对关系、生成区位、重要特征等，梳理出几种学科基本类型，主要有母体学科和分支学科、边缘学科和交叉学科、综合性学科、方法性学科。

1.母体学科和分支学科

母体学科(maternal discipline)和分支学科(branch discipline)是从学科之间相对关系的角度进行区分的两种学科基本类型。母体学科是高于分支学科一个层级的上位学科，分支学科是低于母体学科一个层级的下位学科。由于两者存在亲缘关系，因此母体学科可以称之为上位亲缘学科，分支学科可以称之为下位亲缘学科。母体学科和分支学科是相对概念，指的是邻级关系。某一门学科是其上位亲缘学科的分支学科，同时又可以是其下位亲缘学科的母体学科。

除数学、哲学等科学部类和物理学、天文学、生物学、社会学、经济学、教育学、管理学、科学学、人类学等学科门类没有母体学科之外，一般学科都有自己的母体学科，亦即都是某一门上位亲缘学科的分支学科。结构力学、材料力学的母体学科是固体力学，计算流体力学、多相流体力学的母体学科是流体力学。

在研究工作持续深入的发展进程中，每门学科都有可能衍生分化出多门分支学科，从而使自身成为下位亲缘学科的母体学科；它的分支学科又可能衍生分化出下一个层级的分支学科。结构力学的分支学科有结构静力学、结构动力学、计算结构力学等，结构静力学又有木结构静力学、钢结构静力学等分支学科。正因为有了这种逐层衍生分化的格局，科学知识体系才可能拥有越来越多的学科，形成越来越复杂的学科结构。

基于生成区位，分支学科主要有两类。第一类是由于研究对象的细分化或具体化而建立的直系分支学科，它们生成于学科的主体对象区。化学因分别研究无机物、有机物的化学运动而分化出无机化学、有机化学，无机化学、有机化学即为化学的直系分支学科。第二类是由于学科之间的渗透融合而建立的边缘分支学科,它们生成于学科的边缘区。物理学实验手段、研究方法向生物学领域移植、渗透建立了生物物理学,生物物理学即为生物学、物理学的边缘分支学科。

当边缘分支学科衍生分化出下一层级的直系分支学科和边缘分支学科时,自身便成为母体学科。作为生物学、物理学边缘分支学科的生物物理学,其下建立了分子生物物理学、热生物物理学、光生物物理学、辐射生物物理学等边缘分支学科,生物物理学成为这些边缘分支学科的母体学科。对于边缘分支学科来说,应该有两门以上母体学科。生物物理学的母体学科是生物学、物理学,分子生物物理学的母体学科包括分子物理学、分子生物学、生物物理学。

2.边缘学科和交叉学科

边缘学科(marginal discipline)是指建立在两门或两门以上已有学科的邻接或交汇区域的学科。边缘学科的形成,有两条基本途径。一是把一门学科的理论和方法移用到其他学科或研究领域,如运用量子力学的理论和方法研究化学现象、生物现象分别建立了量子化学、量子生物学。二是两门以上学科的理论和方法相互融合,研究某些共同性的课题,如运用教育学、社会学的有关理论和方法共同研究教育与社会的相互关系,由此而建立了教育社会学这门边缘学科。有两门母体学科的边缘学科,称之为双边缘学科;有三门及三门以上母体学科的边缘学科,称之为多边缘学科。边缘学科由于具有两门以上母体学科,可以兼收并蓄母体学科的理论和方法,表现出较强的发展活力,成为20世纪中期以来科学知识体系中数量增长最快的一种学科基本类型。

就生成区位而言,边缘学科可以区分为两大类。第一大类是生成于科学部类内部不同学科门类或学科之间的边缘学科,可以称之为内生性边缘学科。例如,在自然科学的内部,同属于基础科学层次的力学与生物学相互渗透,陆续建立了生物固体力学、生物流体力学、生物流变学、运动生物力学、创伤生物力学等一系列边缘学科;分属于基础科学、技术科学、工程科学等不同层次的化学、生物学、电子学、医学工程学等相互融合,建立起跨层次的边缘学科——生物医学工程学。在社会科学的内部，社会学与民族学、人口学、政治学、法律学、教育学、语言学、艺术学等学科相互渗透，分别建立起民族社会学、人口社会学、政治社会学、法律社会学和社会法学、教育社会学、语言社会学和社会语言学、艺术社会学等边缘学科。

第二大类是生成于科学部类之间的边缘学科，包括两个子类。第一个子类是生成于同一个知识板块不同科学部类之间的边缘学科。在近代以来的科学发育史上，由于渗透性强弱的差异自然地形成了两个知识板块，一是由数学科学、自然科学（包含系统科学）组成的知识板块，简称为“理”；一是由哲学科学、社会科学（包含思维科学）组成的知识板块，简称为“文”。介于数学科学与自然科学之间的计算流体力学、统计物理学、化学计量学、生物数学等，介于哲学科学与社会科学之间的历史哲学、社会哲学、哲学社会学、政治哲学、社会学美学、符号学美学、经济伦理学、教育伦理学等，同样被视为内生性边缘学科。

第二个子类是生成于文理两个知识板块之间的边缘学科（图 3.1），是一类特殊的边缘学科——交叉性边缘学科，简称为交叉学科（cross-discipline）。交叉科学是所有交叉学科的统称。1985 年，钱学森在全国首届交叉科学学术讨论会的发言中指出：“所谓交叉科学是指自然科学和社会科学相互交叉地带生长出的一系列新生学科。”①这种狭义理解的交叉学科，专指生成于文理两个知识板块之间的交叉学科。采用这样一种理解，有助于突显交叉学科、交叉科学在科学知识体系演进中的特有作用。

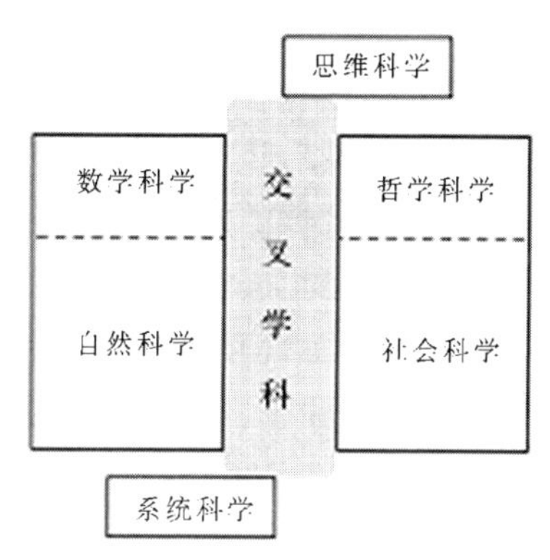

图 3.1　交叉学科的生成区位

① 钱学森：《交叉科学：理论和研究的展望》，《光明日报》1985 年 5 月 17 日第 3 版。又见中国科学技术培训中心编：《迎接交叉科学的时代》，光明日报出版社 1986 年版，第 1 页。

交叉学科与边缘学科的关系，可表述如下：交叉学科只是边缘学科的一部分，是生成于数学科学、自然科学与哲学科学、社会科学两个知识板块之间交汇区域的那一部分边缘学科；边缘学科包含交叉学科，边缘学科的外延远远大于交叉学科；交叉学科归属于边缘学科，是具有文理交叉特征的边缘学科。

3.综合性学科

综合性学科(comprehensive discipline)又称之为综合学科，是指以特定的自然客体或社会活动作为研究对象，运用多种学科的理论和方法，从各个角度进行综合性研究的学科。综合性学科形成于多门学科的接壤区，必然是多边缘学科，理所当然地应当归属于边缘学科。

一般而言，综合性学科也可以区分为两类。第一类是生成于科学部类内部不同学科门类或学科之间的综合性学科。例如，在自然科学的内部，仿生学及其分支学科即是建立在生物学(动物学、植物学)、力学、物理学、化学和工程科学基础上的综合性学科。材料科学、能源科学，也属于自然科学内部的综合性学科。在社会科学的内部，传统学、全球学、地区学、中国学、日本学、敦煌学等，均属于涉及众多学科或学科门类的综合性学科。第二类是生成于科学部类之间的综合性学科。其中大部分是生成于数学科学、自然科学与哲学科学、社会科学之间的综合性学科，如环境科学、生态科学、性科学、海洋科学、空间科学和调查研究学、人才学、旅游学等。这些学科差不多都是包含一系列分支学科的“大”学科或学科群组、学科门类。

以环境科学为例。它既包含运用自然科学相关理论和方法的环境物理学、环境化学、环境地学、环境生物学，又包含运用社会科学相关理论和方法的环境社会学、环境经济学、环境法学、环境心理学、环境管理学，还包含环境美学、环境伦理学、环境数学、环境统计学和介于自然科学与社会科学之间的环境地理学、环境变迁学、环境工程学等。环境科学的大部分分支学科属于一般意义的边缘学科，然而就整体来说，环境科学则是特殊类型的边缘学科、具有交叉性的综合性学科，笔者将其列为交叉科学的一个学科门类[①]。交叉科学的其他学科门类，如地理科学、海洋科学、资源科学、城市科学、警务科学、管理科学、网络科学等，在一定意义上均可以视为综合性学科。

由以上分析不难看出，交叉学科与综合学科有较大面积的重叠关系，但两者并不完全重合。有些综合性学科不宜视为交叉学科，如仿生学基本上归属于自然科学(包括工程科学)领域，同社会科学没有明显的交集。有些交叉学科也不宜看作是综合性学科，如数理社会学、天文学哲学仅涉及两门母体学科。

4.方法性学科

方法性学科(methodological discipline)是以自然界、社会和人类思维的某些共同属性作为研究对象的学科，或者说，是研究客观世界的多种运动形式中某些特定共同方面的学科。概括程度最高的哲学科学及其分支学科，能够为各门科学学科提供通用研究方法，如分析法、综合法、归纳法、演绎法、类比法等。因此，哲学科学的某些学科可以视之为方法性学科。历史悠久的数学科学及其上百门分支学科，抽取出客观世界的数量关系和结构关系作为研究对象；20 世纪 40 年代兴起的一般系统论、控制论、信息论以及此后以它们为基础发展起来的系统科学及其分支学科，撇开具体的运动形式及其质的特殊性，把所有事物、物质运动形式所存在的某些共同属性及其普遍联系作为研究对象，从客体的系统结构、信息过程、功能行为、控制机制等一般属性和关系上揭示事物的规律性。数学科学和系统科学的大量分支学科是较为典型的方法性学科。

方法性学科的研究对象“横向”插入自然界、社会和人类思维的各个领域，由方法性学科相关概念、研究模式转化而来的一般科学研究方法，如比较方法、分析方法、统计方法、计算方法、数学模型方法、系统方法、信息方法、黑箱方法等，在各个领域中具有广泛的适用性。因此，方法性学科又被称之为横向学科或横断学科(crosswise discipline)。

---

① 王续琨、宋刚等:《交叉科学结构论(修订版)》，人民出版社 2015 年版，第 84—96 页。

大多数方法性学科，不属于边缘学科、交叉学科、综合性学科。但是，数学科学和系统科学作为由方法性学科所构成的科学部类，在它们的内部均有因学科相互渗透而形成的边缘学科。例如，在数学科学内部，代数学与平面几何学的相互渗透导致解析几何学的创立，代数学与拓扑学的相互渗透则导致代数拓扑学或组合拓扑学的问世。方法性学科中也有少数学科，既是边缘学科、综合性学科，又是交叉学科。例如，统计学就其基本性质而言归属于作为方法性学科的数学科学，现代的统计学包括数理统计学、应用自然统计学、社会经济统计学。应用自然统计学，包括天文统计学、地质统计学、水文统计学、气象统计学、生物统计学等；社会经济统计学，包括经济统计学、国民财富统计学、财政统计学、人口统计学、物资统计学、劳动统计学、价格统计学、消费统计学、世界经济统计学、统计法学、军事统计学、教育统计学、科学技术统计学等。统计学的几十门分支学科大多是边缘学科。统计学从整体上来说既是涉及众多学科的综合性学科，又是介于数学科学、自然科学与哲学科学、社会科学之间的交叉学科。综上所述，方法性学科与交叉学科只有小面积的重叠关系，大多数方法性学科不属于交叉学科。

二、科学学科的命名方式

学科名称属于学术术语或科学技术术语的一种类型。中国自古以来就有重视名称的传统。孔子（公元前551—公元前479）认为，“名不正，则言不顺”（《论语·子路》）。学科名称是一门学科同其他学科相区别的最基本、最重要的标识，其中包含着该学科的逻辑起点。确定含义清晰、具有特指性的学科名称，是创建学科的一项基础性工作。

1.学科的通行命名方式

在西方国家和在中国、日本等东方国家，学科大多围绕着研究对象来命名。这种最常见的命名方式，我们称之为对象命名法。孔子主张“名从主人”（《穀梁传·桓公二年》），如果将“主人”理解为名称所指代的事物，对象命名法就具有“名从主人”的意味。对象命名法的长处，是从学科名称中可以极为方便地判断该学科的核心研究对象，知悉其基本内容。汉字有很强的直观表意功能，看到“教育学”这个术语，人们马上就知道它的研究对象是“教育”。不过，进入学科名称中的研究对象，一般都经过浓缩或简化处理。教育学的研究对象，说得稍微具体一点，应是“教育活动”“教育现象”或“教育事实和教育问题”。在西方语言文字中，对象命名法有两种基本形式。

对象命名法的第一种基本形式，是采用“研究对象＋学”的方式为学科命名，我们将其称之为对象“学”字命名法。在英文中，“学”可以有多种词尾后缀形式，其中以-cs和-ology居多。

(1)-cs：如physics(物理学)、economics(经济学)、ergonomics(工效学)。

(2)-ology：biology(生物学)、dialectology(方言学)、agrogeology(农业地质学)。

(3)-phy：philosophy(哲学)、geography(地理学)、bibliography(目录学)。

(4)-my：anatomy(解剖学)、toponymy(地名学)、taxonomy(分类学)。

(5)-ry：chemistry(化学)、geometry(几何学)、thermometry(测温学)。

(6)-gy：metallurgy(冶金学)、pedagogy(教育学)。

肇始于西方的学科名称传入中国、日本后，经过或长或短的“切磋期”之后，多数采用对象“学”字命名法予以对译。显而易见，中文、日文“研究对象＋学”的命名方式来源于以英文为代表的西方语言文字。

中国学术界对于来自西方的学科名称，还有一种“研究对象＋论”的翻译方式。例如，cybernetics进入中国后，一度翻译为操纵学、统管学，后来则以“控制论”作为其固定译名。Chaology一词，既有人将其译为混沌学，又有人将其译为混沌论。在数学科学中，有一批以“论”作尾字的学科名称，如模型论、集合论、图论、方程论、矩阵论、群论、环论、级数论等。“研究对象＋论”的命名方式，可以看作是对象“学”字命名法的一种变体形式。

对象命名法的第二种基本形式，是直接采用研究对象作为学科名称，可以称之为对象直接命名法。grammar 一词本来的含义是语法、文法，以其作为对象的研究成果积累多了，便用 grammar 来指称这些成果，grammar 随之逐渐演化为“语法学”这个学科名称。management 一词，既指作为活动的管理，又指以管理活动作为研究对象的学科——管理学。前述以-phy、-my、-ry、-gy 作词尾的学科名称，就来源而言，大多也可以归类于对象直接命名法。例如，作为学科名称的 geography（地理学），其原义是地理、地形；作为学科名称的 anatomy（解剖学），其原义是解剖、剖析、骨骼。采用对象直接命名法的学科名称，中文译名一般都会加上“学”字。如作为学科名称的 botany 译为植物学，作为学科名称的 logic 译为逻辑学。作为学科名称的 system engineering，有人将其译为系统工程学，也有人将其译为系统工程，日本学者通常将其译为系统工学。

学科名称译为中文后不加“学”字，“文学”是一个比较特殊的例子。英文中的 literature 有文学、文献、文艺、著作等多种含义，同时还可以作为学科名称。在中国，多数人将以文学作为研究对象的学科仍然称之为“文学”。长期以来，人们没有在“文学”之后再加上一个“学”字，或许是不习惯于两个“学”字的叠用。直到 1982 年，中国学术期刊中才出现第一篇以“文学学”作为篇名主题词的文献，此文译自俄文[①]。1987 年，中国出版第一部以《文学学》作为书名的著作。该书指出：“文学学，又称文学科学或语言艺术科学，是一门以文学为其研究对象，以揭示文学基本规律为目的的科学。”“我们觉得以‘文学学’这个概念来定名文学研究这门科学，是比较恰当的。这样，这门科学的命名就具有了严密性、准确性和确定性。”[②]“文学学”之名虽然已经出现 30 多年了，但近年仍有学者不赞成使用这个学科名称[③]。

① [苏]A. 布什明：《文学学的方法论问题》，赵洁珍译，《国外社会科学》1982 年第 2 期。

② 吴调公主编：《文学学》，百花文艺出版社 1987 年版，第 1—2 页。

③ 薄守生：《“文学”的定型与“‘文学’学”的生造》，《汉字文化》2015 年第 4 期。

大量的历史学学科名称，无论在西方还是在中国，都可以归于对象直接命名法。作为学科名称的 science history（科学史），是以科学发展的历史作为研究对象的；作为学科名称的 physics history（物理学史），是以物理学发展的历史作为研究对象的。人们谈论 science history 或“科学史”，是指某一个时段科学发展的具体情况，还是指科学史这门学科，需要根据具体语境来进行判断。

使用以“学”作为尾字的中文学科名称，有助于人们方便地辨识学科名称，是值得提倡的。当我们说到作为学科的逻辑、代数、三角、解析几何、微积分、统计物理等概念时，应该尽可能加上结尾的“学”字。《中华人民共和国国家标准·学科分类与代码》是为学术管理、教育教学管理、人才管理而编制的规范文本，“学科”的含义以知识体系视角为基础，其中的大量工程学科（如机械工程、化学工程、热能工程、电气工程、水利工程）等似应都加上“学”字，以免与专业或施工过程相混同。

改造不规范的学科名称，是必要的。20 世纪中期以来，“科学社会主义”在中国是一个地位显要的学科名称。考察“科学社会主义”概念的来源可知，此术语最早出现于 19 世纪 40 年代马克思、恩格斯创立马克思主义之后，用以指称与此前各种空想社会主义思潮完全不同的马克思主义社会主义学说。19 世纪 70 年代，马克思、恩格斯采纳了“科学社会主义”这个提法，马克思对此曾解释说：“‘科学社会主义’，也只是为了与空想社会主义相对应时才使用”①。苏联将马克思主义确立为指导思想之后，“科学社会主义”成为一门阐释社会主义学说的学科，并被设为学校里的一门马克思主义理论课程。中国学习苏联的做法，同样将“科学社会主义”当作一门学科。20 世纪 80 年代，有的学者开始思考“科学社会主义”的更名问题，随后正式提出将这个沿用多年的学科名称更改为“社会主义学”的建议②。当然，在缺少相关制度安排

---

① 马克思：《巴枯宁〈国际制度和无政府状态〉一书摘要》，《马克思恩格斯选集》第 3 卷，人民出版社 1995 年版，第 290 页。

② 高放：《“科学社会主义”学科名称要改为“社会主义学”》，《社会科学》1990 年第 7 期。

的情况下，一个学科名称的替换可能是一个很艰难的过程。

综上所述，以“学”作为后缀是一种最为常见、最为规范的学科命名方式。但是，以“学”作词尾的词汇或词组，却未必都是学科。英文中的teleology（目的论）、triology（三部曲、三部剧）、homology（同源、异体同形）等，都不是学科。以“学”作为尾字的非学科词语，主要有两类。一类是标示某门学科中一些学派或流派、理论的词语，如伦理学中的存在主义伦理学（existentialist ethics）、心理学中的格式塔心理学或完形心理学（gestalt psychology）、语言学中的结构主义语言学（structural linguistics）等。中国传统文化中的玄学、禅学、朴学等，属于思想流派，也不能视为学科名称。另一类是标示某门学科发展阶段的专门词语，如近代化学、当代物理学、传统美学、现代语言学等，都不能看作是学科名称。

2.边缘学科的命名

边缘学科的命名，多采用母体学科主词相组合的方式。这种命名方式，既标示了边缘学科的母体学科，又标示了它的生成区位。所以，这种命名方式可以称之为生成区位命名法。生成于物理学和化学之间的第一层级边缘学科，称之为物理化学、化学物理学。如果我们将物理学、化学这类学科名称称之为单式学科名称，将物理化学、化学物理学这类边缘学科名称称之为复式学科名称，那么复式学科名称对研究对象也有或强或弱的标示作用，但标示程度远没有单式学科名称那样明显。

边缘学科的名称中嵌进两个以上母体学科名称，母体学科主词的排列顺序有没有什么门道呢？通过大量的实例分析，笔者认为，边缘学科名称的选择大体上遵循“以后为主”原则。物理化学这个学科名称，“化学”放在后面，它的化学属性更强一些。18 世纪 50 年代，俄国科学家米哈伊尔·罗蒙诺索夫（Михаил В.Ломносов，1711—1765）首创“物理化学”（physical chemistry）这个术语，倡导在化学研究中引入物理学方法和实验手段。就研究对象而言，物理化学的研究对象是化学现象，因此它与化学靠得更近一些。化学物理学（chemical physics）创生的标志是1933年美国创办了《化学物理学杂志》。化学物理学的任务是研究化学领域中物理学问题，其分支学科主要有化学动力学、分子物理学、分子光谱学等。化学物理学更为靠近物理学。在实际的科学研究中，物理化学与化学物理学之间很难划出清晰的界限，而且也没有必要划出清晰的界限。

颠倒双边缘学科名称“学”字之前词汇的词序，可以形成“名称倒序学科对”，如工程地质学与地质工程学、教育环境学与环境教育学、管理经济学与经济管理学等。属于名称倒序学科对的两门学科，研究内容差异通常比较大。简单地说，工程地质学研究工程活动的地质环境问题，地质工程学研究地质工程调查、分析、监测和建设等问题；教育环境学研究教育活动的环境问题，环境教育学研究环境教育的目标、内容、途径等问题；管理经济学研究管理活动的经济问题，经济管理学研究经济活动的管理问题。

1979年，钱学森在《关于建立和发展马克思的科学学的问题》一文中倡议创建科学学的三门分支学科——科学技术体系学、科学能力学、政治科学学。他认为，政治科学学的任务是研究科学与社会制度等政治因素的关系[①]。此文发表后，一度引起研究者的热议，笔者曾撰文对“政治科学学”的命名问题提出商榷意见[②]。笔者认为从字面上来看，政治科学学是以政治科学作为研究对象的学科，无法将科学与社会制度等政治因素的关系纳入研究内容；同时，政治科学学与科学学的已有边缘分支学科（科学社会学、科学经济学、科学法学、科学教育学、科学管理学等）的命名形式不相协调。政治科学学当然也是介于政治科学（政治学）与广义科学学之间的边缘学科，但它只能对政治科学进行元研究，探讨政治科学的历史沿革、对象范围、学科定位、研究范式、理论体系、学科结构、演进态势、发展环境等元问题。研究科学活动与政治

① 钱学森：《关于建立和发展马克思主义的科学学的问题——为〈科研管理〉创刊而作》，《科研管理》1979年试刊第3、4期。

② 王续琨：《关于“政治科学学”的命名及其内容》，《科学学与科学技术管理》1988年第2期。

现象的关系，只能交给科学政治学。

政治科学学与科学政治学这个“名称倒序学科对”的实例说明，边缘学科的命名，必须注意“学”字之前词汇词序变化后所引起的概念整合化问题，不能只考虑“以后为主”原则。管理经济学的“学”前词汇“管理经济”是两个名词的拼合，经济管理学的“学”前词汇“经济管理”也是两个名词的拼合。然而，科学政治学的“学”前词汇“科学政治”是两个名词的拼合，政治科学学的“学”前词汇“政治科学”则是一个完整的学术术语，指称以政治现象作为研究对象的学科门类。科学学的许多边缘分支学科，如科学文化学、科学地理学、科学语言学、科学心理学、科学社会学、科学经济学、科学政策学、科学情报学、科学管理学、科学教育学等，都属于这种情况。它们的倒序学科——文化科学学、地理科学学、语言科学学等，都是对某个学科门类、学科群组进行元研究的学科。

多边缘学科的命名，有不同方式。三边缘学科通常在学科名称中包容三个母体学科名称主词，因而名称偏长。看到“太空飞行重力生理学”或“航天重力生理学”，我们可以判断这门学科的母体学科包括航天学、航天重力学、重力生理学或生理学。这个学科名称同样符合“以后为主”原则，其研究对象是生理现象，前面的母体学科名称主词主要起着限定研究范围的作用。它的主要内容是研究太空飞行过程中人在重力发生变化（失重、超重）情况下的生理现象。

综合性学科作为一种特殊类型的多边缘学科，基本上都采用对象命名法。在自然科学领域，综合性较强的学科群组、学科系组多以“研究对象＋科学”的形式予以命名，如材料科学、能源科学等。有的基元学科将功能指向作为研究对象嵌入学科名称，看到学科名称就可以知悉这门学科能够做何之用。通过模仿生物结构和功能以引导发明创造的这门学科，有众多的母体学科，采用罗列母体学科名称主词的办法进行命名是不现实的，美国科学家在20世纪60年代初选择“仿生”这个功能指向作为研究对象将其命名为bionics，返璞归真，简洁明了。1963年，中国学者将bionics译为仿生学。仿生学的分支学科，有的以仿生目标来命名，如力学仿生学、分子仿生学、能量仿生学、信息控制仿生学等;有的以应用领域来命名,如建筑仿生学、化学工程仿生学、军事仿生学等。

3.方法移植学科的命名

方法性学科的广泛渗透性,导致大量方法移植学科的创生。所谓方法移植学科,就是某些通用方法移植到各个科学领域而建立的分支学科。例如,比较方法的广泛渗透,生成了一大批包含"比较"字样的方法移植学科。在自然科学领域,有比较生物学、比较分子生物学、比较形态学、比较生理学、比较胚胎学等;在哲学科学领域,有比较哲学、比较美学、文学翻译比较美学、比较伦理学、比较医学伦理学等;在社会科学领域,有比较历史学、比较政治学、比较法学、比较社会学、比较经济学、比较金融学、比较语言学、比较修辞学、比较文艺学、比较教育学、比较档案学等;在交叉科学领域,有比较地理学、比较管理学、比较体育学、比较人类学等。建立方法移植学科,已经成为现代科学知识体系持续扩张的一个重要生长点。

方法移植学科一般采用"方法+研究对象+学"的方式予以命名。"方法+研究对象+学"也可以表述为"方法+母体学科名称"。政治学是研究国家、政府和政党等政治现象的学科。"政治学"这个学科名称肇始于古希腊哲学家亚里士多德(Aristotle,公元前 384—公元前 322)的《政治学》一书。第二次世界大战后,由于一系列社会主义国家的出现,许多殖民地半殖民地国家的独立,为适应美国的全球性政治活动和经济活动的需要,美国学者将比较方法引入政治学领域,研究不同社会制度国家的政治环境、政治社会化进程、公民在政治中的地位、权力机构和政府机构、政党和利益集团等问题,由此分立出一门以比较方法为特点的政治学分支学科。研究者将这门学科称之为 comparative politics(比较政治学),美国政治学家阿尔蒙德(G. A. Almond,1911—2002)出版了这门学科的早期代表作《比较政治学:发展研究途径》(1966 年)、《比较政治学——体系、过程与政策》(1978 年)等。"比较政治学"这个名称,就属于"方法+母体学科名称"的命名方式。

方法是这类学科得以创生的必要条件,学科名称中自然应当嵌入标示方法的词汇。这些词汇除“比较”(comparative)之外,还有“统计”(statistical)、“计量”(-metrics,quantitative)、“数量”(quantitative)、“数理”(mathematical)、“计算”(computational)等。标示方法的词汇置前的学科名称较多,如统计热力学、计量历史学、数量经济学、数理心理学、计算流体力学等。同时,也有将标示方法的词汇置后的学科名称,如科学计量学(scientometrics)、经济计量学(econometrics)等。有些方法移植学科的名称,词序可以置换,如科学计量学、经济计量学又被译为计量科学学、计量经济学,比较高等教育学、比较体育学(comparative science of physical culture)有时也被称之为高等教育比较学①、体育比较学②。

方法移植学科也有一门学科多个名称的情况。出现这种情况,可能源于该学科在创生演进过程中原本就有多个名称,也可能源于学科名称的翻译。比较心理学(comparative psychology)属于前一种情况,这门运用比较方法研究动物的心理活动与人的高级心理活动的联系和区别的学科,又被称之为演化心理学、发生心理学(genetic psychology)。计量地理学(quantitative geography)属于后一种情况。这门学科运用数学方法和电子计算机研究地理要素的可计量变化,又被译为地理计量学、数理地理学。

方法移植学科的分支学科,采用“方法+分支学科名称”的方式命名。比较经济学的母体学科是经济学,宏观经济学、中观经济学、微观经济学等是经济学的直系分支学科,将比较方法引入这些分支学科,即可以建立比较宏观经济学、比较中观经济学、比较微观经济学等比较经济学的直系分支学科;法律经济学、军事经济学、文化经济学等是经济学的边缘分支学科,将比较方法引入这些分支学科,即可以建立比较法律经济学、比较军事经济学、比较文化经济学等比较经济学的边缘分支学科。比较法律经济学、比较军事经济学、比较文化经济学等学科具有

① 袁祖望:《高等教育比较学》,厦门大学出版社 1999 年版。

② 古月:《谈谈体育比较学》,《成都体院学报》1981 年第 2 期。

多重归属性，它们既是比较经济学的边缘分支学科，又分别看作是比较法学和法律经济学、比较军事学和军事经济学、比较文化学和文化经济学的边缘分支学科。

三、科学学科名称的翻译

欧洲是近代科学的发祥地，中国引进近代科学首先需要翻译来自欧洲的科学著作。翻译是跨文化交流不可缺少的手段，学科名称翻译是学术术语翻译的重要组成部分。清末翻译家严复(1854—1921)的名言"一名之立，旬月踟蹰"[①]，生动反映出了跨文化交流过程中名称翻译的难度。来自西方的学科名称进入中文词汇库，有三种方式，一是合作翻译，二是自主翻译，三是借用日文中的汉字译名。

1.学科名称的合作翻译

16 世纪末，欧洲基督教耶稣会传教士来华传教，带来了西方的科学思想和科学著作。当时，中国士人还没有人通晓西方语言文字，西方传教士尚缺乏汉语言文字功底，于是便出现了中国士人与传教士合作翻译西方著作的独特景观。他们相互之间取长补短，通过协商逐个确定各种名词术语，包括学科名称。

1606 年，就职于翰林院的明代科学家徐光启(1562—1633)与意大利耶稣会传教士利玛窦(Matteo Ricci，1552—1610)开始合作翻译古希腊欧几里得的公理化数学名著，利玛窦翻译口述，徐光启笔录并反复斟酌修改。这部用拉丁文出版的著作，其主体内容属于拉丁文 geometria(英文的 geometry 来源于此)的知识范畴，这些知识来源于古埃及测量土地的经验，经过欧几里得的加工整理升华为一门演绎学科。徐光启和利玛窦都不满足于依据其前缀 geo 将书名直译为"测地学"，决定选择一个同 geo 发音相似、意思也相近的词汇。徐光启经过长时间思考，试用了十几个词语，最后想到了士子们常用的疑问数词"几何"，建议将书名译为《几何原本》，得到利玛窦的认可。几何与 geo 音近意切，这个

① [英]赫胥黎：《天演论》，严复译，商务印书馆 1981 年版，译例言第Ⅶ页。

疑问数词经过一番学术“点化”，改造成为一个表示物体形状、大小、位置间互相关系的数学术语，同欧几里得的不朽著作联系起来，恰到好处地表述了欧几里得图形结构关系学说的抽象性质。1608 年，《几何原本》前六卷刊刻印行，对中国近代数学的发展产生了极为深远的影响。“几何”不仅自此成为一个科学术语，而且成为学科名称几何学的简化形式。《几何原本》的翻译，不仅为中西文化交流史留下一段佳话，而且为科学术语、学科名称的创造性翻译提供了一个经典范本。

西方学科名称的翻译，在找不到精当的对应译名时，中方译者借助传教士的口译，选择语音相近的汉字进行音译。例如，将逻辑译为“落日加”，将哲学译为“斐禄所费亚”，将自然科学（物理学）译为“费西加”等。17 世纪 20 年代，明代科学家李之藻（1565—1630）与葡萄牙传教士傅汎际（Francois Furtado，1587—1653）合作翻译古希腊亚里士多德的逻辑学著作，以《名理探》作为书名印行，此为介绍西方逻辑学的首部著作。该书将哲学同时意译为“爱知学”、音译为“斐禄锁费亚”：“爱知学者，西云斐禄锁费亚，乃穷理诸学之总名”[①]；将逻辑学意译为“名理”，并将“名理”解释为“乃人所赖以通贯众学之具”[②]。

19 世纪下半叶，由西方基督教新教传教士在中国主办的翻译出版机构墨海书馆、广学会、益智书会和中国官办翻译机构江南机器制造局翻译馆、京师同文馆翻译处、京师大学堂编译局等，竞相译介西方著作，继明末清初再次出现中西学人合作译书的热潮。19 世纪 50 年代前后，出现了重学（即现在的力学）、植物学、天学、地学、数学、代数学、微分、积分、化学等中文学科名称。其中，有多部以学科名称命名的著作，如艾约瑟（Joseph Edkins，1823—1905）和李善兰（1811—1882）合译的《重学》，韦廉臣（Alexander Williamson，1829—1890）和李善兰合译的《植物学》，伟烈亚力（Alexander Wylie，1815—1887）和李善兰合译的

① [葡]傅汎际译义、李之藻达辞：《名理探》，生活·读书·新知三联书店 1959 年版，第 1 页。

② [葡]傅汎际译义、李之藻达辞：《名理探》，生活·读书·新知三联书店 1959 年版，第 14 页。

《代数学》等。康熙末年，梅瑴成（1681—1764）等编纂《数理精蕴》介绍西方数学，曾将 algebra 音译为“阿尔热巴拉”。李善兰参与翻译英文 *Elements of Algebra* 一书时，取“以字母代数字”之意，建议使用《代数学》作为书名。这个有传神之效的学科名称，很快就为中国学术界所欣然接纳。

成立于 1868 年的江南机器制造总局翻译馆，是译书成果最多的一个官办翻译机构，在学科名称的翻译方面也多有贡献。译书方法基本上沿袭明末清初的合作翻译方式，西方学者口译或初步笔译，中国学者笔述或加工润饰。在翻译馆出版的 100 多种译著中，以学科名称命名的译著有傅兰雅（John Fryer，1939—1928）和徐建寅（1845—1901）合译的《声学》（1874 年出版），金楷理（Carl Traugott Kreyer，1839—1914）和赵元益（1840—1902）合译的《光学》（1876 年出版），傅兰雅和徐建寅合译的《电学》（1879 年出版）等。

19 世纪下半叶创用的学科名称，后来传入日本，有的名称为日本学术界所接纳。韦廉臣和李善兰合译的《植物学》一书，1867 年在日本翻刻再版，1875 年日本出版了该书的日文版，沿用中文版书名。在此之前，日本学术界使用“植学”翻译 botany 一词，中文译本《植物学》进入日本以后，“植物学”取代了“植学”之名。明治维新期间，日本外务省派遣柳原前光（1850—1895）来华，访问上海江南制造局，1872 年购取傅兰雅、徐寿（1818—1884）合译的《化学鉴原》，此后，日本幕府末期来源于荷兰文（Chemie）音译的“舍密”一词逐渐被“化学”一词所取代。

2.学科名称的日译借用

日本是少数在本民族语言文字中部分使用汉字的国家。18 世纪 20 年代，八代将军德川吉宗（1684—1751）放松了已经实施将近 90 年的禁书政策，汉译西方学术著作大量流入日本，包括《几何原本》《同文算指》《泰西水法》《职方外纪》等。在以荷兰语言文字为媒介的“兰学”时期，日本学者翻译西方学术著作，大多借用来自中国早期西方译著首创的学术术语，包括几何、重学、植物学、化学等学科名称。

19 世纪中前期在“兰学”和“洋学”背景下成长起来一代日本学人，

少年时代打下良好的汉文化功底，后来又学习西方语言文字和科学知识，成为明治维新时期译介西方学术成果、从事学术研究的生力军。他们在借鉴汉译西方学术术语的基础上，利用汉字创造了大量的学科名称。日本哲学家西周(1829—1897)在这方面所做出的贡献最大。明治时期之前，拉丁文 philosophia 和英文 philosophy 在日本有各式各样的译名，如穷理科、格智、学师、理学、玄学、知识学、考察学、性理学等。1861 年，西周套用中国宋代理学家周敦颐(1017—1073)《太极图说》"圣希天，贤希圣，士希贤"的说法，将 philosophy 译为"希哲学"。1870 年西周在学术讲座中开始使用"哲学"一词，认为 philosophy 有"爱贤、希贤"之义，"亦可直译为希贤学"，"诸学皆一致归哲学统辖"[①]。"哲学"一词准确而简练地包容了"爱智慧"的神韵，在与其他译名的竞争中逐渐占据领先地位。同西周相关的学科名称，还有伦理学、美学、经济学、论理学(logic)、言语学、社会学等。

19 世纪下半期出现的大批日文汉字学科名称，经几十年实际运用和对比筛选，通过《哲学字汇》等辞书的传布，19 世纪末叶在日本走向标准化，为学术界所广泛接纳。除前面提到的同西周有关的学科名称之外，使用较普遍的汉字学科名称还有心理学、法学、美妙学(aesthetics)、民族学、语源学、政治经济学、财政学、簿记学、博物学、生物学、卫生学、解剖学、病理学、法医学、器械动学(dynamics)、下水工学、土木工学、河川工学、电气通信学、建筑学、机械工学、冶金学、园艺学、和声学、工艺美术学等。

1898 年以后，中国出现留学日本和翻译日文书籍的热潮，成千上万的留日学生以及梁启超(1873—1929)、章太炎(1869—1936)等流亡日本的中国学者，成为日文汉字学科名称的使用者和传播者。19 世纪、20 世纪之交，这些日文汉字学科名称被引入中国之后，大部分为汉语言文字所同化，弥补了中文学科名称的空白，或替代了某些中译学科名称；其中也有一部分在与中译学科名称的竞争中失势消亡，如论理学

① [日]西周:《百学连环》,《西周全集》第四卷，宗高书房 1981 年版，第 145—146 页。

使用了一段时间后最终为逻辑学所取代。

有些学科名称是中译西方学术著作中原有的，如数学、物理学、化学、植物学等，由于中译西方学术著作印量极少，在中国几乎没有产生什么影响。这些学科名称随中译西方学术著作传入日本后，为日译西方学术著作所沿用，于是被当作日文汉字学科名称。这是中文学科名称传布史上特有的“旧词复兴”现象。

3.学科名称的自主翻译

19世纪末，熟练掌握西方语言文字的中国翻译人才逐渐成长起来，自此进入中国学界自主翻译西方学术著作的新阶段。晚清时期学者、翻译家严复(1853—1921)在科学术语的翻译方面做出了开创性的贡献。他在翻译西方学术名著的过程中，既借用了一些日文汉字词汇，又首创了群学、名学、逻辑、质学、生学、心学、计学、理财学等学科名称。1902年，他在写给梁启超的一封信中，说到翻译学术概念的难处：“常须沿流讨源，取西字最古太初之义而思之，又当广搜一切引申之意，而后回观中文，考其相类，则往往有得，且一合而不易离。”①他在译事上用工甚勤，有的翻译术语经过多次修正，如logic先后翻译为名学、名理，后来音译为逻辑、逻辑学。也许由于严复创译的学科名称过度追求典雅和字源含义，通俗性、直观性不足，后来多被日文汉字学科名称或其他中译学科名称所取代，如“群学”由“社会学”替代，“质学”由“化学”替代，“生学”由“生物学”替代，“心学”由“心理学”替代，“计学”“理财学”由“经济学”替代，唯有“逻辑”等音译学科名称一直流传下来。

进入20世纪中期之后，经过半个世纪的积累，形成了同英文相对应的比较完整的中文学科名称体系。20世纪50年代，在“向苏学习”的大背景下，中国高等学校仿照苏联的办学模式设立专业、开设课程，聘请苏联专家来华长期工作，翻译苏联教材和学术著作，中文词汇库因此而出现了一批译自俄文的学科名称，如科学共产主义或科学社会主义、自然辩证法、国民经济计划学、文件材料保管技术学(档案保管技术

① 严复:《与梁启超书》,《严复集》第三册，中华书局1986年版，第516页。

学)等,还有颇具苏联特点的集体农庄畜牧学等学科名称。当时向苏学习的领域极为广泛,哲学社会科学领域和数学自然科学领域的大量分支学科名称由苏联著作翻译而来。笔者借助"读秀学术搜索",搜索了20世纪50年代的俄文"冶金学"类图书中译本,出现在书名中的学科名称约有20个,包括普通冶金学、生铁冶金学、钢冶金学、平炉钢冶金学、铅锌冶金学、锡冶金学、镍冶金学、粗铜冶金学、铜镍冶金学、稀有金属冶金学、钨钼冶金学、钛冶金学、轻金属冶金学、重金属冶金学、有色重金属冶金学、粉末冶金学、电冶金学、黑色电冶金学、真空冶金学等。

20世纪50年代,中国学者也引进和译介了一些由西方学者创建的学科。1955年,火箭工程科学家钱学森(1911—2009)返回祖国后,不仅带回了自己开创和倡导的工程控制论、物理力学,而且积极引进一些社会主义建设所急需的学科。在乘坐轮船归国的旅途中,钱学森就和系统工程学家许国志(1919—2001)商讨如何将暂时译为"运用学"的operations research尽快引进中国。1956年,国家制定《1956—1967年科学技术发展远景规划纲要》,在钱学森等人的建议下,"运用学"被列为57项研究任务中的第56项"现代自然科学中若干基本理论问题的研究"。Operations research的原义是作战研究、作业研究、操作研究,显然都不适合做中文学科名称,译为"运用学"则显得过俗,缺乏个性。后来,数量经济学家周华章(1917—1968)认为operations research已经从武器有效运用问题扩展到多领域的筹划问题,"运用学"难以涵盖其全部内容。经过许国志和周华章的反复斟酌,主张将其改译为"运筹学",以概括其"运用"和"筹划"两个方面的内容。"运筹"一词来源于汉代司马迁《史记·留侯世家》的"运筹策帷帐中,决胜千里外"一语。在《中国期刊全文数据库》中,目前可以搜索到以"运筹学"作为篇名主题词的早期文献首现于1960年。运筹学作为学科名称,明确指出了这门学科的功用,而且十分传神,成为学科名称中译的一个经典实例。

由于海峡两岸缺乏学术沟通和交流,20世纪50年代以来,大陆、台湾的学科译名逐渐出现差异。例如,大陆的宏观经济学、微观经济学、运筹学、激光物理学、核工程学、信息科学、信息工程学,在台湾分别被译为总量经济学、个体经济学、作业研究、镭射物理学、核子工程学、资讯科学、资讯工程学。

4.本土学科的外文对译

为了进行中外交流，生成于中国本土的学科名称自然需要翻译成英文或其他外国文字。所谓中国本土学科，主要有三种类型。

第一类是以中国特有事物、人物作为研究对象的学科，简称为特有对象学科，如中医学、武术学、诗经学、红楼梦学①、中国画学、故宫学、鲁迅学等。研究中国特有对象的学科，不一定都发端于中国，例如中国学。16 世纪至 17 世纪，出于交流的实际需要，在欧洲和日本出现研究中国历史和各种事物的东方学(orientalism)或汉学(sinology)。第二次世界大战以后，汉学研究延伸到现代中国，扩展为全方位研究中国的中国学(Chinese studies)。可以确认的是，由于研究上有诸多便利条件，绝大多数特有对象学科是由中国学者所开创的。

第二类是中国学者首先倡导创建的学科，简称为国人首倡学科，如人才学、思想政治教育学、教师学、作家学、非平衡系统经济学(开放系统经济学)、农村科学等。"人才"是汉语言文字的一个特有词汇，在外国语言文字中找不到与之完全对应的单词，通常需要使用一个词组来对译。显而易见，只有中国研究者才有可能提出以人才作为研究对象建立人才学的创议。

第三类是中国学者赋予新名称的学科，简称为国人赋名学科，如领导科学(领导学)、社会主义学等。在西方管理科学中，虽然涉及对领导行为的研究，但一直没有将这部分内容视为具有相对独立地位的学科。1981 年，中国学术期刊上刊出多篇以"领导科学"作为篇名主题词的文献。1983 年，广西人民出版社出版《领导科学基础》一书。同年，台湾天麟文化公司出版美国学者加里·尤克尔(Gary Yukl)*Leadership in Organizations*(1981 年第一版)一书的中文版，书名改为《领导学》。

① 诗经学、红楼梦学这类以传世著作作为研究对象的学科，有人主张在其名称的"学"字前面加书名号，亦即写作《诗经》学、《红楼梦》学。

2004年，中国人民大学出版社出版依据 *Leadership in organizations* 第五版翻译的中文版，书名使用《组织领导学》。Leadership 一词原本并没有“学”的含义，“领导科学”或“领导学”这类名称如何译为英文，是中国学者必须认真思考的问题。

本土学科译为英文，“××+科学”通常对译为“××+science”，如领导科学译为 leadership science，农村科学译为 rural science；“××+经济学”对译为“××+ecnomics”或“ecnomics of+××”，如非平衡系统经济学译为 economics of nonequilibrium system。

“××+学”这类学科名称，有两种基本的翻译方式。一是使用词组翻译此类学科名称，例如，人才学译为 science of qualified personnel 或 studies of qualified personnel，诗经学译为 studies of the Book of Songs，鲁迅学译为 studies of Lu Xun。二是按照英文构词方式自造学科名称，常见的构词形式是研究对象加后缀 ology。“人才学”这个学科名称出现不久，在讨论如何对外介绍时，有学者曾提出使用音译“人才”加后缀 ology 的翻译方案，即译作 rencaiology。在近年的出版物中，可以找到一些采用自造单词的实例，如领导学译作 leadershipology[①]，教师学译作 teacherology[②]，社会主义学译作 soeialistology[③]。

四、科学学科名称的演进变化

学科名称的演进变化，有学科内部和外部两个方面的原因。从学科内部来看，由于研究内容发生很大变化，原有学科名称不再适用，从而被新的名称所取代。从学科外部来看，每个学科名称都要经历学术界或社会的选择，不合理、不完美的学科名称将被更新，同一学科多个名称中的相形见绌者将被淘汰。

---

① 邱霈恩等：《新世纪领导学》（The new century：the leadershipology），中国财政经济出版社2007年版。

② 罗益民：《教学相长别论——教师主体、教师成长与教师学》，《重庆大学学报（社会科学版）》2008年第1期。

③ 高放：《“科学社会主义”学科名称要改为“社会主义学”》，《社会科学》1990年第7期。

1.基于学科裂解的名称扩散

博物学(natural history)是一门历史悠久的传统学科,其名称来源于盖乌斯·普林尼·塞孔都斯(Gaius Plinius Secundus,公元23/24—79)那部百科全书式的拉丁文著作《博物志》(Historia Naturalis)。在古代,historia的含义主要是研究、探究,博物学的英文名称虽然使用natural history,但不能理解为现代意义的“自然史”。博物学的涉猎范围极为宽广,几乎覆盖除自然哲学、数理科学之外的所有领域,其任务是对矿物、植物、动物、生态系统等进行宏观层面的观察、描述、分类等。近代以后,“博物学”之名虽然还存在,但包含在其中的学科陆续获得独立的地位,学科名称由一而多,地质学(岩石学、矿物学)、地理学、气象学、天文学、植物学、动物学、生理学、人类学、生态学等都是博物学学科裂解之后建立起来的自然科学学科。20世纪以后,“博物学”之名很少被人提及。近年来,有的学校使用“博物学”的名称开设课程,意在宣传物质世界多样性、生物多样性的理念。这种意义的“博物学”,已经不是科学研究视角、知识分支体系意义的博物学了。

“小学”是古代汉语的固有词汇,在汉代成为文字训诂之学的专用称谓,重点研究汉字的字形、字音、字义,其内容大体对应于西方的语文学。唐代以后,文字研究、音韵研究和训诂研究逐步分化。20世纪初,语言文字学家章太炎(1869—1936)提议将“小学”改称为“语言文字之学”。随着西方语言学理念的引入,文字学(汉语文字学)、音韵学、训诂学和校勘学发展成为相对独立的语言科学分支学科,“小学”在20世纪前半期逐渐失去了作为学科名称的身份。

2.基于学术交流的名称嬗变

跨文化的学术交流是科学进步的重要条件。学科名称的嬗变、演进,是学术交流的成果之一。研究语言的学科,在英文中最初使用词组science of language来指称。19世纪上半叶,英国语言学研究者参照德文Sprachwissenschaft一词的构词方式,创造了linguistics(语言学)

这个英文单词[①]。

中国使用的学科名称大部分来自外域语言文字，产生于本土的学科在文化碰撞中也会发生名称的嬗变和演进。初兴于宋代的金石学，主要内容是著录和考证古代青铜器和石刻碑碣上的文字。早期开拓者欧阳修(1007—1072)的学生曾巩(1019—1083)著《金石录》一书，首先使用“金石”一词。清代史学家、考据学家王鸣盛(1722—1797)等，正式提出“金石之学”这一名称。1923 年，考古学先驱马衡(1881—1955)在北京大学历史系开设“中国金石学”课程。1929 年，文物学家陆和九(1883—1958)出版《中国金石学》。此后，随着西方考古学的引进，传统金石学的相关内容逐渐融入考古学。考古学超越了传统金石学的研究范式，将遗存实物放到历史背景中进行研究，补充从文献中可能了解不到的事实，揭示人类文化和社会的发展过程。

3.基于认识深化的名称调整

科学研究在总体上是一个渐进的认识过程。研究者对于一个学科的研究对象、研究内容乃至学科名称的认识，必然是逐步深化的。20 世纪 20 年代，人们提出了对科学进行整体性研究的设想。1925 年，波兰社会学家弗洛里安·兹纳涅茨基(Florian W. Znaniecki，1882—1958)著文倡导创立一门称之为“科学学”(波兰文 naukoznawstwo)的学科。1927 年，波兰逻辑学家塔德乌什·科塔尔宾斯基(Tadeusz Kotarbinski，1886—1981)首创“科学的科学”(波兰文 nauka o nauke)这一术语。1935 年，他的学生玛丽亚·奥索夫斯卡(Maria Ossowska，1896—1974)和斯坦尼斯拉夫·奥索夫斯基(Stanislaw Osowski，1897—1963)发表《科学的科学，以科学作为研究对象的研究中的两种观点》一文，论述了这门学科的研究范围。1936 年，此文被译成英文，英文中首次出现了 science of science 这个有特定含义的词组。这门学科的名称曾引起各方议论，提出了多种修改方案。1964 年，科学史家、科学学家索拉·普赖斯(D.J.de Solla Price，1922—1983)在《科学的科

① 杨自俭:《语言多学科研究与应用》(上卷)，广西教育出版社 2002 年版，序第 11 页。

学》一文中说："我们更喜欢称它为 science of science，因为重迭词可以起到一种经常的提醒作用，即科学必须通过它本身前后两个词意所表达的全过程。无论如何，scientography 和 scientosophy 这两个新创造的词，看起来极不真实。而 scientology 则已经用于偶像崇拜的迷信说法，它与我们所考虑的意思毫无共同之处。"①1971 年，英国科学学家筹划创办一份杂志，为了避免 science of science 这个词组给人以凌驾于自然科学之上的印象，选择了一个与众不同的刊名：*Science Studies*。进入 21 世纪，西方学者倾向于使用 science studies 或 studies of science 来指称科学学这门学科。

20 世纪 70 年代末，science of science 传入中国，直译为"科学的科学"。由于"的"字夹在中间，"科学的科学"不像一个学科名称。1978 年，中国情报研究人员按照学科名称用"研究对象＋学"的命名惯例，将"科学的科学"简化为"科学学"，完成了学科名称的精彩蜕变。

4.基于学术探究的名称竞争

在学科的创建过程中，由于研究者的知识背景、关注重点有所不同，有可能使用不同的学科名称。在学科的演进过程中，也可能出现围绕着学科名称展开的论争，由此推动学科的深化发展。20 世纪 60 年代，翻译学在西方国家进入萌发期，起初使用的学科名称是 science of translation。70 年代初，德国、丹麦、加拿大等国家学者将这门学科称之为 translatology。70 年代后期，又有学者用 translation theory 和 translation studies 来指称这门学科。上述学科名称的几种写法，其研究对象都是明确的，时至今日，学者们已经不再关心名称之争，而是按照各自的理解用心于理论的深度开掘和分支领域的开拓。

以人类在生产和生活中同环境、机器的关系作为研究对象的工效学，是一门同人类学、社会学、心理学、生理学、卫生学、管理科学、控制论、信息论、生物力学、机械工程学、电子工程学等学科都有密切联系的

① ［英］M.戈德史密斯、M.L.马凯主编：《科学的科学——技术时代的社会》，赵红州、蒋国华译，科学出版社 1985 年版，第 234 页。

综合性学科。在国外,这门学科有 ergonomics、human engineering、human factors engineering 等多个名称,其中文译名则有工效学、功效学、人机工程学、人类工程学、人因工程学、人机学、运行工程学、人机控制学等。这些译名的使用频度有很大差异。2016 年 2 月,笔者在《中国学术期刊(网络版)》进行"篇名"的"精确"检索,检出结果如下:工效学(含人类工效学、人体工效学)686 篇,人体工程学 269 篇,人因工程学 73 篇,人类工程学 62 篇,人机学 55 篇,功效学(含人类功效学、人体功效学)39 篇。"工效学"能够在多个名称的竞争中独占鳌头,可能是因为"工效"二字简洁、直观而且能够清晰地揭示基本研究对象。

对于这种"一科多名"的情况,开始阶段可以顺其自然,任由研究者自主选择使用。在经过充分讨论、条件成熟的情况下,学术管理机构(如全国科学技术名词审定委员会等)可以通过某种途径向学术界推荐优先使用的学科名称。

第四章 科学学科的特征和新学科创生模式

科学学科的研究对象、研究内容和研究范式千差万别，但科学学科作为科学知识体系的构成单元或科学知识分支体系，必然具有某些共同性的特征。这些特征既是判断学科确立的主要基准，又是解析新学科创生模式的主要视角。本章仅从学科之间的形态关系和内涵关系两个方面探讨新学科的创生模式。

一、科学学科的基本特征和确认基准

1.科学学科的基本特征

每一门学科都有自身的一些特点，以此同其他学科相区别。涵盖所有具体学科的"科学学科"或"学科一般"，是具有某些共同性特征的科学知识体系构成单元。科学学科以这些特征同辞典、菜谱等非学科知识集合体相区别。

文字稍多一点的某些学科定义，其中通常都包含着学科的特征。或者说，这类定义是从确认学科特征的角度而做出的。例如，"学科是一门有独特的研究范畴，有自洽的体系结构的知识门类。"[①]这个定义，揭示了学科的两个基本特征，一是"独特的研究范畴"，二是"自洽的体系结构"。以下，我们从学者们关于学科的各种论述中概括出学科的三个基本特征。

(1)特定的研究对象

在本书第二章，笔者曾为学科做了一个尝试性的定义：学科是具有

① 谢利民、代建军：《回到学科之前——学科概念界定的另一种思考》，《常州工学院学报(社会科学版)》2005年第3期。

特定研究对象的科学知识分支体系。这个定义的第一个要点,是“特定研究对象”。任何一门学科,都有自己的研究对象。植物学的研究对象是植物,植物是植物学的逻辑起点;动物学的研究对象是动物,动物是动物学的逻辑起点。

由于客观世界各种事物之间存在着普遍联系,因此,每一门学科的研究对象只能具有相对的独立性。研究对象的这种相对独立性,体现了客观世界的统一性,为学科之间的互动作用提供了可能性,为科学知识体系的整体化进程提供了可能性。

学科的研究对象,有范围大小的差别。植物包括菌类植物、藻类植物、苔藓植物、蕨类植物、种子植物(禾草、树木)等,菌类学、藻类学、苔藓植物学、蕨类植物学、种子植物学(禾草学、树木学)等的研究对象,在范围上都小于以植物作为研究对象的植物学。因此,这些以具体种类植物作为研究对象的学科,都成为植物学的直系分支学科。任何学科的研究对象都有细分化的可能性。反过来说,通过学科研究对象范围的大小,可以判断亲缘学科的上下位关系。

现代科学有一个值得注意的现象,即多门学科面对同一个研究对象,或者说,一个研究对象建立了多门学科。19世纪以来,以自然科学作为研究对象,先后建立起科学史(history of science)、科学哲学(philosophy of science)、科学学(science of science)三门同源学科。这种情况的出现,源于多层次、多视角揭示科学多重属性和本质的实际需要。三门学科在研究层面、视角、方法、侧重点等方面存在明显差异。科学史,把科学作为社会历史过程来研究,主要运用历时比较法、经验描述法,强调史料的准确性和结论的时代特征。科学哲学,把科学作为认识现象和知识活动过程来研究,主要运用各种哲学分析方法,强调成果的哲理性。科学学既把科学视为社会现象又把科学视为知识体系,亦即在科学与社会的接壤区展开研究,运用多学科的方法在内外关系的背景下揭示科学内部及其与社会各方面的关系。笼统地说,这三门学科的研究对象是相同的。但从细部来看,也可以认为三者的研究对象存在细微的差别:科学史研究科学演进的历史过程,科学哲学研究科学认识活动，科学学研究科学整体的各种综合性特征。正因为存在着研究对象的细部差异，三者是不可相互替代的。三者之间的关系，可以类比为三个有部分面积叠合的圆(图4.1)，虽然有重叠的部分，但核心课题、基本内容并不相同，主体部分也不重合。三者有共同的部分，表明有些课题、成果可以是三者共有的。

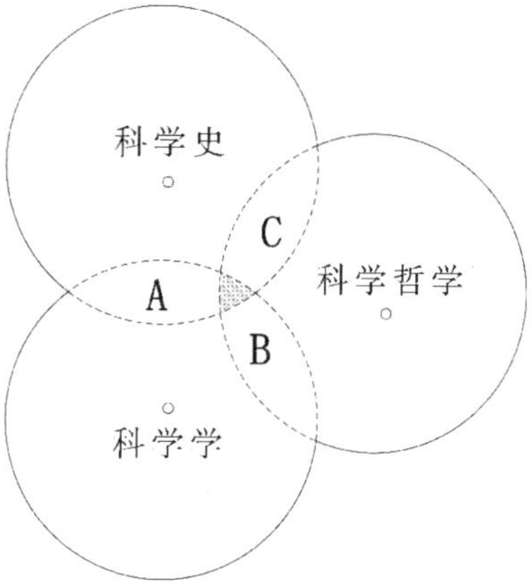

图4.1 科学史、科学哲学和科学学的关系

(2)学科化的知识体系

无序堆积起来的科学知识，并不能构成为一门学科。学科作为科学知识的分支体系，必须对其研究对象的各种相关知识进行系统化的整理。各门学科由于在生成领域、对象特征、研究范式等方面存在差异，因而知识的系统化程度有所不同。某些数学科学学科、自然科学学科和系统科学学科运用公理化方法，即从原始概念和少数不证自明的原始命题(公理)出发，通过严密的逻辑推理建构学科知识体系。哲学科学的大部分学科和社会科学学科，甚至包括思维科学学科和交叉科学学科暂时还没有条件运用公理化方法建构学科知识体系。这些学科的知识系统化程度相对低一些。

就系统化程度而言，被称之为“学科”的知识体系，也许可以分为三个等级或三类：学科、准学科(亚学科)、类学科。微分几何学、流体力学、核物理学、生物化学等是严格意义的学科，社会心理学、科学学、人才学等属于准学科，中国学(汉学)、日本学、敦煌学、避暑山庄学、北京学、红楼梦学、鲁迅学、诺贝尔学等则属于类学科。类学科难以建立严格的“规范”，只能按照自身的特点进行知识的组织和整合。将这些研究专科、专门领域称之为“××学”，意在按照通行的学科框架来规制其未来的研究进路，不断提高其知识系统化程度。

我们将“学科化的知识体系”作为学科的一个基本特征，是对学科知识系统化程度的底线要求。所谓学科化，是指对某个研究对象的相关研究成果按照学科的样式进行梳理，使之相互勾连、衔接，依据一定的逻辑关系整合为一个有内在关联的知识体系。这个知识体系需要揭示研究对象的内涵外延、解析研究对象的本质特性、探寻研究对象的发展机理或实施过程。对于理论性学科，知识体系围绕着"是什么—为什么"的问题链来建构；对于应用性学科，知识体系围绕着"是什么—做什么"或"是什么—怎么做"的问题链来建构。

船舶建造工艺学是一门研究内河船舶、海洋船舶建造过程所运用的各种工艺原理和方法的学科，属于自然科学的第三个学科层次——工程—技术科学，实践性非常强。以 2000 年出版的一部《船舶建造工艺学》①教材为例。该教材包括造船工程概论、船体放样与号料、船体数学放样、船体钢料加工、船体装配、船舶舾装和涂装、造船生产设计、船舶下水、船舶试验与交船等 9 章内容，大体上按照船舶建造的流程依次介绍各个建造阶段的工艺方法。这个知识体系没有定理、定律、公式等理论要件，一些原理性的知识都渗透在工艺标准和操作要求之中。船舶建造过程中的各种工艺问题，可以而且需要进行深入的研究。但对于船舶建造工艺学这门直接为工程实践服务的学科而言，按照"是什么—怎么做"这个问题链建构知识体系，完全能够满足为工程实践服务的要求。

(3)满足需要的研究范式

研究范式是指一门学科在知识体系演进中由基础概念、学术思路、基本方法所构成的研究框架。一门学科的基础概念，包括作为研究对象的一个核心概念和少数几个重要概念。在平面几何学中，平面图形是核心概念，点、直线、曲线、面积、长度、角度等是重要概念。在科学学中，科学(自然科学)是核心概念，科学技术、科学研究、科学活动、科学知识体系、科学发展战略、科学政策等是重要概念。学术思路是一门学科的研究者在学术探索中逐渐形成的具有某些共同趋向的思考路径。

① 徐兆康主编:《船舶建造工艺学(修订本)》,人民交通出版社 2000 年版。

这种学术思路体现了一门学科对研究者的训导和归化作用。

对一门学科而言，基础概念是特有的，学术思路是特有的，而基本方法却可能不是特有的。按照适用范围或通用性程度，研究方法可以划分为四个等级：哲学方法、一般科学方法、特殊方法、个别方法。高层级的学科，如学科门类、学科群组等，应当形成特有或独有的研究方法，如理论物理学的假说演绎法、分析化学的化学分析实验方法、科学计量学的科学文献可视化方法等。要求每一门低层级学科或小学科都达到研究方法的特殊化甚至个别化的要求，是不大现实的。运用某些哲学方法（如对立统一分析法或矛盾分析法）和一般科学方法（归纳方法、演绎方法、比较方法、观察方法等），或者再加上从上位学科借用来的特殊方法，往往就能满足这类学科展开研究过程的需要。

比较方法是一种常用的一般科学方法。几十年来，各国学者通过比较方法的移植建立了大量的方法移植学科，如比较生物学、比较美学、比较历史学、比较地理学等。这些学科所运用的比较方法，主要有宏观比较（总体比较）和微观比较（局部比较）、纵向比较（历史比较、历时比较）和横向比较（同时比较、共时比较）、平行比较（孤立比较）和交叉比较（关联比较）、单项比较和综合比较、内部比较和外部比较。以比较管理学为例，研究者根据实际需要可以选择中国和美国两个国家某一领域的管理活动进行横向比较，也可以选择中国两个时期某一领域的管理活动进行纵向比较。比较管理学有多门分支学科，分支学科之下又有下一个层级的分支学科。例如，比较企业管理学作为比较管理学的第一层级分支学科，其下还有比较企业生产管理学、比较企业财务管理学、比较企业设备管理学、比较企业营销管理学等第二层级分支学科，不能要求这些以比较方法为基础建立起来的低层级分支学科都在研究方法上有所创新，形成“特有”的研究方法。创生模式相似的若干门学科或者同属于一个学科系组、学科群组的若干门学科，很可能形成特有的“类方法”。

2.科学学科的确认基准

近百年来，许多学者思考并讨论了学科的确认基准问题。20 世纪

20 年代,中国生物学家蔡堡(1897—1986)曾说:“凡能称得起一种独立的科学,必有它独立之点。所谓独立之点云者,即专指其独立之范围,独立之目的,独立之理论。”①在近年的文献中,有的学者对构成独立学科的判断标准做了简略概括:“一般认为,构成一门独立学科须满足三个基本条件:(1)具有独特的、不可替代的研究对象或研究领域;(2)具有特有的概念、原理、命题、规律等所构成的严密的逻辑化的理论体系(知识体系);(3)具有一定的学科知识产生方式和研究范式,即方法论。”②

1992 年版《中华人民共和国国家标准·学科分类与代码》在“编制原则”第一条中列出了四个方面的学科收录标准:“本标准所列学科应具备其理论体系和专门方法的形成;有关科学家群体的出现;有关研究机构和教学单位以及学术团体的建立并展开有效的活动;有关专著和出版物的问世等条件。”2009 年版《中华人民共和国国家标准·学科分类与代码》将上述学科收录标准放在“学科分类体系代码体系的说明”中,文字未做修改。这个学科收录标准,包含了理论体系、专门方法、科学家群体、研究机构、教学单位(主要是高等学校)、学术团体、专门著作、专门出版物(主要指学术期刊)等 8 项具体标准。

《学科分类与代码》列出的学科,分为一级学科、二级学科、三级学科三个层级。例如,一级学科“历史学”之下,列有史学史、史学理论、历史文献学、中国通史、中国古代史、中国近代史和现代史、世界通史、亚洲史、非洲史、美洲史、欧洲史、专门史等二级学科;二级学科“专门史”之下,则列有政治史、思想史、文化史、科技史、社会史、城市史、中外文化交流史、历史地理学、方志学、人物研究、谱牒学等三级学科。这些三级学科其实很难完全达到前述 8 项具体标准的要求。须知,三级学科之下还有多个层级的分支学科,如“科技史”之下,有自然科学史(第四层级)、物理学史(第五层级)、固体物理学史(第六层级)、半导体物理学

① 蔡堡:《地质学地理学古地理学之根本点》,《科学》1926 年第 1 期。

② 张凌云:《我国旅游学研究现状与学科体系建构研究》,《旅游科学》2012 年第 1 期。

史(第七层级)和半导体材料物理学史、半导体元件物理学史(第八层级)等。对固体物理学史、半导体物理学史和半导体材料物理学史、半导体元件物理学史等低层级分支学科,按照8项具体标准判断是否成其为学科,显然是不合理的。

笔者主张用本节前面讨论过的科学学科三个基本特征作为学科的确认基准。判断一个知识集合体是不是学科,第一看是否拥有特定的研究对象,第二看是否有学科化的知识体系,第三看是否有满足需要的研究范式。其中第一点是权重最大的确认基准。正所谓:"是否算学科,关键看对象。"一个知识集合体是围绕着某个研究对象而建立起来的,这个研究对象同已有各个学科的研究对象有明显的区分度,就可以认定这个知识集合体具有成为一门学科的首要条件。

有学者认为模糊语言学、认知语言学是学派而不是学科。论析这个问题,首先要看研究对象。1965年,美籍数学家鲁特菲·查德(Lotfi A. Zadeh)发表《模糊集合论》一文,创立了模糊数学。20世纪70年代以后,模糊理论受到广泛重视,引入语言学研究领域,发展出模糊语言学(fuzzy linguistic)。模糊语言学的研究对象是与精确语言相对应的模糊语言,即外延不确定、内涵无定指的一类特性语言。以往建立起来的语言学分支学科面对的是精确语言,因此模糊语言学的研究对象是特有的。创生于20世纪80年代末至90年代的认知语言学(cognitive linguistic),运用认知科学的理论和方法研究人类语言交流中的认知过程,早期特别关注隐喻与人类认知的关系。认知语言学的研究对象具有特定性,与语言学其他分支学科有所区别。由是观之,模糊语言学、认知语言学都应该被看作是语言学的边缘分支学科。

再看教师学这个实例。顾名思义,教师学是以教师职业作为研究对象的一门学科,归属于教育科学。1985年,在教师研究期刊文献数量持续增长的背景下,中国期刊出现第一篇倡议创建"教师学"的文献[①]。中国期刊中除10篇以“教师学”(含“大学教师学”)作为篇名主题词的文献以外,还陆陆续续出现了以“教师心理学”(含“外语教师心理学”)、“教师伦理学”(含“大学教师伦理学”)、“教师教育学”“教师社会学”“教师哲学”作为篇名主题词的文献。这些期刊文献属于学科元研究的范畴,主要涉及教师学及其分支学科的对象范围、学科定位(学科关联)、研究范式、理论体系、学科结构、未来前景、课程教学等。这不仅表明教师学自进入创生阶段开始就是一门具有自我意识的学科,而且表明教师学已经出现分化演进的趋势。为了同期刊文献相互佐证,笔者对相关著作进行了检索。目前,在《读秀知识库》中共检索到25部以“教师学”作为书名主题词的著作,起始年份为1987年。这些著作的书名,涉及大学教师学、中小学青年教师学、农村教师学、职业技术教育教师学、体育教师学等直系分支学科;另外,还检索到以教师学边缘分支学科作为书名主题词的著作,包括“教师心理学”25部、“教师伦理学”19部、“教师美学”1部、“教师教育学”4部、“教师语言学”2部、“教师社会学”4部、“教师哲学”2部。这些著作同样表征了教师学的分化演进趋势。以科学学科三个基本特征作为学科的确认基准,我们完全可以认定教师学在中国是一门仍在成长中的学科。尽管目前教师学的研究者队伍算不上强大,还没有成立相关学术团体,没有出现公认的奠基性著作,学术界并没有排斥这门有益于教师队伍建设、有益于教育事业健康发展的新兴学科。

二、科学新学科的创生标示点

新学科是一个时间序列概念,是指在已有学科之后新近创生的学科。审视学科演进史可以发现,学科创生的标示点并不完全相同。一篇论文或一部著作可以成为学科创生的标示点,一次学术会议或高等学校的一门课程也可能成为学科创生的标示点。新学科的创生标示

① 高尚刚、周慧杰:《关于建立教师学的探讨》,《许昌师专学报(社会科学版)》1985年第4期。

点，仅仅意味着这门学科在科学园地中破土而出。一门学科从出现创生标示点到被学术界普遍接纳或认可，都要经历或短或长的“身份认证”期。

1.以科学文献作为创生标示点的学科

在期刊上发表科学论文，是研究者展示研究成果的一种最快捷的方式。由于期刊的传播、影响范围比较大，研究者习惯于将自己的最新研究成果写成论文，交由学术期刊发表。科学著作通常是研究成果长时间积累的产物，写作周期较长，适于作为研究工作的阶段性总结。

1905年，德国物理学家阿尔伯特·爱因斯坦（Albert Einstein，1879—1955）在德国《物理年鉴》杂志上发表了《论动体的电动力学》一文。该文从麦克斯电动力学与牛顿力学的矛盾性引出科学问题，以狭义相对性原理和光速不变原理两条基本假设为前提，推导出适用于惯性参照系、区别于牛顿时空观的平直时空理论。这是一篇内容惊世骇俗的科学论文，文中预言了牛顿经典力学所没有的一些新效应——相对论效应，如时间膨胀、长度收缩、横向多普勒效应、质速关系、质能关系等。这是一篇形式奇特的科学论文，没有参考文献，结尾仅有一句向好友米歇尔·贝索（Michele Besso，1873—1955）致谢的话：“最后，我要声明，在研究这里所讨论的问题时，我曾得到我的朋友和同事贝索的热诚帮助，要感谢他一些有价值的建议。”[①]该文篇幅并不长，译为中文仅万余字。一个多世纪的现代物理学发展史表明，狭义相对论是一门具有特殊意义的物理学先导学科。狭义相对论的建立从根本上改变了物理学的面貌，否定了经典力学的绝对时空观，抛弃了牛顿力学的质量不变、质量与能量互不相关等基本命题，将运动、物质、引力和时空极其紧密地联系在一起，开辟了现代宇宙学；它与量子力学相结合创立了量子电动力学，为其他量子场论的建立提供了借鉴；它揭示了物体在高速运动下的运动规律，提示了质量与能量相当，给出了质能关系式，为原

① ［美］爱因斯坦：《论动体的电动力学》，《爱因斯坦文集》第二卷，范岱年、赵中立、许良英编译，商务印书馆1977年版，第115页。

子核物理学的发展和核能的实际应用提供了根据。狭义相对论是现代物理学革命的主要源头。

《论动体的电动力学》一文并非心血来潮之作，是爱因斯坦多年“沉思”的产物。16 岁那年，爱因斯坦曾做过一个奇妙的设想：倘若一个人以光速跟着光波跑，将会看到什么？爱因斯坦在晚年的回忆中说：“这是同狭义相对论有关的第一个朴素的理想实验。”[①]人不可能以光速跟着光波奔跑，也不可能骑在光线上，具有非凡想象力的研究者却可以在头脑的想象中展开“实验”过程，这就是理想实验的妙处。当爱因斯坦接触了大量物理学理论和最新实验事实之后，他发现经典力学与电磁理论之间存在诸多矛盾。他百思不得其解，开始对牛顿的绝对时间概念产生怀疑，选择“同时性的相对性”作为研究方向。他又设计了一个观察火车灯光的理想实验，找到了解决问题的关节点。好友米歇尔·贝索曾讲过爱因斯坦对狭义相对论创立过程的自我陈述：“他告诉我，一天晚上，他躺在床上，对于那个折磨着他的谜（指对‘同时性的绝对性’的怀疑——引者），心里充满了毫无解答希望的感觉。没有一线光明。但，突然黑暗里透出了光亮，答案出现了。”[②]这种灵感状态的出现，使爱因斯坦极为振奋。他立即投入紧张的研究工作，苦干了五个星期，写成《论动体的电动力学》这篇具有划时代意义的论文。这篇论文只是作为狭义相对论创生的标示点，真正的孕育起点应该在时间轴上向前延伸 10 年。

以期刊论文、学术专著等科学文献作为创生标示点的学科，还可以举出一些实例。1925 年，波兰社会学家弗洛里安·兹纳涅茨基（Florian W.Znaniecki，1882—1958）发表《知识科学的对象与任务》一文，倡导创立一门称之为 naukoznawstwo（波兰文，译为科学学）的学科。1926 年，苏联学者鲍里切夫斯基（И.И.Боричевский）在列宁格勒《知识通报》杂志第 12 期上发表《科学学是一门精确科学》一文，提出把

① [美]爱因斯坦：《自述片断》，《爱因斯坦文集》第一卷，许良英、范岱年编译，商务印书馆 1976 年版，第 44 页。

② [苏]B.里沃夫：《爱因斯坦传》，李容、吉洪译，商务印书馆 1963 年版，第 13 页。

研究整个科学的这个领域称之为 наукознание(俄文,即科学学),并初步论述了它的研究范围。1927 年,波兰逻辑学家塔德乌什·科塔尔宾斯基(Tadeusz Kotarbinski,1886—1981)首创具有特定学科含义的波兰文词组 nauka o nauke(即"科学的科学")。1935 年,他的学生玛丽亚·奥索夫斯卡(Maria Ossowska,1896—1974)和斯坦尼斯拉夫·奥索夫斯基(Stanislaw Osowski,1897—1963)夫妇在《波兰科学》杂志上发表《科学的科学,以科学作为研究对象的研究中的两种观点》,论述了这门学科的研究范围。由此可见,科学学的创生标示点是由多篇论文串缀起来的,有的论文仅仅提出了学科名称。随后问世的两部科学学领域的奠基性著作,美国社会学家罗伯特·默顿(Robert K.Merton,1910—2003)的《十七世纪英格兰的科学、技术与社会》(1938 年)和英国晶体物理学家约翰·贝尔纳(John D.Bernal,1901—1971)的《科学的社会功能》(1939 年)均没有使用学科名称作为书名主题词。这就告诉我们,解析学科创生演进史,既要注意学科名称的提出和演变,又不能受限于学科名称。

2.以学术会议作为创生标示点的学科

学术会议是研究者展示研究成果、交流学术思想的一种重要形式。研究者在学术会议上进行面对面的互动交流,在不同的学术思想、观点的碰撞和论争中,激发思维的火花,有可能诱发出创建新学科、发展新理论的设想。

1956 年,在美国普林斯顿大学召开的一次宇航会议上,美国学者第一次使用 environmental science(环境科学)这一术语,用以指称对宇宙飞船中人工环境的研究①。20 世纪 50 年代,世界范围内一系列恶性环境事件的发生,引起人们对环境问题的全面关注,随后将"环境科学"的研究范围逐渐扩展到人类的整个生存环境。在美国海洋生物学家蕾切尔·卡逊(Rachel Carson,1907—1964)出版《寂静的春天》(1962 年)、英国经济学家巴尔巴拉·沃德(Barbara Ward)和美国微生

① 徐慧、陈林主编:《环境科学概论》,中国铁道出版社 2014 年版,第 17 页。

物学家雷恩·杜博斯(Rene Dubos)主编研究报告《只有一个地球——对一个小小行星的关怀和维护》(1972年)之后,20世纪70年代开始出现以“环境科学”命名的综合性专门著作,环境科学被用作所有研究环境问题的学科的统称。环境问题的综合性决定了环境科学研究的多学科性,环境科学经过半个世纪的演进和快速发展,已经成为一个包含环境数学、环境力学、环境物理学、环境化学、环境地球科学、环境天文学、环境生物学、环境系统论、环境统计学、环境评价学、环境地理学、环境规划学、环境安全学、环境生态学、海洋环境学、资源环境学、环境工程学、环境管理学、环境史、旅游环境学、农业环境学、城市环境学、建筑环境学、环境哲学、环境美学、环境伦理学、环境文化学、环境政治学、环境保护法学、环境经济学、环境社会学、环境心理学等上百门分支学科的交叉科学学科门类[①]。

“跨学科”概念源于英文 interdisciplinary 一词,指的是超越一门学科范围的研究活动。1926年,美国哥伦比亚大学实验心理学家罗伯特·伍德沃德(又译为罗伯特·吴伟士,Robert S. Woodworth,1869—1962)在美国社会科学研究理事会(SSRC)的一次会议上首先使用 interdisciplinary 一词。他认为,社会科学研究理事会是多个学科的集合体,有责任促进和组织两个或两个以上学科合作的基础上进行跨学科研究。在学术界对跨学科现象关注度不断提高的背景下,以跨学科作为研究对象的跨学科学(interdisciplinology, interdisciplinary science)在20世纪70年代走向创生的标示点,同样得益于学术会议。1970年9月,经济合作与发展组织(OECD)下属的“教育研究和改革中心”(CERI)与法国教育部在法国尼斯大学联合召开了首届跨学科学术讨论会。会议全面、系统地研讨了跨学科术语的内涵和类型、跨学科研究、跨学科教育等问题。1972年,三卷本会议论文集《跨学科:大学教学和研究问题》正式出版,各卷内容分别为观点和事实、术语和概念、问题和解答,跨学科学、跨学科教育学由此初现端倪。1979年,美国宾夕

① 王续琨、宋刚等:《交叉科学结构论(修订版)》,人民出版社2015年版,第91页。

法尼亚大学出版“人文科学跨学科研究生计划”项目专题研讨会论文集《高等教育中的跨学科》。该文集的内容包括跨学科定义、跨学科方法、人文科学对自然科学和社会科学的跨学科程度、跨学科教育和教学、一般系统论和科学一体化运动等，进一步勾画出跨学科学的基本框架。

学术会议对学科的创生确实能够起到催化作用，但大量的研究工作是在会前和会后进行的。以学术研究为本职工作的科学工作者，既要在科学探索中殚精竭虑、埋头苦干，对自己想要解决的科学问题深思熟虑，同时还要利用日常的学术交流特别是参加学术会议的机会，以“有准备的头脑”接纳各种信息的启示，感知学术观点碰撞中稍纵即逝的思想火花，为推进新学科的创生、演进做出一份特有的贡献。

3.以学校课程作为创生标示点的学科

高等学校教师既要讲授课程、教书育才，又要从事学术研究、创造新知识，课程内容与学术研究的内容通常具有一致性。他们的讲课内容中，渗透着自己的研究成果。

市场营销学的发祥地是美国。这门学科的创生，同高等学校的一门课程直接相关。1905 年，宾夕法尼亚大学教授威廉・克罗伊西(William E. Kreusi)开设名为“产品市场营销”(The Marketing of Products)的课程，首次创用 marketing 这个学术术语。1912 年，哈佛大学教授约翰・赫杰特齐(John E. Hegertg)出版第一部以《Marketing》命名的教科书。百余年来，市场营销学始终与高等教育保持着密切的联系。1908 年，工商管理硕士学位(MBA)教育开办以后，市场营销学成为一门核心课程。市面上的大部分市场营销学著作是高等学校的教材，一些教材反复再版，成为市场营销学领域的名著。小威廉・佩勒尔特(William D.Perreault,Jr.)的《市场营销学基础》，至 2011 年出版了 18 版。菲利普・科特勒(Philip Kotler)的《营销管理》，至 2011 年出版了 14 版；他的《市场营销学原理》，至 2012 年也出版了 14 版。为了满足社会各个领域对市场营销理论的实际需要，满足教学对市场营销学科的实际需要，市场营销学至今已经分化出一系列分支学科，如比较市场营销学、神经市场营销学、运输市场营销学、商业市场营销学、企业市场营销学、教育市场营销学、体育市场营销学、旅游市场营销学、文化市场营销学、国际市场营销学、农产品市场营销学、电力市场营销学、药品市场营销学、房地产市场营销学、金融市场营销学、酒店营销学、传媒市场营销学、政府营销学、市场营销伦理学、市场营销社会学、市场营销心理学、市场营销战略学、市场营销地理学等。

对高等学校教师来说，协调好课程教学和学术研究两者的关系，就可以实现“双赢”，既是受学生欢迎的教师，又是成果迭出的研究者。课堂教学将不断从学术研究中获得“源头活水”，教学内容扎实、充实；学术研究将不断从紧密联系实际的课堂教学中发现新的科学问题，研究指向真切、明确。许多科学名家的学术经历告诉我们，课堂教学和学术研究可以做到互为支撑，相辅相成，相得益彰。

三、科学新学科的形态关系创生模式

科学新学科的创生，同已有学科存在或强或弱、或潜或显的关联，需要依托于已有学科，甚至来源于已有学科。所谓形态关系创生模式是指新学科的创生同已有学科之间存在着外在形态方面的密切关联。通过大量实例，本节概括出学科串生、学科丛生、学科侧生、学科外部伴生等几种新学科的形态关系创生模式。在这几种模式之间，难以划出清晰的界限，有的学科创生过程可能同时表现为两种以上形态关系创生模式。

1.学科串生模式

学科串生是指在一门已有学科的纵向延伸方向上生成新学科的过程。通过串生过程而形成的学科，像一根主藤蔓及其分支藤蔓上的一串果实。学科串生一般发生在一门学科及其分支学科之间，分为下行串生和上行串生两种情况。下行串生是由上位学科到下位学科的派生、分化过程，而上行串生则是由下位学科到上位学科的集聚、综合过程。

力学(mechanics)是一个历史悠久的自然科学学科门类，其主要研究对象是物质的机械运动。力学知识起源于人们对自然现象的观察和在生产劳动中所获得的经验，在知识积累的过程中逐步有了静力学、动力学、运动学的区分。1687年，英国科学家牛顿（I. Newton，1643—1727）出版《自然哲学的数学原理》一书，标志着经典力学体系的建立。在以经典力学为代表的一般力学（普通力学）之外，力学领域的科学探索如同开采地下矿藏一样逐层开掘，按照研究对象存在形式的差异（固体、流体），沿着固体力学、流体力学两条主藤蔓在分化中形成不同的学科系列。固体力学作为力学的第二层级分支学科，分化出结构力学、材料力学、弹性力学、塑性力学等第三层级分支学科；其中，结构力学呈现多方向的衍生分化走势，分化出的第四层级分支学科有结构静力学、结构动力学，有杆系力学、板壳力学，还有分析结构力学、计算结构力学、工程结构力学等。从固体力学到结构力学再到第四层级分支学科，属于下行学科串生模式。

连续介质力学（continuum mechanics）是研究连续介质在外部条件作用下的宏观力学性状的力学分支学科。所谓连续介质，就是宏观力学性质沿空间连续变化、不必考虑各组成原子或分子的结构及其相互作用的一类介质，包括固体和流体。20世纪上半叶，工程技术活动对力学的拉引作用导致工程力学或应用力学的快速发展，其中的大部分问题属于连续介质的力学问题。20世纪40年代，美籍匈牙利裔力学家、航空航天工程学家西奥多·冯·卡门（Theodole von Karman，1881—1963）等提出发展连续介质力学的想法。50年代，连续介质力学进入形成期，苏联力学家、火箭工程学家谢道夫（Л.И.Седов）在莫斯科大学开设连续介质力学课程；60年代，出现以“连续介质力学”“非线性连续介质力学”作为书名主题词的教科书和专著。连续介质力学是固体力学和流体力学及其众多分支学科在新的应用环境下的整合，成为现代力学的重要标志。连续介质力学，特别是非线性连续介质力学，不仅获得越来越广泛的运用，而且在60年代以后发展出断裂力学，并以此为开端，形成了一系列新的连续介质力学分支学科，如缺陷损伤力学、破坏力学、细观力学等。从固体力学和流体力学到连续介质力学，是上行学科串生过程；从连续介质力学到断裂力学再到缺陷损伤力学、破坏力学、细观力学等，则是下行学科串生过程。可以预期，连续介质力学通过与物理学、化学、生物学、医学、信息科学、社会科学等学科门类、科学部类的渗透交汇，在现代科学知识体系的整体化进程中将继续发挥着重要的作用。

2.学科侧生模式

学科侧生是指在一门已有学科的边缘区域生成的同该学科有亲缘关系的分支学科的过程。双边缘分支学科、多边缘分支学科的创生过程，对母体学科而言都属于学科侧生模式。按照新学科同母体学科之间关系的相对远近，属于学科侧生模式的学科可以区分为内缘侧生学科和外缘侧生学科两种类型。

物理化学(physical chemistry)是运用物理学理论和研究方法研究化学体系和化学现象的学科。其主要内容包括化学体系的宏观平衡性质、化学体系的微观结构和性质、化学体系的动态性质。在本书第三章关于科学学科基本类型的讨论中，曾说到边缘分支学科归属的“以后为主”原则。物理化学符合这条原则，这门边缘分支学科更靠近化学，或者说化学是物理化学的“本土”，物理学为物理化学提供研究手段。化学、化学工程专业的学生必须学习物理化学，而物理学、工程物理学专业的学生，却未必一定要学习物理化学。物理学、化学的分支学科都很多，一门物理学分支学科可以同多门化学分支学科相交汇，一门化学分支学科也可以同多门物理学分支学科相交汇，从而建立起物理化学的众多分支学科。这些分支学科按照外在特征，可以粗略地划分为三组。第一组包括物理无机化学、物理有机化学、热化学、光化学、声化学、电化学、磁化学、光电化学、机械力化学(含摩擦化学)、高能化学等，其名称有较为明显的物理学印记；第二组包括化学热力学、化学动力学、化学动态学、溶液化学、胶体化学、表面化学、结构化学、晶体化学、量子化学、催化化学等，其名称没有很明显的物理学印记；第三组包括地球物理化学、生物物理化学、生态物理化学、海洋物理化学、材料物理化学、冶金物理化学(金属物理化学)等，是物理化学与其他学科门类、学科群组相渗透建立的二阶边缘分支学科。物理化学及其众多的分支学科属于物理学、化学的侧生学科。对化学来说，物理化学及其分支学科是内缘侧生学科；对物理学来说，物理化学及其分支学科是外缘侧生学科。

化学物理学(chemical physics)也是介于物理学、化学之间的边缘学科，其任务是研究同化学领域相关的物理学问题。化学物理学与同样介于物理学、化学之间的物理化学，不可能划出一条清晰的界限。在美国，化学会中设有物理化学分会，物理学会中设有化学物理学分会。化学物理学兴起于量子力学问世以后，它的创立以1933年美国创办《化学物理学杂志》作为标示点。美国物理学家约翰·斯莱特(John C. Slater，1900—1976)于1939年出版的《化学物理学引论》，是该学科的早期代表作。1983年《化学物理学杂志》创刊50周年时，美国物理学会化学物理学分会有关人士说到当年创办这份杂志的初衷：20世纪30年代初，化学和物理学边缘领域正处在定量描述的革命时期，量子力学已经成为分子光谱和分子结构的理论基础；统计力学已经成为复杂系统在微观层次上的处理方法，而量子统计这时开始把原子、分子系统的量子力学描述和宏观系统的热力学描述沟通起来。这个转变并没有得到当时物理化学界科学家们的普遍重视，一些物理学家感到需要办一个比《物理化学杂志》更倾向于物理学和数学的杂志，于是《化学物理学杂志》便应运而生了①。显然，对于化学物理学这个边缘分支学科名称，同样可以按照"以后为主"原则来解释它与母体学科物理学、化学的关系。就学科名称而言，化学物理学应该更靠近物理学。对物理学来说，化学物理学是内缘侧生学科；对化学来说，化学物理学是外缘侧生学科。

3.学科丛生模式

学科丛生是指两门以上分支学科在一门学科的同一层次上同时生成、相伴而行或继时生成、互携而进的过程。学科丛生模式呈现于同一层次的分支学科之间，同具有纵向延展特征的学科串生模式相比，它是一种具有横向展开特征的学科创生模式。按照学科生成的时差状态，

① 百度百科词条"化学物理学"，见 http://baike.baidu.com/item/化学物理学。

学科丛生可以区分为同时丛生和继时丛生两种情况。不同学科的孕育、萌发、成长过程是千差万别的，在一门学科的同一层次的众多分支学科中，所谓同时创生也只是相对而言的。

城市管理学(urban management)是管理科学与城市科学相互渗透而形成的边缘分支学科，学术界通常将美国管理学家卢瑟·古利克(Luther Gulick，1892—1993)于1953年出版的《纽约市的现代管理》一书视为城市管理学萌生的起点。城市是一个复杂的社会巨系统，其管理变量多达几千万乃至上亿个。随着城市规模的不断扩大、“城市病”的逐渐增多，精细研究城市管理活动的实际需要，导致城市管理学一系列分支学科的创生，依次呈现出分层、分组的学科丛生状态。首先出现的是丛生状态的城市经济管理学、城市规划建设管理学、城市土地管理学、城市交通管理学、城市社会管理学、城市环境管理学、城市教育管理学、城市文化事业管理学等第一层级分支学科。随后，一些第一层级分支学科逐渐进入分化为第二层级分支学科的丛生过程。例如，城市经济管理学之下出现城市工业经济管理学、城市农业经济管理学、城市交通经济管理学、城市土地经济管理学、城市住宅经济管理学、城市环境经济管理学等；城市社会管理学之下出现城市社会工作管理学、城市人口管理学、城市社会治安管理学、城市社会文化管理学、城市社区管理学等。

生态学(ecology)的思想渊源可以追溯到古代，19世纪60年代德国生物学家首先创用德文Öecologie(生态学)一词，这门学科随之进入创生期。生态学至今已经发展成为一个包含众多分支学科的交叉科学学科门类——生态科学①。在生态科学的分化衍生过程中，一些边缘分支学科以丛生状态生发出下一个层级的分支学科。动物生态学是介于动物学与生态学之间的边缘分支学科。20世纪上半叶以来，动物生态学的分化出现了三组丛生的分支学科，一是依据研究对象的组织水平划分的动物个体生态学、动物种群生态学、动物群落生态学，二是依

① 王续琨、宋刚等:《交叉科学结构论(修订版)》，人民出版社2015年版，第72—83页。

据栖息地划分的水生动物生态学、陆生动物生态学、两栖动物生态学、寄生动物生态学，三是依据研究对象即动物的类别划分的昆虫生态学、寄生虫生态学、鱼类生态学、鸟类生态学、哺乳动物生态学、人类生态学等。

4.学科外部伴生模式

学科外部伴生是指分属于多个学科门类的多门学科在同一交融学科的渗透作用下相伴而生的过程。学科外部伴生模式，通常有双伴生和多伴生（三伴生、四伴生等）两种具体形式。

创建于20世纪20年代的量子力学（quantum mechanics），是一门以微观世界中不连续、不可分割的基本个体——量子作为研究对象的物理学分支学科。1923年，法国物理学家路易·德布罗意（Louis V.de Broglie，1892—1987）提出物质波概念和物质波假说，为量子力学的创立奠定了理论基础。1925年，德国物理学家沃纳·海森堡（Werner K. Heisenberg，1901—1976）等建立了矩阵力学。1926年，奥地利物理学家埃尔温·薛定谔（Erwin Schrödinger，1887—1961）建立了波动力学，并证明波动力学和矩阵力学在数学上是等价的，可以通过数学变换从一个理论转换为另一个理论。波动力学和矩阵力学是量子力学的两种形式。量子力学创立之后，成为研究微观客体的犀利工具，不仅在物理学领域获得广泛应用，催生出量子场论、相对论量子力学、量子统计物理学、量子电动力学、量子色动力学、量子电磁学、量子光学等近邻学科，而且导致多门外部伴生学科的问世，如量子化学（量子有机化学、固体量子化学、量子电化学）、量子电子学、量子生物学、量子药理学、量子计算机科学、量子密码学和量子通信工程学等。1927年以建立化学键理论为开端，化学家走上量子化学的探索之路，1965年美国创办第一份量子电子学期刊，1970年国际量子生物学学会宣告成立，1977年英国量子化学家威廉·理查兹（William G.Richards）出版《量子药理学》，1982年美国物理学家理查德·费曼（Richard P.Feynman）提出量子计算机的设想和1985年英国学者戴维·多伊奇（David Deutsch）提出量子计算线路网络模型标示量子计算机科学的起步，1984年美国和加拿大学者提出量子密钥分配方案开启量子密码学和量子通信工程学之门，这些学科的伴生是一个长达几十年的继时过程。

20世纪70年代末，美国心理学家乔治·米勒(George Miller)最先创用了"认知神经科学"(cognitive neuroscience)这一术语。认知神经科学是形成于认知科学、行为科学、心理学、脑科学的交汇区域，同生物学、信息科学、计算机科学、生物医学工程学、物理学、数学、哲学等密切相关的一门多边缘交叉学科，其任务是运用脑科学的技术手段和行为科学的研究方法揭示感觉、知觉、运动、注意、记忆、语言、思维、情绪、意识等认知过程的机制和本质①。80年代至90年代，认知神经科学获得了快速发展，衍生出认知神经心理学、认知心理生理学、认知生理心理学、认知神经生物学、计算神经科学和社会认知神经科学、发展认知神经科学、时间认知神经科学等近缘分支学科。1997年，美国卡耐基—梅隆大学举办以"神经行为经济学"(neuro behaviral economics)命名的学术会议，首次将神经科学与经济科学联系起来。进入21世纪，作为交融学科的认知神经科学向经济科学、管理科学、社会学等学科门类强势渗透，学者们开始运用认知神经科学的理论和方法(目前阶段主要是脑成像技术)，在更为客观的神经元生物层面上解释人的经济行为、管理(决策)行为、社会行为。在神经经济学(neuroeconomics)渐成显学的基础上，神经社会学(neurosociology)、神经管理学(neuromanagement)等新兴学科也走上了创生之路。神经经济学、神经管理学、神经社会学的任务，是分别测量和观察人在制定社会决策、经济决策、管理决策时大脑活动的基本规律，发现产生个体社会行为、经济行为、管理行为的内在机理。

从生成区位和研究手段的软硬程度来看，认知神经科学比较靠近自然科学。认知神经科学理论和方法向归属于社会科学的经济科学、社会学和归属于交叉科学的管理科学渗透所形成的神经经济学、神经社会学、神经管理学，是认知神经科学的远缘分支学科。从认知神经科

① 罗跃嘉、姜扬、程康主编:《认知神经科学教程》，北京大学出版社2006年版，第1页。

学的角度来看，神经经济学、神经社会学、神经管理学的生成属于学科蔓生模式。就相伴而生的神经经济学、神经管理学、神经社会学三门学科而言，它们之间呈现为一种继时性外部伴生关系，位于管理科学之外的神经经济学、神经社会学是神经管理学的外部伴生学科。

四、科学新学科的内涵关系创生模式

新学科与已有学科之间，在知识层面上，如研究对象、基本理论、研究方法等方面存在着某种内涵性的联系。从新学科与已有学科之间的内涵关系上来看，新学科的创生有学科对象细分、学科对象聚合、学科理论扩张、学科方法迁移等几种基本模式。

1.学科对象细分模式

构成庞大科学知识体系的所有学科，都各有特定的研究对象。学科与学科的区分，首先在于它们的研究对象存在某种程度的差异。人们只要能够找到现有学科都没有专门加以研究的对象，或者找到一个探察已有对象的新视角，就可以创建新的学科，包括分立出新的分支学科。动物学、植物学、微生物学等由笼统的生物学中分化出来，是因为它们的研究对象（动物、植物、微生物等）在属性、特征方面存在诸多明显的差异。科学知识体系学科数量的不断增多，同研究对象的渐次分化裂解有着直接的关系。

语言科学（language science）是研究语言（包括相对应的文字）的所有学科构成的学科门类。据说世界上总共有数千种语言，使用人口超过 100 万的语言有 140 多种。语言科学的研究对象应该涵盖世界上所有的语言，因此语言科学可以分化为数百上千门具体语言学或专语语言学，如汉语语言学、英语语言学、法语语言学、西班牙语语言学、阿拉伯语语言学、德语语言学、俄语语言学、印度语语言学、日语语言学、豪萨语语言学等。每一种语言都可以从语音、语法、词汇、修辞、文字等多个角度展开研究，因此语言科学存在着广阔的对象细分化空间。

人体生理学（physiology of the human body）是研究人类机体的生命活动现象和机体各个组成部分的功能的一门学科，在很多场合下可以简称为生理学（physiology）。1628 年，英国医生威廉·哈维（William Harvey，1578—1657）出版的《动物心血运动的研究》一书，是以实验为特征的近代人体生理学的始点。人体是一个构成复杂的研究对象。其中，细胞是构成人体形态结构和功能的基本单位；形态相似和功能相关的细胞借助细胞间质结合起来构成组织；共同执行某一种特定功能并具有一定形态特点的几种组织结合起来，就构成器官；若干个功能相关的器官联合起来，共同完成某一特定的连续性生理功能，即形成系统。因此，人体生理功能可以分别在组织、器官、生理系统的层次上进行研究，由此导致人体生理学的学科分化。图 4.2 列出人体生理学在组织、器官、生理系统三个层次上因研究对象细分而形成的分化线索。

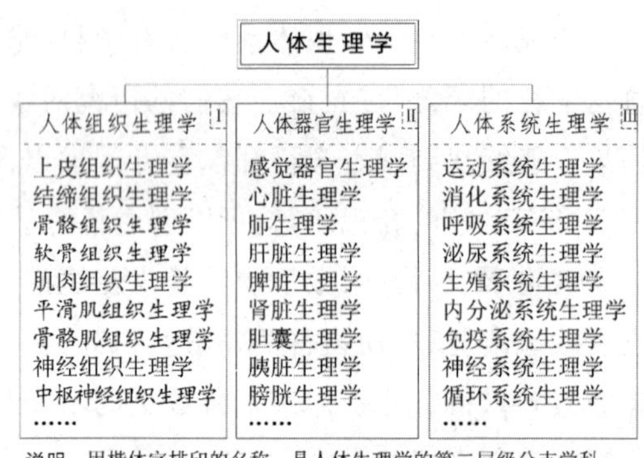

说明：用楷体字排印的名称，是人体生理学的第二层级分支学科。

图 4.2　人体生理学的学科分化线索

学科研究对象在无尽历史长河中的无限可分性与学科在特定时空条件下的有限分化性的统一，是科学学科体系演进发展的一个重要特点。各个科学部类的各门学科都有特定的研究对象。这些研究对象，可以进行没有终止点的深度细分。然而，由于受社会需求拉动力度和人的认识能力的限制，在一定的历史阶段，学科研究对象的细分化又必然有一定的限度。图 4.2 中所列出的学科，有的已经比较成熟，如心脏生理学、肝脏生理学、运动系统生理学（运动生理学）、消化系统生理学（消化生理学）、内分泌系统生理学（内分泌生理学）等；有的尚处于萌发状态，其未来发展状态将主要取决于社会需求作用下的研究者探究热情和社会投入力度。

2.学科对象聚合模式

事物的发展变化从来都不是单向的，有正必有逆，有分必有合。在一些科学学科因研究对象不断细分而形成多层级分支学科的过程中，研究者通常会发现若干学科的研究对象又有相互依存、相互联系的共通方面，需要在高一级的层位上进行综合研究。这就是学科研究对象由分到合、由局部到整体的聚合过程，由分支学科到上位学科、由分域学科到整体学科的聚合过程。学科演进的这种走势，是分中有合、分久必合。

材料是人类用来制造构件、器件、机器和其他产品的物质。人类的历史始终伴随着对材料的利用和认识。20 世纪上半叶，陆续出现一些以具体品种材料（金属材料、陶瓷材料等）和行业领域材料（机械材料、建筑材料等）作为研究对象的学科。1957 年，苏联第一颗人造地球卫星的发射，震惊了美国政府和科学技术界，许多有识之士认识到先进材料对于高技术发展的重要性，一些大学相继成立了材料科学研究中心。20 世纪 60 年代以后，材料科学（materials science）这一术语在西方学术界逐渐流行起来。材料科学所研究的“材料”，是涵盖金属材料、无机非金属材料、高分子材料、复合材料、半导体材料、超导材料、光电子材料、磁性材料和机械材料、建筑材料等的一个高层位概念，是以往各门“××材料学”学科研究对象的聚合。

在“中国知网”的《中国学术期刊（网络版）》中，以“材料学”作为检索词进行“篇名”的“精确”检索，检出的第一篇文献是《教育与职业》杂志 1929 年第 6 期发表的《机械材料学课程纲要》一文。第二篇文献发表于 1976 年，此后陆续出现的学科名称，有胶凝材料学、混凝土材料学、纺织材料学、有色金属材料学、复合材料学、船舶材料学、玻璃材料学、新碳素材料学、航空材料学、航天材料学、功能材料学、金属材料学、非金属材料学、防水材料学、工程材料学、矿物材料学、口腔材料学、摩擦材料学等。在《中国学术期刊（网络版）》中，以“材料科学”作为检索词进行“篇名”的“精确”检索，检出的第一篇文献是《物理》杂志 1975 年第 3 期发表的《近代电子显微学在材料科学上的应用》一文。直到 20

世纪 80 年代后期,以“材料科学”作为篇名主题词的文献在期刊中才逐渐多起来。特别值得注意的是,20 世纪 90 年代之后,出现了一系列由材料科学与力学、物理学、化学、生物学等相互渗透而建立的边缘分支学科,如材料摩擦学、材料热力学、材料物理学、材料化学、材料物理化学、材料热化学、材料电化学、材料生物学、材料设计学等。这些学科是在“××材料学”学科研究对象聚合后建立起来的,明显拉近了材料科学原有学科与基础科学的距离,提升了材料科学的理论高度。

3.学科理论扩张模式

科学理论是系统化的具有一定程度真理性的科学知识,是关于客观事物的本质及其规律的相对正确的认识。生成于一个研究领域的理论,只要具有较强的解释功能,通常可以超场域地发挥作用,被运用到其他领域,由此就可以通过理论扩张的形式衍生出一系列新学科。

从内涵关系上来看,以企业管理哲学为基础的管理哲学是企业管理学或工商管理学核心理论渐次扩张的产物。弗雷德里克·泰罗(Frederick W.Taylor,1856—1915)的“科学管理”理论,可以看作是这个扩张过程的原点。尽管泰罗的代表作《科学管理原理》(1911 年)并不是一部哲学著述,但其中却包含着许多重要的哲学观点,正如泰罗在书中所说:“科学管理包括着某种主要的普遍原则,是一种能以各种方法运用的哲学观。”“科学管理从本质精髓来说包含着某种哲学,而这门哲学是科学管理四大原理相结合的产物。”[①]正因为如此,泰罗的“科学管理”理论在西方开启了管理哲学的思想先河,通常被视为西方管理哲学的起点。

英国企业家、管理学家奥利弗·谢尔登(Oliver Sheldon,1894—1951)于 1923 年出版的《管理哲学》一书,继承并进一步发扬了泰罗的思想传统,基于“管理的首要责任是为社会服务”这一理念,以哲学思考的方式,确证管理是专门的职业,推演出具有哲学意蕴的 10 条管理原则。他明确指出:“事实上,管理的效率不仅要根据科学标准来判断,而

① [美]F.泰罗:《科学管理原理》,蔡上国译,上海科学技术出版社 1982 年版,第 17 页。

且要根据共同体的福祉这一最高标准来判断。”[①]显然，谢尔登极为关注伦理在管理中的作用，并具有强烈的人道主义价值取向。他的《管理哲学》不仅扩充了泰罗“科学管理”理论的哲学内涵，使管理哲学走上学科化发展的起点，而且成为企业伦理学(工商伦理学)、管理伦理学的滥觞。20 世纪 70 年代之后，以首届企业伦理学讨论会(1974 年)在美国堪萨斯大学的举办和加拿大管理哲学家克里斯托夫·霍金森(Christopher Hodgkinson)出版《走向管理的哲学》(1978 年)、《领导哲学》(1983 年)等作为基本标志，管理伦理学、管理哲学、领导哲学走上了创生之路。

在随后几十年的持续发展中，泰罗的“科学管理”理论和谢尔登的管理哲学理论循序渐进地不断得以扩展和张扬，陆续衍生出众多的管理哲学分支学科和管理伦理学分支学科，如经济管理哲学、教育管理哲学、文化管理哲学、工业企业管理哲学、商业企业管理哲学、企业领导哲学、教育领导哲学、军事领导哲学和商业管理伦理学、教育管理伦理学、学校管理伦理学、军事管理伦理学等。这个理论扩张过程如同水面上的涟漪，由管理科学早期发展形成的核心理论区域逐渐向四面八方扩散、涌动。不过其扩散、涌动的速度却非常缓慢，不能同自然界中的水波扩散过程相提并论。

4.学科方法移植模式

方法是指人的思考方式和行为方式，是人认识世界和改造世界的方式，是人从理论上和实践上把握现实的方式、手段、程序和路径的总和。方法，无处不在。所谓学科方法，是指人在某个学科范围内所使用的科学研究方法。科学研究方法是所有学科方法的总和，按基本特征主要分为三类，一是思维性方法(哲学方法和归纳法、演绎法、类比法等)，二是理论性方法(数学方法、系统科学方法、由某些学科的科学理论转化而来的研究方法等)，三是实践性方法(观察方法、实验方法等)。

① [英]奥利弗·谢尔登：《管理哲学》，刘敬鲁译，商务印书馆 2013 年版，作者序言第 5 页。

从认识论的角度来看,科学研究方法也是一种知识,是人在认识某个学科研究方式、手段和途径的过程中所获得的知识。作为一种特殊类型的知识,科学研究方法是可以学习、交流、传播的,具有不同程度的可移植性。

实验方法是首先在力学、物理学、化学、生物学等自然科学基础学科中大显神威的一般科学方法。几百年来,实验方法推动着自然科学的全面发展,并且建立了一大批以“实验”二字命名的自然科学学科。例如,在力学领域,有实验力学、实验结构力学、实验断裂力学、实验流体力学、实验空气动力学、工程实验力学、实验生物力学等;在物理学领域,有实验物理学、实验高能物理学、实验原子核物理学、实验天体物理学、实验核天体物理学、实验构造物理学、实验光谱学、实验电子学、生物医学实验电子学等;在生物学领域,有实验生物学、实验神经生物学、实验血液学、实验细胞学、实验免疫学、实验微生物学、实验病毒学、实验植物群落学、实验动物学、实验动物环境学、实验寄生虫学、实验人体解剖学等。20 世纪中后期以来,实验方法开始向哲学社会科学领域广泛渗透,导致实验哲学、实验美学、实验景观美学、实验伦理学、实验动物伦理学、实验考古学、实验语言学、实验语音学、实验音系学、实验经济学(实验与行为经济学)、实验金融学、会计实验学、实验教育学(教育实验学)、实验大众传播学、实验社会心理学等方法移植学科的创生。实验方法的移植,为哲学科学学科、社会科学学科的发展带来新的格局、新的面貌。

实验语音学(experimental phonetics)是实验方法运用于语音研究所建立的一门学科。20 世纪 70 年代以来,利用高速摄影机、肌电仪、电磁音笔浪纹计、示波器、语图仪、高显示器、声级记录仪等科学仪器和电子计算机开展语音研究,极大地拓展了传统语音学的研究范围和研究深度。传统语音学一般以研究“音素”为主,而实验语音学则深入到音素的微观领域,研究比音素更小的“音子”“音元”,测度语音的频率、高低、强弱、长短等参数。实验语音学的研究成果,同工业、军事、科学技术、通信、人工智能等领域密切相关,可以用于语音教学、言语处理、言语矫治、声控技术、机器翻译、人机对话、特殊环境通话等方面。实验语音学同众多的相关学科保持紧密的联系，在其发展过程中已经衍生出声学语音学、言语工程学等分支学科。

第五章 科学新学科生长点的预测性推断

近代科学诞生以来,随着人们社会实践的不断丰富和科学知识总量的持续增长,科学地图上出现的科学学科越来越多。然而,科学地图上仍有星罗棋布的空白区,这些空白区隐藏着许许多多新学科的生长点。事物的发生、发展都有一定的规律性,科学新学科的生成应该是有迹可循的。研究者通常可以依据学科作为科学知识分支体系的一般演进趋势,借鉴学科的形态关系创生模式和内涵关系创生模式,运用本章所讨论的确认学科对象、比照学科结构、移用学科方法、引导学科交融等四种方法,对新学科的生长点进行预测性推断,从而有的放矢地积极促进新学科的创生。

一、确认学科对象推断法

科学学科与其研究对象不可分离,没有特定的研究对象就没有能够自立的科学学科。恩格斯指出:"必须先研究事物,尔后才能研究过程。必须先知道一个事物是什么,尔后才能觉察这个事物中所发生的变化。自然科学中的情形正是这样。"①所谓"知道一个事物是什么",可以理解为研究对象的确认。探寻新学科的生长点,首先要对可能存在的研究对象进行辨识,对研究对象的相对独立性、社会重要性程度做出初步辨识,这就是对新学科生长点的确认。

1.新研究对象的辨识和确认

人类对于客观事物的认识经历了由少到多、由浅到深、由简到繁的

① 恩格斯:《路德维希·费尔巴哈和德国古典哲学的终结》,《马克思恩格斯选集》第四卷,人民出版社1995版,第244页。

过程。几百年来，科学学科的逐渐增多，同这些学科研究对象的发现和确认直接相关。

公元前6世纪，古希腊自然哲学家留基伯（Leucippus，约前500—前440）最早提出“原子”概念，认为宇宙万物都由原子组成，而原子是最小的、不可分割的物质粒子，它们在虚空中运动着，所有原子的成分都是相同的。限于当时的观测条件，古代的原子论带有臆测和思辨的色彩。19世纪初，英国化学家、物理学家约翰·道尔顿（John Dalton，1766—1844）在继承古希腊朴素原子论和牛顿微粒说的基础上提出近代的原子论。道尔顿运用相对比较的方式求取各种元素的原子量，发表了第一张原子量表，为后来元素原子量的测定做出开创性的贡献。尽管原子论遭遇一些科学家的反对，但越来越多的实验事实支持和佐证了原子的存在，以研究原子的结构、运动机理和相互作用为使命的原子物理学（atomic physics）在19世纪渐成显学。1897年，英国物理学家约瑟夫·汤姆逊（Joseph J.Thomson，1856—1940）在研究稀薄气体放电的实验中，发现原子中存在带负电的电子，为原子物理学的发展提供巨大的推动力。1911年，英籍新西兰物理学家欧内斯特·卢瑟福（Ernest Rutherford，1871—1937）通过α粒子散射实验证实原子的中心是一个带正电的硬核，建立了电子围绕着这个核旋转的核式结构原子模型（又称为行星结构原子模型）。1913年，丹麦物理学家尼尔斯·玻尔（Niels H.D.Bohr，1885—1962）循此继进，建立了能级结构原子模型，原子物理学由此进入其发展史上的第一个兴盛期。

原子核概念的确立，为物理学提供了一个新的研究对象，开启了原子核物理学（nuclear physics）的研究之门。1919年，卢瑟福等人发现用α射线轰击氮核时可以释放出质子，首次实现人工核反应。此后，用射线引起核反应的方法逐渐成为研究原子核的主要手段。1932年，英国实验物理学家詹姆士·查德威克（James Chadwick，1891—1974）通过轰击实验发现了卢瑟福预言的不带电粒子——中子。人们由此搞清了原子核的基本结构：质子和中子组成了原子核。中子的发现不仅是原子核物理学的一项重大成就，而且因为中子不带电荷而不受核电荷的排斥，容易进入原子核而引起中子核反应，可以将其作为研究原子核的新手段。

从电子、质子、中子和爱因斯坦提出的光子，到20世纪30年代在宇宙线中发现的正电子和“介子”(后称为μ子)，科学家意识到这些亚原子核微观粒子是构成物质的最小、最基本的单位，称它们为“基本粒子”。20世纪50年代，研究组成物质和射线的基本粒子的性质及其相互作用的基本粒子物理学应运而生。随着研究工作的继续深入，人们认识到许多基本粒子也有自身的结构，基本粒子其实并不“基本”，因而改称基本粒子物理学为粒子物理学(particle physics)。由于在纯天然条件下许多粒子不出现或不单独出现，物理学家需要使用粒子加速器复制粒子高能碰撞的机制，从而生产和实测这些粒子，因此粒子物理学又被称之为高能物理学。1964年，美国物理学家默里·盖尔曼(Murray Gell-Mann)建立强子的夸克模型，认为质子一类的粒子由更为基本的上夸克、下夸克、奇异夸克三种夸克组成。粒子物理学至今仍在深入发展，未来将在新粒子的发现和粒子性质、夸克强相互作用机理的研究方面，在建立电磁作用、弱作用和强作用相统一的大统一理论和宇宙演化理论的研究方面，有新的进展和突破。

从原子物理学、原子核物理学到粒子物理学渐次进化的过程，是物理学家不断辨析和确认新的研究对象的过程。在这个过程中，物理学家还有一项关于物质存在形态的重要发现。1879年，英国化学家、物理学家威廉·克鲁克斯(William Crookes，1832—1919)在研究阴极射线的实验中发现气体放电管中的电离气体与已知的固态、液态、气态物质均有所不同，将其称之为“物质第四态”。将近半个世纪之后，美国化学家、物理学家欧文·朗廖尔(Irving Longmuir，1881—1957)在1928年创用了“等离子体”(plasma)概念，替代“物质第四态”概念，用以指称物质原子内的电子在高温下脱离原子核的吸引而形成带负电的自由电子和带正电的离子共存的状态。等离子体概念很快为学术界所接受，人们对物质第四态的相关研究，就被称之为等离子体物理学(plasma physics)。等离子体是宇宙中一种最常见的物质，整个宇宙99%的物质是等离子态物质，等离子体物理学有着广阔的发展空间。20世纪中期之后，等离子体物理学与天体物理学、空间物理学相结合，研究天体和宇宙空间的等离子体物质，衍生出天体等离子体物理学和空间等离子体物理学。

科学研究的根本目的在于运用研究成果更加有效地改造客观世界。在运用自然基础科学研究成果的过程中，人们不断地辨识和确认新的研究对象，建立了大量同应用研究相对应的自然应用科学学科和同开发研究相对应的技术科学学科、工程科学学科。人类自古就有“飞天”的梦想。19世纪末之后，航天事业的先行者开始思考将力学、物理学、化学、天文学的众多分支学科的相关理论运用于宇宙飞行的可能性，宇宙飞行即航天便成为一个新的研究对象。被后世誉为“航天之父”的俄国科学家康斯坦丁·齐奥尔科夫斯基（Константин Э. Циолковский，1857—1935），于1898年完成航天学的第一篇经典论文《利用喷气工具研究宇宙空间》，提出液体推进剂火箭的基本原理，推导出在不考虑空气动力和地球引力的理想情况下，计算火箭在发动机工作时获得速度增量的公式，为研究火箭和液体火箭发动机奠定了理论基础。他撰写了大量论著，最先论证了利用火箭进行星际飞行、制造人造地球卫星和近地轨道站的可能性，指出发展宇航和制造火箭的合理途径，提出火箭和液体发动机结构的一系列工程技术解决方案。1957年，苏联成功地发射了第一颗人造地球卫星，人类进入了航天时代。人们研究自然基础科学理论如何转化为航天领域的各种应用原理，导致火箭结构力学、火箭气体动力学、火箭发动机气体动力学、火箭外弹道学、航天动力学（航天器动力学、宇宙飞行动力学）、航天器轨道力学、航天器姿态动力学、航天弹道学、飞行器降落地球动力学、航天热物理学等航天应用科学学科的创生；人们研究如何运用航天应用原理解决航天领域各种技术和工程问题，导致火箭设计学、火箭制造工艺学、火箭发动机制造工艺学、航天器设计学、航天器制造工艺学、航天工程学（载人飞船工程学）、航天器环境工程学、航天工效学（航天人机工程学）等航天技术科学学科和航天工程科学学科的创生。

“科学是一种在历史上起推动作用的、革命的力量。”①在科学技术的有力推动下，人类社会的面貌发生着日新月异的变化，新事物、新问题层出不穷。新事物、新问题进入人们的研究视野，就会演变成新的研究对象。知识产权是个人或集体对其在技术、科学、文化等领域创造的产品即精神财富享有的所有权。19 世纪下半叶以来，由于商品经济和通信、出版事业的发展，科学技术、文化、艺术在全球范围内的交流越来越频繁和便捷，一个国家所创造的智力成果很容易就会传播到外国。在这种情况下，如何处理智力成果流动与保护知识产权的关系，成为摆在工业发达国家面前的一个新问题。1893 年，在瑞士伯尔尼成立的国际组织“保护知识产权联合国际局”，虽然使“知识产权”(intellectual property)概念走进人们的视野，但并没有引起广泛关注。1967 年 7 月，“国际保护工业产权联盟”(巴黎联盟)和“国际保护文学艺术作品联盟”(伯尔尼联盟)的 51 个成员在瑞典斯德哥尔摩签订《成立世界知识产权组织公约》。1970 年 4 月 26 日《公约》生效，“保护知识产权联合国际局”变身为世界知识产权组织(WIPO)。随着《公约》参加国的不断增多，“知识产权”概念在世界各国逐渐成为流行术语。

1973 年 11 月，中国国际贸易促进委员会派出代表团，以观察员身份参加在日内瓦举行的世界知识产权组织领导机构第 4 次系列会议。这是中国第一次派代表参加有关知识产权的国际会议，由此拉开了中国知识产权工作的帷幕。1979 年中国学术期刊中出现了第一篇以“知识产权”作为篇名主题词的文献②。据《中国学术期刊(网络版)》的检索结果，“知识产权”研究的期刊文献，1987 年上升到 10 篇以上，5 年后的 1992 年又爬升到 100 篇，2003 年突破 1000 篇，2011 年跃迁至最高点 2043 篇，最近几年维持在年产 1800 篇以上的水平。30 多年来，知识产权研究期刊文献在微幅震荡中呈现明显的总体增长趋势，为创建

① 恩格斯:《卡尔·马克思的葬仪》,《马克思恩格斯全集》第二十五卷，人民出版社 2001 年版，第 597 页。

② 姚壮:《世界知识产权组织:专利合作条约》,《环球法律评论》1979 年第 4 期。

以“知识产权”作为研究对象的知识产权学奠定了良好的学术基础①。知识产权学在中国已经成为一门走向初创期的学科，在社会需求的引导下，今后可能会演进成为一个包含许多分支学科的学科群组（图 5.1）。在先期形成的知识产权法学、专利法学、商标法学等分支学科的基础上，知识产权学内部和边缘区还将分立出更为具体的研究对象，从而建立新的分支学科。知识产权学已经建立、正在建立和有待建立的分支学科，按照具体对象或研究内容的异同相对地区分为基础知识产权学、法律知识产权学、专项知识产权学、分域知识产权学、边缘知识产权学等五个学科系组。

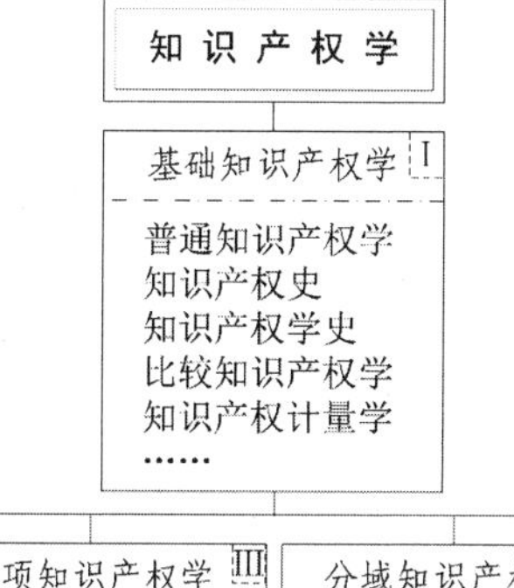

法律知识产权学 II	专项知识产权学 III	分域知识产权学 IV	边缘知识产权学 V
知识产权法学	专利学(专利权学)	农业知识产权学	知识产权哲学
知识产权法史	专利史	采矿业知识产权学	知识产权伦理学
知识产权法学史	专利法学	制造业知识产权学	知识产权文化学
国际知识产权法学	专利计量学	国防知识产权学	知识产权经济学
知识产权法哲学	企业专利战略学	医药知识产权学	知识产权社会学
知识产权立法学	商标学(商标权学)	信息产业知识产权学	知识产权心理学
知识产权诉讼法学	商标法学	文化产业知识产权学	知识产权战略学
知识产权执法学	著作权学(版权学)	媒介知识产权学	知识产权战略管理学
知识产权犯罪学	著作权法学(版权法学)	高等学校知识产权学	知识产权管理学
知识产权犯罪心理学	知识产权贸易学	企业知识产权学	知识产权教育学
知识产权犯罪侦查学	国际知识产权贸易学	企业知识产权管理学	知识产权生态学
知识产权审判学	知识产权代理学	国际知识产权学	知识产权地理学
……	……	……	……

说明：用楷体字排印的名称是知识产权学的第二层级分支学科。

图 5.1　知识产权学学科结构的演进格局

① 王续琨、丁堃、曲昭：《知识产权学的创建和未来发展》，《科技管理研究》2016 年第 8 期。

2.细分化研究对象的辨识和确认

最先进入人们视野的研究对象，可能是笼统而不够具体的事物，或者是“大尺度”的客体。随着研究工作的逐步深入，这种笼统而不够具体的或者“大尺度”的研究对象，可能被分解为较小的研究对象。这就是研究对象的细分化。对细分化的研究对象进行辨识和确认，然后展开精心研究，待研究成果积累到一定程度，便会形成新的分支学科。“一尺之棰，日取其半，万世不竭。”（《庄子·天下》）从辩证法的角度来看，学科研究对象的细分化是没有止境的，正如物质结构层次具有无限可分性一样。或者说，物质无限可分性这个哲学命题，从理论上来讲也适用于学科研究对象的细分。

人类对于管理活动的思考始于古代，在实践中逐渐积累了许多治理国家、整饬社会的经验。及至 19 世纪中后期，为数不多的学术先觉者力图将管理经验上升为相应的理论，虽然他们以公共管理领域或工商管理领域作为研究模本，但其学术视野具有全域性的特征，亦即他们眼中的研究对象是管理活动的整体。进入 20 世纪以来，随着参与管理研究学者们学术背景的多元化，整体性的研究对象开始出现裂解现象，陆续建立起森林经理学（林业企业管理学）、管理心理学、管理组织学、管理经济学、教育管理学、商业企业管理学、商业经济管理学、管理会计学、质量管理学、物资管理学、城市管理学等分支学科或边缘分支学科。管理活动是与人类社会与生俱来的一种横断性、依附性的活动，因而人类的所有生存和发展领域都同管理活动紧紧相连。随着人类生存发展空间的迅速扩展，新领域的出现必然为管理科学新学科的形成提供需求拉引作用力。物业管理、电视制片、无形资产、网络、电子商务、电子政务等的出现和相关社会经济问题的凸显，必然地提出创建物业管理学、电视制片管理学、无形资产管理学、网络管理学、网络经济管理学、电子商务管理学、电子政务管理学等学科的社会需求。在诸如此类社会需求的拉引下，管理科学在 20 世纪中期之后呈现出越来越壮观的“裂变”景观。

科学学科的细分或裂变的方向和速度，归根结底取决于社会需求的拉引方向和拉引力度。工商企业作为提供物质产品和服务的社会组织，在文明发展和社会进步中起着基础性的支撑作用。现代社会对企业的高度关注，社会需求对工商管理学或企业管理学的有力拉引，使之成为管理科学中分化程度较高的第一层级分支学科。在中国，过去习惯于使用“企业管理”概念，而较少使用“工商管理”概念。据对《中国学术期刊(网络版)》的检索，早在 1954 年中国期刊即出现以“企业管理”作为篇名主题词的文献①，1983 年出现以“企业管理学”作为篇名主题词的文献②。1981 年中国期刊第一次出现以“工商管理”作为篇名主题词的文献③，最初几年的文献无一例外地都以介绍国外工商管理教育为内容，直到 1987 年才出现以本土工商管理问题作为研究内容的期刊论文④。2000 年，中国期刊出现以“工商管理学”作为篇名主题词的期刊论文⑤。就研究内容而言，工商管理学与企业管理学没有根本性差异。“工商管理可以理解为企业对其所支配和影响的资源进行整合以求达到企业目标的过程。”⑥工商管理的主体是企业，显而易见，起源于美国的工商管理、工商管理学与中国学术界长期惯用的企业管理、企业管理学是对等的。

图 5.2 列出了已经建立、正在萌生和有待创建的工商管理学(企业管理学)一部分直系分支学科、边缘分支学科。这些学科按类别特征大体上可以区分为五个系组。第Ⅰ系组是普通工商管理学和与其关系极为密切的企业管理史、企业管理思想史、企业管理学史、比较企业管理

---

① 徐宏文:《进一步发挥统计工作对企业管理的作用》,《中国统计》1954 年第 4 期;黄崴:《改进统计工作提高企业管理水平》,《中国统计》1954 年第 5 期。

② 雷仲篪:《略论施工企业管理学学科建设的几个基本问题》,《建筑经济》1983 年第 1 期。

③ [美]奥托·弗里德利:《怎样办工商管理学院?——美国的一个问题》,《外国经济与管理》1981 年第 9 期。

④ 王健:《西汉中叶工商管理思想新论》,《徐州师范大学学报(哲学社会科学版)》1987 年第 2 期;李全祥:《谈工商管理档案的归档》,《兰台世界》1987 年第 6 期。

⑤ 思议:《企业再造理论:工商管理学的一次巨大变革》,《化工管理》2000 年第 10 期。

⑥ 中国工商管理学科发展战略研究课题组:《工商管理研究备要——现状、趋势和发展思路》,清华大学出版社 2004 年版,第 14 页。

学等。第Ⅱ系组是按照企业的所有制性质和其他基本属性划分的一组分支学科，第Ⅲ系组是按照企业业务类别划分的一组分支学科，第Ⅳ系组是按照企业管理环节或项目划分的一组分支学科，第Ⅴ系组是企业管理学与相关学科相互融合建立起来的一些边缘分支学科。在美国，由于历史上的原因，归属于工商管理学的一些学科在名称中并没有"企业"二字。考虑到这些学科（如战略管理学、人力资源管理学等）已经走出工商管理的疆界，仍保留在工商管理学之中的分支学科理应加上"企业"二字以明确标示出它们的研究范围。

图5.2所列的直系分支学科、边缘分支学科的研究对象，还有进一步裂解的可能性。例如，第Ⅰ系组中的全民所有制企业管理学，有望分化出国有独资公司管理学、国有控股公司管理学、国有参股公司管理学等次级分支学科。第Ⅱ系组中的工业企业管理学，可能分化出采掘企业管理学、加工制造企业管理学、冶金企业管理学、能源企业管理学（煤炭企业管理学、石油天然气企业管理学）、化工企业管理学等；而服务企业管理学正在形成餐饮企业管理学、旅游企业管理学、物流企业管理学、仓储企业管理学、物业公司管理学等分支学科。需要说明的是，图5.2中列出的学科名称，有些名称中的"企业"二字可以换用"工商"二字，如企业管理学史、比较企业管理学、企业管理统计学等，可以称之为工商管理学史、比较工商管理学、工商管理统计学等；有些名称中的"企业"二字可以换用"公司"二字，如联营企业管理学、建筑企业管理学、企业财务管理学等，可以称之为联营公司管理学、建筑公司管理学、公司财务管理学等。工商管理学（企业管理学）分支学科的衍生过程，如同一部不会有最终结尾的"电视连续剧"一样，将持久地"编"下去、"演"下去。

为了推进管理科学的细分化发展，研究者对于管理科学的现有分支学科，都可以进行试探性的对象解析，思考研究细分化后的对象以创建新兴分支学科的可能性。以工程管理学为例，至少有两个解析或分化线索。第一条线索是按照工程类型进行对象解析，除了已有的建筑工程管理学、水利工程管理学、机械工程管理学、电气工程管理学、化学

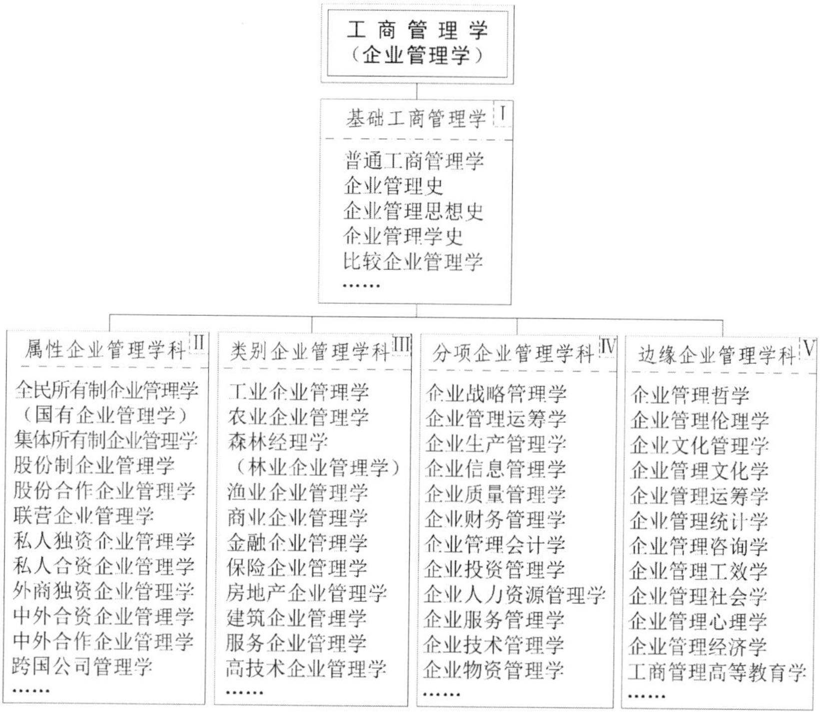

工商管理学
（企业管理学）

基础工商管理学 Ⅰ

普通工商管理学
企业管理史
企业管理思想史
企业管理学史
比较企业管理学
……

属性企业管理学科 Ⅱ

全民所有制企业管理学
（国有企业管理学）
集体所有制企业管理学
股份制企业管理学
股份合作企业管理学
联营企业管理学
私人独资企业管理学
私人合资企业管理学
外商独资企业管理学
中外合资企业管理学
中外合作企业管理学
跨国公司管理学
……

类别企业管理学科 Ⅲ

工业企业管理学
农业企业管理学
森林经理学
（林业企业管理学）
渔业企业管理学
商业企业管理学
金融企业管理学
保险企业管理学
房地产企业管理学
建筑企业管理学
服务企业管理学
高技术企业管理学
……

分项企业管理学科 Ⅳ

企业战略管理学
企业管理运筹学
企业生产管理学
企业信息管理学
企业质量管理学
企业财务管理学
企业管理会计学
企业投资管理学
企业人力资源管理学
企业服务管理学
企业技术管理学
企业物资管理学
……

边缘企业管理学科 Ⅴ

企业管理哲学
企业管理伦理学
企业文化管理学
企业管理文化学
企业管理运筹学
企业管理统计学
企业管理咨询学
企业管理工效学
企业管理社会学
企业管理心理学
企业管理经济学
工商管理高等教育学
……

图 5.2　工商管理学(企业管理学)的细分化趋势

工程管理学、军事工程管理学、环境工程管理学等，还应当尝试着建立矿业工程管理学、电子工程管理学、计算机工程管理学、生物工程管理学等分支学科；同时还可以构想下一个层级的分支学科，如建筑照明工程管理学、给水排水工程管理学、建筑工程设计管理学、建筑工程施工管理学、古建筑修复管理学、建筑工程经济管理学等。第二条线索是按照工程活动的环节或构成要素进行分化，除了已有的工程项目管理学、工程合同管理学、工程招标投标管理学等，还可以尝试着建立工程规划管理学、工程设计管理学、工程投资管理学、工程经济管理学、工程财务管理学等分支学科；同时还可以构想下一个层级的分支学科，如工程项目融资管理学、工程项目经济管理学、工程项目管理会计学、工程项目质量管理学、工程项目效益监督学等。

二、比照学科结构推断法

比照学科结构推断法，是将一个学科门类、学科群组、学科系组或基元学科同一个发展程度或成熟度相对较高的学科门类、学科群组、学科系组或基元学科进行学科结构的比照，从中获得启示，推断前者可能存在的新学科生长点。在科学知识体系中，各个科学部类中的各个学科门类，发展程度各不相同；各个学科门类中的各个学科群组、学科系组、基元学科，发展程度也各不相同。学科门类、学科群组、学科系组、基元学科的演进通常不会呈现齐头并进的格局，发展程度的非均衡性为学科门类、学科群组、学科系组、基元学科之间的相互启迪、相互作用提供了可能性。

1.外部相关学科结构的比照

比照学科结构推断法可以运用于分属不同科学部类、学科门类的学科群组、学科系组、基元学科之间，此谓之外部比照。外部比照的学科之间由于跨度较大，相似性不够明显，首先需要找到合理的比照视角。

比较方法是一种具有广泛适用性的科学研究基本方法，在各门学科中都有不同程度的应用。尤其值得注意的是，在各个科学部类，几乎都有以比较方法为基础建立起来的并且以“比较”一词命名的学科名称。依据目前搜集到的资料，20 世纪以前出现的这类学科名称，按照时间先后可以排成这样一个序列：1801—1805 年，法国动物学家、地质学家乔治・居维叶（Georges Cuvier，1769—1832）在法兰西学院讲授比较解剖学，撰写五卷本《比较解剖学讲义》；1817 年，法国学者马克—安托万・朱利安（Marc-Antine Julien，1775—1848）在题为《比较教育的研究计划和初步意见》的小册子中最先创用“比较教育学”这个学科名称；1831 年法兰西学院第一次开设比较立法讲座，1869 年英国牛津大学第一次开设历史和比较法学讲座，法国、英国分别于 1869 年和 1895 年成立比较立法协会；1864 年，法国生理学家马利・弗卢龙（Marie J.P.Flourens，1794—1867）在动物生理研究的基础上提出脑功能定位学说，出版《比较心理学》一书；1880和1881年，英国生物学家弗朗西斯·鲍尔弗(Francis M.Balfour,1851—1882)通过比较文昌鱼、鲨鱼、两栖类和鸡等卵的类型、卵裂、体腔和消化道等形成的异同，写出两卷本专著《比较胚胎学》；1895年，法国社会学家埃米尔·迪尔凯姆(旧译埃米尔·涂尔干，Emile Durkheim,1858—1917)出版《社会学方法的规则》一书，在为“社会学”做出界定时，认为社会学就是“比较社会学”。这里提到的比较解剖学、比较教育学、比较法学、比较心理学、比较胚胎学、比较社会学，学科名称均发端于欧洲，五位首创学科名称的学者有四位是法国人。排在最前面的乔治·居维叶，是素有“第二个亚里士多德”美誉的博物学家，著述等身，在世时其影响就遍及西方世界。后来者比照乔治·居维叶开创的“比较解剖学”，将自己所栖身的研究领域称之为“比较××学”，也在情理之中。

进入20世纪以来，以“比较”命名的学科名称越来越多。1900年，国际比较历史学代表大会在海牙召开，标志着比较史学进入创生期。1912年，日本经济学家小林丑三郎出版《比较财政学》一书。1923年，法国哲学家马松—乌尔塞勒(P.Masson-Woolsey)出版第一部以“比较哲学”(法文 La philosophie comparée)命名的著作；美国学术界在20世纪三四十年代开始广泛使用“比较哲学”这个术语。1935年，上海书局出版程伯群的《比较图书馆学》一书；1936年，挪威奥斯陆大学图书馆馆长威廉·芒森(Wilhelm Munthe)出版《从一个欧洲人的角度看美国的图书馆事业》，其中提到“比较图书馆学”(comparative library science)这个术语。1938年，美国经济学家威廉·洛克斯(William Lockes)和约翰·霍特(John Hote)出版《比较经济制度》，首次提出“比较经济”概念；1967年，美国比较经济学会成立。1956年，美国政治学家加布里埃尔·阿尔蒙德(Gabriel A.Almond,1911—2002)发表《比较政治体系》一文，1966年和1978年先后出版《比较政治学：发展研究途径》《比较政治学——体系、过程和政策》等著作。1960年，美国公共行政学会建立比较行政学研究组，创办《比较行政学杂志》季刊。1965年，美国经济学家理查德·法默(Richard N.Farmer)和巴里·里奇曼

(Barry M.Richman)出版了第一部以“比较管理学”命名的专著。1965年，英籍德裔犯罪学家赫尔曼·曼海姆(Hermann Mannheim)出版两卷本《比较犯罪学》。这些“比较××学”学科名称的问世，都有自觉或不自觉地进行学科比照的可能性，研究者领受先行学科的启迪是显而易见的。

表 5.1 中国学者倡导创建“比较”学科的期刊论文举例

学科名称	论文篇名	作者	期刊名称	年份和刊期
体育比较学	谈谈体育比较学	古 月	《成都体院学报》	1981(2)
比较情报学	试论比较情报学	于兴华等	《情报科学》	1982(5)
比较药效学	新药评价中的比较药效学研究	吴德政	《军事医学科学院院刊》	1983(S2)
比较经济体制学	积极建设为中国经济体制改革服务的“比较经济体制学”	江春泽	《世界经济研究》	1984(5)
比较诗律学	比较诗律学刍议	段宝林	《民族文学研究》	1986(2)
比较档案学	比较档案学导论	陈兆祦等	《档案学通讯》	1987(1)
比较秘书学	比较秘书学引论	吕发成	《秘书之友》	1987(5)
比较农业政策学	比较·鉴别·借鉴——兼谈创立比较农业政策学的一点设想	欧阳旭初等	《农业经济丛刊》	1987(6)
比较投资学	比较投资学的建立及其方法论初探	刘世汉	《投资研究》	1987(12)
比较青年学	关于建立比较青年学	李国平	《青年探索》	1988(1)
比较博物馆学	开展比较博物馆学研究	赵灵芝	《中国博物馆》	1988(1)
中医比较辨证学	中医比较辨证学之研究	郭振球	《辽宁中医杂志》	1988(11)
比较科学学	比较科学学刍议	王续琨	《科学学研究》	1989(4)
比较警察学	创立比较警察学	王大伟	《公安大学学报》	1997(1)
比较德育学	比较德育学初探	邹放鸣	《中国矿业大学学报(社会科学版)》	1999(1)
比较安全学	比较安全学的创立及其框架的构建研究	吴超等	《中国安全科学学报》	2009(6)

20 世纪 70 年代末以来，中国进入改革开放的新时期，在引进大量创生于西方国家的科学学科的同时，中国学者以积极进取的姿态倡导创建新学科，其中包括多门以“比较”命名的学科。表 5.1 以举例的方式列出 20 世纪 80 年代之后中国学者倡导创建“比较”学科的十几篇期

刊论文。其中，笔者于1989年发表的《比较科学学刍议》一文，提出在科学学研究中全面运用比较方法创建比较科学学的设想。此文的初始理念，来源于在编撰《社会科学交叉科学学科辞典》[①]过程中对于大量"比较"学科的比照思考。由哲学、历史学、政治学、法学、社会学、经济学、教育学、管理科学等科学部类、学科门类卓有成效地运用比较方法建立了相应"比较"分支学科的先例，很自然地想到创建比较科学学的可行性问题。

2.内部相关学科结构的比照

比照学科结构推断法更多地运用于归属同一科学部类、学科门类的学科群组、学科系组、基元学科之间，此谓之内部比照。

公共管理学（行政管理学）和工商管理学（企业管理学）是管理科学的两个主干分支学科群组。将公共管理学和工商管理学的现有学科放在一起进行比照（图5.3），就可以发现两个学科群组已经建立起一些"同类项"学科，如公共信息管理学与企业信息管理学、公共投资管理学与企业投资管理学、公共财务管理学与企业财务管理学、电子政务管理学与企业电子商务管理学、公共部门公共关系学与企业公共关系学、公共人力资源管理学与企业人力资源管理学等。由于工商管理（MBA）教育的兴起早于公共管理（MPA）教育，工商管理学的发展程度高于公共管理学，因此公共管理学可以在同工商管理学的比照中获得有益的启示，对某些有待分立发展的分支学科做出推断。图5.3使用楷体字列出了这些待建分支学科的名称，包括公共战略管理学、公共管理运筹学、公共部门运作管理学、公共管理经济学、公共管理会计学、公共组织行为学、公共服务管理学、公共管理教育学等。

学科群组、学科系组、基元学科之间的影响和作用，通常不会是单向的。公共管理学在同工商管理学（企业管理学）的比照中获得发展思路的启示，工商管理学（企业管理学）在同公共管理学的比照中也有可

① 王续琨、冯欲杰、周心萍、于刚：《社会科学交叉科学学科辞典》，大连海事大学出版社1999年版。

能获得发展思路的启示。例如,可以比照着已经获得稳步发展的公共安全管理学、公共危机管理学,有意识、有组织地创建和发展企业安全管理学、企业危机管理学。以往,企业安全管理学、企业危机管理学的主要研究内容,分存于企业运作管理学(企业生产管理学)、企业信息管理学、企业公共关系学等学科之中。在比照中,需要给予特别注意的是,不能机械地追求两个学科群组、两个学科系组或两个基元学科之间的完全对应。公共管理学中的城市公共管理学、农村公共管理学、公共卫生管理学等,不能在工商管理学中找到完全对应的学科;工商管理学中的工业企业管理学、农业企业管理学、企业技术创新管理学等,也不能在公共管理学中找到完全对应的学科。归属于工商管理学的企业质量管理学,其管理理念和方法可以运用于公共领域,但未必能够在公共管理学中建立一门称之为"公共部门质量管理学"或"行政质量管理学"的学科。

管理科学

公共管理学(行政管理学)	工商管理学(企业管理学)
公共战略管理学	企业战略管理学
公共管理运筹学	企业管理运筹学
公共部门运作管理学	企业生产管理学
公共信息管理学	企业信息管理学
公共投资管理学	企业投资管理学
公共管理经济学	企业管理经济学
公共财务管理学	企业财务管理学
公共管理会计学	企业管理会计学
电子政务管理学	企业电子商务管理学
公共部门公共关系学	企业公共关系学
公共人力资源管理学	企业人力资源管理学
公共组织行为学	企业组织行为学
公共服务管理学	企业服务管理学
公共安全管理学	企业安全管理学
公共危机管理学	企业危机管理学
公共管理教育学	工商管理教育学
……	……

图 5.3 公共管理学与工商管理学的比照

比照学科结构推断法可以运用于同层次的学科门类、学科群组、学科系组、基元学科之间,也可以运用于科学部类与学科门类、学科门类与学科群组、学科群组与学科系组、学科系组与基元学科等不同层次之间。前者称之为同层比照,后者称之为异层比照或错层比照。能源科学与哲学进行比照,从哲学社会学得到建立能源社会学的初始构想,这是外部异层比照。生物学与植物学进行比照,由古生物学、生物统计学、生物分类学、生物形态学、解剖学、细胞学、细胞化学、胚胎学、生理学、生物地理学等,可以获得创建古植物学、植物统计学、植物分类学、植物形态学、植物解剖学、植物细胞学、植物细胞化学、植物胚胎学、植物生理学、植物地理学等对应学科的思路，这是内部异层比照。

三、移用学科方法推断法

移用学科方法推断法，是指将某个或某类学科中具有通用性特征的学科方法移用到其他研究方向或研究领域，推断新学科的生长点。一门学科所运用的研究方法，如果在一系列学科中获得有效的运用，就上升为一般科学方法或一般科学研究方法。科学方法与科学理论之间并不存在泾渭分明的界限，科学方法在一点条件下可以转化为科学理论，科学理论在一点条件下又可以转化为科学方法。唯物辩证法的基本原理如普遍联系原理、对立统一原理等既是科学理论，同时也可以转化为在许多学科中加以运用的普遍联系分析法、对立统一分析法或矛盾分析法等。本书第四章第三节，曾将科学研究方法区分为思维性方法、理论性方法、实践性方法三种类型。三类方法都有在移植使用中诱发新学科创生的可能性。

1.思维性方法的移用

思维性方法包括哲学方法和分析法、综合法、归纳法、演绎法、类比法、比较方法等。从知识体系的角度看，哲学科学是一个特殊的科学部类，包含很多分支学科，蕴含着大量的哲理性知识。哲理性知识能够对人们思考问题的路径起到导引、牵制作用，因而哲学在古希腊时代就被认为是“智慧学”“聪明学”。哲学科学囊括了大量有关思维方式、思维方法的内容，在其他科学部类中有着极为广阔的应用前景。

在科学处于萌发时期的古代，哲学知识与自然科学知识紧密相连、难解难分，两者统称为自然哲学。这种亲密关系一直延续到牛顿时代。1687 年，英国科学家艾萨克·牛顿（Isaac Newton，1643—1727）出版建构经典力学理论体系的皇皇巨著，将其命名为《自然哲学的数学原理》。18 世纪末之前，“自然科学主要是搜集材料的科学，关于既成事物的科学”，进入 19 世纪，“自然科学本质上是整理材料的科学，是关于过程、关于这些事物的发生和发展以及关于联系——把这些自然过程结合为一个大的整体——的科学”①。生物学(生理学、胚胎学)、地质学、物理学、化学、天文学等陆续获得独立的学科地位,不仅没有从根本上疏远自然科学与哲学的关系,反而引起哲学家对于自然科学进行整体性的哲学观照。1840 年,英国哲学家、历史学家威廉·惠威尔(又译为威廉·休厄尔,William Whewell,1794—1866)出版《以归纳科学史为依据的归纳科学的哲学》一书,标志着科学哲学(即自然科学哲学)走上创生之路。科学哲学作为介于自然科学与哲学之间的交叉性边缘学科,可以理解为运用哲学思维审视自然科学的各种基本问题所建立的知识体系,主要包括科学理性的判定、科学的划界、科学认识程序、科学发现逻辑、科学认识方法、科学知识增长模式等内容。100 多年来,哲学思维方法在自然科学各个学科门类的扩散性应用,促成了科学哲学的分化,力学哲学、物理学哲学、化学哲学、天文学哲学、地学哲学、生物学哲学、信息科学哲学等都取得了丰硕的研究成果。

现代科学发展的历史表明,各个科学部类、学科门类、学科群组都离不开哲学思维。一系列名为“××哲学”的学科竞相涌现,就是明证。从社会科学领域的社会科学哲学、历史哲学、文化哲学、政治哲学、法哲学、军事哲学、社会哲学、经济哲学、教育哲学、艺术哲学、语言哲学,到交叉科学领域的地理哲学、海洋哲学、资源哲学、环境哲学、生态哲学、建筑哲学、设计哲学、服饰哲学、安全哲学、警务哲学、网络哲学、知识哲学、体育哲学,从思维科学领域的思维哲学、思维科学哲学,到系统科学领域的系统哲学、系统科学哲学、系统工程哲学,到处都留下了哲学的足迹。

时至今日,哲学思维仍有向新的科学研究领域进军的开阔空间。20 世纪末,中外学者在确认了工程活动具有特殊性的基础上,以科学哲学、技术哲学为模本,提出开拓和发展工程哲学的创议。1993 年,中国学者李伯聪发表《我造物,故我在——简论工程实在论》一文,明确指

① 恩格斯:《路德维希·费尔巴哈和德国古典哲学的终结》,《马克思恩格斯选集》第四卷,人民出版社 1995 年版,第 245 页。

出:“作为一种新的哲学理论,工程实在论力求开拓一个新的研究领域——工程哲学”[①]。此文第一次使用“工程哲学”这个术语。他在2001年发表的《“我思故我在”与“我造物故我在”——认识论与工程哲学刍议》一文中为工程哲学做出明确的定义:“工程哲学是研究人的改变物质世界的活动的哲学,它是研究关于人的造物和用物、生产和生活的哲学问题的哲学分支。”[②]2002年,李伯聪出版《工程哲学引论:我造物故我在》[③]一书;2007年,殷瑞钰、汪应洛、李伯聪合作主编的《工程哲学》,初步建构了工程哲学的理论体系。

在西方学术界,20世纪90年代技术哲学发生了经验转向或工程学转向,工程哲学走向萌生阶段,许多研究者在技术哲学的旗帜之下研究工程领域的哲学问题。2003年,技术哲学“遮蔽”工程哲学的状况出现了突破性的改变。这一年,任教于美国马萨诸塞理工学院的荷兰学者路易斯·布西亚瑞利(Louis L. Bucciarelli)出版了西方国家第一部以《工程哲学》[④]命名的著作。该书着重对工程设计进行哲学解读,认为工程设计不是一个单纯的机械或计算的过程,而是一个社会建构的过程,强调工程师需要关注设计中的社会背景和历史背景。这部著作虽然没有着力于搭建工程哲学的完整学科体系,但阐释了作者以工程设计的社会建构为出发点的工程哲学思想,树起了工程哲学分立发展的一个重要标志。2006年,英国皇家工程院围绕工程哲学这个主题开始举办系列研讨会。很显然,中国和西方国家从事工程哲学这个新领域开拓性研究的学者,都有科学哲学、技术哲学的专业背景,很自然地将科学哲学、技术哲学的研究思路移植到工程哲学的研究中。工程哲学是对人类各种工程活动的哲学反思,从学科方法的角度来看,工程哲学的创生是移用哲学思维方法的结果。

---

① 李伯聪:《我造物,故我在——简论工程实在论》,《自然辩证法研究》1993年第12期。

② 李伯聪:《“我思故我在”与“我造物故我在”——认识论与工程哲学刍议》,《哲学研究》2001年第1期。

③ 李伯聪:《工程哲学引论:我造物故我在》,大象出版社2002年版。

④ [荷]路易斯·L.布西亚瑞利:《工程哲学》,安维复等译,辽宁人民出版社2012年版。

2.理论性方法的移用

理论性方法包括数学方法、系统科学方法和由某些学科的科学理论转化而来的研究方法。数学方法、系统科学方法其实也是由数学科学、系统科学某些学科的科学理论转化而来的。计算方法作为一种常用的数学方法,来源于计算数学类学科。系统科学方法来源于一般系统论等系统科学学科。数学方法、系统科学方法的广泛运用,催生了计算流体力学、计算神经科学、计算语言学、计量生物学、计量政治学、经济计量学、文献计量学、数量遗传学、数理社会学、数理心理学和社会系统论、政治系统论、经济系统论、教育系统论、文艺系统论、系统论法学等学科。

由一门学科的科学理论转化而来的研究方法,被移用的可能性各不相同。量子力学方法、历史学方法,属于适用面较宽的理论性方法。历史科学是一个研究各种事物既往发展历程的社会科学学科门类。经过 2000 多年的发展,历史科学领域已经形成包括史料归纳法、史料综合法、史料比较法、史料考证法、史料析论法、历史叙事法、口述历史学方法等的科学方法体系。从自然界的各个局部到人类社会的各个方面,包括科学知识体系的各门学科,都需要运用历史科学方法研究各自的历史。

以人类的工程活动作为研究对象的工程史,是一个在历史科学方法支持下刚刚兴起的学科门类。各种历史科学方法在工程史研究中的运用,有可能以串生、丛生等创生模式生发出众多的分支学科。在考虑全面移用历史科学方法的前提下,图 5.4 列出了工程史在未来发展中有望建立起来的基本学科结构。由于历史类学科的分支学科数量众多,框图的右侧仅以举例的方式列出少数第二层级分支学科。

在历史科学方法的支撑下,工程史存在着基础工程史、工程综合史、部门类别工程史、工程社会活动史、专项工程制度史、专项工程成果史等多条分化线索。以基础工程史为例,其下有可能形成的分支学科有工程史学学、工程史哲学、工程史学史、工程史料学、比较工程史、计量工程史、口述工程史、工程思想史、工程批评史等。这些分支学科同

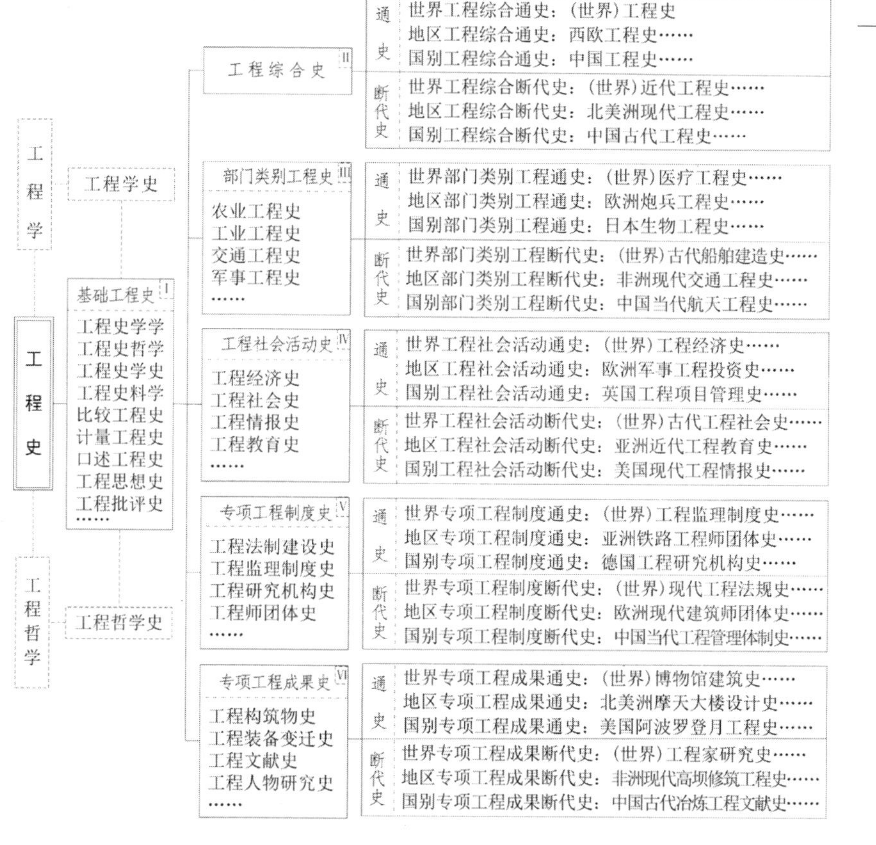

图 5.4　工程史的学科结构和分支学科举例

历史科学中的史学学、历史哲学、史学史、史料学、比较历史学、计量历史学、口述历史学、思想史、批评史等基础学科存在着明显的对应关系。这些分支学科的发展，必然要从历史科学的对应基础学科借用适用的理论和方法。

从时间范围来看，历史学有通史与断代史之别；从空间范围来看，历史学又有世界史、地区史、国别史之分。工程综合史、部门类别工程史、工程社会活动史、专项工程制度史、专项工程成果史等按照时空特征进行组合，可以形成蔚为壮观的分支学科阵列，其中不仅包含(世界)

工程史[1]、欧洲炮兵工程史、(世界)工程经济史、德国工程研究机构史、美国阿波罗登月工程史等世界通史、地区通史、国别通史分支学科，还包括(世界)近代工程史、非洲现代交通工程史、美国现代工程情报史、欧洲现代建筑师团体史、中国古代冶炼工程文献史等世界断代史、地区断代史、国别断代史分支学科。这里还需要做出两点说明。第一，图5.4尚没有列出所有的分化衍生线索，例如在各个学科群组之间，仍有可能形成某些边缘分支学科，如比较农业工程史、工程教育思想史、口述三峡工程建设史、水利工程思想史、工程监理制度批评史、工业工程学说史等。第二，为开启思路而列出的工程史分化衍生线索，在不远的将来或较久远的将来未必都能成为“显学”。但我们坚信，只要存在着社会需求，就会有人从事某个领域、某个专项工程活动历史沿革的专门研究，随着史料的充分积累，最终发展出工程史的某个分支学科。近年来，已有属于这类分支学科的专门著作问世[2]。

3.实践性方法的移用

实践性方法主要指观察方法、实验方法。观察方法是指研究者通过眼睛等感觉器官获取客观对象相关科学事实的一种研究方法。按照是否使用科学仪器，观察方法区分为纯感官观察和仪器观察两种基本类型。实验方法是指研究者在有目的地干预和控制客观对象的条件下获取相关科学事实的一种研究方法。按照实验工具对客观对象的作用方式，实验方法区分为直接实验、间接实验、强化实验、纯化实验四种基本类型；按照实验目的或研究任务，实验方法又区分为探索性实验和验证性实验两种基本类型。观察方法和实验方法存在着不可分割的内在联系，任何实验都包含着观察环节，观察可以看作是对客观对象的控制接近于零的实验，是实验的特例；只有无实验的观察，没有无观察的实验。

观察方法是自然科学许多学科的常用研究方法，也是社会科学许

① 按照历史学领域的惯例，不加“世界”二字的历史科学分支学科，通常是指世界史。例如自然科学史、工程思想史等，就是世界自然科学史、世界工程思想史的简化称谓。

② 张策：《机械工程史》，清华大学出版社2015年版。

多学科的常用研究方法。在自然科学领域，光学显微镜、电子显微镜、高速照相机、光学望远镜、射电天文望远镜等观察仪器的出现，不仅扩展了研究者的观察范围，而且为天体照相学、照相天体测量学、射电天文学、射电波谱学、射电天体测量学、射电天体物理学等学科的创生提供了物质基础。

1895年，德国物理学家威廉·伦琴（Wilhelm K.Röntgen，1845—1923）在研究真空放电现象和阴极射线时发现了一种具有穿透性的射线——X射线。1912年，德国物理学家马克斯·冯·劳厄（Max T.F. von Laue，1879—1960）发现了X射线通过晶体时产生衍射现象，于1931年建立了X射线的衍射动力学理论。此后，依据X射线原理所制造的多种仪器，不仅在人体疾病诊断和治疗方面发挥了不可替代的作用，而且在光电效应研究、晶体结构分析、金相组织检验、材料无损探伤等方面具有广泛的用途，为现代物理学和自然科学其他学科提供了一种新的观察研究手段。X射线仪、X射线衍射仪、X射线单晶定向仪、X射线光谱仪、X射线荧光光谱仪、X射线干涉仪等仪器在科学研究中的应用，不仅使X射线本身成为研究对象，建立起X射线学①、X射线衍射学、X射线衍衬貌相学等学科，而且在自然科学领域的基础科学、应用科学、技术科学—工程科学等三个层次都衍生出一大批以“X射线”“放射”命名的分支学科，如X射线物理学、X射线光学、X射线晶体学、X射线衍射结构晶体学、固体X射线学、金属X射线学（X射线金属学）、高分子X射线学、应用X射线化学、X射线天文学、X射线天体物理学、X射线岩组学、X射线地力学、X射线物理机械技术学、工业X射线探伤学、X射线诊断学（放射诊断学）、放射生物学、放射遗传学、放射卫生学、放射病理学、放射毒理学等。

20世纪40年代电子计算机问世之后，成为人类认识世界、改造世界的有效工具，极大地开拓了观察方法、实验方法的应用范围并提高了

① ［苏］Я.С.乌孟斯基、A.K.特拉别兹尼科夫等：《X射线学》，方正知译，高等教育出版社1955年版。

获取数据的精度。20 世纪 70 年代以来,电子计算机与 X 射线体层成像(CT)技术、核磁共振成像(NMR)技术、单光子发射体层成像(SPECT)技术、超声成像技术、数字减影血管造影(DSA)技术等相结合,使 X 射线诊断学、超声诊断学等递升为一门层次更高的学科——医学影像学。医学影像学的建立,是物理学、数学、信息科学、生物医学工程学、临床医学的相关理论知识与计算机科学技术、医学影像技术的整合。在医学影像学之下,至今已经分化出颅脑影像学、眼科影像学、胸部影像学、呼吸系统影像学、消化系统影像学、小肠影像学、骨关节影像学、脊柱脊髓影像学、神经影像学、分子影像学、比较影像学等分支学科。

自然科学领域所运用的实验方法,需要实验人员在实验室中操作实验仪器干预客观对象并记录相关数据。计算机实验,是一种区别于传统实验方法的特殊科学实验。1976 年,美国伊利诺大学数学家沃尔夫冈·哈肯(Wolfgang Haken)和肯尼斯·阿佩尔(Kenneth Appel)利用两台电子计算机,连续运行 1200 小时,证明了已经有一个多世纪历史的世界数学难题四色定理,开启了计算机数学的新时代。这项惊世骇俗的成就告诉人们:计算机能够改变数学研究的方式,数学证明和检验可以通过在计算机上进行的数学实验来完成。正是在这样一种观念的变革过程中,数学实验成为孕育新学科的土壤,实验数学在 20 世纪 90 年代进入萌生期。所谓实验数学,是以计算机为工具,通过大量的个例归纳、搜寻和检验来获取数学结论的一种新的数学分支学科①。20 多年来,人们对实验数学还有一些争议,但实验数学在中国已经获得了实际应用。有些学校开设了实验数学课程,将数学实验作为一种新的数学教学和数学学习模式,着力于培养学生运用所学知识建立数学模型、使用计算机解决实际问题的能力②。在解析数学、数值计算、分析数学、概率统计、随机过程等数学分支学科的支撑下,数学实验被

① 郝宁湘:《论实验数学对欧几里得范式的挑战》,《自然辩证法通讯》2002 年第 3 期。

② 王维平:《实验数学导引》,中国科学技术出版社 2004 年版,第 8 页。

引进工程领域[1]。实验工程数学有可能成为新的生长点。

四、引导学科交融推断法

引导学科交融推断法,是指在两门或两门以上已有学科的边缘区域积极引导学科之间进行相互交汇、融合的尝试,以此寻找和推断新学科的生长点。

美国数学家、控制论创始人诺尔伯特·维纳(Norbert Wiener,1894—1964)在其代表作《控制论》(1948年)一书中指出:“许多年来,罗森勃吕特[2]博士和我共同相信,在科学发展上可以得到最大收获的领域是各种已经建立起来的部门之间的被忽视的无人区。”“正是这些科学的边缘区域,给有修养的研究者提供了最丰富的机会。”[3]60多年来现代科学的历史越来越确证了维纳的预言,边缘学科、交叉学科的大量涌现已经成为现代科学知识体系演进发展的一道靓丽风景。已有学科之间的边缘区域,是新学科的主要生长点,是预测和创建新学科必须给予高度关注的区位。

边缘学科、交叉科学的生成是相关科学部类、学科门类、学科群组、学科系租、基元学科在邻接区域内相互整合、相互借鉴、相互交融、相互渗透的过程。这个过程可能包含研究对象的整合或研究思路的借鉴,也可能包含科学理论的交融或科学方法的渗透,或者几者兼而有之。相关科学部类、学科门类、学科群组、学科系租、基元学科对于新学科创生的贡献程度有所差别,贡献的形式也会有所差别,有的主要“输出”科学理论和科学方法,有的提供新学科生长的边界“领土”。边缘学科、交叉学科的生成过程涉及“多学科”问题,但不是多学科的机械叠加,而是多学科融合后的“跨学科”问题。美国跨学科研究专家艾伦·波特

---

① 束国刚、薛飞、刘江南等:《实验数学及工程应用》,陕西科学技术出版社2008年版,第5页。

② 阿托洛·罗森勃吕特(Arturo Rosenblueth,1900—1970),墨西哥神经生理学家,20世纪30年代末在哈佛大学医学院工作期间,主持以聚餐方式举办的科学方法讨论会,后来任职于墨西哥国立心脏研究所,40年代同诺尔伯特·维纳合作开展跨学科研究。

③ [美]N.维纳:《控制论》,郝季仁译,科学出版社1963年版,第2页。

(Alan L.Porter)将多学科(multidisciplinary)比作一床“百衲被”,而将跨学科(interdisciplinary)比作一件“无缝天衣”,或者用化学术语来说,它们之间的区别就像混合物与化合物一样①。20 世纪中期以来,科学学科数量的增长速度越来越快。学科总量越来越多,科学知识地图上“空白区”的面积虽然有所减小,但学科之间的交汇区域却扩大了,新学科的生长点必然明显有所增多。

1.近缘学科的相互交融

所谓近缘学科,是指归属于同一个知识板块的学科。哲学科学、社会科学、思维科学三个科学部类属于“文”这个知识板块,数学科学、自然科学、系统科学属于“理”这个知识板块。归属于同一个科学部类或同一个学科门类的学科,是距离更近的近缘学科。

在近代以来的学科发展史上,最早形成的边缘学科出现在同一个科学部类(如数学科学或自然科学)的学科之间。1629 年前后,法国律师、业余数学家皮埃尔·德·费尔马(Pierre de Fermat,1601—1665)使用代数方法研究椭圆、双曲线和抛物线等圆锥曲线,于 1630 年用拉丁文写成《平面与立体轨迹引论》一文。此文提出的解题思路是:两个未知量决定的一个方程式,对应着一条轨迹,可以描绘出一条直线或曲线。他从 1636 年开始,同数学家马林·梅森(Marin Mersenne,1588—1648)、吉勒斯·德·罗贝瓦尔(Gilles P.de Roberval,1602—1675)建立了通信联系,有时谈到自己的数学研究工作,其中披露了运用代数方法解决几何学问题的想法。遗憾的是,《平面与立体轨迹引论》一文直到 1679 年才得以发表,此前学术界只了解法国数学家、哲学家勒内·笛卡儿(René Descartes,1596—1750)的研究工作,对费尔马的研究成果却一无所知。1637 年,笛卡儿出版《谈谈正确运用自己的理性在各门学问里寻求真理的方法》(在中国通常被简译为《谈谈方法》或《方法谈》《方法论》)一书。该书包括《几何学》《折光学》《气象学》三个附录。在《几何学》中,他引入了平面直角坐标系和线段运算的概念,创造性地

① 参见杜俊民:《论交叉教育及在我国的实践》,《纺织教育》2000 年第 1 期。

将几何图形“转译”为代数方程式，从而找到几何学问题的代数学解法，即通过代数转换来发现、证明几何图形的性质。费尔马和笛卡儿的开创性贡献，在于将研究思路有别的代数学和几何学这两门数学学科巧妙地联系起来，创立了介于两者之间的边缘学科——解析几何学。两个人在研究工作的路径上有所区别，费尔马从代数方程出发来研究几何轨迹，而笛卡儿则从几何轨迹出发来寻找对应的代数方程，这正是代数学和几何学相互交汇、融合的两个方向。

近缘学科之间的交汇、融合，从归属关系上来看，可以区分为三种情况。一是归属于同一个学科门类的近缘学科之间相互交融，称之为门类内部近缘学科交融；二是同一个科学部类归属于不同学科门类的近缘学科之间相互交融，称之为跨门类近缘学科交融；三是同一个知识板块归属于不同科学部类的近缘学科之间相互交融，称之为跨部类近缘学科交融。教育科学是社会科学的一个历史悠久的学科门类，至今已经形成上百门分支学科①。教育科学的分支学科中，很多学科属于边缘学科。这些边缘学科中，除教育管理学、教育技术学(教育工艺学)等少数学科来源于远缘学科之间的相互交融之外，绝大多数来源于近缘学科之间的相互交融。

教育哲学、哲学教育学、教育伦理学、道德教育学的母体学科教育科学与哲学、伦理学，分属于同一个知识板块的社会科学和哲学科学两个科学部类，因此这几门学科是跨部类近缘学科交融而形成的边缘学科。教育史、历史教育学、教育社会学、社会教育学的母体学科教育科学和历史学、社会学，分属于同一个科学部类的不同学科门类，因此这几门学科是跨门类近缘学科交融而形成的边缘学科。教育科学研究者既要关注跨门类近缘交融和跨部类近缘交融所显现的新学科生长点，更要关注远缘学科交融、跨部类近缘学科交融、跨门类近缘学科交融所形成的边缘分支学科在进入教育科学之后所引起的内部近缘学科交

① 王续琨、冯欲杰、周心萍、于刚：《社会科学交叉科学学科辞典》，大连海事大学出版社1999年版，第286—312页。

融。教育科学最近几十年来的演进历程清晰地表明，来源于跨门类近缘学科交融的教育史等、来源于跨部类近缘学科交融的教育哲学等、来源于远缘学科交融的教育管理学等，是教育科学体系内部近缘学科交融的“活泼”学科。教育史与基础教育学、高等教育学、终身教育学、音乐教育学、德育教育学等相互融合，形成下一个层级的边缘分支学科基础教育史、高等教育史、终身教育史、音乐教育史、德育教育史等。教育哲学与基础教育学、高等教育学、终身教育学、音乐教育学、德育教育学等相互融合，形成下一个层级的边缘分支学科基础教育哲学、高等教育哲学、终身教育哲学、音乐教育哲学、德育教育哲学等。

图 5.5 列出了教育管理学已经建立、正在建立的边缘分支学科和有可能存在的新学科生长点。图中左框所列学科以整个国家或地区的某个教育层次或教育类型作为研究对象，可以统称为宏观教育管理学科；右框所列学科以某类学校或学校的某个方面作为研究对象，可以统

教育管理学

初等教育管理学	师范教育管理学
普通中等教育管理学	军事教育管理学
中等专业教育管理学	国防教育管理学
高等教育管理学	安全教育管理学
城市教育管理学	公立教育管理学
农村教育管理学	民办教育管理学
民族地区教育管理学	教育管理学史
社区教育管理学	比较教育管理学
社会教育管理学	教育管理哲学
学前教育管理学	教育管理伦理学
特殊教育管理学	教育管理文化学
成人教育管理学	教育管理统计学
职工教育管理学	教育管理心理学
老年教育管理学	教育管理社会学
继续教育管理学	教育管理经济学
远程教育管理学	教育管理生态学
理科教育管理学	教育战略管理学
工程教育管理学	教育人力资源管理学
农科教育管理学	教育管理信息系统学
医科教育管理学	教育督导学
艺术教育管理学	……

学校管理学

幼儿园管理学	校园文化管理学
小学管理学	校园安全管理学
普通中等学校管理学	校园卫生管理学
中等专业学校管理学	校园环境管理学
高等学校管理学	学校党务管理学
农村学校管理学	学校公务管理学
学生管理学	学校领导学
学校班级管理学	学校管理哲学
学校教育质量管理学	学校管理伦理学
学校教务管理学	学校管理文化学
学校考试管理学	学校管理统计学
学校德育管理学	学校管理社会学
学校体育管理学	学校管理心理学
学校美育管理学	学校管理经济学
学校科学研究管理学	学校管理生态学
学校财务管理学	学校战略管理学
学校后勤管理学	学校管理信息系统学
学校物资管理学	学校审计学
学校图书馆管理学	……

图 5.5　教育管理学、学校管理学的分支学科和预测新学科生长点

称为微观教育管理学科，即学校管理学。通过“读秀学术搜索”，目前在《读秀知识库》中可以检索到以“教育管理学”“学校管理学”作为书名主题词的著作分别为131部、92部（检索日期2016年3月19日）。左框中的高等教育管理学、高等职业教育管理学、学前教育管理学、农村教育管理学、老年教育管理学、特殊教育管理学、艺术教育管理学、农业教育管理学、高等医学教育管理学、中医教育管理学、国防教育管理学、成人教育管理学、职工教育管理学、教育管理哲学、教育管理心理学、教育督导学等，右框中的高等学校管理学、中等学校管理学、农村学校管理学、学生管理学、学校班级管理学、学校德育管理学（学校思想政治教育管理学）、学校体育管理学、学校教育质量管理学、学校后勤管理学、学校领导学、校园文化管理学、学校管理心理学等，在中国均已有专著出版。这些学科可以认定为已经建立、正在建立的边缘分支学科。框图中的其他学科名称，是笔者依据对近缘学科交融线索的推断所列出的新学科生长点。新学科生长点也许并没有列全，例如右框中的学生管理学在近缘学科交融中，还可能形成初等教育学生管理学（小学生管理学）、中等教育学生管理学（中学生管理学）、高等教育学生管理学（大学生管理学）、高等职业学校学生管理学、师范院校学生管理学、军事院校学生管理学等生长点。

2.远缘学科的相互交融

所谓远缘学科，是指分属于两个知识板块的学科。通过远缘学科交融而形成的边缘学科是交叉性边缘学科，即交叉学科。由于交叉学科生成于哲学科学、社会科学、思维科学与数学科学、自然科学、系统科学两个知识板块之间，因此它们在科学知识体系整体化进程中发挥着极为重要而又特殊的作用。

自然科学是“理”知识板块中分支学科最多的科学部类，社会科学是“文”知识板块中分支学科最多的科学部类，两者发生学科交融机会最多。法国哲学家、社会学家奥古斯特·孔德（Auguste Comte，1798—1857）是认识到自然科学与社会科学存在着内在联系的西方学者之一。他认为，既然人属于动物界，是自然界的组成部分，那么对人、对社会的研究就应当纳入自然科学的轨道;人是动物进化系统的"最终项",社会本身如同生物体是一个"有机体",社会生活规律是自然规律、生物进化规律的延续。孔德把人看作是进化的产物,把社会看作是有机体,是正确的,但他把人与动物、人类社会与动物界等量齐观,忽视了两者之间质的差别,则陷入了生物学主义社会观。孔德首创"社会学"(法文 sociologie)这个术语,他将人类社会类同于自然界,在社会学中套用自然科学模式,将社会学视为"社会物理学"的同义语,并且借用力学中的静力学和动力学概念,将社会学分为"社会静力学"和"社会动力学"两个基本部分。

孔德将高层次的社会运动等同于低层次的生物运动甚至机械运动,抹煞了人的社会属性,因而无法正确地认识社会发展规律。然而,他强调社会科学研究与自然科学研究的统一性,倡导在社会学研究中引进自然科学的观察法、实验法和自然科学概念,表现出其学术思想、研究范式的前瞻性。他所提出的"社会物理学""社会静力学""社会动力学"虽然没有成为公认的学科名称,但他对于远缘学科交融所做的尝试是值得肯定的。近些年来,西方国家和中国的一些学者利用自然科学、系统科学的理论研究社会、社群、政治、城市、交通、组织系统、公司企业、市场、资源、网络等社会事物,力图以现代科学的成熟规则解释有关等级性、协调性、稳定性、效能性、选择性、偏好性、不确定性和自组织过程等并将其统一在一个可计量的体系中。研究者虽然举的是"社会物理学"的旗帜,但他们所运用的科学理论并不局限于以量子力学为核心的物理学理论,还包括系统论、控制论、信息论、耗散结构论、概率论、运筹学、突变论、协同论、博弈论、选择论等,因此通过远缘学科交融所建立的交叉学科除社会物理学之外,还应该有社会控制论、政治博弈论、经济控制论、非平衡系统经济学(开放系统经济学)等。

恩格斯曾说:"自然界也被承认为历史发展过程了。而适用于自然界的,同样适用于社会历史的一切部门和研究人类的(和神的)事物的一切科学。”①客观世界统一于物质性，研究客观世界所建立的各种科学学科，即使是远缘学科之间也理应隐含着内在的统一性。这种统一性是学科之间存在普遍联系的依据，从而也是引导远缘学科交融的依据。100 多年来，特别是最近半个世纪以来，由于数学科学、自然科学的发展程度高于社会科学，因而“文”“理”两个知识板块的知识流是不对等的。从数学科学、自然科学奔向社会科学的潮流强于从社会科学奔向数学科学、自然科学的潮流，“理”知识板块的输出多于“文”知识板块的输出。

“理”知识板块最为成功的输出，是数学方法、实验方法和最近几十年迅速崛起的系统科学方法。从学科交融的角度来看，“文”类学科移用数学方法是这些学科与某些数学学科的远缘学科交融，移用实验方法是这些学科与某些力学学科、物理学学科的远缘学科交融，移用系统科学方法是这些学科与一般系统论等系统科学学科的远缘学科交融。计量历史学、计量政治学、法律计量学、经济计量学、文献计量学、计算语言学、数理社会学、数理心理学、实验哲学、实验美学、实验伦理学、实验语言学、实验语音学、实验经济学、实验金融学、会计实验学、实验教育学、实验大众传播学、实验社会心理学和社会系统论、社会控制论、政治系统论、经济系统论、会计信息论、教育系统论、文艺系统论等交叉学科，是以“理”知识板块为输出方的远缘学科交融的产物。在“文”知识板块中，至今仍然存在远缘学科交融的盲区，研究者应该特别留意找寻那些还没有同数学科学、自然科学、系统科学学科建立实质性联系的学科，探测新学科的生长点。

“文”知识板块并非只是知识的接受者，其最为成功的输出，是哲学方法（包括美学思维方法、伦理学思维方法）和历史学方法。从学科交融的角度来看，“理”类学科移用哲学方法是这些学科与某些哲学学科的远缘学科交融，移用历史学方法是这些学科与某些历史科学学科的

① 恩格斯：《路德维希·费尔巴哈和德国古典哲学的终结》，《马克思恩格斯选集》第四卷，人民出版社 1995 年版，第 246 页。

远缘学科交融。科学哲学(数学哲学、自然科学哲学)、技术哲学、工程哲学、科学美学、技术美学、工程美学、科学伦理学、技术伦理学、工程伦理学、生命哲学、生命伦理学和自然史、科学史(数学史、自然科学史)、技术史、工程史、口述科学史、工业考古学等交叉学科,是以"文"知识板块为输出方的远缘学科交融的产物。在"理"知识板块中,同样也存在着远缘学科交融的盲区,相关学科的研究者应该积极引进哲学科学、社会科学、思维科学某些学科的概念、理论、方法,发掘和辨识新学科的生长点。

第六章 科学学科创生演进的内部因素

科学学科的萌发创生和演进发展同诸多因素有关。这些因素通常可以概括为内部因素和外部因素两个类别。“唯物辩证法认为外因是变化的条件,内因是变化的根据,外因通过内因而起作用。”[①]科学学科创生演进的内部因素,包括科学学科之间的相互促动作用、科学理论与科学事实或社会实践的矛盾运动、学术论争对学科演进的助推效应、科学研究者的学科意识和跨学科研究意识等。

一、科学学科之间的相互促动作用

科学知识体系作为一个充满生机的系统,在其内部,不仅存在着大系统与作为子系统的学科之间的相互促动作用,而且存在着学科与学科之间的相互促动作用。由于科学学科数量众多、边界交叠,因此学科与学科之间的相互促动作用不仅频繁发生,而且成为新学科创生和学科演进的重要内驱力。

1.“带头学科更替”说的启示

20 世纪 70 年代,苏联哲学家、科学史家鲍尼法季·凯德洛夫(Бонифатий М.Кедров,1903—1985)曾连续著文论析近代自然科学兴起以来的“带头学科”或“先导部门”[②]问题。他指出:“在自然科学发展中,存在着一条重要的规律,即自然科学各学科的发展并不是齐头并

① 毛泽东:《矛盾论》,《毛泽东选集》第一卷,人民出版社 1991 年版,第 302 页。

② “带头学科”“先导部门”的对应俄文都是 лидерская дисциплина,《哲学译丛》1978 年第 3 期发表的《关于自然科学发展中的先导》一文将其译为“先导部门”,科学出版社 1981 年出版的《社会发展和科技预测译文集》中所收录的《自然科学发展中的带头学科问题》一文则将其译为“带头学科”。俄文 дисциплина 一词的基本词义是纪律、学科、科目、课程,对应于英文的 discipline。比较而言,将 лидерская дисциплина 译为“带头学科”更为贴切。

进，而是总要有一门作为主导学科带头向前发展的，这门学科对其他学科以及整个自然科学的发展有重大影响。”[①]根据凯德洛夫的研究，近代科学兴起之后的第一个带头学科是力学，在 17 世纪、18 世纪带头约 200 年；19 世纪初，力学让位于一组带头学科，包括化学、物理学、生物学，它们在 19 世纪的将近 100 年中发挥了带头作用；19 世纪末，X 射线、天然放射性、电子和镭的发现，把微观物理学推到了科学发展的最前沿，使它成为 20 世纪上半叶的带头学科；20 世纪 40 年代末 50 年代初，微观物理学的带头作用又由新力能学（控制论）、宏观化学、宇宙航行学等一组学科所代替；20 世纪 70 年代，以分子生物学为代表的生命科学成为带头学科。凯德洛夫由以上带头学科更替过程引出两条规律性的认识：第一，单个带头学科之后，由一组学科取而代之；第二，科学的发展不断加速，带头学科的更替也在不断加速，带头学科的带头周期依照经验公式 $T=200/2^{n-1}$（年）来计算，从 200 年到 100 年、50 年、25 年，依次折半。

凯德洛夫的“带头学科更替”说传入中国之后，颇受学术界的关注，也引起了一些争议，直到近期仍有人在思考这个问题[②]。凯德洛夫当年没有为“带头学科”概念做出明晰的界定，带头周期的起点和终点的确定过于笼统，带头周期依次折半的结论也无法持续外推。这些都是“带头学科更替”说的不足之处。依笔者之见，凯德洛夫“带头学科更替”说的价值并不在于提供定量预测带头学科未来更替的工具，而在于为我们提供了定性思考的启示：自然科学的众多学科，在总体上处于非均衡的发展状态，各门学科对于相关学科的作用或影响程度有所不同。

按照这种理解，我们还可以将凯德洛夫的研究成果推广到整个科学知识体系，亦即推广到所有的科学学科，不局限于自然科学学科。现代科学知识体系是一个具有复杂性特征的事物。在复杂性事物的演进

① ［苏］Б.М.凯德洛夫：《自然科学发展中的带头学科问题》，韩秉成译，中国社会科学院情报研究所编：《社会发展和科技预测译文集》，科学出版社 1981 年版，第 24 页。

② 郭元林、韩永进：《“带头学科”学说值得商榷》，《天津大学学报（社会科学版）》2015 年第 1 期。

发展中，由于各个要素、局部或子系统所处的微观环境、原有的基础条件各不相同，必然存在着发展的不均衡、不稳定。从哲学上来看，均衡、稳定是相对的，而不均衡、不稳定则是绝对的。发展的不均衡、不稳定就是矛盾。正因为学科之间、领域之间存在着不均衡、不稳定，将导致知识体系在矛盾运动中趋向新的相对均衡、相对稳定。所以说，不断走向均衡化是学科体系演进的重要内趋力。科学知识体系的所有学科，有创生时间早晚的差异，有发展速度快慢的不同。在任何一个时间点上，所有的学科不可能是齐头并进、并驾齐驱的。先期问世的学科能够对处于孕育、草创阶段的学科产生示范、导引作用，发展速度快的学科能够对发展速度慢的学科产生拉引、扶持作用。

2.概念、理论、方法在学科之间的传输

美国历史学家詹姆斯·哈威·鲁滨孙(James Harvey Robinson，1863—1936)在其代表作《新史学》(1911 年)一书中以历史学为例，谈到了学科之间的关系问题。他指出："每一门所谓科学或学科，总是要依靠其他科学或学科的，它从其他科学中产生，并有意识地或无意识地靠其他科学的帮助，获得了进步的很大部分机会。"①学科之间的依赖、依靠，在本质上是概念、理论、方法的相互传输过程。任何一门学科无论处于何种发展阶段，都不可能闭门自守、单科独进。对于直系分支学科、边缘分支学科来说，其初生阶段必然得到母体学科的直接滋育和扶持，大量移用概念、理论、方法；在其成长阶段，它们将不断吸纳其他学科的概念、理论、方法；在其成熟阶段，它们一方面继续接受其他学科的支援和帮助，另一方面还将向一些学科输出概念、理论、方法。

现在，人们将 1953 年科学家发现脱氧核糖核酸(DNA)分子双螺旋结构作为分子生物学创生的标示点。其实，在美国生物学家詹姆斯·沃森(James D.Watson)、英国物理学家弗朗西斯·克里克(Francis H.C.Crick)建立 DNA 分子双螺旋结构模型之前，多位科学家已经做

① ［美］詹姆斯·哈威·鲁滨孙：《新史学》，齐思和等译，商务印书馆 2009 年版，第 59 页。

出了重要的铺垫性贡献，多门学科为分子生物学的创建提供了学术基础。1950 年，美籍奥地利裔生物化学家埃尔文·查戈夫(Erwin Chargaff,1905—2002)发现 DNA 中的四种碱基含量两两相等，腺嘌呤和胸腺嘧啶数量相同，鸟嘌呤和胞嘧啶数量相同。1950 年，英籍新西兰裔生物物理学家家莫里斯·威尔金斯(Maurice H.F.Wilkins,1916—2004)运用 X 射线衍射法研究 DNA 晶体结构，拍出最初的 DNA 纤维衍射图。1950 年，英国物理化学家和晶体学家罗莎琳·弗兰克林(Rosalind E.Franklin,1920—1958)在法国学习了几年 X 射线衍射技术后回到英国，就职于伦敦大学国王学院，成为威尔金斯的同事，开始从事 DNA 结构方面的研究。1951 年，弗兰克林运用娴熟的技术拍摄到了 DNA 晶体 X 射线衍射照片。1951 年，毕业于动物学专业的詹姆斯·沃森从美国来到剑桥大学卡文迪什实验室做博士后研究工作。多年以前，他读过奥地利物理学家埃尔文·薛定谔(Erwin Schrödinger,1887—1961)的名著《生命是什么?》，对探究遗传的本质情有独钟。在来英国之前，他曾经做过用同位素标记追踪噬菌体 DNA 的实验，坚信 DNA 就是遗传物质。他说服与他共用一个办公室的弗朗西斯·克里克一起研究 DNA 分子模型。克里克当时正在做题为《多肽和蛋白质：X 射线研究》的博士学位论文，沃森认为 DNA 分子结构研究需要克里克在 X 射线晶体衍射学方面的知识。从 1951 年 10 月开始，沃森和克里克经过将近一年半的不懈努力，在 1953 年 2 月 28 日，搭建出 DNA 分子双螺旋结构模型。由此不难看出，DNA 分子双螺旋结构模型的建立，是生物遗传学、生物物理学、生物化学、晶体物理学、X 射线晶体衍射学、量子力学等学科“协同攻关”的结果。

“分子生物学”(molecular biology)这个术语，最早由在美国洛克菲勒基金会工作的数学家沃伦·韦弗(Warren Weaver)于 1938 年在一份关于生物学研究的文件中首次创用。英国生物物理学家威廉·阿斯特伯里(William T.Astbury,1898—1961)于 1950 年以“分子生物学”为题在美国做公开讲演。他认为，分子生物学的主要任务是研究各种生物分子的结构和功能。后来经过多人修正的定义，强调分子生物学着重研究对遗传起着重要作用的生物大分子(核酸和蛋白质)的结构、功能和信息过程。DNA 分子双螺旋结构模型的建立,使分子生物学走向显学。分子生物学在分子水平上揭示了生命世界的基本结构和生命现象的本质,其概念和研究范式迅速渗入到基础生物学和应用生物学的众多分支领域,带动了整个生物学的发展,同时也带动了同生物学紧密关联的医学、农学。

这个渗入过程,不仅催生了分子古生物学、动物分子生物学、分子昆虫学、分子寄生虫学、分子微生物学、分子酶学、分子病毒学、分子细菌学、发育分子生物学、膜分子生物学、细胞分子生物学(分子细胞生物学)、细胞核分子生物学、分子生理学、神经分子生物学、骨分子生物学、口腔分子生物学、分子遗传学、分子数量遗传学、植物分子遗传学、分子胚胎学、分子生态学、植物分子生态学、病毒分子生态学、分子放射生物学、生物分子光子学、食品分子生物学、基因工程分子生物学等生物学分支学科,而且催生了一批"分子化"的医学、农学分支学科,如医学分子生物学、医学分子遗传学(分子医学遗传学)、分子免疫学、分子病理学、分子药理学、分子药剂学、分子基因药物学、临床分子诊断学、分子心脏病学、分子神经病学、分子内分泌学、外科细胞分子生物学、分子肿瘤学、分子风湿病学、分子流行病学、分子营养学、分子影像学、中医分子生物学(分子中医学)和分子育种学、鱼类分子育种学、棉花分子育种学、果树分子生物学、葡萄分子生物学等。分子生物学对社会科学领域也产生了重要影响。20 世纪 80 年代,科学家运用分子生物学研究方法对出土的古代 DNA 分子、脂肪酸分子、蛋白质分子和非生命物质中的化学分子等进行分子水平上的考古研究,由此诞生一门交叉学科——分子考古学。作为遗传信息的载体,古代遗留下来的各种生物大分子能够准确地反映生物的结构特征以及生物种群的系统发生和演变过程,从而有可能破解人类起源和迁徙、民族演化、古代人群的遗传结构、古代社会文化结构、农业的起源和早期发展、动物和植物的家养和驯化过程等多方面多层次的疑难问题。从诱发新学科创生的角度来看,将分子生物学视为 20 世纪下半叶的"带头学科"是有充分依据的。

正如有作用力就必有反作用一样,科学学科之间的关联性作用从来都不是单向的。学科之间的相互促动作用,意味着相关学科互相影响、互相激励、互相促进,互利互惠、共同发展。相关学科的相互促动作用,其实是概念、理论、方法的扩散过程,即概念、理论、方法等知识从一门学科传输到其他学科的过程。物理化学的创生,起因于物理学方法(主要是实验方法)被用之于研究化学现象,多种多样的物理学实验方法促生了物理化学的多门分支学科。光声光谱法支撑着光化学,激光拉曼光谱法支撑着激光化学,电势法和电极稳态极化法支撑着电化学,X 射线衍射法支撑着结晶化学,等等。从知识传输的角度看,化学作为知识接受者得到了很多"实惠",因为移用了物理学实验方法而建立了物理化学及其一系列分支学科。物理学作为知识输出者,一方面因为输出了知识而拓展了学科疆域,在与化学的交汇区建立了边缘分支学科物理化学,其内容触及整个化学科学的理论基础,如气态、液态、固态、溶解态、高分散状态的平衡态物理化学性质,分子、分子簇、晶体的结构以及结构与物性之间的关系,因化学或物理因素的扰动而引起的体系的化学变化过程速率和变化机理;另一方面,移用于化学领域的物理学实验方法,在支撑物理化学及其分支学科演进发展的过程中获得了逐步完善的机会。

1957—1958 年,德国青年物理学家鲁道夫·穆斯堡尔(Rudolf L. Mössbauer,1929—2011)在实验中发现:固体中的某些放射性原子核有一定的几率能够无反冲地发射 γ 射线,γ 光子携带了全部的核跃迁能量,而处于基态的固体中的同种核对前者发射的 γ 射线也有一定的几率能够无反冲地共振吸收。这种原子核无反冲地发射或共振吸收 γ 射线的现象,后来被称之为穆斯堡尔效应。科学家利用穆斯堡尔效应,发展出用之于研究物质微观结构的实验方法——穆斯堡尔谱法。该方法不仅受到物理学家的重视,而且在化学、生物学、医学、地质学、材料科学等领域也获得成功的运用。穆斯堡尔谱法用之于研究原子的电子组态、化学价键等,为物理化学增添了一项重要的实验技术。穆斯堡尔谱法具有一系列突出的特点,如分辨率高、灵敏度高、抗干扰能力强,对试样无破坏，试样的制备技术比较简单，研究对象范围甚广，可以是导体、半导体，也可以是绝缘体，可以是晶体和非晶体态的材料、薄膜以及固体的表层，也可以是粉末、超细小颗粒，甚至是冷冻的溶液。20 世纪 70 年代，产生于物理学领域的穆斯堡尔谱法，在多门学科得以有效运用的过程中不断完善，同时自身也成为专门的研究对象，在物理学的学术基地上建立了一门独立的波谱学——穆斯堡尔谱学。这门方法性学科逐步走向成熟，可以看作是化学、生物学、医学、地质学等穆斯堡尔谱法的"受惠"学科对物理学的回馈。

二、科学实践与科学理论的矛盾运动

科学实践是指人们能动地探索现实世界的一切社会性活动，既包括以认识自然界为目的的科学观察、科学实验，又包括以认识社会、人类思维为目的的科学观察、科学实验。在社会科学领域，由于研究对象的特殊性，所运用的科学观察方法通常称为社会调查，科学实验方法则多为田野实验或实地实验。所谓田野实验，是指在人们真实的生存环境中进行有限度介入和干预的实验。田野实验一般采用分组对比的方式进行。

科学理论是对经验现象或客观事实的系统化解释，是经过一定程度实践检验和逻辑证明的具有真理性的认识。一门科学学科通常包含多个科学理论，科学理论是科学学科的构成要素。例如，结构力学的主要理论包括结构静力学理论、结构动力学理论（复模态理论、主动振动控制理论）、结构稳定理论、结构断裂和疲劳理论、杆系结构理论、薄壁结构理论、整体结构理论等。一般而言，科学理论是由一系列特定的概念、判断、推理组成的微观知识体系。在不同类型的学科中，科学理论的呈现形态存在差异。在数学科学和自然科学基础学科中，科学理论通常被称为定理、定律、原理、方程、关系式，如平面几何学的勾股定理、静力学中的浮力原理（阿基米德定律）、电磁学中的麦克斯韦方程、相对论中的质能关系式等。在哲学科学和社会科学学科中，科学理论通常呈现为一个具有某种程度普遍性的陈述句。例如，辞书对"对立统一规律”通常做这样的表述:“是自然界、社会和思维发展的普遍规律。它揭示出任何事物都包含着内在矛盾性,矛盾双方既统一又斗争,推动事物的发展和转化。”[①]

科学实践与科学理论之间的对立统一,是贯穿于科学知识体系演进发展过程的一对基本矛盾,是推动科学知识体系持续发展的主要内在动力。科学实践与科学理论相互联系、相互依赖、相互牵拉。在科学发展进程中,在某个学科领域,有时科学实践走在前面,发现新的科学事实;有时科学理论走在前面,预见尚未被发现的科学事实,为科学研究者指明探索的方向。

1.科学实践是建立科学理论的基础

科学实践对于建立科学理论的科学认识活动具有决定性作用。在现代社会中,科学实践是为科学认识活动提供科学事实的基本途径。俄罗斯—苏联生理学家伊凡·巴甫洛夫(Иван П. Павлов,1849—1936)说:“鸟的翅膀无论多么完善,如果不依靠空气支持,就绝不能使鸟体上升。事实就是科学家的空气。没有事实,你们就永远不能飞腾起来。没有事实,你们的‘理论’就是枉费心机。”[②]科学理论只能建立在科学事实或经验事实的基础之上。1952 年 5 月 7 日,美籍德裔物理学家阿尔伯特·爱因斯坦(Albert Einstein,1879—1955)在给青年时代挚友莫里斯·索洛文(Maurice Solovine)的信中专门谈到科学思维与经验的联系问题。他认为,即使在公理化的科学理论体系中,假设或公理(A)作为科学思维的产物,只能以直接经验(ε)为基础[③]。他还明确地指出:一个希望受到应有的信任的理论,必须建立在有普遍意义的事实之上。”[④]没有科学事实或直接经验,就不能形成假设(公理)、科学

① 《辞海》缩印本,上海辞书出版社 2000 年版,第 602 页。

② [苏]И.П.巴甫洛夫:《给青年们的信》,《巴甫洛夫全集》第一卷,张纫华、王日红等译,人民卫生出版社 1959 年版,第 16 页。

③ [美]爱因斯坦:《关于思维同经验的联系问题》,《爱因斯坦文集》第一卷,许良英、范岱年编译,商务印书馆 1976 年版,第 541 页。

④ [美]爱因斯坦:《理论同经验的关系》,《爱因斯坦文集》第一卷,许良英、范岱年编译,商务印书馆 1976 年版,第 106 页。

假说，也就无法建立科学理论。

科学实践的基本功能是为科学认识活动源源不断地提供科学事实，作为提炼、修正科学理论的原材料。现有的科学理论是依据以往科学实践所积累的科学事实提炼出来的，因而能够解释已知的科学事实。当研究者通过不断深化的科学实践发现了现有科学理论所不能解释的新科学事实时，科学理论便面临着严峻的考验，有可能被修正，也有可能被新的理论所替代。人们在分析爱因斯坦创立狭义相对论的历史过程时，总要说到他在16岁时做过的“追逐光线”理想实验。这个理想实验是爱因斯坦思考“时间相对性”问题的起点，但对于他提出狭义相对论给予重要支撑的是一些牛顿绝对时空理论所不能解释的科学事实。正如他在《论动体的电动力学》这篇具有里程碑意义的论文的开头部分所说：“大家知道，麦克斯韦电动力学——像现在通常为人们所理解的那样——应用到运动的物体上时，就要引起一些不对称，而这种不对称似乎不是现象所固有的。”“诸如此类的例子，以及企图证实地球相对于‘光媒质’运动的实验的失败，引起了这样一种猜想：绝对静止这概念，不仅在力学中，而且在电动力学中也不符合现象的特性”①。对于运动物体的电磁感应现象表现出相对性、迈克耳逊—莫雷实验没有观测到地球相对于“光媒质”以太的运动等科学事实，牛顿绝对时空理论无法做出合理的解释。以荷兰物理学家、数学家亨德里克·洛伦兹(Hendrik A.Lorentz，1853—1928)为代表的一些学者在牛顿经典力学的框架内通过引入各种假设进行理论上的修修补补，最后引导出了许多新的与实验结果相符合的方程式，甚至得到了洛伦兹变换。然而，使用牛顿绝对时空观来对洛伦兹变换及其所包含的真空光速进行解释时，却遇到了难以克服的困难。爱因斯坦洞察到解决这种不协调状况的关键，是抛弃同时性的绝对意义。他由立足于直接经验的狭义相对性原理和光速不变原理两条基本假设出发，推演出时间膨胀、长度收

① [美]爱因斯坦：《论动体的电动力学》，《爱因斯坦文集》第二卷，范岱年、赵中立、许良英编译，商务印书馆1977年版，第83页。

缩、质速关系、质能关系等新效应，创立了狭义相对论。狭义相对论作为新理论、新学科，并没有完全推翻牛顿经典力学，而是将其适用范围限定在宏观物体、低速运动领域。

新的科学事实与原有理论发生矛盾，是诱导新学科创生的一种常见情况。分子声学的出现，即属此例。1845 年，英国物理学家、数学家乔治·斯托克斯(George G.Stokes，1819—1903)从连续系统的力学模型和牛顿关于黏性流体的物理规律出发，在《论运动中流体的内摩擦理论和弹性体平衡及运动的理论》一文中给出黏性流体运动的基本方程组，其中包括由黏性引起的流体中声吸收公式。20 世纪初，在超声技术发展起来以后，人们对大量气体和液体的声学属性进行了测量，其结果是大部分实验数据与斯托克斯的声吸收理论不相吻合。新的实验事实使建立在连续介质概念上的经典声吸收理论陷入困境，由此促使理论物理学家、化学家开始从物质分子结构的角度为实验结果寻求新的理论解释。经过多年的研究成果积累，世界上第一本题为《分子声学》的专著于 1940 年出版，由此正式诞生了一门介于声学、分子物理学与化学之间的边缘学科——分子声学。

难能可贵的是，以实验室为依托的科学实践能够发现人们在生产活动和日常生活中无法观察到的科学事实。首先，通过“减法”实验简化和纯化研究对象。借助于特制的仪器设备或特殊环境，研究者可以排除次要的、偶然的因素干扰，使研究对象的某些属性和关系在简化、纯粹的形态下显露出来。20 世纪 90 年代，在美国航天飞机的载人宇宙实验室里，三位科学家进行了冶金实验，在高真空、无重力的环境中获得了地球上无法冶炼的铝钨合金和铝锌合金。宇宙冶金学(太空冶金学)由此起步，一些冶金学家规划着在宇宙空间开设冶金工厂。其次，通过“加法”实验强化和激化研究对象。在实验室里，研究者可以创设超低温、超高温、超低压、超高压、超强磁场等极端条件，从而获得研究对象在极端条件下才能呈现出来的某些属性。1911 年，荷兰物理学家卡末林—昂内斯(H.Kamerlingh-Onnes，1853—1926)在其主持建设的低温实验室中用液氦冷却汞，当温度下降到 4.2 K(-268.95℃)时，汞的电阻完全消失，这种现象被称为超导电性。超导电性的发现，导致超导体物理学的兴起和快速发展。再次，通过“乘法”实验再现和重演过长、过快或过慢的自然过程，从通常无法观察的现象中获得可供科学认识加工的科学事实。时过境迁、时间漫长的生命起源过程和时空尺度巨大的大气层运动，研究者可以在实验里用几天或几个小时的时间模拟再现。瞬间即逝的爆炸过程，借助于高速摄影装置将时间极短的能量释放过程记录下来，使爆炸学、爆炸力学的研究成为可能。

2.科学理论对科学实践具有导向作用

研究者基于科学事实所提出的科学假说，在经过一定程度的实践检验和逻辑验证后便上升为科学理论。科学理论具有相对的稳定性和应用的普遍性，不仅能够履行对已知科学事实的解释功能，而且能够履行对未来科学实践的导向功能。科学理论的这种导向功能，体现了科学理论的超前性或前瞻性，即科学理论走在科学实践的前面。一方面，科学理论可以对人们的某些非科学行为做出否定性的判断；另一方面，科学理论又可以预见未知现象或科学事实、推断事物发展的未来趋势，指导人们从事新的验证性或探索性科学实践活动。

科学理论可以作为对科学活动与非科学活动进行判断的主要依据。在科学尚不昌明的时代，人们运用试错法从事各种利用和改造客观世界的活动，研制永动机在很长一段时间里成为一些人追索的目标。所谓永动机是指一类在不需外界输入能量的条件下能够不断运动并且对外做功的机械。永动机的最初设想据说起源于印度，公元1200年前后从印度传到了伊斯兰国家，继而传到了欧洲。最早留下文字记载的一个永动机设计方案，是13世纪法国人德·亨内考（V. de Honnecourt）设计的“魔轮”。文艺复兴时期意大利画家、科学家达·芬奇（L. da Vinci，1452—1519）制造了一个类似的装置，试验结果表明这类装置没有能量输入就不可能持续不断地运行下去。他敏锐地由此得出一个结论：此类永动机是不可能实现的。几个世纪诸如此类的尝试性研制，是有积极意义的，反复证明发明永动机的路子走不通，从而为能量守恒与转化定律即热力学第一定律的建立提供了反面例证。19

世纪上半叶，经过法国工程师尼古拉·卡诺(Nicolas L.S.Carnot，1796—1832)、德国医生和业余物理学家尤利乌斯·迈尔(Julius R. Mayer，1814—1878)、英国实验物理学家詹姆斯·焦耳(James P. Joule，1818—1889)、德国物理学家和生理学家赫尔曼·冯·赫尔姆霍茨(Hermann von Helmholtz，1821—1894)等人的研究和概括总结，建立了能量守恒与转化定律和以其为基础的物理学分支学科热力学。能量守恒与转化定律的一般表述形式为：能量既不会凭空产生，也不会凭空消失，只会从一种形式转化为另一种形式，或者从一个物体转移到其他物体，而能量的总量保持不变。这个定律告诉人们：第一类永动机是制造不出来的。进入现代社会，仍有人试图从事永动机一类的"发明"，依据业已经受长期实践检验的能量守恒与转化定律进行判断，这类"发明"永远不会成功。科学理论作为判据，引导人们做可以做的事情，劝阻人们不做违反科学规律的事情。

任何科学实践活动都有一定的目的性。无论是验证性的科学观察和科学实验，还是探索性的科学观察和科学实验，其目标的谋划设定、路径的构思设计都来自于已有科学理论。天王星是太阳系由内到外的第七颗行星，由于其亮度较暗、绕行速度缓慢，一直未被早期观测者认定为一颗行星。1781 年 3 月 13 日，英国音乐家、天文学家威廉·赫歇耳(F.Wilhelm Herschel，1738—1822)利用自制的大口径天文望远镜发现了当时被称为"彗星"的这颗新行星。1783 年，法国天文学家、数学家皮埃尔—西蒙·拉普拉斯(Pierre-Simon Laplace，1749—1827)依据牛顿万有引力定律对天王星的轨道进行了计算。各国天文学家在多年的观测中先后发现了天王星运行轨道有四处与理论计算轨道有一定偏差。其中的三处轨道偏差找到了原因，是由于已知行星对天王星的吸引造成的。1841 年，英国天文学家、数学家约翰·亚当斯(John C. Adams，1819—1892)认为天王星轨道的最后一处偏差可能是由于一颗尚未被发现的行星对天王星的吸引造成的。1845 年，法国数学家、天文学家奥本·勒维耶(Urbain J.J.Le Verrier，1811—1877)独立进行天王星轨道的研究，运用万有引力定律计算出吸引天王星的这颗未知行星的轨道、位置、大小。他写信将这个研究成果告知欧洲的多位天文学同行,请他们通过天文观测寻找这颗未知的行星。1846 年 9 月 23 日,在柏林天文台工作的德国天文学家约翰·伽勒(Johann G. Galle,1812—1910),收到信件当天就根据勒维耶对于观察角度、距离的计算结果进行观测,仅仅花了一个小时就在距离勒维耶预言的位置不到 1 度的地方,发现了这颗行星。后来这颗行星被命名为海王星,太阳系由此增加了一个新成员。不难看出,万有引力定律等理论在发现海王星的过程中发挥了重要的导向作用。

电磁波的发现也是科学理论引导科学实践、科学实践验证科学理论的一个经典例证。1831 年,英国物理学家、化学家迈克尔·法拉第(Michael Faraday,1791—1867)在实验中发现,当一块磁铁穿过一个闭合线路时,线路中就会有电流产生,这就是"由磁生电"的电磁感应现象。19 世纪 50 年代,年轻的英国物理学家、数学家詹姆斯·麦克斯韦(James C.Maxwell,1831—1879),继承法拉第等前辈科学家的研究成果,开始对电磁现象做全面、系统的研究,凭借他纯熟的数学功力和丰富的想象力,发表了多篇重要论文。1873 年,他出版了《电磁学通论》(又译为《论电和磁》)一书。在这部具有划时代意义的经典巨著中,麦克斯韦将数学分析方法引入电磁学领域,用简洁、对称、完美的数学形式——方程组将电磁场理论做了完整的表述。根据他的方程组可以证明电磁场存在周期性的振荡,这种振荡就是电磁波;电磁波一旦发出就会通过空间向外传播,其速度接近于每秒 30 万公里(18.6 万英里),同光速相同,由此可以得出光由电磁波构成的结论。麦克斯韦电磁场理论将光学和电磁学统一起来,实现了近代科学崛起以来的第二次大综合,为电气时代奠定了基石。德国实验物理学家海因里希·赫兹(Heinrich R.Hertz,1857—1894),早在柏林大学求学期间就对麦克斯韦关于电磁波的预言产生了浓厚的兴趣。1886 年他在卡尔斯鲁厄大学担任教职期间,依据麦克斯韦理论设计了一套电磁波发生器,于 1887 年通过实验确认了电磁辐射具有波的所有特性,确认了电磁波是横波,具有与光相类似的反射、折射、衍射等特性,并计算出电磁波在直线传播时的速度与光速相同。1888 年 1 月，赫兹将以上成果总结在《论动电效应的传播速度》一文中，建立了现代形式的麦克斯韦方程组，使它更加优美、对称。赫兹的科学实践，不仅通过电磁波的发现和性能研究全面地验证了麦克斯韦电磁场理论的正确性，而且打开了电磁波理论向无线电、雷达、电视技术转化的大门，奠定了无线电学、无线电电子学、无线电物理学、无线电气象学、无线电工程学、雷达气象学、雷达工程学、电视学、电视传播学、电视工程学等学科创生和发展的基础。

三、学术论争对学科演进的助推效应

学术论争是指不同学术派别、一些科学研究者对某个学术问题因观点不同而引起的讨论、争鸣和论战。在自古洎今的科学发展史上，学术论争是不可避免甚至经常发生的正常现象。广义而言，学术论争包括同代人之间的同时性学术论争，也包括后人质疑、挑战前人学术观点的继时性学术论争。在一个科学领域或一门科学学科中，学术论争的广度和深度通常可以作为这个领域或学科发展活力强弱、学术繁荣程度的重要标尺。

1.学术论争促使科学问题的逐步明晰和深化

科学问题是指科学研究者在特定的知识背景下提出的有待于科学认识和科学实践解决的问题。科学问题同没有被认识的客观对象相联系，但并不等同于未知世界。未知世界不依科学研究者的意识而转移，是第一性的客观实在；科学问题则是科学研究者对于未知世界某个局部的捕捉和意识，是第二性的主观映象。从科学问题的角度来看，一门学科的演进发展历程是科学问题逐步明晰、渐次更替、不断深化的过程。

“理不辩不清，道不辩不明。”学术论争的基本功能，是论争的双方或多方通过讨论、争鸣和论战，正本清源，剔除谬误，不断地显露、澄清、确认科学问题。科学问题既是科学探索的起点，也是科学学科发展的转折点或新起点。许多科学名家对于科学问题的重要性发表过精辟的见解。爱因斯坦和波兰物理学家利奥波德 · 英费尔德（Leopold

Infeld,1898—1968)指出:"提出一个问题往往比解决一个问题更重要,因为解决一个问题也许仅是一个数学上的或实验上的技能而已。而提出新的问题、新的可能性,从新的角度去看旧的问题,却需要有创造性的想象力,而且标志着科学的真正进步。"①学术论争的当事人或参与者为了应对他人的质疑、诘问,必然会认真搜集新的事实材料,寻找支撑自己见解的论据,不断修正和完善理论的阐释路径,他们的大脑处于高度激发、兴奋的状态,时常在交锋中迸发出"火花",使思路、观点得到飞跃和升华。用爱因斯坦和英费尔德的话来说,学术论争的参与者能够在论争中激发出"创造性的想象力",引导和促使他们"提出新的问题、新的可能性"或者"从新的角度去看旧的问题"。

古希腊数学家欧几里得(Euclid,前330—前275)的传世名著《原本》(Elements),是由5条公理、5条公设、119个定义和465个命题所构成的公理化知识体系。平行公设排在公设的第五项,因而习称第五公设。其内容为:若平面内一条直线和另外两条直线相交,且在直线同侧的两个内角之和小于两个直角(180°),则这两条直线经无限延长后在这一侧一定相交。《原本》问世后,研读该书的数学研究者大都认为,第五公设比其他四个公设叙述复杂、冗长,外观不自明,其逻辑独立性很可疑;由于欧几里得没有找到证明的办法,才不得不将其放在公设之列。一部分研究者感到第五公设难以证明,努力寻找更为自明的命题以代替第五公设,他们在研究中先后提出了几百个替代公设,苏格兰数学家约翰·普莱菲尔(John Playfair,1748—1819)给出的公设是后来人们常用的一个替代公设:过直线外一点,有且仅有一条直线与已知直线平行。除少数"难证派"之外,多数研究者归属于"可证派",他们不赞成将第五公设当作初始命题,主张将其列为定理,而且坚信一定能够证明它。为了给出第五公设的证明,2000年来有许多数学家投身其中,流传下来的相关著述有250多部(篇)。进入18世纪,数学家发现,第

① [美]A.爱因斯坦、[波]L.英费尔德:《物理学的进化》,周肇威译,上海科学技术出版社1962年版,第66页。

五公设的所谓证明都是虚假的。法国数学家、物理学家让·达朗贝尔(Jean L.R.d'Alembert,1717—1783)将第五公设问题称之为"几何学中的暗礁"①。

长期努力,无功而返,让一些数学研究者开始对证明第五公设的可能性产生怀疑,此时的科学问题由"第五公设是可以证明的吗"转换为"第五公设是不可以证明的吗"。在第五公设证明之路走不通的背景下,尽管仍有人坚持"可证派"的观点,但后世研究者越来越多地加入"无证派"行列。18 世纪末,德国数学家约翰·高斯(Johann C.F. Gauss,1777—1855)的头脑中已经形成了第五公设"不可证明"的想法,最早认识到可能存在一种不适用平行公设的几何学,因为这个想法与当时的流行观点相悖,他生前没有公开发表相关研究成果。匈牙利数学家雅诺什·鲍耶(Janos Bolyai,1802—1860)在其父法卡斯·鲍耶(Farkas Bolyai,1775—1856)的影响下,决意致力于第五公设的研究。在他人的启发下,他摈弃平行公设,从反面来设定命题,得到了与欧几里得几何学其他公设或公理不相悖的结果。他于 1823 年写成《空间的绝对几何学》一文。他把手稿寄给父亲,其父反应冷淡,不相信儿子所得到的结果,拒绝协助出版。1831 年,经他的再三请求,其父在出版《写给好学青年的数学原理》一书第二卷时,才勉为其难地同意将他已压缩到 24 页的论文列为该书的一个附录。俄国数学家尼古拉·罗巴切夫斯基(Николай И.Лобачевский,1792—1856),从 1815 年开始研究第五公设,在屡次证明无果的情况下,他逐渐意识到第五公设是不可证明的,随后以该公设的相反断言"过直线外一点可以引出不止一条直线与已知直线平行"作为假设,并将其约定为公理,推演出一连串新的几何学定理,由此建立了逻辑上无矛盾的理论体系。这个理论体系就是非欧几里得几何学,后世将其称之为罗巴切夫斯基几何学。

罗巴切夫斯基几何学问世之后,经历了几十年的磨难才被认可。

① 《是可证,还是不可证? ——关于第五公设问题之争始末》,朱新民主编:《科学史上的重大争论集》,湖南科学技术出版社 1986 年版,第 4—17 页。

1826年，罗巴切夫斯基在喀山大学的一次学术会议宣读第一篇关于非欧几里得几何学的论文，三人鉴定小组做出了否定性的结论。有的数学家甚至断言，任何时候都不会存在与欧几里得几何学在本质上不同的另外一种几何学。1854年，德国青年数学家乔治·黎曼(Georg F.B. Riemann,1826—1866)发展罗巴切夫斯基等人的思想，建立了一种对应于任意维数空间的几何学即黎曼几何学。1868年，意大利数学家欧亨尼奥·贝特拉米(Eugenio Beltrami,1835—1899)发表《非欧几何学解释的尝试》一文，证明非欧几里得几何学可以在欧几里得空间的曲面上实现。这就意味着，非欧几里得几何学命题可以"翻译"成相应的欧几里得几何学命题，如果欧几里得几何学没有矛盾，非欧几里得几何学自然也就没有矛盾。自此以后，非欧几里得几何学开始获得学术界的普遍注意和深入研究，罗巴切夫斯基的独创性研究得到学术界的高度评价，他被人们赞誉为"几何学界的哥白尼"。

2.学术论争促进学科的突破性进展和新学科的创生

学术论争通常同科学实践与科学理论、不同科学理论之间、不同科学学科之间的矛盾密切相关，能够暴露科学知识体系的薄弱环节，促进科学新学科的孕育和创生。

从古至今，物质结构问题就是一个论争迭起、常研常新的大题目，是一根串生出大批学科的既粗又长的藤蔓。19世纪以来，化学家、物理学家依据由观察、实验所获得的科学事实，提出了多种多样关于物质结构的假说，建立起打上时代印记的各种物质结构理论。"只要自然科学运用思维，它的发展形式就是假说。"①物质结构理论的演进发展，就是假说之间进行竞争、新假说不断地代替旧假说的过程。

原子—分子论的提出和最终建立，是物质结构理论发展史上的第一个里程碑。1803年，英国化学家、物理学家约翰·道尔顿(John Dalton,1766—1844)在古代原子论和牛顿微粒说的启发下，提出原子论假

① 恩格斯：《自然辩证法》，《马克思恩格斯选集》第四卷，人民出版社1995年版，第336页。

说。道尔顿认为，化学元素由不可再分的微粒——原子构成；原子质量是元素的基本特征之一，同种元素的原子性质和质量都相同，不同元素原子的性质和质量各不相同；不同元素化合时，原子以简单整数比结合。1808年，法国化学家、物理学家盖吕萨克(J.L.Gay-Lussac，1778—1850)在实验中发现，在同温同压条件下，参加同一反应的各种气体，体积呈简单的整数比。他由此总结出气体化合体积定律，即气体同体积同原子数假说：在同温同压条件下，相同体积的不同气体的原子数目相同。1809年，道尔顿得知这个假说后，立即公开表示反对。他认为，不同元素的原子大小不一样，相同体积中不可能有相同数目的原子。盖吕萨克不接受道尔顿的批评，于是双方展开了激烈的争辩。

意大利物理学家、化学家阿莫迪欧·阿伏伽德罗(Amedeo Avogadro，1776—1856)对这场争论产生浓厚的兴趣，积极参与其中。他细心考察了盖吕萨克的气体实验及其与道尔顿的分歧，发现了两人争执的焦点，于1811年写成《原子相对质量的测定方法和原子进入化合物的数目比例的确定》一文。此文明确地提出了“分子”概念，将单质或化合物在游离状态下能独立存在的最小质点称作分子，认为单质分子由多个原子组成，原子是参加化学反应的最小粒子。他对盖吕萨克的气体同体积同原子数假说进行了概念上的重要修正：在同温同压条件下，相同体积的不同气体的分子数目相同。这个分子假说提出后，一时之间没有任何反响，阿伏伽德罗在1814年和1821年又发表了关于这个假说的第二篇和第三篇论文，他满怀信心地认为，原子论和分子假说将要成为整个化学的基础并使化学这门科学日益完善的源泉①。然而，分子假说却经历了长达几十年的诘难，为学术界多数人所拒斥。

由于不承认分子的存在，化合物的原子组成难以确定，原子量的测定和数据呈现一片混乱，一部分化学家由此而怀疑原子量到底能否测定，甚至怀疑原子论能否成立。鉴于混乱局面的出现，许多学者强烈要

① 《彷徨歧路的五十年——从原子—分子论提出到确立》，朱新民主编：《科学史上的重大争论集》，湖南科学技术出版社1986年版，第217—225页。

求召开国际会议，力图通过讨论，在原子量、化学式等问题上取得一致性的意见。1860 年 9 月，国际化学会议在德国卡尔斯鲁厄召开，来自世界各国的 140 多名科学家在会上进行了激烈争论。意大利化学家斯塔尼斯劳·康尼查罗(Stanislao Cannizzaro，1826—1910)在会议结束前以小册子的形式，散发了他两年前发表的《化学哲学教程概论》一文。此文为“原子”和“分子”这两个概念做了更为清晰确切的定义，对原子—分子论做了较为系统的梳理。康尼查罗在文中回顾了几十年来化学发展的历程，坚定地认为，成功的经验和失败的教训都充分证实阿佛伽德罗的分子假说是正确的。这篇论文在会后对化学界形成学术共识发挥了至关重要的作用，分子假说很快就得到多数科学家的赞同。

原子—分子论获得科学界的初步公认，不仅为整个化学科学奠定了坚实的理论基础，而且为化学、物理学等学科打开了探索分子结构、原子结构的门户。恩格斯说：“化学中的新时代是随着分子论开始的(所以近代化学之父不是拉瓦锡，而是道尔顿)，相应地，物理学中的新时代是随着分子论开始的。”①围绕着原子—分子论长达几十年的学术论争，有力地推动了化学、物理学实现突破性的发展，为 19 世纪末以后元素化学、结构化学、分子物理学、原子物理学、原子核物理学等学科的分立铺平了道路。

四、科学研究者的学科意识和跨学科意识

由科学学科所构成的科学知识体系，是“世界 3”的重要组成部分。所谓“世界 3”，是英籍匈牙利裔科学哲学家卡尔·波普尔(又译为 K.R.波珀，Karl R.Popper，1902—1994)创用的一个认识论术语。1967 年，他在第三届国际逻辑学、方法论和科学哲学大会上以《没有认识主体的认识论》②为题做学术报告，正式提出“三个世界”理论。波普尔将世界

① 恩格斯：《自然辩证法》，人民出版社 1971 年版，第 269 页。

② [英]卡尔·波普尔：《客观知识：一个进化论的研究》，舒炜光等译，上海译文出版社 1987 年版，第 114—162 页。1971 年，波普尔出版《客观知识》一书时，将《没有认识主体的认识论》这篇报告改写为该书的第 3 章。

上所有的现象依据共存方式划分为三个类别，即三个世界。“世界 1”又称为第一世界，是物理的世界，是由客观世界的一切物质及其各种现象所构成。“世界 2”又称为第二世界，是人的精神或心理所构成的世界即主观世界，包括意识状态、心理素质、主观经验。“世界 3”又称为第三世界，即思想内容的世界、人类精神产物的世界，包括一切可见诸于客观物质的精神内容，或体现人的意识的人造产品和文化产品，如语言、文学艺术以及研究过程中的问题、猜测、反驳、理论、证据，甚至还包括技术装备、图书、建筑物等。

三个世界是相互联系、相互作用的。作为“世界 3”重要组成部分的科学知识体系存在着发展的自主性，但这种自主性需要通过“世界 2”的辨识、把握，通过科学研究者精神世界的“调度”和主观努力来实现。我们前面所讨论的科学学科之间的相互促动作用、科学实践与科学理论的矛盾运动、学术论争对科学学科的助推效应，最终都体现为科学研究者对科学知识体系聚散离合现象的深度思考并采取相应的研究行动。正如波普尔说：“通过我们自己和第三世界之间的相互作用，客观知识才得到发展。”①科学知识体系划分为众多的学科，人们只能在学科的框架下同第三世界发生作用。推动客观知识——科学知识体系的发展，是具体的而不是笼统的，因此科学研究者必须具有清醒的学科意识和跨学科意识。

1.科学研究者的学科发展意识

现代社会的科学研究者，都有各自的学科背景、学科依托和基本学科归属。科学研究者具有学科发展意识，才能站在特定学科的立场上，把握学科发展的现状和趋向，知晓学科的核心科学问题和研究前沿，发现和辨识新的研究对象，适时地积极倡导创建新的学科，对相关研究成果进行学科化梳理。波普尔说：“从事一项研究工作（比如物理学）的科学家可以直接研究他的问题。他能够立即进入问题的核心，就是说，进

① [英]卡尔·波普尔：《客观知识：一个进化论的研究》，舒炜光等译，上海译文出版社 1987 年版，第 120 页。

入一个有组织的结构的核心，因为已经存在着一个科学学说的结构；同这一起，还有一个公认的问题境况。这就是为什么他可以让别人去把他的贡献安置在科学知识的框架中去。”[①]波普尔在这里举例说到了物理学，虽然没有使用一般意义的学科概念，但其中所说的将科学家的“贡献安置在科学知识的框架中去”完全可以理解为对研究成果进行学科化梳理，亦即按照学科的框架整理已经积淀起来的相关知识。

善于发现和辨识新的研究对象，是科学研究者的学科发展意识的一个重要表现。波普尔特别重视问题在科学认识中的作用，认为科学研究始于问题。科学知识体系在永无休止的进化过程中，不断地暴露自身的不完善之处、薄弱环节，有见识的科学研究者能够从问题引出新的研究对象，提出新的假说，推进理论的发展，乃至创建新的学科。在不同学科领域，通过不同途径建立的理论，如果出现矛盾，就可以形成有待探索的科学问题。比利时俄裔物理化学家伊利亚·普里戈金（又译为普里高津、普利高津，Ilya Prigogine，1917—2003）在从事热力学研究的过程中发现，19 世纪以来科学已经揭出自然界的两条演化路径，呈现相反的方向。在生物世界中，由英国生物学家查理·达尔文（Charles R.Darwin，1809—1882）等所建立的生物进化论表明，生物的演化是由简单到复杂、由低级到高级的过程，单细胞生物最终演化到高等植物和人类，朝着熵减亦即提高有序度的方向演化。这是一个正向的进化过程。在物理世界中，由德国物理学家、数学家鲁道夫·克劳修斯（Rudolf J.E.Clausius，1822—1888）和英国物理学家、发明家威廉·汤姆逊（William Thomson，1824—1907）所建立的热力学第二定律表明，孤立系统中的自发过程始终朝着熵增加的方向变化，朝着均匀、简单、无序、趋向平衡态的方向演化，亦即物质的演化越来越走向混乱。这是一种反向的进化即退化过程。热力学与生物学之间的这个矛盾，引起了许多科学家的注意。普里戈金以这个深层次的科学问题作为切

① [英]K.R.波珀：《科学发现的逻辑》，查汝强、邱仁宗译，科学出版社 1986 年版，第一版序言第Ⅶ页。

入点，以物质系统的演化方向或有序结构作为研究对象。经过10多年的不懈探索，在创造了耗散结构、自组织、涨落、序参量等新概念的基础上，建立了耗散结构论。1969年，普里戈金在国际理论物理学和生物学会议上宣读《结构、耗散和生命》一文，标志着这个新理论的正式确立。耗散结构论认为，对于不同于孤立系统的开放系统而言，由于通过与外界进行物质和能量的交换，从外界获取负熵用来抵消自身熵的增加，从而使系统实现从无序到有序、从简单到复杂的演化；物质系统的演化方向取决于系统的状态，当系统远离平衡态时将走向有序，当系统接近平衡态时则走向无序。耗散结构论将两种已有的理论统一到更为广泛、更为普遍的理论框架中。耗散结构论生成于热力学的领地，故而有人将其称之为非平衡态热力学，但它的影响却远远地超出了热力学、物理学、化学的疆界，几十年来人们将它的应用范围逐步推广到政治、经济、教育、文化、军事、技术等众多领域，在自然科学、社会科学、思维科学的许多学科中发挥了方法论工具的作用，被视为新兴的系统科学的一门基础学科。

适时地积极倡导创建新的学科，是科学研究者的学科发展意识的又一个重要表现。“人才”是古汉语的一个固有词汇，起初用于表示人的才能，后来用于指称有才学的人。自古以来，中国就有研究人才的传统，在国外尽管没有同“人才”完全对应的概念，但有许多相类似的研究，如关于人力资源的研究。1979年，两位中国情报研究人员发表《应当建立一门“人才学”》一文，倡导创建一门称之为“人才学”的新学科①。该文作者认为，教育学、心理学、哲学认识论、脑生理学、科学史、社会学等学科虽然都涉及人才问题，但都不能代替人才学对人才的整体性、综合性研究。处在改革开放初期阶段的中国，急切地呼唤各类人才。建立人才学的创议，适应了当时的社会需求，立即得到学术界的积极响应。表6.1列出1977—2015年中国学术期刊以“人才学”“人才”作为篇名主题词的期刊文献的年度发表量统计结果。

① 雷祯孝、蒲克：《应当建立一门“人才学”》，《人民教育》1979第7期。

表 6.1 “人才学”“人才”研究期刊文献的年度发表量统计(1977—2015 年)

年份	1977	1978	1979	1980	1981	1982	1983	1984	1985	1986	1987	1988	1989
人才学	0	0	2	10	14	5	13	9	10	20	18	14	28
人才	2	11	21	85	141	198	330	424	756	767	758	794	774
年份	1990	1991	1992	1993	1994	1995	1996	1997	1998	1999	2000	2001	2002
人才学	15	7	7	4	20	12	8	11	10	7	1	6	10
人才	753	724	783	997	2606	2774	2837	2898	3350	3985	5207	5379	5654
年份	2003	2004	2005	2006	2007	2008	2009	2010	2011	2012	2013	2014	2015
人才学	18	10	12	8	9	8	15	8	10	5	7	8	5
人才	5921	7453	7166	7991	9105	10228	10967	12678	14156	14986	15869	16017	16606

检索日期:2016 年 5 月 3 日。

以“人才学”作为篇名主题词的期刊文献,其内容属于人才学元研究的范畴,亦即探讨人才学的对象范围、学科定位、研究方法、理论体系、学科结构、演进态势、未来前景、发展思路等一般性、基础性问题。由表 6.1 可以看到,1979 年出现第一篇以“人才学”作为篇名主题词的期刊文献,很快就受到学术界的关注,其后两年的人才学元研究期刊文献增加到 10 篇和 14 篇。30 多年来,人才学元研究期刊文献的数量虽然有起有伏,但始终有人从事这方面的研究,人才学从来没有远离人们的视线。以“人才”作为篇名主题词的期刊文献,表征着人才研究的规模。表 6.1 的数据显示,20 世纪 70 年代末“人才学”这个学科名称出现以来,人才研究规模持续扩张,人才研究期刊文献数量几乎逐年增长。1980 年,提出“人才学”学科名称的第二年,人才研究文献的数量就增长到前一年的 4 倍。此后,学术界在人才学旗帜下研究人才问题的热情越来越高涨,人才研究期刊文献近年的年产出量达到 16000 篇以上。利用“读秀学术搜索”,笔者在《读秀知识库》中检索到 210 多部以“人才学”及其分支学科名称作为书名主题词的图书,人才思想史、宏观人才学、微观人才学、计量人才学、人才预测学、人才规划学、人才测评学、人才人口学、人才思维学、人才开发学(人才潜能开发学)、人才教育学、人才经济学、人才社会学、人才管理学、人才工程学、特殊人才学、女性人才学、青年人才学、创新人才学、经济人才学、科学技术人才学、军事人才学、教育人才学、体育人才学、文艺人才学、传媒人才学、管理人才学等均有专著问世。人才学演进发展的历史表明,恰逢其时地提出建立新学科的创议,必然会产生一石激起千层浪的扩散效应。

2.科学研究者的跨学科研究意识

科学研究者要有学科意识,但不能有僵化的学科边界意识。学科有边缘,但并不存在泾渭分明的边界。1911 年,美国历史学家詹姆斯·哈威·鲁滨孙(James Harvey Robinson,1863—1936)在其代表作《新史学》一书中谈到历史学的发展时曾指出:"历史学能否向前发展和取得成绩,取决于它不把本身与其他学科区分开来作为单独的学科,并要保卫自己免受不时出现于其领域的好像是敌对的科学的侵占。要是这么做就是误解了科学进步的条件。现在没有哪一组的研究者能再主张拥有哪怕是在极小极小的科学领域的独立管辖权,要是他们捍卫这类权利的主张成功,那就没有比这对他们更是致命伤了。人类进行研究和思考的各个知识范围的界限本来就是临时性的、不明确的和变化不定的;而且区分的界线相互交错,因为真正的人类和他们所居住的世界是如此错综复杂,使一切划分界线的努力都难实现。"①鲁滨孙的看法是极有见地和远见的。在他讲这段话几十年之后,学科与学科相互交错愈益明显,突破一门学科界限的跨学科研究逐渐演变成为一种普遍的现象。

"跨学科"概念源于英文的 interdisciplinary。这个英文词汇由前缀 inter(介于……之间,介入,中间)和名词 discipline(学科,训练)组合而成,原义为"介于学科之间"。简而言之,所谓跨学科就是超出单一学科范围的学术研究活动或现象。20 世纪中期以来,随着学科数量的持续增多和研究对象综合化程度的增强,跨学科研究开始成为科学技术

① 美]詹姆斯·哈威·鲁滨孙:《新史学》,齐思和等译,商务印书馆 2009 年版,第 58 页。

领域的一道靓丽风景线。跨学科研究，一方面使数学自然科学、哲学社会科学两个知识板块内部的学科之间在相互渗透中形成了大量的边缘学科（如计算力学、化学物理学、地球化学等），另一方面又使数学自然科学与哲学社会科学两个知识板块的学科之间在相互交融中形成了一系列交叉学科（如科学哲学、技术伦理学、工程社会学、数理语言学等）。边缘学科和交叉学科来源于跨学科研究，前者是近缘跨学科研究的产物，后者是远缘跨学科研究的产物。近缘跨学科研究促进了数学自然科学内部的整合和哲学社会科学内部的整合，而远缘跨学科研究则促进了包括数学自然科学、哲学社会科学所有科学部类在内的整个科学知识体系的整合。

具有跨学科研究意识的科学研究者，能够突破原有学科背景的局限，自觉地关注相关学科的研究动向和最新成果，积极促进多学科研究课题、理论观点、研究方法的渗透、交汇、融合。美国数学家诺尔伯特·维纳（Norbert Wiener，1894—1964）能够成为控制论的主要奠基人，得益于跨学科教育，得益于跨学科研究。维纳在大学时期虽然就读于数学系，但却保持着对物理学、化学的浓厚兴趣，热衷于做实验；随后，他又为哲学、心理学、生物学所吸引，阅读了大量相关著作。他用 3 年时间完成大学学业，先后选择了生物学、哲学、数理逻辑作为攻读博士学位的专业方向，18 岁时获得哈佛大学哲学博士学位。跨学科的学习经历，使维纳能够同各种学科专业背景的学者进行学术对话。20 世纪 30 年代末，维纳参加了在哈佛大学医学院工作的墨西哥神经生理学家阿托洛·罗森勃吕特（Arturo Rosenblueth，1900—1970）主持的以聚餐方式举办的科学方法讨论会。讨论会每月举办一次，讨论的话题相当广泛，涉及数学、物理学、生物学、医学、工程学、机械学、社会学、经济学等学科。参加者来自不同的学科领域，其中有几位后来成为新学科的开拓者，除维纳外，还有被誉为“计算机科学之父”的数学家约翰·冯·诺依曼（John von Neuman，1903—1957）和信息论奠基人、应用数学家克劳德·申农（Claude E. Shannon，1916—2001）等。第二次世界大战期间，维纳参加防空火力自动控制系统的研制工作，不仅为发挥他的跨学科特长提供了用武之地，而且进一步充实了他的跨学科知识结构。1946年春季，维纳邀集一批生理学家、通讯工程师、计算机专家等参加一系列关于反馈问题的讨论会。1947年10月，维纳完成《控制论》(Cybernetics)一书的写作，1948年出版发行。控制论作为以机器、生物体、社会各类系统所共有的通讯和控制问题作为研究对象的学科，涉及众多的学科领域，它的问世是多学科渗透的结果，是典型的跨学科研究成果。

从学科走向上来看，科学研究者在跨学科研究中有两种行为方式：一是将相关学科的理论、方法引入自己原先立身的学科，此谓之“跨出去—引进来”；二是将自己原先立身的学科的理论、方法移入相关学科，此谓之“跨出来—送进去”。在现代条件下，不论哪种行为方式，都要求科学研究者在跨学科意识的引导下，做好跨学科的知识储备，对相关学科有一定程度的了解，能够同相关学科的研究者进行真诚而有效的学术交流。诺尔伯特·维纳对于在科学空白区从事跨学科的开拓性研究有自己的深切体会：“到科学地图上的这些空白地区去做适当的查勘工作，只能由这样一群科学家来担任，他们每人都是自己领域中的专家，但是每人对他的邻近的领域都有十分正确和熟练的知识；大家都习于共同工作，互相熟悉对方思想习惯，并且能在同事们还没有以完整的形式表达出自己的新想法的时候就理解这种新想法的意义。”[①]维纳的跨学科研究能力，来自于自觉的跨学科学习，更来自于在长期跨学科研究实践中同相关学科研究者的学术交流、观点碰撞、思想融汇。他特别看重同其他学科研究者的学术合作。在《控制论》一书的“导言”中，他开篇就强调说，这本书是他和罗森勃吕特10多年来“共同研究的成果”[②]。维纳谦和地尊重学术合作者和同行，善于领悟他人学术思想的真谛，充分汲取多方面的学术营养，是他在跨学科研究中取得巨大成功的重要保障。

① [美]N.维纳：《控制论》，郝季仁译，科学出版社1963年版，第3页。

② [美]N.维纳：《控制论》，郝季仁译，科学出版社1963年版，第1页。

第七章 科学学科创生演进的社会因素

科学学科是科学研究活动的产物，任何科学研究活动都是在一定的社会环境中进行的，因此科学学科的创生演进必然同社会环境因素有着密切的关系，科学学科史是人类社会历史的重要组成部分。美国教育学家伯顿·克拉克(Burton R.Clark)说："知识是通过世世代代累积起来的，各门学科都是历史发展的产物，它们随时间迁移而发展。"① 科学学科创生演进的动力，归根结底来源于社会需求。一般而言，社会需求主要指社会生产、社会教育、社会生活等方面的需求。

一、社会生产对科学学科创生演进的推动作用

经济活动是人们从事物质生产及其相应的交换、分配和消费活动。"经济上的需要曾经是，而且越来越是对自然界的认识不断进展的主要动力"②。经济活动以生产为基础。生产支撑着人类社会的存在和发展，是人类社会最基本的实践活动。社会生产的实际需要，是科学发展的根本动力，也是科学学科创生和演进发展的根本动力。

1.恩格斯关于科学与社会生产关系的研究

19 世纪 70 年代，恩格斯(1820—1895)写作《自然辩证法》一书，在考察自然科学史的过程中写下了几段摘要，其中涉及科学与社会生产的关系问题。

古代社会，科学知识的萌发同当时的生产活动息息相关。游牧民

① [美]伯顿·R.克拉克:《高等教育系统——学术组织的跨国研究》，王承绪等译，杭州大学出版社 1994 年版，第 15 页。

② 恩格斯:《致康·施密特》(1890 年 10 月 27 日)，《马克思恩格斯选集》第四卷，人民出版社 1995 年版，第 703 页。

族和农业民族为了确定季节，人们在肉眼观测的基础上积累了最初的天文学知识，同时还间接地拉动了对天文学起着支撑作用的数学的发展。由于农业生产的需要，特别是城市和大型建筑物的出现以及手工业的发展，导致力学的兴起。古代力学中的杠杆原理、滑轮原理、浮力原理等都带有明显的生产痕迹。恩格斯认为，"在整个古代，本来意义的科学研究只限于这三个部门"，他考察了古代"自然科学各个部门的循序发展"，据此做出了一个重要论断："科学的发生和发展一开始就是由生产决定的。"①

对于15世纪下半叶以来迅速崛起的近代科学，恩格斯做了更为详尽的考察。他指出："如果说，在中世纪的黑夜之后，科学以意想不到的力量一下子重新兴起，并且以神奇的速度生长起来，那么，我们要再次把这个奇迹归功于生产。第一，从十字军远征以来，工业有了巨大的发展，并展示出力学上的（纺织、钟表制造、磨坊）、化学上的（染色、冶金、酿酒）以及物理学上的（眼镜）许多新的事实，这些事实不但提供了大量可供观察的材料，而且自身也提供了和以往完全不同的实验手段，并使新的工具的制造成为可能。可以说，真正有系统的实验科学这时才成为可能。……第三，地理上的发现——纯粹是为了营利，因而归根到底是为了生产而完成的——又在气象学、动物学、植物学、生理学（人体的）方面，展示了无数在此前还见不到的材料。"②恩格斯运用一些具体实例，佐证了社会生产对力学、化学、物理学和气象学、动物学、植物学、人体生理学等学科演进发展的实际作用。他感到言犹未尽，在这一页手稿的页边上，还写上了一句评述性的话："以前人们只夸耀生产应归功于科学的事实，但是科学应归功于生产的事实却多得数不胜数。"这句画龙点睛的话，进一步强调了生产活动对于19世纪中后期之前出现的各门科学学科的推动作用。

---

① 恩格斯：《自然辩证法》，《马克思恩格斯选集》第四卷，人民出版社1995年，第279—280页。

② 恩格斯：《自然辩证法》，《马克思恩格斯选集》第四卷，人民出版社1995年，第280页。

社会生产对作为知识形态的科学产生推动作用，通常要通过技术这个中介。提高劳动生产率、减轻工人的劳动强度，各个生产领域的任何进步都建立在不断地发明和改进技术装备、技术工艺的基础上，由此而向科学提出各自的诉求，从而推动相关学科的创生和演进发展。19世纪中叶，科学的经济功能或生产力功能得到一定程度的显现，因而一部分西方学者在科学与技术的互动关系中更多地看到了技术对科学的依赖作用，而忽视了科学对技术的依赖作用。恩格斯对此有着清醒的认识。他在1894年1月回复德国大学生瓦尔特·博尔吉乌斯(Walther Borgius)的信件中明确指出："如果像您所说的，技术在很大程度上依赖于科学状况，那么科学却在更大得多的程度上依赖技术的状况和需要。社会一旦有技术上的需要，这种需要就会比十所大学更能把科学推向前进。"①社会的技术需要主要来自于生产需要，因此技术需要对科学的推动作用归根结底来源于社会生产的需要。为了说明自己的观点，恩格斯随后列举了两个实例："整个流体静力学(托里拆利等)是由于16世纪和17世纪意大利治理山区河流的需要而产生的。关于电，只是在发现它在技术上的实用价值以后，我们才知道一些理性的东西。"②

17世纪至19世纪末，电学作为物理学的基本分支学科已经积累了丰厚的研究成果。两个多世纪以来，物理学家、工程师探究电现象和相关磁现象的热情，主要来源于他们已经模模糊糊地认识到与电、磁相关的原理，有可能作为发明技术装备的基础，在生产上发挥重要作用。17世纪60年代，德国物理学家奥托·冯·格里克(Otte von Guericke，1602—1686)发明摩擦起电机，人用手与转动的硫黄球相摩擦，就可以使球体和人体都带电。18世纪40年代，荷兰莱顿大学物理学家彼得·范·穆欣布罗克(Pieter van Musschenbrock，1692—1761)

① 恩格斯：《致瓦·博尔吉乌斯》(1894年1月25日)，《马克思恩格斯选集》第四卷，人民出版社1995年版，第732页。

② 恩格斯：《致瓦·博尔吉乌斯》(1894年1月25日)，《马克思恩格斯选集》第四卷，人民出版社1995年版，第732页。

和德国物理学家埃瓦德·冯·克莱斯特(Ewald G.von Kleist,1700—1748)几乎同时发明了莱顿瓶,这种用于存贮静电的装置后来成为电学研究的基本技术手段。1752年,美国科学家、政治家本杰明·富兰克林(Benjamin Franklin,1706—1790)用风筝把雷雨中的电引下来为莱顿瓶充电,证明天上的电和地上的电性质相同。为了避免高层建筑遭受雷击,富兰克林根据天电实验的结果,发明了避雷针。1785—1786年,长期从事工程实践的法国工程师、物理学家查利—奥古斯丁·德·库仑(Charlse-Augustin de Coulomb,1736—1806)用扭秤测量静电力和磁力,建立关于电荷作用力的库仑定律,标志着静电学的初步形成。进入19世纪,在丹麦物理学家、化学家汉斯·奥斯特(Hans C.Orsted,1777—1851)和英国物理学家、化学家迈克尔·法拉第(Michael Faraday,1791—1867)先后发现电流的磁效应和运动磁场产生感应电流的现象后,法国、德国、比利时、俄罗斯、英国、美国等国家的工程师、发明家将电磁感应原理应用于研制生产活动所需要的发电机、电动机。为了深刻回答实践中的各种问题,英国物理学家、数学家詹姆斯·麦克斯韦(James C.Maxwell,1831—1879)继承前人的研究成果,于19世纪70年代初建立了严密的电动力学学科体系,完成了电磁学的理论综合。

在这里,我们还需要对如何解读"技术上的需要会比十所大学更能把科学推向前进"这个论断做两点补充说明。第一,恩格斯这个论断强调了隐藏在技术需求背后的生产需求是推动科学发展的主动力,并没有轻视大学作用的意味。大学教育也是推动科学发展的动力之一,但是大学教育的这种推动作用通常建立在研究者对于技术需求或生产需求进行辨识的基础上。第二,大学教育推动科学学科创生演进的作用强度,随着社会的进步而逐渐增大。在恩格斯做出这个论断的19世纪90年代,大学教育的规模远比今天小得多。以德国为例,据德国教育家弗里德里希·鲍尔生(Friedrich Paulsen)的《德国教育史》一书所提供的数据,1900年德国共有大学教授1700多人,1904年德国共有大学生 37600 多人[①]，教授和学生人数仅相当于现今二三所大学的规模。如果说 100 多年以前大学教育推动科学学科创生演进的作用得以初步显现，那么今天的大学教育正在充分地彰显其推动科学学科创生演进的作用。

2.社会生产推动科学学科创生演进的途径

社会生产推动科学学科创生演进，主要有三条途径，即创造新的研究对象、提出新的研究课题、提供新的观察实验工具。

首先，社会生产不断创造新的研究对象。从物质的层面上看，社会生产的功能在于不断地产出各种物质产品。很多生产量大、应用面广的物质产品，为了提高生产效率和质量、提高使用效率和水平，就要将其作为研究对象，并基于研究成果的积累而创建相关学科。船舶起源于远古时期的筏子和独木舟。"古者观落叶因以为舟"(《世本》)，"古人见窾木浮而知为舟"(《淮南子·说山训》)。经过几千年的摸索和不断改进，独木舟逐渐演变为大型木质船。15 世纪初，中国航海家郑和(1371—1433)率领由 62 艘舰船组成的船队第一次在太平洋、印度洋上扬帆远航，历时一年多，先后访问了爪哇、苏门答腊、满剌加、锡兰、古里等国家。19 世纪后，随着蒸汽动力船舶的发明和船舶吨位的增大，为了满足船舶建造工程和船舶使用的需要，船舶静力学、船舶结构力学、船舶动力学(船舶水动力学、船舶流体动力学、船舶结构动力学)、船舶制图学、船舶振动学、船舶建造工艺学、船舶电机学、船舶辅机学、船舶操作学、船舶避碰学等以船舶作为研究对象的学科陆续走上创生之路。由于船舶建造过程分工越来越细，船舶建造工艺学随之分化为船舶机械制造工艺学、船用螺旋桨制造工艺学、船体装配工工艺学、船舶焊接工艺学、船舶气割工工艺学、船舶冷加工工艺学、船舶钳工工艺学、船舶管铜工工艺学、船舶电工工艺学、船舶电气安装工艺学、船舶电气管理工艺学、船舶动力装置安装工艺学、船机制造工艺学、船舶柴油机制造

① [德]F.鲍尔生:《德国教育史》，滕大春、滕大生译，人民教育出版社 1986 年版，第 131 页。

工艺学、船舶除锈涂装工工艺学、船舶机械修理工艺学等。

长期以来,很多人一直认为世界上第一台电子计算机是1946年在美国宾夕法尼亚大学问世的ENIAC。20世纪末叶,随着第二次世界大战文件的解密和英国破译德国军方密码展览的举办,人们得知英国也曾在1943年研制了用于破译德军密码的电子计算机。1944年1月10日,由汤米·费劳尔斯(Tommy Flowers)主持研制的"巨人"(Colossus,又音译为"科洛萨斯")计算机在伦敦北郊布莱奇利园区投入运行。由物理学家约翰·莫克利(John Mauchly)和工程师普雷斯伯·埃克特(J.Presper Eckert)主持研制的ENIAC,于1946年2月14日在费城开始运行,主要用于计算火炮的弹道。"巨人"计算机和ENIAC都服务于军事目的,但结局却迥然有别。重约1吨的"巨人"计算机,总共制造了11台,战争结束后,机器全部被拆解,图纸被销毁。重达30吨的ENIAC存在很多不足之处,在美藉匈牙利裔数学家约翰·冯·诺依曼(John von Neumann,1903—1957)的参与下,新研制的通用自动计算机UNIVAC做了多方面的改进,增加了存储程序,十进制改为二进制。1952年,美国总统大选期间,研究人员利用UNIVAC对选举结果做出了准确的预测,这台电子计算机一夜之间名声大噪。

此后,电子计算机迅速走向民用领域,首先在美国发展成为一个新兴产业,开始批量生产。体积越来越小的电子计算机被人们称之为电脑,逐步走进各行各业和普通家庭。在计算机生产和应用普及化潮流的推动下,不断涌现以电子计算机各种相关问题作为研究对象的学科,其中既有同计算机生产有关的学科,如计算机电子学、数码计算机电子学、计算机信息学、计算机工艺学、计算机软件工程学等;又有同计算机应用有关的学科,如计算机图形学、计算机制图学、计算机工程图学、计算机实验工程图学、计算机图形艺术设计学、计算机密码学、计算机免疫学、交互式计算机图形显示学、计算机图示学、计算机辅助制造学、眼科临床计算机视野学、计算机辅助神经外科手术学、计算机辅助骨科手术学、计算机犯罪勘查技术学、计算机会计学、计算机理财学、计算机辅助新闻学等;还有同计算机的未来发展有关的边缘学科,如计算机哲学、计算机伦理学、计算机社会学、计算机教育学、计算机安全学等。计算机科学已经演进成为一个包含众多分支学科的学科群组。

其次,社会生产不断提出新的研究课题。伴随着社会生产向深度和广度进军,生产领域扩展到地球表面的所有区域乃至深海和太空,出现低温、低压、高温、高压、强辐射、失重等生产条件,生产过程的机械化、自动化、机电一体化、信息化程度越来越高。这些变化必然持续不断地提出研制新材料、新能源、新装备、新工艺的要求,从而给科学学科的创生演进创设愈益开阔的空间。材料科学、能源科学、各门工艺学、各门工程学的兴起、成长和兴盛,无不与生产实践息息相关。在社会大生产的推动下,20 世纪以来以工商企业管理活动作为研究对象的工商管理学(企业管理学)经历了多次理论变迁,从以弗雷德里克·泰罗(Frederick W.Taylor,1856—1915)为主要代表的"科学管理"理论和亨利·法约尔(Henri Fayol,1841—1925)的"一般管理"理论,到亚伯拉罕·马斯洛(Abraham H.Maslow,1908—1970)的人类动机理论和道格拉斯·麦格雷戈(Douglas M.McGregor,1906—1964)的 X-Y 理论,在 20 世纪中后期形成了包含管理过程学派、人际行为学派、社会协作系统学派、社会技术系统学派、决策理论学派、经验主义学派、系统理论学派、权变理论学派、数量管理科学学派、经理角色学派等的所谓"理论丛林"。同工商企业管理活动相关的各种理论演化变迁,显现了工商管理学深化发展的轨迹。

再次,社会生产不断提供新的观察实验工具。观察实验工具是科学实践活动得以进行的主要物质条件。扩展科学认识范围、开辟新研究领域所需要的观察实验工具,来自于生产活动。观察实验工具的先进水平,在很大程度上取决于社会生产力的发展水平。应用新的观察实验工具,有可能引起某些科学学科的突破性进展和新学科的创生。近代的生产实践向科学研究者提供了时钟、天平、温度计、气压计、电流表、显微镜、光学望远镜、光谱仪、示波器等观察实验工具,使近代力学、物理学、化学、天文学、生物学等学科逐步走向定量观察、定量实验阶段,分立出若干门以观察实验方法为基础的分支学科。在现代社会中,射电天文学离不开射电天文望远镜，粒子物理学离不开电子对撞机和高能加速器等，金属材料学、细胞组织学、细胞生理学、细胞病理学等学科离不开电子显微镜（扫描电子显微镜、透射电子显微镜、反射电子显微镜、场发射电子显微镜）。现代科学所需要的高精尖观察实验工具和大型计算机，仰仗现代工业生产提供新材料、新工艺，是现代化大生产的产物。

二、社会教育对科学学科创生演进的支撑作用

教育起源于远古时期人类的生产劳动和社会生活的需要，担负着传授劳动技能和生活知识、技能的使命。“后稷教民稼穑，树艺五谷，五谷熟而民人育。”（《孟子·滕文公上》）人类创造了文字之后，有了文化知识、科学知识的积累，随之出现专门的教育机构——学校。12 世纪，意大利、法国、英国等欧洲国家开始兴办大学，古希腊和罗马时代积累下来的语法学、修辞学、几何学、天文学、医学等科学知识被纳入教学内容。进入现代，社会化的大教育培养科学发展所需要的人才资源，教学内容广泛地吸纳科学学科的研究成果，教师参与学术研究，因此对科学学科的创生演进发挥着不可或缺的支撑作用。

1.学校教育为发展科学学科提供人才资源

“世间一切事物中，人是第一个可宝贵的。”①科学的发展，科学学科的创生演进，都离不开人才。意大利在 16 世纪下半叶至 17 世纪初能够成为近代以来世界上的第一个科学活动中心国家②，缘于拥有以伽利略·伽利雷（Galileo Galilei，1564—1642）、埃万杰利斯塔·托里拆利（Evangelista Torricelli，1608—1647）为代表的多位科学领军人物。20 世纪 20 年代之后，美国替代德国成为新的科学活动中心国家，仰仗一大批杰出人才挑起繁荣科学的重担。20 世纪 90 年代，笔者主持编撰的《社会科学交叉科学学科辞典》收录哲学、社会科学的常见学

① 毛泽东：《唯心历史观的破产》，《毛泽东选集》第四卷，人民出版社 1991 年版，第 1512 页。

② 赵红州：《未来的科学中心》，《未来与发展》1980 年第 1 期。

科名称以及介于哲学、社会科学与数学、自然科学之间交汇区域的交叉科学学科名称共计1500多个[①]。据粗略统计,收入这部辞典的学科约有半数始创于美国。中国在改革开放新时期以来所引进的学科中,多数学科以美国为主要发详地,如发展经济学、信息经济学、公共经济学、行为经济学、神经经济学、认知神经科学、工商管理学、市场营销学、神经营销学、公共管理学、战略管理学、人力资源管理学等。

发展科学学科靠人才,人才的培养靠教育。2015年8月,上海交通大学世界一流大学研究中心发布"世界大学学术排名",排出了全球领先的500所研究型大学的名次。在百强大学中,美国占有52个席位。在前20名中,有17所为美国的大学。在前10名中,美国的哈佛大学、斯坦福大学、马萨诸塞理工学院、伯克利加州大学、普林斯顿大学、加州理工学院、哥伦比亚大学、芝加哥大学共8所大学位列其中,另2所大学是英国的剑桥大学、牛津大学。美国能够成为新兴学科的主要发详地,同美国教育事业的高度发展密切相关。发达的教育事业支撑着繁荣的科学事业,支撑着科学学科的创生演进。这种支撑作用,主要体现在以下两个方面。

首先,高等学校教师直接参与科学研究,推进科学学科的创建和发展。在世界各国,高等学校教师都是科学研究的一支重要力量。无论在数学自然科学领域,还是在哲学社会科学领域,美国的高等学校教师都是科学研究的绝对主力军。1968年由瑞典银行增设诺贝尔经济学奖以来,从1969年至2015年共颁奖47届,获奖者人数总计76人,绝大多数是高等学校教师。他们对于经济学一系列分支学科的创生演进做出了开创性的贡献。其中53位美国获奖者(未计具有美国和以色列双重国籍学者1人),有51人为大学教授。

神经经济学在美国的创建过程,充分地体现了高等学校教师在其中的作用。1995年,在为纪念道格拉斯·诺斯(Douglass C. North,

① 王续琨、冯欲杰、周心萍、于刚:《社会科学交叉科学学科辞典》,大连海事大学出版社1999年版。

1920—2015)获得诺贝尔经济学奖而举办的研讨会上，美国华盛顿大学教授安迪·克拉克(Andy Clark)和戴维·休曼斯(David Chalmers)提交了一篇有关神经元决策模型的论文。1997年，由神经科学家和经济学家共同发起，在美国卡耐基—梅隆大学举办了以“neurobehavioral economics”(神经行为经济学)命名的会议。2000年，在美国普林斯顿大学又召开了有关神经生理学和经济学理论的学术会议。同年12月，普林斯顿大学的一个研究小组第一次创用“neural economics”(神经经济学或神经元经济学)这个学科名称。2002年8月，美国明尼苏达大学以“neural economics”为名，召开了一次国际学术会议，即首届国际神经经济学大会。在这次会议上，组织者首次使用“neuroeconomics”这个新的复合词作为学科名称。此后，国际神经经济学大会每两年举行一次，与会者多为各国的高等学校教师。

20世纪70年代末，中国恢复研究生招生制度，国家教育委员会规定高等学校为理、工、农、医类硕士研究生开设“自然辩证法概论”课程。围绕着这门课程，很快就聚集了一支思想活跃的教师队伍，他们在本门课程的教学、研究工作之余，积极参与人才学、产业哲学、工程哲学的创建和科学学、创造学、科学哲学、技术哲学、生态哲学、环境哲学、科学伦理学、技术伦理学、工程伦理学、生态伦理学、环境伦理学、科学社会学、技术社会学、工程社会学等一系列边缘学科、交叉学科的引进。

其次，各级学校为科学学科的创建和发展培养后备人才。“江山代有才人出，各领风骚数百年。”([清]赵翼:《论诗》)科学活动具有继承性特征，新学科的创建和已有学科的发展，需要一代接一代的后继者。19世纪，在近代科学发展的后期，像英国物理学家、化学家迈克尔·法拉第(Michael Faraday,1791—1867)那样的自学成才者，已经十分罕见。20世纪以后的科学研究者，几乎都受过从小学、中学到大学的完整学校教育。科学研究者的成才，除了个人勤奋努力之外，名师的指点引导、行为示范和校园学术氛围的熏陶感染，也是不可或缺的重要因素。诺尔伯特·维纳(Norbert Wiener,1894—1964)在攻读博士学位期间，由哈佛大学生物学专业转学康奈尔大学哲学专业，然后又转回哈佛大学数理逻辑专业，接触过这两所名校的多位名师。求学期的最后一年，他获得旅行奖学金资助，先是来到英国剑桥大学，聆听哲学家、数理逻辑学家、历史学家伯特兰·罗素（Bertrand Russell，1872—1970）的数理逻辑、科学哲学和数学哲学课程，在罗素的指导下研究数学和逻辑学。在罗素的建议下，他还学习了数学家戈弗雷·哈代（Godfrey H. Hardy，1877—1947）等人的数学课程，并接受了哈代的指导。半年后，维纳来到德国的哥丁根大学，选听了数学家埃德蒙·兰道（Edmund G. H. Landau，1877—1938）的一门群论课程，同时在数学家戴维·希尔伯特（David Hilbert，1862—1943）的指导下进行微分方程研究。科学大师们视野开阔，思维深邃，善于把非凡的抽象能力与对物理现实的认识巧妙地结合起来。维纳在剑桥大学和哥丁根大学期间从他们身上看到了科学的力量和学术研究的魅力，在科学大师的言传身教下取得学术研究工作的初步经验，使他由一个神童成长为青年数学家，为尔后走上跨学科之路、创立控制论奠定了坚实的学术基础。

科学的发展通常超前于教育的发展。各个国家的人才培养对科学的适应程度有差别，但总体上看都有某些不适应的方面。在教育事业最发达的美国，20 世纪 50 年代以来不间断地进行教育改革，持续推动教育的科学化和人本化进程。2005 年，中国科学家钱学森（1911—2009）在同国务院总理温家宝的谈话中提出一个非常严肃的问题："为什么我们的学校总是培养不出杰出的人才？"10 多年来，中国教育界、科学界、理论界围绕着这个振聋发聩的"钱学森之问"展开了热烈的讨论。教育界认真地反思教育事业几十年的发展历程，将提高质量作为教育改革发展的核心任务，确立了新的教育改革思路：树立科学的教育质量观，把促进人的全面发展、适应社会需要作为衡量教育质量的根本标准；树立以提高质量为核心的教育发展观，注重教育内涵发展，鼓励学校办出特色、办出水平，出名师，育英才①。科学发展是没有止境的，

① 《国家中长期教育改革和发展规划纲要（2010—2020 年）》，《人民日报》2010 年 7 月 30 日第 13—14 版。

以人才培养质量为核心的教育改革是永无终期的。在任何时间段上，教育可能都处于对科学的"追赶式"发展状态，因此适应创建和发展科学学科的实际需要理应成为教育改革的重要目标，成为高等教育发展的重要拉动力。我们坚信，持续深入的教育改革，必将使社会化学校教育对科学学科的创生演进发挥出更坚实的支撑作用。

2.高等学校教学活动促进科学学科的创生演进

各级各类学校是科学知识在汇聚中发挥育人功能的场所，高等学校是科学学科在汇流中展示创新成果的舞台。美国教育学家伯顿·R.克拉克(Burton R. Clark)说:"如果说近代大学是一座知识的动力站，那么一个国家的发达的高等教育系统就是一个规模大了很多倍的智慧力量的中心。这个中心包含几十个、成百个，有时甚至数以千计的规模大小不等、综合性和专门化齐备的高等教育机构，它们都是制造知识、修正知识和传播知识的中心。……这些高等教育系统，在20世纪由于外部的需要和内部的冲力以加速的步伐发展，成为社会智力生活和创新生活的主要交换中心。"[①]高等学校通过组织教师参加科学研究的方式制造知识和修正知识，通过一门一门课程的教学过程传播知识。教学活动促进科学学科的创生演进，主要表现在两个方面。

首先，高等学校的课程设置促进了科学学科的稳健发展及其分化、交融。高等学校除了为学生开设通识类课程，各个专业还要根据相关度选择不同的科学学科作为专业基础课和专业课。科学学科是课程设置的依据和基础。一门科学学科一旦成为一门课程的依托学科，近期效应是迅速扩大该学科的影响面，远期效应是培养了发展该学科的潜在人才资源。在反复的教学过程中，学科内容不仅随着课程变迁而逐步细化，而且为学科之间的交汇融合创造了更多的机会。

美国是市场营销学的发祥地。1905年，宾夕法尼亚大学教授威廉·克罗伊西(William E. Kreusi)开设名为"The Marketing of Prod-

① [美]伯顿·R.克拉克主编:《高等教育新论 多学科的研究》，王承绪等译，浙江教育出版社2001年版，第267页。

ucts"(产品市场营销)的课程,第一次创用 marketing 这个学术术语。1910 年,拉尔夫·巴特勒(Ralph S. Butler)在威斯康星大学讲授"Marketing Method"(市场营销方法)课程。1912 年,哈佛大学教授约翰·赫杰特齐(John E.Hegertg)出版第一部名为 *Marketing* 的教科书,学术界通常将这部教科书作为市场营销学这门学科创生的标志。20 世纪 20 年代,工商管理硕士学位教育(Master of Business Administration,缩写为 MBA)在美国蓬勃兴起,"市场营销"被列为一门主干课程,市场营销学这门学科由此获得重要的发展良机,农产品市场营销学、工业品市场营销学、国际市场营销学等分支学科陆续问世。20 世纪 30 年代,中国以"市场学"之名引进市场营销学,出版了几部教科书和专著。20 世纪 80 年代初,为适应新时期经济建设的需要,中国第二次引进市场学①、市场营销学,在高等学校经济类、管理类专业中开设课程。20 世纪 90 年代实施工商管理硕士学位教育,市场营销学进入课程计划,迅速扩大了市场营销学的影响面,呈现多向分化的格局。在《读秀知识库》中,笔者检出一系列以"市场营销学"分支学科名称作为书名主题词的图书,涉及的分支学科包括物资市场学、房地产市场学、服务市场学、文化市场学(文化娱乐市场学)、艺术市场学、旅游市场学、期货市场学、证券市场学、资本市场学、技术市场学、道路运输市场学、观光农业营销学、纺织服装营销学、品牌营销学、会展营销学、体育营销学、彩票营销学、合作社营销学、电力市场营销学、通信市场营销学、珠宝市场营销学、传媒市场营销学、网络市场营销学、国际市场营销学等。

其次,高等学校教材建设促进科学学科知识体系的逐步完善。高等学校专业多课程也多,绝大多数课程不像小学、中学课程那样使用相对定型的统编教材。以某门科学学科作为依托的课程,任课教师通常

① 对于市场学,有广义和狭义两种基本理解。广义市场学(market science)亦即市场科学,将市场营销学视为一门分支学科。广义市场学对商品市场、服务市场的各个方面进行跨学科、多学科的研究,其分支学科除市场营销学之外,还包括市场哲学、市场伦理学、比较市场学、市场经济学、市场社会学、市场心理学、市场管理学、市场信息学、市场传播学、资本市场学、信息市场学、农村市场学等。狭义市场学,等同于市场营销学或营销学。目前所见到的"市场学"期刊文献和图书,基本上都属于狭义市场学。

自撰讲稿、自编教材。任课教师编撰讲稿、教材，需要对本学科已有研究成果做体系化、学科化梳理，其中既要渗入自己的思考和感悟，又要适度加进自己的研究成果。“问渠那得清如许，为有源头活水来。”（[宋]朱熹：《观书有感》）教师只有亲身参与科学研究，才能不断地为课程内容提供“源头活水”，不仅可以讲活课程，而且能够编出有特色的教材，逐步完善课程所依托科学学科的知识体系。

生态学思想萌发于古代。19世纪中期之前，许多学者在其著述中阐发了各自的生态学思想。1865年，德国生物学家汉斯·勒特（Hanns Reiter）创用德文Ökologie（生态学）一词。1866年，德国生物学家、哲学家恩斯特·海克尔（Ernst H. Haeckel，1834—1919）在《普通生物形态学》一书中为生态学做出了经典的定义。19世纪末，植物生态学首先进入高等学校的课堂。丹麦哥本哈根大学生物学家约翰内斯·瓦尔明（Johannes E.B.Warming，1845—1923）开设涉及生态学内容的课程，1895年将讲课内容整理成《以植物生态地理为基础的植物分布学》一书。该书1909年译成英文版时，更名为《植物生态学》。1927年，英国牛津大学动物生态学家查尔斯·埃尔顿（Charles S. Elton，1900—1991）整合动物生态学的已有研究成果，出版动物种群生态学的奠基作《动物生态学》，此书一度成为广泛采用的大学教科书。1949年，美国芝加哥大学生态学家沃德尔·阿利（Warder C. Allee，1885—1955）和阿尔弗雷德·爱默生（Alfred E. Emerson）等人出版《动物生态学原理》，标志着动物生态学进入成熟期，该书成为当时的一部标准教科书。

1953年，美国佐治亚大学生态学家尤金·奥德姆（Eugene P. Odum，1913—2002）对前人和他人的研究成果进行全面综合，出版了《生态学基础》一书。该书以整体论和一般系统论为指导，运用基于数学和物理学理论的生态系统分析方法对生态系统进行量化研究，建构了包含个体生态学、种群生态学、群落生态学的生态系统生态学学科体系。《生态学基础》不仅于1959年、1971年、1983年（更名为《基础生态学》）多次再版，而且被译成多种文字，成为世界许多大学沿用多年的教学参考书。尤金·奥德姆离世后,其弟子加里·巴雷特(Gary W. Barrett)对《生态学基础》进行修订,2005年出版该书第五版。美国生物学家爱德华·威尔逊(Edward O. Wilson)在第五版序中指出:"《生态学基础》是生物学领域中一部标志性的教科书——以阅读本书进入生态学领域并成为研究者和教师的学生数量为依据,本书是最有影响力的。"①在传统生态学向现代生态学过渡的历史进程中,《生态学基础》发挥了重要的推动作用②。尤金·奥德姆几十年倾力著述的《生态学基础》,扩大了生态学的影响力,促进了生态学方法的渗透和移植,催生了哲学生态学、美学生态学、伦理生态学、政治生态学、法律生态学、社会生态学、经济生态学、教育生态学等跨界边缘学科。

三、社会生活对科学学科创生演进的引拉作用

除了生产活动、教育活动之外,其他方面的社会生活对科学学科的创生演进也有引导、拉动作用。随着时代的变迁、社会的进步,人们对生活内容、生活质量的要求越来越高。社会生活丰富化、高质化必然为创建新的学科、完善已有的学科提供机会和可能性。

1.社会生活丰富化对学科发展的引拉作用

近代以来,人类社会生活丰富化的步骤逐渐有所加快,丰富多样的社会生活创造出新的研究对象。为了满足社会成员衣、食、住、行等方面的物质生活需求,科学技术开发者发明了越来越多的新材料、新能源、新工具。塑料是以单体为原料,通过加聚或缩聚反应聚合而成的高分子化合物,其主要成分是树脂。1907年,美籍比利时裔化学家、发明家列奥·贝克兰(Leo H. Baekeland,1863—1944),为纯人工合成的酚醛塑料注册了第一项专利,由此开启了塑料时代。酚醛塑料具有绝缘、稳定、耐磨、耐热、耐腐蚀、不可燃、刚性好、变形小等特点,是一种用途

① [美]Eugene P.Odum、Gary W.Barrett:《生态学基础》第五版,陆健健、王伟等译校,高等教育出版社2009年版,序第Ⅱ页。

② 包庆德、张秀芬:《〈生态学基础〉:对生态学从传统向现代的推进——纪念E.P.奥德姆诞辰100周年》,《生态学报》2013年第24期。

广泛的“千用材料”，给民众的日常生活带来极大的方便。为了生产出适应多方面需要的塑料，科学研究者对塑料及其生产技术等进行了广泛而深入的研究，先后建立了塑料化学、塑料材料学、塑料摩擦学、塑料工艺学（塑料成型工艺学、塑料加工成型工艺学）、塑料加工流变学、塑料模具学、塑料模具制造工艺学、塑料注射模工程学、聚氯乙烯塑料工艺学、橡胶塑料工艺学等学科。其中多数学科的创建同塑料的生产工艺、生产过程直接相关，但起着拉引作用的深层原因则是民众的物质生活需求。没有这种需求，塑料的生产活动就无须持续进行。

在物质生活面貌不断变化的同时，民众精神生活的内容也越来越多样。19 世纪，随着图书馆、博物馆等公共文化设施和机构对民众生活的广泛渗入，图书馆、博物馆成为新的科学研究对象，先后建立了图书馆学、博物馆学。德国作家、修道士马丁纳·斯奇尔丁格（Martina Schrettinger，1772—1851）于 1807 年首创“图书馆学”（德文 Bibliothekswissenschaft）这一名称，1808 至 1810 年撰写《图书馆学综合试用教科书》一书第一卷，奠定了图书馆学发展的基础。200 多年来，在图书馆数量、类型不断增多和服务职能多样化的背景下，图书馆学渐次发生分化并且同其他学科相互交汇、融合，正在演进成为一个包含一系列直系分支学科、边缘分支学科的学科群组（图 7.1）[①]。图书馆学的分支学科按照特征和生成区位，大体区分为四个学科系组。第Ⅰ系组是基础图书馆学科，包括图书馆史、图书馆学史、图书馆科学学、图书馆统计学、比较图书馆学等。第Ⅱ系组是类别图书馆学科，包括公共图书馆学、社区图书馆学、学校图书馆学、行业图书馆学（或专业图书馆学）、民族图书馆学、少年儿童图书馆学、特种图书馆学（如残疾人图书馆学）等。第Ⅲ系组是应用图书馆学科，包括图书馆运筹学、图书馆布局学、图书馆管理学、图书馆目录学、图书馆馆藏建设学（或图书馆藏书建设学、图书馆藏书组织学）、图书馆读者服务学（或图书馆读者工作学、图书馆读者学）、图书馆建筑学、图书馆评估学、图书馆教育学、图书馆发

① 王续琨、阎佳梅：《图书馆学的学科体系和发展态势》，《图书馆建设》2004 年第 3 期。

展战略学等。第Ⅳ系组是边缘图书馆学科，包括图书馆哲学、图书馆美学、图书馆社会学、图书馆心理学、图书馆法学、图书馆经济学、图书馆未来学、图书馆卫生学、图书馆生态学、图书馆工效学等。这组学科是图书馆学与社会科学、自然科学、系统科学的某些学科门类或学科相互渗透而形成的边缘分支学科。例如，图书馆社会学、图书馆人类学、图书馆工效学分别是介于图书馆学与社会学、人类学、工效学之间的边缘学科。如今的图书馆学，称之为图书馆科学也许更准确一些。

2.社会生活高质化对学科发展的引拉作用

人类对于高质量生活的追求是没有止境的。这种追求鞭策着科学研究者积极探索如何解决各种影响社会成员生活质量的问题。为了应对疾病对人的困扰，科学研究者针对各种疾病开展了多学科的研究，建立了数以千计的医疗科学(医学)学科。在《现代医学学科辞典》中，列为词目的学科名称达到3000多个①。不仅如此，科学研究者还将探索的目光延伸到人未病之时，对饮食营养、养生保健、亚健康状态、健康管理等展开研究，中国学者陆续创建了饮食学、

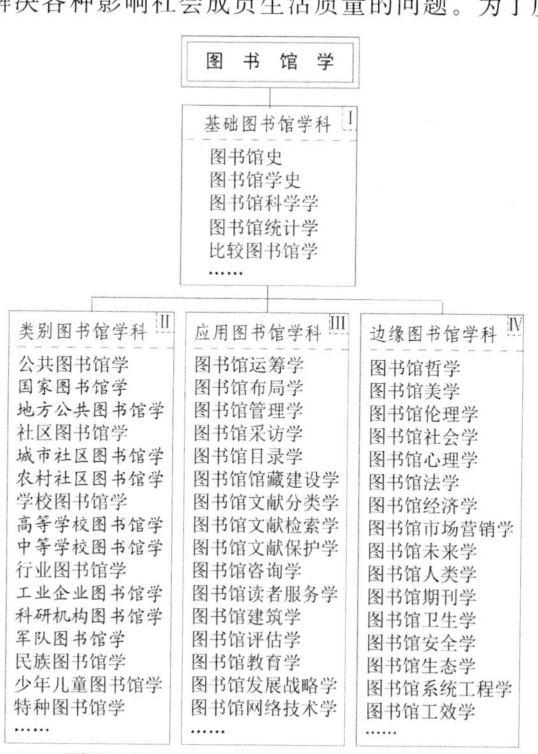

说明：用楷体字排印的名称是图书馆学的第二层级分支学科。

图7.1 图书馆学的学科结构

① 谢储生、苏光荣主编:《现代医学学科辞典》，军事医科出版社2007年版。

饮食健康学、中医饮食营养学、食品营养学、蔬菜营养学、烹饪营养学、儿童营养学、中医饮食保健学、妇女保健学、精神保健学、保健卫生学、体育保健学、推拿养生保健学、中医养生学(中医养生保健学)、老年养生学、亚健康学、亚健康保健学、健康管理学、家庭健康管理学等。

19 世纪末以来,世界各国劳动人口的工作时间逐步减少,闲暇时间逐步增多。为了更有效地开发利用工作之余的闲暇时间,休闲问题进入研究者的视野。1899 年,美国经济学家托尔斯坦·凡勃伦(Thorstein B. Veblen,1857—1929)出版《有闲阶级论》一书。此书从经济学视角关注"有闲阶级"的生存状态,认为休闲正在成为人的一种生活方式和行为方式,论述了宗教、美学、学术讨论与休闲的关系,分析了闲暇时间消费的各种形态和消费行为方式。1952 年,瑞典哲学家约瑟芬·皮普尔(Josef Pieper)出版的《休闲:文化的基础》一书,是西方休闲科学兴起的一部标志性著作。该书论析了休闲的文化特征,阐释了休闲作为文化基础的价值意义。中国学者从 20 世纪 90 年代末开始介入休闲科学研究,为这个研究领域带来新的活力。目前,休闲科学已经获得初步发展的分支学科,包括休闲哲学、休闲美学、休闲伦理学、休闲文化学、休闲行为学、休闲心理学、休闲社会学(余暇社会学、闲暇社会学)、休闲经济学(闲暇经济学)、休闲政治学、休闲教育学、休闲运动学(休闲体育学)、体育休闲社会学、休闲宗教学、休闲产业学、休闲产业经济学、休闲行销学、休闲农业经营学、休闲技术学等。

旅游科学是与休闲科学有着内在联系的一个研究领域,它的兴起也同社会生活的高质化需求密切相关。19 世纪末,西方国家出现从经济角度研究旅游的文献。1927 年,罗马大学经济学家马里奥蒂(A. Mariotti)出版《旅游经济讲义》(Lezioni di economia touristica),对旅游现象做了较全面的经济分析。1931 年,德国国营铁道交通学资料出版社出版阿图尔·博尔曼(Artur Bormann,1903—1986)和约翰尼斯·沃格特(Johannes Vogt)于 1930 年合著的《旅游业教学概论》(Die lehre vom Fremdenverkehr:Ein Grundriss)一书。日本交通公社内部印行此书的日文译本,书名翻译为《観光学概論》。1939 年,日本观光局翻译印行此书，书名仍为《観光学概論》。20世纪70年代，台湾学者开始以“観光學”为名进行旅游学研究。

20世纪80年代初，在社会需求的引拉下，中国大陆学者加入旅游科学的研究行列。近期，笔者依次以“旅游”“旅游学”“旅游科学”作为检索词，在《中国学术期刊(网络版)》进行“篇名”的“精确”检索，检出文献分别为130095篇、240篇、75篇。第一篇“旅游”期刊文献是《现代防御技术》杂志1974年增刊第2期发表的译文《登月旅游舱数字自动驾驶仪的设计原理》，其中的“旅游”同旅游科学不完全搭界。1979年发表的5篇期刊文献，涉及“旅游业”“旅游事业”“旅游学校”“风景旅游城市”，这一年可以看作是中国大陆旅游研究的起始年。第一篇“旅游学”期刊文献发表于1981年，是一篇译自英文的对话体论文[①]。1986年出现2篇中国大陆学者撰写的“旅游学”论文[②]，掀开了旅游学元研究的帷幕。第一篇“旅游科学”期刊文献发表于1989年[③]，表明学术界对旅游科学的结构性有了初步的认识。表7.1列出1980年至2015年期间“旅游”“旅游学”“旅游科学”三种期刊文献的年度发表量统计结果。

表7.1　“旅游”“旅游学”“旅游科学”期刊文献的年度发表量统计(1980—2015年)

年　份	1980	1981	1982	1983	1984	1985	1986	1987	1988	1989	1990	1991
旅游	34	52	63	83	69	161	184	208	230	211	231	268
旅游学	0	1	0	0	0	0	2	0	1	0	1	1
旅游科学	0	0	0	0	0	0	0	0	0	1	1	0
年　份	1992	1993	1994	1995	1996	1997	1998	1999	2000	2001	2002	2003
旅游	303	349	693	775	851	1089	1150	1489	1995	2324	2787	3104
旅游学	0	0	1	2	2	4	8	14	5	4	2	6
旅游科学	3	0	1	1	0	1	3	0	3	0	0	1

① [英]罗杰·道斯威尔：《让我们来学习旅游学》，何嘉荪、杨威译，《现代外国哲学社会科学文摘》1981年第10期。

② 王立纲：《论旅游学的研究对象》，《社会科学家》1986年第1期；喻学才：《关于建设中国旅游学的构想》，《湖北大学学报(哲学社会科学版)》1986年第5期。

③ 刘德谦、张珉：《旅游科学理论与实践研讨会发言摘要》，《旅游学刊》1989年第1期。

续表

年 份	2004	2005	2006	2007	2008	2009	2010	2011	2012	2013	2014	2015
旅游	3725	4658	6331	7421	8462	9131	10137	10874	11016	11335	12082	12376
旅游学	9	9	9	10	20	16	21	18	27	13	14	15
旅游科学	1	1	5	7	4	6	6	4	5	6	5	9

检索日期:2016 年 5 月 23 日。

观光、旅行、游历、游览等,都是旅游的同义词。以这几个同义词作为篇名主题词的期刊文献数量相对较少,如以“观光”作为篇名主题词的文献仅检出 3313 篇。因此,我们有理由将“旅游”文献数量,作为中国大陆旅游研究规模的主要表征。由表 7.1 可见,“旅游”文献 1980 年仅有 34 篇,1985 年达到百位数,1997 年达到千位数,2010 年超过 10000 篇,30 多年来呈现明显的增长趋势。旅游研究成果的快速积累,为旅游科学著作提供重要的支撑。通过“读秀学术搜索”,笔者在《读秀知识库》中检索到以“旅游学”“旅游科学”作为书名主题词的图书分别为 294 部、5 部,以旅游科学分支学科作为书名主题词的图书共 576 部(检索日期 2016 年 5 月 24 日),涉及的分支学科包括旅游地貌学、旅游地理学、旅游资源学、旅游规划学、旅游标准学、旅游统计学、旅游环境学、旅游生态学、生态旅游学、旅游人类学、旅游市场营销学、旅游经济学、旅游企业会计学、旅游民族学、旅游社会学、旅游心理学、旅游安全学、旅游公共关系学、旅游导游学、旅游哲学、旅游美学、旅游伦理学等。

四、科学研究者对社会需求的认知和辨识

社会需求既包括所有社会成员个体需求的集合,如衣、食、住、行等基本需求,又包括特定类型社会成员个体需求的集合,如保护妇女儿童权益的需求、青年职工的闲暇娱乐需求、知识人的读书需求等。社会需求可以粗略地区分为物质需求和精神需求两大类,两类需求都有多种多样的表现形式。科学学科在满足人们的物质需求和精神需求的过程中得以发展。科学学科的发展状态和发展程度,取决于科学研究者对

社会需求的认知。认知并尽力满足人们的合理社会需求，是科学学科发挥社会功能的必要条件，是科学研究者的社会责任。

1.科学研究者需要密切关注社会现实

“两耳不闻窗外事，一心只读圣贤书”的读书者，不能将“圣贤书”与社会现实联系起来，也就不可能为当今的社会发展做出应有的贡献。科学研究者作为社会一分子，置身社会，生存于具体的社会环境之中，拥有了解社会现实、把握社会需求的方便条件。他们能够把握社会需求，首先在于他们具有了解社会现实的欲望，从认识世界、改造世界的角度密切关注社会现实。

图 7.2 为个体科学研究运行模式的示意图。这个模式以科学研究者认知社会需求作为基础和前提。英籍匈牙利裔科学哲学家卡尔·波普尔(Karl R. Popper，1902—1994)在论析科学知识增长过程时指出：“科学只能从问题开始。”[①]科学始于问题，是波普尔对科学认识模式第一个环节或步骤的一种浓缩化的表述。科学问题的确认和社会需求的辨识，具有一致性。科学研究或科学认识的第一步，科学研究者需要从社会现实中提炼出真实的社会需求；而现实所不能满足的社会需求，正是科学研究者要去研究和解决的科学问题。个体科学研究运行模式，可以做这样的简化描述：科学研究者通过认知过程确认了社会需求或科学问题之后，在情感过程和意志过程的各种非智力因素的作用下，形成强烈而坚定的研究动机；科学研究者的研究动机调动由观察力、理解力、思考力等所构成的研究能力，攻坚克难，循序渐进，最终获得相应的科学研究成果；同一个研究对象的相关科学研究成果经过学科化聚合，便形成科学学科。

社会现实具有多样性，渗透在社会现实中的社会需求也必然具有多样性。科学研究者既要关注社会现实中的实践性需求，又不能忽视社会现实中的理论性需求。对客观世界进行事物的类别划分，是人类

① [英]卡尔·波普尔：《猜想与反驳——科学知识的增长》，傅季重等译，上海译文出版社 1986 年版，第 318 页。

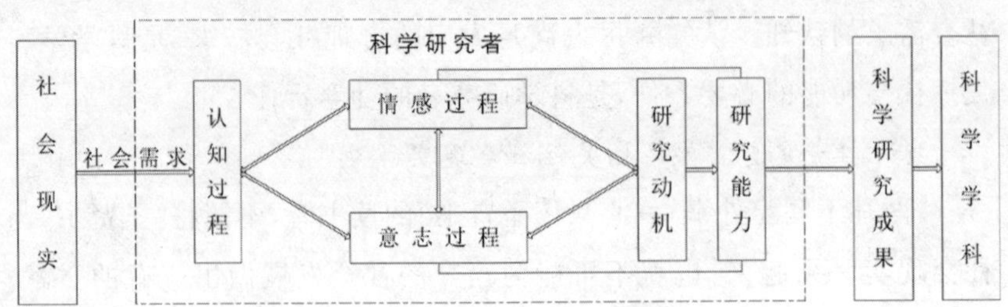

图 7.2 以认知社会需求为基础的个体科学研究运行模式

认识世界、改造世界的一种重要手段。18 世纪后期,随着化学元素的不断发现和确认,研究者尝试着对化学元素进行分类。1789 年,法国化学家安东—洛朗·德·拉瓦锡(Antoine-Laurent de Lavoisier,1743—1794)在《化学纲要》一书中,将已知的 33 种"元素"分为气体元素、非金属、金属、能成盐的土质等四类,其中包含了一些简单化合物,真正的元素只有 25 种。19 世纪以后,德国化学家约翰·德贝莱纳(Johann W. Döbereiner,1780—1849)于 1829 年提出"三元素组"分类方案,在 54 种元素中找到 5 个"三元素组";法国地质学家贝吉耶·德·尚古尔多阿(A.E. Beguyer de Chancourtois,1820—1886)于 1862 年将 62 种元素按原子量大小的次序排列成一条围绕圆筒的螺线,绘出元素"螺旋图",最早指出元素性质的周期性变化;德国化学家朱利叶斯·迈耶尔(Julius L. Meyer,1830—1895)于 1864 年编制出的"六元素表",包含当时已知元素的近一半;英国化学家约翰·纽兰兹(John A. R. Newlands,1837—1898)于 1865 年运用"八音律"描述元素性质的周期性重复现象,按原子量排列元素,第八个元素与第一个元素性质相似,类似于音乐上的八度音。

从化学元素分类到编制元素周期表,很多化学家做出了自己的贡献。科学界公认的化学元素周期律的主要创立者,是俄国化学家德米特里·门捷列耶夫(Дмитрий И. Менделеев,1834—1907)。从 19 世纪 50 年代后期开始,门捷列耶夫在彼得堡大学担任教职,讲授化学课程。教学、实验室工作之余,他走出校门,外出考察和整理收集研究资料。1862年,他对巴库油田进行考察,在研究液体的过程中,重测了一些元素的原子量,对元素的特性有了深刻的了解。1867年,他借应邀参加在法国举行的世界工业展览会俄罗斯陈列馆布展工作的机会,参观和考察了法国、德国、比利时的许多化工厂、实验室,大开眼界,丰富了知识。在国内,他积极参与社会活动,经常到各种工厂进行考察,了解农业化学、无烟火药制造、气象、度量衡等领域的实际情况,感受到社会生产实践对准确测定元素原子量和建立元素分类表的急切需求。另一方面,门捷列耶夫一直注视着各国化学家进行元素研究的动向,了解科学界对于揭示化学元素相互关系的理论性需求。1860年,他参加了在德国卡尔斯鲁厄召开的国际化学家代表大会,结识了许多国家的同行,同他们保持密切的学术联系。他深入了解同行们探索元素分类和周期规律的实际情况,借鉴他们的思路,同时也知晓他们研究成果的不足。例如,纽兰兹的"八音律"并不适用于当时已经发现的所有元素,原因在于有的元素原子量不准确,有的元素尚没有被发现。

门捷列耶夫运用排布元素卡片的"化学牌阵"方法,经过反复修改,在1869年3月1日编制出包括已知所有63个元素的元素周期表。他调整了少数元素的排位顺序,认为这几个元素的原子量应该重新测定。他还在元素表中留有4个空位,对4个缺位元素的性质做出了预言。他将排印的元素周期表寄给欧洲几个国家的知名化学家,在《俄罗斯化学学会志》上发表《元素性质和原子量的相互关系》一文。金等元素原子量的重新测定和镓、钪、锗等缺位元素的发现,很好地验证了门捷列耶夫元素周期律。元素周期律在元素的层次上揭示了自然界的普遍联系,它的建立,实现了化学领域的一次综合,使无机化学奠定在更加科学的基础之上。门捷列耶夫的两卷本《化学原理》伴随着元素周期律而问世,直到20世纪初,仍被国际化学界公认为标准教科书,前后共出了8版,影响了一代又一代的化学家。大约在门捷列耶夫建立元素周期律10年以后,恩格斯曾评价说:"门捷列耶夫依靠——不自觉地——应用黑格尔的量转化为质的规律,完成了科学上的一个勋业”①。从社会驱动力的角度来看,门捷列耶夫完成发现元素周期律这一科学勋业,还应当归功于他对社会现实的关注和对社会需求的准确把握。

科学研究者只有密切关注社会现实,才能深切感知实实在在的社会需求。美国海洋生物学家蕾切尔·卡逊(Rachel L. Carson,1907—1964)从20世纪40年代开始留意大量使用化学杀虫剂所引起的不良后果,特别关注有机氯类杀虫剂DDT对鸟类的影响。1945年,她写了一篇指出DDT危害生态环境的文章,投送《读者文摘》杂志,但未被录用。20世纪50年代,为应对虫灾,美国大量生产和使用各种化学杀虫剂,由此而导致多起野生动物中毒死亡的环境事件。卡逊做了大量的环境调查工作,搜集了许多杀虫剂危害环境的实例。起初,她打算用一年时间写一本小册子,但随着资料的增加,她感到问题的严重性。为了使自己的著述更有说服力,她阅读了几千篇研究报告和文章,与相关领域的权威科学家保持密切联系,随时向他们讨教、咨询各种疑难问题。1962年,《寂静的春天》(*Silent Spring*)一书横空出世,引起美国朝野上下的一片热议。第一次产业革命以来,很多人越来越迷信“控制自然界”“征服自然界”的口号,无所顾忌地破坏了自然界的固有平衡。卡逊严肃地指出:“当人类向着他所宣告的征服大自然的目标前进时,他已写下了一部令人痛心的破坏大自然的记录,这种破坏不仅仅直接危害了人们所居住的大地,而且也危害了与人类共享大自然的其他生命。”②

《寂静的春天》犹如旷野中的一声呐喊,振聋发聩,呼唤人们树立同自然界和谐相处的生态理念、环境意识。这部影响广泛而深远的著作,揭开了波澜壮阔的生态运动、环境运动的帷幕,为相关科学学科的创生演进拓通了道路。第一,以《寂静的春天》为先声的生态运动、环境运

① 恩格斯:《自然辩证法》,《马克思恩格斯选集》第四卷,人民出版社1995年版,第316页。

② [美]蕾切尔·卡逊:《寂静的春天》,吕瑞兰、李长生译,吉林人民出版社1997年版,第73页。

动，为已有100年历史的生态学注入新的发展活力，使之演进成为一个交叉科学学科门类——生态科学。如今，生态科学的分支学科既包括具有数学自然科学属性的数学生态学、生态动力学、物理生态学、化学生态学、微生物生态学、古生态学、区域生态学、生态工程学等，又包括具有哲学社会科学属性的生态哲学、生态美学、生态伦理学、生态文化学、生态政治学、生态法学、生态社会学、生态经济学、生态教育学、生态心理学、信息生态学等[①]。第二，以《寂静的春天》为先声的生态运动、环境运动，对与生态科学互为表里的环境科学起到了关键性的催生作用。环境科学虽然起步较晚，但几十年时间同样建立了众多的分支学科，包括环境数学、环境力学、环境物理学、环境化学、环境地球物理学、环境生物学、古环境学、材料环境学、能源环境学、环境医学、环境地理学、环境安全学、环境工程学和环境哲学、环境美学、环境伦理学、环境文化学、环境政治学、环境保护法学、环境经济学、环境社会学、环境心理学、环境行为学、环境教育学等，成为一个新的交叉科学学科门类[②]。

2.科学研究者需要善于辨识社会需求

社会对于发展科学学科的需求无处不在，无时不有。科学研究者面对各种各样的社会需求，既要有感知社会需求的敏感性，又要善于对感知社会需求做清醒的辨识。他们需要通过现象看本质，对社会需求进行由表及里、抽丝剥茧的精心分析。

首先，科学研究者以研究成果是否符合社会发展方向作为判据，辨识有益社会需求和有害社会需求，在支持有益社会需求的同时坚决遏制有害社会需求。

无性生殖（无性繁殖）是指不经过两性生殖细胞的结合过程，由母体的一部分直接产生子代的生殖方式。无性生殖包括分裂生殖、出芽生殖、孢子生殖、器官生殖、组织培养、克隆等。其中，器官生殖技术最早被用于蔬菜、果树、花卉、草药等植物的繁殖，通过世世代代的实践摸

① 王续琨、宋刚等：《交叉科学结构论（修订版）》，人民出版社2015年版，第76—81页。

② 王续琨、宋刚等：《交叉科学结构论（修订版）》，人民出版社2015年版，第88—92页。

索，分株法、扦插法、嫁接法、压条法等技术逐渐成熟起来。科学研究者意识到这些无性生殖技术对于农作物种植的重要意义，进行了理论上的探索和总结，并将研究成果纳入相关学科，从而极大地丰富了粮食作物栽培学、经济作物栽培学、园艺学、蔬菜学、蔬菜栽培学、蔬菜育种学、果树学、果树栽培学、果树育种学、花卉学、花卉栽培学、花卉育种学、中成药作物学、中成药栽培学和生殖生物学、克隆植物生态学等学科的内容。

克隆(clone，cloning)是指将高等生物的干细胞经过特殊培养，采用无性繁殖的手段，依靠细胞分裂和遗传信息自我复制的能力，人为地创造新个体的过程。按照干细胞的不同，有两种克隆途径，一是使用胚胎细胞，二是使用一般体细胞。1938 年，德国动物学家汉斯·施佩曼(Hans Spemann，1869—1941)提出使用细胞核移植技术繁殖动物的设想，即从发育到后期的胚胎中取出细胞核，将其移植到一个卵细胞中，当胚胎发育到一定程度后，再将其植入动物子宫中使动物怀孕，最终产下与提供细胞者基因相同的动物。20 世纪 50 年代初，遗传学家们首先采用青蛙开展胚胎细胞核移植克隆实验，先后获得了蝌蚪和成体青蛙。1996 年，英国爱丁堡罗斯林研究所胚胎学家伊恩·维尔穆特(Ian Wilmut)和美国胚胎学家基思·坎贝尔(Keith Campbell，1954—2012)等合作，选择一只成年芬兰多塞特白面母绵羊作为基因供体，从其乳房上提取出一个乳腺细胞核；然后从一只苏格兰黑脸母绵羊体内取出一枚未受精的卵子，吸出卵子中的所有染色体，使之成为具有活性但失去遗传物质的卵空壳，再把乳腺细胞核注入到卵子中；卵子在实验室的试管中分裂、繁殖，发育成胚胎；最后将胚胎移入另一只苏格兰黑脸母绵羊的子宫内进行培育。1996 年 7 月 5 日，第三只母羊顺利地产下一只小羊羔。这只取名“多莉”的小羊羔，是世界上第一只源自成年动物体细胞的克隆动物。

克隆羊“多莉”的诞生，是生物学界克隆实验研究的一次成功飞跃，引发了世界范围内关于动物克隆技术的热烈争论。从理论上来说，利用同样方法可以创造出“克隆人”，这就意味着以往科学幻想小说中的独裁狂人克隆自己的想法是完全可以实现的。在由“多莉”引起的这场关于克隆人的道德问题的讨论中，各国科学家、政界人士、民间人士、宗教界人士纷纷做出反应，认为克隆人类有悖于伦理道德。研究人的克隆、制造“克隆人”，是人类“自找麻烦”甚至可能是自我伤害，很显然不符合绝大多数人所追求的社会发展方向，不应该被认可为真实的社会需求。有社会责任感的科学研究者，必须拒绝关于“克隆人”的任何研究，人类胚胎学、人类遗传学、人类生殖学、生殖医学等学科也不应该纳入人类无性生殖的内容。2002 年，伊恩·维尔穆特在柏林“恩斯特·舍林奖”颁奖会上发表讲话时明确表示，克隆技术的发展将使类似治疗性克隆研究等获得进展而造福于人类，但他从未考虑过进行克隆人的实验研究。他不赞同对人类自身进行克隆，认为克隆人实验不仅让被克隆者冒很大风险，而且“看不出对人进行克隆有什么意义”①。

人类对于客观世界的认识不会停止在一个水平上，人类对于自身行为的认识也不会停止在一个水平上。“人类总得不断地总结经验，有所发现，有所发明，有所创造，有所前进。”②20 世纪初，酚醛塑料的发明给人们解决材料的多样化、廉价化带来了福音，许多科学研究者投入塑料性能、生产工艺和生产过程的研究，陆续建立了一系列同塑料有关的学科。然而，随着塑料品种和生产量的激增，特别是以聚苯乙烯、聚丙烯、聚氯乙烯等高分子化合物为原材料制成的包装袋、农用地膜、一次性餐具、塑料瓶等塑料制品的大量使用，致使城市、农村到处散落着不可降解的塑料废弃物，造成严重的环境污染。如何解决愈演愈烈的白色污染，成为新的社会需要。人们一方面检讨无限制生产不可降解塑料的盲目行为，做好趋利避害的制度安排，实施控制白色污染的社会性措施，另一方面积极探索可降解塑料的性能和光降解塑料、生物降解塑料、水降解塑料的生产方法，用新的科学技术替代已经造成不良社会后果的科学技术。最近几十年，许多国家全面推行垃圾分类、塑料废弃

① 百度百科词条“伊恩·维尔穆特”，http://baike.baidu.com/item/伊恩·维尔穆特。

② 毛泽东：《人类总得不断地总结经验》（1964 年 12 月 13 日），《毛泽东著作选读》下册，人民出版社 1986 年版，第 845 页。

物回收管理,可降解塑料研究也取得了实质性进展,环境管理学、环境卫生管理学、垃圾管理学、污染控制经济学、环境保护学、城市环境保护学、旅游环境保护学、污染化学、环境污染化学、污染生态学、环境污染微生物学、污染控制工程微生物学、污染控制工程学、高分子材料学、塑料材料学等学科的内容不断有所更新。

其次,科学研究者和科学管理者以研究成果服务范围的广狭作为判据,辨识大众社会需求和小众社会需求,合理配置研究资源。

疟疾是由于按蚊叮咬或输入带疟原虫者的血液而感染疟原虫所引起的一种虫媒传染病。人类同疟疾的抗争有着漫长的历史,我们的祖先从远古时期开始就孜孜不倦地寻找治疗疟疾的药物。认识疟疾、治疗疟疾,成为一项长期性的社会需求。17 世纪 30 年代,秘鲁印第安土著居民的治疗疟疾药物——安第斯山脉金鸡纳树的树皮,经传教士由新大陆首先引进西班牙。1820 年,法国化学家皮埃尔·佩尔蒂埃(Pierre J. Pellctier,1788—1842)和约瑟夫·卡文图(Joseph B. Caventou,1795—1877)从金鸡纳树的树皮和根皮中分离出治疗疟疾的有效成分奎宁和金鸡宁两种活性生物碱。19 世纪末至 20 世纪初,经过法国军医、病理学家查尔斯·拉韦朗(Charles L. A. Laveran,1845—1922)、英国内科医生罗纳德·罗斯(Ronald Ross,1857—1932)、意大利寄生虫病学家乔瓦尼·格拉西(Giovanni B. Grassi,1854—1925)等人的研究,逐步搞清了疟疾的致病原因和致病途径。20 世纪 20 年代至 40 年代,德国、法国、英国、美国先后研制出多种治疗疟疾的药物。1944 年,美国哈佛大学有机化学家罗伯特·伍德沃德(Robert B. Woodward,1917—1979)及其门生威廉·冯·德林(William von Doering)第一次以人工方法合成奎宁,为生产疟疾治疗药物开辟了新的途径。19 世纪以来的抗疟历程,使疟疾学确立了学科定位。

到了 20 世纪 50 年代,疟原虫已经演化出抗药菌株。20 世纪 60 年代,由于引发疟疾的疟原虫产生强大的抗药性,全球疟疾难以控制,新的社会需求产生了。此时,疟疾再次肆虐东南亚,越南战争的交战双方——越南和美国军队都深受其害,因疟疾造成的非战斗减员极为严重，一度是战斗减员的四五倍。越南政府向中国求助，中共中央主席毛泽东和中国国务院总理周恩来于1967年向有关部门下达任务，集全国医药科研力量进行抗疟疾研究。当年5月23日，中国人民解放军总后勤部和国家科学技术委员会在北京召开抗药性恶性疟疾防治全国协作会议，组织60多家研究单位、500多名研究人员集体攻关，制定了三年研究规划。防治抗药性恶性疟疾被定为一项援外战备的紧急军事研究项目，以开会日期为代号，称之为"523任务"。军事医学科学院通过化学合成方法最先研制出预防疟疾的药片。1969年，中国中医研究院中药研究所助理研究员屠呦呦和几位同事一同参与"523任务"，研制治疟中药。屠呦呦首先系统地整理历代医籍，四处走访老中医，整理出一本《抗疟单验方集》，包含640多种草药。经过反复实验筛选，她最终选定能够提炼出青蒿素的青蒿作为主攻对象。为了避免青蒿的有效成分在高温下被破坏，她利用沸点只有53℃的乙醚，成功提取出青蒿素。1972年3月8日在南京召开全国抗疟疾药物研究会议，屠呦呦在会上报告了青蒿乙醚提取物的研究成果。1975年，中国科学院上海有机化学研究所研究人员经过两年多的研究，最终测定出青蒿素的分子结构——罕见的含有过氧基团的倍半萜内酯结构。青蒿素的结构被写进有机化学合成的教科书中，奠定了今后所有青蒿素及其衍生药物合成的基础。1976年，《科学通报》以"青蒿素结构研究协作组"为署名，发表了第一篇有关青蒿素的论文，披露青蒿素的化学结构。青蒿素的发现，挽救了全球数百万疟疾患者的生命，同时也有力地推动了传染病学、寄生虫病学、病理学、药理学、生物制药工艺学、化学制药工艺学、有机合成化学等学科的发展。

在疟疾学及其相关学科的框架下研究疟疾治疗药物，在20世纪60年代属于大众社会需求，服务于每年多达数千万的疟疾患者。对于这类满足大众紧迫社会需求的研究项目或课题，相关学科有参与条件的研究者应该积极投身其中，尽自己之所能，为实现研究目标做出一份贡献。科学管理者可以根据研究任务的需要，引导科学研究者急大众之所急，甚至可以直接部署和组织研究队伍，集体攻关。

有些科学学科的研究成果服务范围相对较为狭窄，属于小众社会需求。所有关于客观世界的知识都是宝贵的精神财富。作为知识体系的所有科学学科，都有其不可替代的存在价值。各门学科具体社会功能的表现领域、表现形式有所不同，影响面、受关注程度也有所不同。古文字学（古汉字学、梵文学）、纸莎草纸文献学、甲骨学、亚述学、西夏学、历史地质学（地史学）、中国戏曲史、核伦理学、古生物学等小众学科或冷僻学科，不应该也不可能有大批研究者蜂拥而聚。然而，从文化和学术传承的角度来看，这类学科又应当后继有人，在每个新的历史阶段都要有新的发展。我们不能功利主义地看待小众学科。为了延续小众学科的学术生命，从事这类学科研究工作的学者要主动宣传自己为之献身的学科，用独有的学术魅力吸引后继者的目光。为了保持科学知识体系的完整性和扩张性，科学管理者、教育管理者要鼓励青年学子走近小众学科，乃至走进小众学科之门。

第八章 科学分类:科学学科的部类结构

科学知识体系所包容的科学知识,如何按照性质、特征进行归类,是古代科学萌发之后一部分学者就开始思考的一个问题。以科学分类为核心的科学知识体系结构研究,伴随和映衬着科学知识体系的生成和持续扩张,走过艰难探索的学术历程。近代科学兴起以来,人们主要在科学学科的层次上探讨科学分类问题。科学知识体系具有多层级结构,一般意义的科学分类通常是指科学知识体系第一层级子系统的划分归类,即科学学科的部类结构。现代科学知识体系由难以尽数的科学学科构成,研究科学学科的部类结构是科学知识体系结构研究的题中之义,是传统的科学分类研究的延伸和细化。

一、古代和近代科学分类思想的演进

科学分类(classification of science)的任务,是"考察各门科学之间的区别和联系,确定每门科学在科学总联系中的地位,揭示整个科学的内部结构,建立相应的分类体系"①。"传统的科学分类或学科分类问题,其实主要就是探讨科学知识体系的部类结构,即确认科学知识体系包含哪几个第一级子系统以及第一级子系统之间存在怎样的关系。"②科学分类思想萌发于古代,19 世纪之后逐渐形成多种有争议的观点。

1.古代的知识分类思想

2000 多年以前出现的古代科学,是萌芽状态、初级阶段的科学。古代尚无严格意义的科学学科概念,当时的科学分类,也许称之为知识

① 陈克晶、吴大青:《科学分类问题》(《自然辩证法讲义》专题资料之四),人民教育出版社 1980 年版,第 1 页。

② 王续琨、宋刚等:《交叉科学结构论(修订版)》,人民出版社 2015 年版,第 14 页。

分类或知识谱系建构更为贴切一些。

中国古代知识分类，最早有“六艺”之说。“六艺”起源于夏、商时期，西周时代成为对贵族子弟进行教育的内容。春秋末年受到孔子（公元前551—前479）的提倡。“子曰：‘志于道，据于德，依于仁，游于艺。’”（《论语·述而》）据《周礼·地官·保氏》（约成书于战国时期）记载：“养国子以道，乃教之六艺”。“六艺”包括礼（礼仪制度、道德规范）、乐（音乐、诗歌、舞蹈）、射（射箭）、御（驾车）、书（文字读写）、数（数术或术数）。孔子的时代还有另外一种意义的“六艺”，亦即将儒家经典分为《易》《书》《诗》《礼》《乐》《春秋》。

图书是知识的载体，图书分类也是一种知识分类。西汉末年的“七略”之说，就来源于图书分类。公元前26年，经学家、目录学家刘向（约公元前77—前6）、刘歆（约公元前53—公元23）父子受汉成帝刘骜（公元前51—前7）之命，主持中国历史上第一次大规模的群书整理工作。每完成一部书的整理，刘向便写出一篇叙录，记述这部书的作者、内容、学术价值和校雠过程等。这些叙录后来被汇集成一部书，即中国第一部图书目录《别录》。刘向去世后，刘歆继续整理群书，并对《别录》各篇叙录的内容加以简化，将其中著录的图书分为六略，加上放在前面具有总论性质的“辑略”，总称为《七略》。“略”是领域之意。“辑略”相当于后世目录的叙例，与分类无关，所以刘歆的“七略”实际上是将当时存世的所有图书，也就是将先秦到西汉末年的学术文化划分为六个大类。《别录》《七略》在唐末就失传了，但《七略》的基本内容，较完整地保存在《汉书·艺文志》里。“七略”的图书（知识）六分法，包括38个小类。六艺略：易、书、诗、礼、乐、春秋、论语、孝经、小学；诸子略：儒家、道家、阴阳家、法家、名家、墨家、纵横家、杂家、农家、小说家；诗赋略：屈原赋之属、陆贾赋之属、荀卿赋之属、杂赋、歌诗；兵书略：兵权谋、兵形谋、兵阴阳、兵技巧；数术略：天文、历谱、五行、蓍龟、杂占、形法；方技略：医经、经方、房中、神仙。

显而易见，中国古代学者趋向于从人文、伦理的视角建构知识谱系，主要依据经典、流派、技巧等进行知识类别的划分。这种划分方式具有较强的主观性和经验性，另外对自然科学知识关注不足。西方的知识谱系整理则走了一条与中国有所不同的道路，划分知识类型的目的在于运用理性思维认识自然界和人类社会，表现出较强的科学性、逻辑性和结构性①。

西方科学以古希腊为发祥地。公元前6世纪至公元2世纪中叶，古希腊文化进入鼎盛时期。其时的数学自然科学知识与哲学社会科学知识交织在一起，后世将这种知识的混合体称为自然哲学。“在希腊哲学的多种多样的形式中，几乎可以发现以后的所有观点的胚胎、萌芽。因此，理论自然科学要想追溯它的今天的各种一般原理的形成史和发展史，也不得不回到希腊人那里去。”②古希腊哲学家思考自然界的各种问题，同时也参与社会科学知识的整理和概括。古希腊哲学家所建构的知识谱系，既包括自然科学知识，又包括社会科学知识。

公元前4世纪，古希腊哲学家柏拉图(Plato，公元前427—前347)将知识分为三种类型：辩证法，辩论中关于概念分析的方法和技巧；物理知识，包括天文学、几何学等；伦理学说，关于人的行为和意志的学问。柏拉图的学生亚里士多德(Aristotle，公元前384—前322)，在《形而上学》第六卷第一章中将“全部思想分为实践的、创制的和思辨的”三种类型③，他据此将包罗万象的哲学区分为实践之学、创制之学、思辨之学，亦即在哲学框架下按照人的不同活动范围，将知识分为三种类型：实践哲学，是关于人的行为的学问，按照《尼各马可伦理学》第一卷第二章的说法，包括政治学(含战略学或军事学)、经济学、修辞学、伦理学等；创制哲学，是关于创作、艺术、讲演等的学问和医术、建筑术等行业技艺；思辨哲学，是关于纯认识活动的学问，包括物理学、数学、第一哲学。

---

① 谢利民、代建军：《回到学科之前——学科概念界定的另一种思考》，《常州工学院学报(社会科学版)》2005年第3期。

② 恩格斯：《自然辩证法》，《马克思恩格斯选集》第四卷，人民出版社1995年，第287页。

③ 苗力田主编：《亚里士多德全集》第七卷，中国人民大学出版社1993年版，第146页。

以公元前4世纪的芝诺(Zenon,约公元前490—约前425)为创始人、一直延续到公元2世纪下半叶的斯多葛学派,将作为知识总体的哲学划分为逻辑学、自然哲学、伦理学三个部分,并且用多种比喻来说明三者之间的关系。该学派"把哲学比作一个动物,把逻辑学比作骨骼与腱,自然哲学比作有肉的部分,伦理学比作灵魂。他们还把哲学比作鸡蛋,称逻辑学为蛋壳,伦理学为蛋白,自然哲学为蛋黄。也拿肥沃的田地作比,逻辑学是围绕田地的篱笆,伦理学是果实,自然哲学则是土壤或果树。"[①]其中,逻辑学部分包括修辞学和辩证法。如果将自然哲学、伦理学分别理解为研究自然界、人类社会的学问,那么该学派的知识三分法,可以看作是后世科学三分法(自然科学、社会科学、思维科学)的源头。

公元5世纪下半叶至15世纪中期的欧洲中世纪时期,由于宗教神学的思想禁锢,科学发展严重受阻,很少有人思考知识分类或科学分类问题,巴黎圣维克多修道院的雨格(Hugo,1096—1141)也许是一个例外。雨格于1115年从外乡来到巴黎,进入圣维克多修道院,潜心学业。几年后,他开始办校授徒,著书立说,与其弟子以神秘主义神学研究为特色而建立起在学术界有较大影响的圣维克多学派。在《教育学原理七书》一书中,他将知识区分为四类[②]:理论知识以追求智慧为目的,包括神学、数学和物理学三个分支,数学又包括被称之为"四艺"的天文、几何、算术、音乐;实践知识是对人的社会实践行动给予指导的学问,包括伦理、经济和政治三个分支;机械知识指导人们获得有用的技能,包括编织、装备(军事机械)、农业、狩猎、航海、医学、戏剧七种技术;逻辑知识包括语法、修辞和辩证法"三科",研究概率性(或然性)、必然性和诡辩性的解释方法。

英国方济各会修士、经院哲学家、科学家罗吉尔·培根(Roger Bacon,约1214—1293),以倡导实验科学而备受后世学术史研究者的关

① 《西方哲学原著选读》上卷,北京大学哲学系外国哲学史教研室编译,商务印书馆1981年版,第178—179页。

② 卓新平:《雨格:科学分类的尝试》,《竞争力》2008年第9期。

注。他虽然没有刻意建构科学知识谱系，但在其代表作《大著作》中列举了许多科学学科，例如数学、几何学、实验科学、物理学、地理学、天文学、气象学、光学（透视学）、医学、逻辑学、语言学、伦理学、古典修辞学等[①]。他将语言学、光学、实验科学、数学认定为起基础作用的科学。罗吉尔·培根是中世纪后期具有超前思想的学者，他所论及的学科在当时仅仅处于萌芽状态。

2.近代的科学分类思想

进入近代时期，严格意义的科学诞生之后，一些欧洲学者对知识分类或科学分类问题阐发了各自的观点。1605 年，英国哲学家弗朗西斯·培根（Francis Bacon，1561—1626）出版《学术的进展》（The Advancement of Learning）一书，其中的第二卷以全书四分之三的篇幅，全面地展示了作者对于人类知识各个领域的调查结果及其未来发展的思考。关于人类知识的整体架构，弗朗西斯·培根有一个概略的描述："知识的分布和分割并不像几条线一样会在一个角上相遇，因此在一点上就可以触摸到全体，而是如同一个树干的树枝，在树干停止分成枝丫以前就具有一种完整性和连续性。"[②]在他看来，人类知识在总体上呈现为树状结构（图 8.1）。

基于"人类的理解能力是人类知识的来源"这样一种理解，弗朗西斯·培根按照人类的三种理解能力将人类知识区分为三个基本部分：历史对应于记忆能力，诗歌对应于想象能力，哲学对应于理智能力。历史可以分为自然史、社会史、宗教史、学术史[③]四个第二层级分支。其中，社会史包括编年史、传记、纪事史三个第三层级分支。诗歌分为叙事诗歌、写景诗歌、寓言诗歌三种类型。哲学则包括神学（神圣哲学）、

① 李龙龙：《13 世纪经院哲学家罗吉尔·培根思想探究》，南京师范大学硕士学位论文，2015 年，第 52—77 页。

② ［英］弗朗西斯·培根：《学术的进展》，刘运同译，上海人民出版社 2007 年版，第 78 页。

③ ［英］弗朗西斯·培根：《学术的进展》，刘运同译，上海人民出版社 2007 年版，第 64 页。

自然哲学、人文学科（人文哲学）三个第二层级分支①。其中，自然哲学又包括物理学、形而上学两个第三层级分支。“物理学应当研究物质的内在但短暂的属性；而形而上学则研究物质抽象不变的属性。”“物理学研究事物可变的特殊的原因；形而上学研究的是固定不变的原因。”②人类知识的三个基本部分不是孑然孤立的，例如物理学介乎自然史和

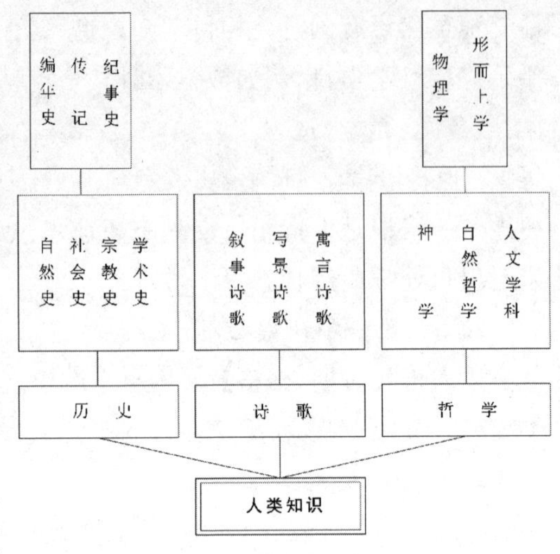

图 8.1　**弗朗西斯·培根的人类知识分类树状图式**

形而上学之间，自然哲学通过物理学和自然史的关联而与历史这个部分相联系。弗朗西斯·培根在书中用了大量篇幅对各个知识领域做了较为详尽的介绍，既涉及一些尚未赋予学科命名的知识领域，如社会知识“根据社会的三种主要的行为可以分为三部分：一为社交，二为协商，三为统治”③，又提到了逻辑学、修辞学、文法学、法学、建筑学、医学、解剖学、药物学、天文学、宇宙学、数学、几何学等学科名称。

1687年，英国科学家艾萨克·牛顿（Isaac Newton，1643—1727）出版《自然哲学的数学原理》，建立了经典力学体系，标志着近代以来第一次科学革命的完成。由于生产的进步，科学在18世纪末又有了进一步的发展和分化，“出现了要把旧的牛顿—林奈学派的整个自然科学作

① [英]弗朗西斯·培根：《学术的进展》，刘运同译，上海人民出版社2007年版，第78页。

② [英]弗朗西斯·培根：《学术的进展》，刘运同译，上海人民出版社2007年版，第84页。

③ [英]弗朗西斯·培根：《学术的进展》，刘运同译，上海人民出版社2007年版，第180页。

百科全书式的概括的要求，有两个最有天才的人物投身于这个工作，这就是圣西门（未完成）和黑格尔。”[①]其时，自然科学所描绘的世界图景还是支离破碎的，人们看不到客观世界的普遍联系，当然也就看不到各门科学之间的内在联系，在这样的背景下思考科学分类问题，必然会遇到难以逾越的障碍。

法国空想社会主义者昂利·圣西门（C. Henri de Saint-Simon，1760—1825）在 1802 年完成、1803 年匿名发表的《一个日内瓦居民给当代人的信》中指出：“我们所熟悉的一切现象，被人们分成不同的类型：天文现象、物理现象、化学现象、生理现象。”[②]与这些现象相对应的学科分别是天文学、物理学、化学、生理学。在 1807 年单卷初版、1808 年分两卷再版的《十九世纪科学著作导论》一书中，圣西门明确表示不赞成弗朗西斯·培根的知识三分法：“在今天看来，把科学分为三个部分是有缺点的。形而上学的发展告诉我们，我们的理性活动不外乎是对事物进行比较。我们知道，人们的观念只能分为两大部分，然后在每一部分之下再细分。”[③]他主张把科学分为两部分，即分为无机体科学和有机体科学[④]。在 1813 年完成的《人类知识概论》和《论万有引力》两篇文章中，他力图以万有引力定律概括人类的全部知识。他认为，“改造我们的知识体系的唯一手段，就是以万有引力的观念作为知识体系的基础”，“物理科学和精神科学的一般理论，都可以建立在万有引力观念的基础上”[⑤]。出于对牛顿万有引力定律的极度推崇，他用“物理

① 恩格斯：《自然辩证法》，人民出版社 1971 年版，第 227—228 页。

② ［法］昂利·圣西门：《一个日内瓦居民写给当代人的信》，《圣西门选集》第一卷，王燕生、徐仲年、徐基恩等译，商务印书馆 1979 年版，第 16 页。

③ ［法］昂利·圣西门：《十九世纪科学著作导论》，《圣西门选集》第三卷，董果良、赵鸣远译，商务印书馆 2011 年版，第 70 页。

④ ［法］昂利·圣西门：《十九世纪科学著作导论》，《圣西门选集》第三卷，董果良、赵鸣远译，商务印书馆 2011 年版，第 15 页。

⑤ ［法］昂利·圣西门：《论万有引力》，《圣西门选集》第一卷，王燕生、徐仲年、徐基恩等译，商务印书馆 2011 年版，第 128、136—137 页。

学”来指称整个自然科学，将其划分为“无机体物理学和有机体物理学”①，前者包括天文学、(狭义)物理学、化学，后者就是生理学(包括植物学、动物学、解剖学、病理学、卫生学等)②。此外，还有一门为这些科学提供精密基础的数学(包括代数学、几何学、微积分等)，排在天文学的前面。圣西门对人类科学(即社会科学)和道德科学也给予了充分关照，他认为道德科学“对于社会的影响要比物理学和数学知识重大得多，它是建立社会和为社会奠基的科学”③。为什么这样排列各门科学的顺序呢？圣西门解释说：“人们最初连续观察到的现象是天文现象。先从这种现象着手研究是有充足理由的，因为它们非常简单。”“化学现象比天文现象复杂，所以人们过了很久才开始研究它们。”④也就是说，这个顺序是按照研究对象直观的复杂性程度，亦即按照人们进行相关研究的时间先后排列出来的。这种排序初看起来有点道理，其实缺乏内在的科学依据，没有揭示出各个科学部门或学科之间的内在联系。

1817 年至 1824 年，奥古斯特·孔德(I. M. Auguste F. X. Comte，1798—1857)担任昂利·圣西门的私人秘书，熟知圣西门的科学分类思想。自 1830 年至 1842 年，他陆续出版了六卷本《实证哲学教程》，成为实证主义哲学的创始人，因为他首倡创建“社会学”并进行早期开拓性研究而被后世尊称为“社会学之父”。他从圣西门那里搬来了科学分类序列，略加细化，最后加上一门社会学，将科学区分为数学、天文学(几何天文学、力学天文学)、物理学(重力学说、热力学、声学、光学、电学)、化学、生物学(生物体结构和分类学说、植物生理学、动物生理学)、社会学(社会静力学、社会动力学)、伦理学等七个基本组成部分(图 8.2)⑤。

① [法]昂利·圣西门：《论万有引力》，《圣西门选集》第一卷，王燕生、徐仲年、徐基恩等译，商务印书馆 2011 年版，第 136 页。

② [法]昂利·圣西门：《人类科学概论》，《圣西门选集》第一卷，王燕生、徐仲年、徐基恩等译，商务印书馆 2011 年版，第 45 页。

③ [法]昂利·圣西门：《新基督教》，《圣西门选集》第三卷，董果良、赵鸣远译，商务印书馆 2011 年版，第 205 页。

④ [法]昂利·圣西门：《一个日内瓦居民写给当代人的信》，《圣西门选集》第一卷，王燕生、徐仲年、徐基恩等译，商务印书馆 2011 年版，第 18 页。

⑤ 阮毅成：《科学分类论》，光华书局 1927 年版，第 19 页。

孔德认为，在这个科学“等级制度”或阶梯中，后一门科学依次从属于前一门；这些科学实际存在相互依赖性，以致要清楚地理解一门科学，就必然需要先前的其他几门科学的研究。19 世纪 70 年代，恩格斯(1820—1895)对这种科学分类法做过一针见血的评论：“孔德绝不可能是他的从圣西门那里抄来的百科全书式的自然科学整理法的创造者，这从下列事实就可以看出：这套整理法在他那里只是为了安排教材和教学，因而就导致那种愚蠢的全科教育，在那里，不到一门科学完全教完之后不教另一门科学，在那里，一个基本上正确的思想被数学地夸大成胡说八道。”①

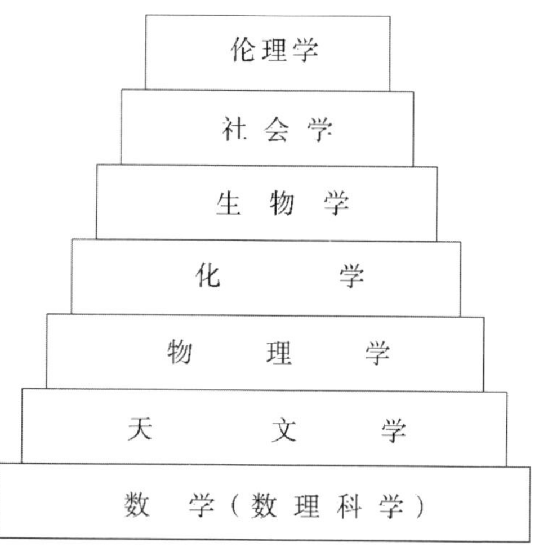

图 8.2 孔德的科学分类阶梯图式

1816 年，德国古典哲学的集大成者格奥尔格·黑格尔(Georg W. F. Hegel，1770—1831)出版《逻辑学》第三册《客观逻辑》，在客观唯心主义的框架下通过绝对精神的发展变化展示了几门科学之间的联系。1817 年，黑格尔出版《哲学全书》，其中的第二部分《自然哲学》把整个自然界的发展看作是绝对精神自我异化和自身复归的过程。全书分为力学(有限力学、绝对力学)、物理学(普遍个体性物理学、特殊个体性物理学、总体个体性物理学)和有机物理学(地质自然界、植物有机体、动物有机体)三篇，分别代表绝对精神由于自身内部矛盾而从低级走向高级的三个发展阶段。半个世纪以后，恩格斯在《自然辩证法》手稿中专门对黑格尔的科学分类思想写下了一段札记：“黑格尔的(最初的)分类：机械论、化学论、有机论，在当时是最完备的。机械论——质量的运

① 恩格斯：《自然辩证法》，人民出版社 1971 年版，第 228 页。

动;化学论——分子的运动(因为这里也包括物理学,而且两者——物理学和化学——都属于同一系统)和原子的运动;有机论——上两项运动不可分地包含于其中的那些物体的运动。因为有机论无疑是把力学、物理学和化学结合为一个整体的高度的统一,而这种三位一体是不能再分离的。"①

19 世纪 30—50 年代,细胞学说、能量守恒与转化定律、生物进化论的先后创立,揭示了自然界各个领域内各种过程之间的联系以及各个领域之间的联系,为建立更合理的科学分类方案提供了可能性。19 世纪 70 年代,恩格斯在写作《自然辩证法》的过程中概括了当时的自然科学成果,批判地借鉴圣西门和黑格尔的科学分类思想,将科学分类的客观原则和发展原则有机地统一起来,阐释了科学分类的本质:"科学分类。每一门科学都是分析某一个别的运动形式或一系列互相关联和互相转化的运动形式的,因此,科学分类就是这些运动形式本身依据其内部所固有的次序的分类和排列,而它的重要性也正是在这里。"②他依据机械运动、物理运动、化学运动、生命运动等基本运动形式的差异,将自然科学相应地划分为力学、物理学、化学、生物学四个部门,进而使用连环嵌入的方式描述它们之间的关系:"当我把物理学叫做分子的力学,把化学叫做原子的物理学,并进而把生物学叫做蛋白质的化学的时候,我是想借此表示这些科学中的一门向另一门的过渡,从而既表示出两者的联系和连续性,也表示出它们的差异和非连续性。"③

在写于 1876—1878 年的《反杜林论》一书中,恩格斯扩大了科学分类的范围,将所有的科学学科分为三个类别:"我们可以按照自古已知的方法把整个认识领域分成三大部分。第一个部分包括研究非生物界以及或多或少能用数学方法处理的一切科学,即数学、天文学、力学、物理学、化学。……这些科学也叫做精密科学。""第二类科学是包括研究生物机体的那些科学。"第三类科学是"按历史顺序和现在的结果来研

① 恩格斯:《自然辩证法》,人民出版社 1971 年版,第 228 页。
② 恩格斯:《自然辩证法》,人民出版社 1971 年版,第 227 页。
③ 恩格斯:《自然辩证法》,人民出版社 1971 年版,第 230 页。

究人的生活条件、社会关系、法律形式和国家形式以及它们的哲学、宗教、艺术等等这些观念的上层建筑的历史科学”①。这里所说的“历史科学”是广义的历史科学,可以看作是一般意义社会科学的等义概念,其中包括社会学、法学、政治学等。

二、现代科学分类的相关研究

“现代科学分类的相关研究”这个题目有两层含义,一是以现代科学作为对象范围进行科学分类研究,二是现代人所进行的科学分类研究。

1.东方现代科学分类思想的孕育

兴起于欧洲国家的近代科学,17 世纪以后经由来华欧洲传教士的引介,开始在中国传布。日本接受西方近代科学,开始一段时间经过中国的“中转”,18 世纪上半叶以后则借重荷兰人传播的“兰学”,学习西方科学文化。19 世纪中期之后,日本学者首先关注欧洲学术界的科学分类传统。日本哲学家、教育家西周(1829—1897),青年时代学习荷兰语和英语,研究洋学,19 世纪 60 年代留学荷兰并游历欧洲,受法国实证主义哲学家奥古斯特·孔德科学分类思想的影响,成为最先关注学问分科问题的东方学者。1870 年,他在东京开讲《百学连环》,按科解析各种学问,将“学术”分为“普通学”和“特殊学”②。普通学包括历史、地理学、文章学(即文学)、数学等基础学科,特殊学包括心理上学(大体相当于人文学科)、物理上学(大体相当于自然科学)。

中国学者对于科学分类问题的思考,大约始于 19 世纪末、20 世纪初。1899—1900 年,教育家蔡元培(1868—1940)广泛搜集国外教育资料并考察中国学校教育现状,写成《学堂教科论》,于 1901 年印成 28 页的小册子。他在该书中借用日本学者井上甫水的学术三分法(有形理学、无形理学或有象哲学、无象哲学或实体哲学),以图表形式将“学目”

① 恩格斯:《反杜林论》,人民出版社 1970 年版,第 84—86 页。

② 冯天瑜:《新语探源——中西日文化互动与近代汉字术语生成》,中华书局 2004 年版,第 372 页。

分为三个大类：有形理学（算学、博物学、物理学、化学）、无形理学（名学、群学、文学）、道学（哲学、宗教学、心理学）[①]。三个大类即相当于后来的自然科学、社会科学、哲学。

1902 年，思想家、学者梁启超（1873—1929）在其创办的《新民丛报》上发表《格致学沿革考略》一文，按照两分法区分学问的种类："学问之种类极繁，要可分为二端。其一，形而上学，即政治学、生计学、群学等是也。其二，形而下学，即质学、化学、天文学、地质学、全体学、动物学、植物学等是也。吾因近人通行名义，举凡属于形而下学者皆谓之格致。"[②]其中的生计学、群学、质学、全体学，分别是后来定名的经济学、社会学、物理学、人体解剖学。不难看出，梁启超在这里所讲的"形而上学"是指社会科学，"形而下学"是指自然科学，即此前在中国长期沿用的"格致"或"格致学"。"形而上""形而下"源于《易经·系辞传上》的"形而上者谓之道，形而下者谓之器"。归属于"形而上学"的学问与归属于"形而下学"的学问，主要差别在于后者以器物层面的事物作为研究对象，直接服务于人类改造自然界的活动。此处的形而上学同作为辩证法对立面的形而上学毫无干系。

中国新文化运动领导者陈独秀（1879—1942）在 1923 年为《科学与人生观》文集所写的序中，也谈到了科学的两分法。"数学、物理学、化学等科学，和人生观有什么关系，这问题本不用着讨论。可是后来科学的观察分类说明等方法运用到活动的生物，更应用到最活动的人类社会，于是便有人把科学略分为自然科学与社会科学二类。社会科学中最主要的是经济学、社会学、历史学、心理学、哲学。"[③]陈独秀眼中的自然科学、社会科学都是广义的，前者包括数学，后者包括哲学。

1926 年，化学家、教育家任鸿隽（1886—1961）出版《科学概论（上

① 蔡元培：《学堂教科论》，《蔡元培全集》第一卷，中华书局 1984 年版，第 142—144 页。

② 梁启超：《格致学沿革考略》，《饮冰室合集》第四册，中华书局 1988 年重印版，文集之十一第 4 页。

③ 陈独秀：《〈科学与人生观〉序》，《科学与人生观》，亚东图书馆 1923 年版，陈序第 2—3 页。

编)》一书,其中第三章为“智识的分类及科学的范围”,介绍了 13 世纪罗皆·培根(即罗吉尔·培根,Roger Bacon)以来 9 位西方学者的知识或科学分类观点,并做了适度评点。任鸿隽虽然没有提出自己的科学分类方案或方法,但他阐发了两点重要的结论:“(一)科学是彼此互相关系的,不是孑然独立的。……我们所研究分类的意思,也是要得一个明确的有统系的观念。至于各科学的彼此互相关系,并非偶然,乃是因为天然界的真理,是一个无所不在的全体,而一种科学只能研究天然现象一方面的原故。”“明白这个意思,我们若见有一个现象,在几门科学之下研究,就不会有什么可怪的地方。”“(二)是科学范围的扩大。……科学之所以为科学,不在它的材料,而在它的研究方法。它的材料无论是自然界的现象也好,是社会上的情形也好,是生理上的作用也好,是心理上的表现也好,只要能应用科学的方法,做严密的有系统的研究,都可以成立一种新科学。所以我们可以说,世间的现象无限,科学的种类也无限,我们要扩充科学的范围,使与世间的一切同大,也没有什么不可以的。”[①]从这两点结论中,我们也许可以概括出科学分类的关联性原则、整体性原则、发展性原则。

1927 年,青年学者阮毅成(1904—1988)出版《科学分类论》一书。这部仅有 62 页的小册子,共分为 18 个部分,除第Ⅰ部分“科学分类的利便及困难”、第 XVII 部分“结论”和附录之外,其余 15 个部分依次介绍了从古希腊时代到 20 世纪初的西方科学分类方法。阮毅成在“结论”部分,首先将各种科学分类方法概括为主观标准和客观标准,前者如弗朗西斯·培根、卡尔·皮尔逊(Karl Pearson,1857—1936)的分类法,后者如奥古斯特·孔德、威廉·惠威尔(William Whewell,1794—1866)的分类法,他认为两种分类标准各有利弊;然后又将各种科学分类方法归并为三种呈现形式,一是弗朗西斯·培根的“树枝式”,二是奥古斯特·孔德的“位阶式”,三是约翰·阿瑟·汤姆生(John Arthur Thomson,1861—1933)的“坐标式”,他认为“树枝式”和“坐标式”更为

① 任鸿隽:《科学概论(上篇)》,商务印书馆 1926 年版,第 32—34 页。

适用,便于呈现各种科学之间的相互关系。阮毅成还从各种科学分类方法中总结出6条重要的编列原则:自单纯至于复杂、自低下至于高上、自独立至于因存(即相互联系)、自先历史之物至于历史之物、自物理的现象至于心理的现象、自具体的至于抽象的[①]。《科学分类论》的附录,专门讨论了"数学在科学分类上的位置"。在各种科学分类法中,数学摆放的位置各不相同,阮毅成认为"数学之范围日益扩充,余敢言曰:除文学与美术外,多已为数学侵入",很多学说"亦莫不借数学之力以说明,可见其足为一切科学之基者矣"[②]。

1929年,翻译家、数学家郑太朴(1901—1949)出版《科学概论》一书,其中第四章"科学之范围问题"对科学分类做了简单讨论:"如果将来外界现象的研究能成为一整个的,则现在各种科学间的界限统可消除;也许会有这一天,我们只有一个科学,一切有机无机的研究,合成一起了。如是,我们所有的研究,可大别之为以下数种:(一)科学上及其他学上一切最高原则之讨探:玄学;(二)科学上及其他学上所须公理之论述:公理学(Axiomatik);(三)论理学;(四)数学;(五)科学;(六)伦理学或道德学。观此,可知科学不过是我们研究中之一而已;科学以外尚可有其他种种研究,或与科学并立,或则在科学之基本。"[③]其中的玄学、论理学,分别指哲学、逻辑学;"科学"应做狭义解,专指自然科学。郑太朴认为论理学、数学"此二者亦可并为一学"。

1937年,毛泽东(1893—1976)在《矛盾论》一文中,以科学研究的具体实例解析矛盾的特殊性问题。他说:"科学研究的区分,就是根据科学对象所具有的特殊的矛盾性。因此,对于某一现象的领域所特有的某一种矛盾的研究,就构成某一门科学的对象。例如,数学中的正数和负数,机械学中的作用和反作用,物理学中的阴电和阳电,化学中的化分和化合,社会科学中的生产力和生产关系、阶级和阶级的互相斗争,军事学中的攻击和防御,哲学中的唯心论和唯物论、形而上学观和

① 阮毅成:《科学分类论》,光华书局1927年版,第56—57页。

② 阮毅成:《科学分类论》,光华书局1927年版,第62页。

③ 郑太朴:《科学概论》,商务印书馆1929年版,第61—62页。

辩证法观等等，都是因为具有特殊的矛盾和特殊的本质，才构成了不同的科学研究的对象。”①1942 年，毛泽东又对作为科学研究成果的知识的划分问题发表了自己的见解：“自从有阶级的社会存在以来，世界上的知识只有两门，一门叫做生产斗争知识，一门叫做阶级斗争知识。自然科学、社会科学，就是这两门知识的结晶，哲学则是关于自然知识和社会知识的概括和总结。”②很显然，这是一种简约化的知识体系两分法。

2.管理视域中的现代科学分类

为了适应现代科学技术管理或学术管理、教育管理的需要，联合国相关机构和许多国家的相关管理机构提出了多种科学学科分类方案。以下，列举 20 世纪 80 年代以来的几种有代表性的分类方案。

1984 年出版的《联合国教科文组织统计年鉴》，介绍了《联合国教科文科学技术统计工作手册》的学科领域分类方案，将科学学科划分为自然科学、工程和技术科学、医药科学、农业科学、人文和社会科学 5 个大类③。自然科学包括天文学、细菌学、生物化学、生物学、植物学、化学、计算机科学、昆虫学、地质学、地球物理学、数学、气象学、矿物学、自然地理学、物理学、动物学；工程和技术科学包括化学工程学、土木工程学、电气工程学、机械工程学、大地测量学、工业化学、建筑学；医药科学包括解剖学、牙科学、内科学、护理学、产科学、视力测定法、骨疗法、药学、理疗学、公共保健学；农业科学包括作物学、畜牧学、渔业学、林业学、园艺学、兽医学；人文和社会科学包括人类学和人种学、人口统计学、经济学、教育学、法律学、语言学、管理学、政治学、心理学、社会学、组织与方法、艺术（艺术史和艺术批评）、文学、哲学、史前史和历史学、考古学、钱币学、古文书学、宗教学。这个分类方案也许更突出实用性原则，偏重于考虑参与人数、规模等因素，将归属于不同层级的学科并

① 毛泽东：《矛盾论》，《毛泽东选集》第一卷，人民出版社 1991 年版，第 309 页。

② 毛泽东：《整顿党的作风》，《毛泽东选集》第三卷，人民出版社 1991 年版，第 815—816 页。

③ 丁雅娴主编：《学科分类研究与应用》，中国标准出版社 1994 年版，第 159—160 页。

列起来。例如，在自然科学中，细菌学、昆虫学是动物学的分支学科，动物学、植物学是生物学的分支学科，分属于三个层级的学科在其中被并列起来了。

美国科学研究系统的常用学科分类法，将学科分为 7 个大类：(1)生命科学，包括生物学、临床医学、农业科学、其他生命科学；(2)心理学，包括实验心理学、动物行为学、临床心理学、性格形成学、社会心理学、工业和工程心理学、教育心理学、职工和职业心理学、儿童心理学、发育和性格心理学、婚姻心理学、老年心理学、心理测定学、催眠疗法；(3)物质科学，包括天文学、化学、物理学；(4)环境科学，包括大气科学、地学、海洋学；(5)数学和计算机科学，包括数学、计算机学；(6)工程科学，包括航空工程学、航天工程学、化学工程学、土木工程学、电机工程学、机械工程学、冶金和材料科学、农业工程学；(6)社会科学，包括人类学、经济学、历史学、语言学、政治学、社会学、法学、教育学、社会经济地理学①。

设于圣马力诺的国际科学院 1985 年成立时，为规范学术评审工作，编制了包含 6 个学科大类的科学分类表(表 8.1)②。除哲学、自然科学之外，将控制论、文化科学、结构科学、形态科学列为学科大类，是这个分类表的与众不同之处。首先，突出了以控制论为代表的定量性、预测性学科的引领意义；其次，赋予文化科学更宽泛的含义，将传统意义的人文学科、社会科学归于文化科学之下；再次，使用结构科学的概念统称传统的数学类学科，使用形态科学的概念统称一部分关涉具象思维的综合性学科。

① 李明德：《美国科学技术的政策、组织和管理》，轻工业出版社 1984 年版，第 32—35 页。

② 《国际科学院关于科学分类的新方法》，《国外社会科学》1986 年第 4 期。

表 8.1　国际科学院(圣马力诺)的科学分类法

1 控制论	
1.1 人类科学控制论	心理控制论,语言控制论,控制论美学,社会经济控制论,教育控制论
1.2 普遍控制论	信息论和编码理论,一般调节理论,有目的的适应理论,信息学
1.3 机器控制论	远程通信工艺学,信息储存和调节工艺学,电子计算机和自动控制工艺学
1.4 生物控制论	生物控制论,控制论医学
2 文化科学	
2.1 基础非控制论人类科学	非参量心理学,人种学,语言学,社会学
2.2 非控制论社会科学	管理科学,经济学,法学,政治学,教育学,非控制论通信科学
2.3 非参量艺术科学	音乐学和音乐史学,美术和形象艺术,文学,舞台艺术美学和舞台艺术史
2.4 整体文化科学	比较宗教学和宗教史,社会地理学,一般历史学
3 结构科学	
3.1 思维结构科学	符号逻辑学,算法系统学,普通公理学,算术和数科学,概率计算,一般系统论
3.2 形象结构科学	几何学,运动力学
3.3 形式数学	代数学,级数、函数、方程式、分布等理论,向量计算、矩阵论、微分、积分等
4 哲学	
4.1 基础哲学	哲学逻辑,认识论
4.2 哲学价值论	哲学美学,道德哲学,法哲学,国家论哲学
4.3 模型论和科学学	一般模型理论,普通科学学,专门学科的哲学
4.4 思想史	哲学史,专门学科的历史
5 自然科学	
5.1 物质学	物理学及应用工学:构造静力学、机械工程学、电机工程学等,化学及应用工学
5.2 地学	天文学,大地测量学,自然地理学,地质学
5.3 生物科学	一般生物学,植物学,动物学,医药学,农学,营养科学,生态学
6 形态科学	
6.1 视听文献学	科学摄影,电影摄制、录音等,博物馆学
6.2 工具形态学	人类工程学,技术设计学
6.3 环境规划学	建筑学,园林学,城区规划学,交通规划学,旅游学

20世纪90年代初,在国家科学技术委员会、国家教育委员会、中

国科学院、国家自然科学基金委员会等部门和机构编制的多种学科分类表或学科分类目录的基础上，借鉴国际组织和其他国家的学科分类体系，国家科学技术委员会、国家技术监督局组织专家编制的《中华人民共和国国家标准·学科分类与代码》(GB/T 13745-92)于1992年11月1日发布，1993年7月1日开始实施①。学科分类代码表的总体结构分为4个层次，第一个层次为“门类”，依次排列自然科学、农业科学、医药科学、工程与技术科学、人文与社会科学5个门类。“为了学科分类表具有更好的实用性和灵活性，在本表中不明确列出这一层次，而直接按一级学科统一排列。这样可以使一些具有综合性质学科和交叉学科放在适当位置，不受‘门类’界线的束缚。”②代码表共列有58个一级学科、573个二级学科、近6000个三级学科。将属于科学部类的数学、哲学与属于学科门类的力学、法学、管理学等和属于学科群组的水产学、药学、民族学等都列为一级学科，可能无法给出学理上的合理解释，但可以满足学科分类代码表主要用于国家宏观管理和科学技术统计的初衷。

3.中国学者对现代科学分类体系的探索

20世纪70年代末以来，中国逐步进入学术发展的快车道，许多学者对现代科学分类体系即科学知识体系结构问题进行了积极探讨，发表了一系列有创建的观点。目前，在《中国学术期刊(网络版)》中，以“科学知识体系”作为检索词进行“主题”的“精确”检索，可以检出619篇期刊文献；以“科学知识结构”作为检索词进行“篇名”的“模糊”检索，可以检出62篇期刊文献(检索日期2016年6月20日)。

1979年，科学家钱学森(1911—2009)在《科学学、科学技术体系学、马克思主义哲学》③、《关于建立和发展马克思主义的科学学的问

① 2009年5月6日，国家质量监督检验检疫总局、中国国家标准化管理委员会发布经过修订的《中华人民共和国国家标准·学科分类与代码》(GB/T 13745-2009)。

② 丁雅娴主编：《学科分类研究与应用》，中国标准出版社1994年版，第159—160页。

③ 钱学森：《科学学、科学技术体系学、马克思主义哲学》，《哲学研究》1979年第1期。

题》①、《大力发展系统工程，尽早建立系统科学的体系》②三篇文章中，首先提出了一个包含6个组成部分（他使用过多种概念指称科学知识体系第一级子系统，如组成部分、科学部门、大部门、部类等）的科学技术体系：马克思主义哲学、社会科学、自然科学、数学、技术科学、工程技术。由于技术科学、工程技术属于自然科学、数学、社会科学之下的层次，所以这个科学技术体系可以称之为"1＋3"科学分类体系图式。其中的"1"是指马克思主义哲学，"3"是指自然科学、数学、社会科学。随后10多年时间，钱学森在一系列文章中对这个分类体系做了多次补充③④⑤⑥，经过"1＋5""1＋6""1＋8"图式的过渡，到20世纪90年代最终建立了"1＋11"科学分类体系图式（图8.3）。

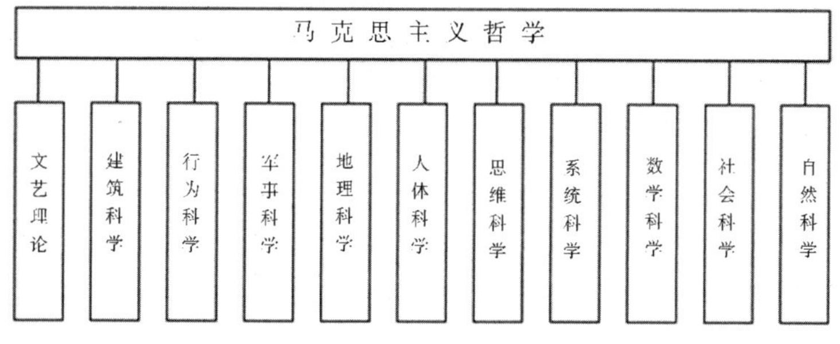

图8.3　梳形科学分类体系图式(钱学森)

笔者将这个框图形象化地称之为梳形科学分类体系图式。它包含12个一级子系统，除马克思主义哲学作为最高层次的科学知识之外，还有自然科学、社会科学、数学科学、系统科学、思维科学、人体科学、地

① 钱学森：《关于建立和发展马克思主义的科学学的问题》，《科研管理》1979年试刊第3、4期。

② 钱学森：《大力发展系统工程，尽早建立系统科学的体系》，《光明日报》1979年11月10日第2版。

③ 钱学森：《自然辩证法、思维科学和人的潜力》，《哲学研究》1980年第4期。

④ 钱学森：《系统科学、思维科学和人体科学》，《自然杂志》1981年第1期。

⑤ 钱学森：《谈行为科学的体系》，《哲学研究》1985年第8期。

⑥ 钱学森：《谈地理科学的内容及研究方法》，《地理学报》1991年第3期。

理科学、军事科学、行为科学、建筑科学、文艺理论。要注意的是，这里的行为科学并不是西方管理科学中的行为科学。按照钱学森的看法，行为科学的使命在于解决个人行为与社会发展之间的矛盾，包括伦理学、法理学、法律思想史、社会心理学、人才学、德育学和一系列法学分支学科。

1980 年，经济学家、哲学家(1915—2013)于光远发表《关于科学分类的一点看法》[①]一文，主张将科学划分为 5 个领域或部分。笔者将其形象化地称之为六边形科学分类体系图式(图 8.4)。在这个示意图中：A＋C 是自然科学的领域；B＋C 是社会科学的领域；C 是自然科学与社会科学共同的领域，包括生产力经济学、技术经济学、工程学、农艺学、医学、心理学、管理科学等；D 为哲学，置于上方，表示作为科学的哲学对自然科学和社会科学来说是指导性的科学；E 为数学，置于下方，表示数学对自然科学和社会科学是辅助性的科学。于光远还强调，人们把数学看成自然科学，同把哲学看成社会科学一样，是一种误解。其实，数学只是为自然科学和社会科学研究事物的量的规定性这一侧面提供有力的科学工具。于光远认为 C 所包含的学科大多属于边缘科学，此时他尚未使用交叉学科、交叉科学概念。

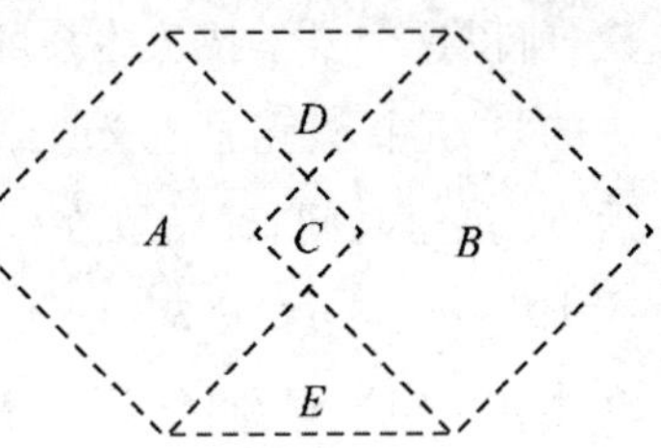

图 8.4　六边形科学分类体系图式(于光远)

1990 年，刘仲林在《跨学科学导论》一书中，提出一种软分类方案[②]。该方案由四个相互交叠的圆构成，分别代表自然科学、技术科学、社会科学、交叉科学。笔者将其称之为四叠圆科学分类体系图式(图 8.5)。其中，以往硬分类方案的工程技术、农业科学、医学科学被合并为技术科学。这个软分类方案与以前的硬分类方案相比，最大的不

① 于光远：《关于科学分类的一点看法》，《百科知识》1980 年第 4 期。

② 刘仲林等：《跨学科学导论》，浙江教育出版社 1990 年版，第 18—19 页。

同是把交叉科学作为一个大的门类（相当于本书所说的科学部类），同时承认一个学科在学科序列中可以有两个或两个以上的归属。交叉科学这个圆的虚线部分，表示各学科门类内部的交叉学科，如在自然科学内部，有物理化学等交叉学科。实线单线条区，表示两大学科门类间的交叉，如社会科学与自然科学之间的社会物理学等。图中心四个圆的共有部分表示同时涉及自然科学、社会科学、技术科学三大门类的交叉学科，如环境科学。很显然，《跨学科学导论》一书作者对交叉科学的理解是广义的。

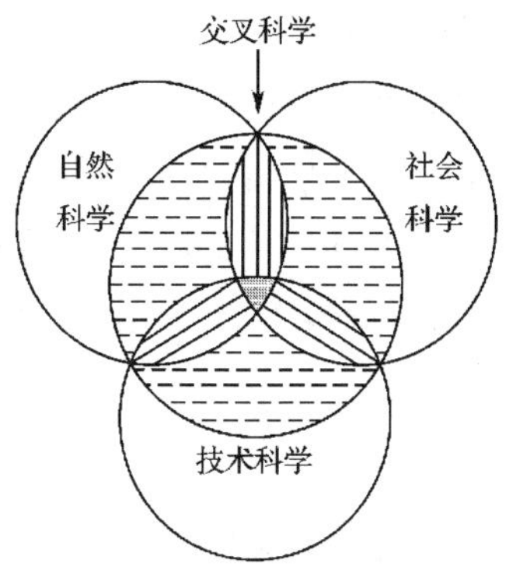

图 8.5　四叠圆科学分类体系图式（刘仲林）

三、科学学科部类结构的建构方案

建构科学学科部类结构（以下简称为科学部类结构），其实就是确认科学知识体系是由哪几个第一级子系统构成的，其功能与以上两节所讨论的科学分类或学科分类是等价的。

1.四面体塔杆式科学部类结构图式

20 世纪 80 年代中期，笔者在讲授自然辩证法概论课程的过程中，开始思考科学知识体系中的结构问题。1992 年，笔者和合作者发表《现代科学分类与图书分类体系》①一文，第一次提出科学分类的七分法方案，即四面体塔杆式科类部类结构图式（图 8.6）。这个结构图式，将现代科学知识体系区分为 7 个一级子系统，亦即认定现代科学包含着哲学科学、数学科学、系统科学、交叉科学、自然科学、社会科学、思维科学等 7 个科学部类。哲学、数学这两个名称都加上了“科学”二字，意在强调它们不是单一的学科，而是包含着众多直系分支学科、边缘分支

① 王续琨、王月晶：《现代科学分类与图书分类体系》，《图书与情报工作》1992 年第 2 期。又见王续琨：《论科学学科与教育》，大连理工大学出版社 1997 年版，第 21—29 页。

学科的科学部类。在四面体塔杆式科学部类结构图式中，自然科学、社会科学、思维科学三足鼎立，支撑起整个科学知识体系的大厦。交叉科学置于四面体的顶点，表明其具有承上启下、互联沟通的特殊作用。四面体之上，从系统科学到数学科学再到哲学科学，研究对象和科学知识的抽象性程度越来越高。

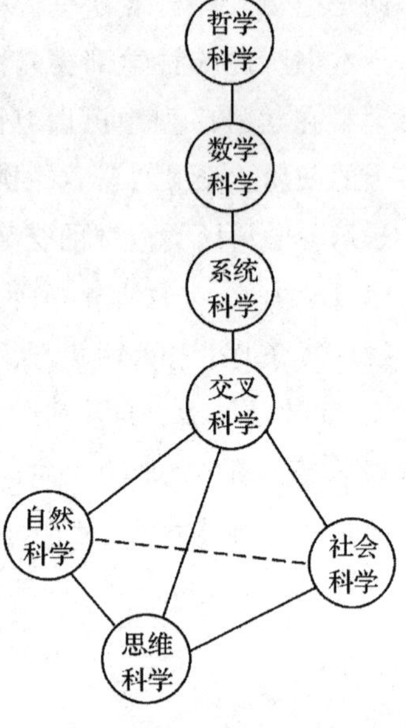

图 8.6　四面体塔杆式科学部类结构图式(王续琨)

科学部类的确认，主要依据研究对象的差异。按照习惯说法，自然科学、社会科学、思维科学分别以自然界、人类社会、人类思维活动作为研究对象。自然界是指不依赖意识而存在的客观物质世界。从浩森无际的苍茫宇宙，到至今尚无法直接观察的微观粒子，都在自然科学的研究视野之中。变动不居的自然界约有 150 亿年的演化历史，作为人类家园的地球则有约 46 亿年的历史。地球包容着大部分自然科学学科的研究对象。人类社会是自然界发展到一定阶段的产物。人类有文字记载的历史仅有几千年，但纷繁多样的人类活动和社会现象，为社会科学提供了常研常新、层出不穷的研究对象。思维作为人脑的机能也是自然界发展到一定阶段的产物，有了人类才有了“物质的最高的精华——思维着的精神”①。人类对于自身思维活动的研究始于古代，思维科学直到进入现代时期才从哲学社会科学的母体中分立出来。在本书第三章的图 3.1 中，思维科学可以看作是由哲学社会科学知识板块中“漂移”出来的一块“次大陆”，目前所属分支学科相对较少。概括以上所说，从研究对象的维度来看，自然科学、社会科学、思维科学三个科学部

① 恩格斯:《自然辩证法》,《马克思恩格斯选集》第四卷，人民出版社 1995 年版，第 279 页。

类具有较为明显的区分度。

交叉科学是所有交叉学科集合而成的新兴科学部类，包括地理科学、海洋科学、资源科学、生态科学、环境科学、安全科学、管理科学等一系列学科门类。各门交叉学科的研究对象，都是介于自然界与人类社会之间的跨界事物，既不是纯粹的自然科学学科研究对象，又不是纯粹的社会科学学科研究对象。各门交叉学科既具有数学自然科学属性，又具有哲学社会科学属性。进行交叉学科研究，需要综合运用数学自然科学和哲学社会科学的理论、方法。作为科学部类的交叉科学虽然形成历史尚短，但发展迅速，汇聚学科的数量急剧增长。

系统科学是以系统、信息、控制等特定关系作为研究对象的所有学科的统称，包括一般系统论、信息论、控制论、耗散结构论、协同学、超循环论、突变论、混沌学、孤子论、分形学、系统动力学、系统工程学等及其分支学科，目前所属学科数量也相对少一些。在本书第三章的图3.1中，系统科学可以看作是由数学自然科学知识板块中"漂移"出来的一块"次大陆"。数学科学是以现实世界中的数量关系和结构关系作为研究对象的所有学科的统称，包括数论、代数学、几何学、拓扑学、数学分析学、微分方程论、计算数学、概率论、数理统计学、运筹学等及其分支学科。系统科学、数学科学的研究对象都具有分布广泛的特征，普遍地存在于自然界、社会和人类思维各个领域，因而它们的理论和方法较有普遍适用性。它们是具有方法性特征的两个科学部类，在属性上最靠近哲学科学，可以视为"辩证的辅助工具和表现方式"①。哲学科学是最高层次的科学知识的集合，是对其他科学部类的最一般概括和总结，包括辩证唯物主义、价值哲学、实践哲学、社会哲学、军事哲学、教育哲学、自然科学哲学、实验哲学等及其分支学科。广义的哲学科学，还包括美学、伦理学及其分支学科。

1982年，钱学森解析当年建构的"6+1"科学分类体系图式时，在

① 恩格斯：《自然辩证法》，《马克思恩格斯选集》第四卷，人民出版社1995年版，第259页。

《现代科学的结构——再论科学技术体系学》一文中曾提出一个观点，认为任何科学都是研究整个客观世界的，只不过各个科学部门研究的角度或着眼点有所不同。自然科学从物质运动的角度研究整个世界，社会科学从人类社会发展运动的角度研究整个客观世界，思维科学从思维的角度探究整个客观世界，人体科学从人体的角度研究整个客观世界，系统科学从系统的角度研究整个客观世界，数学科学从质和量对立统一、质和量互变的角度研究整个客观世界，6 个科学部门分别以自然辩证法、历史唯物主义、认识论、人天论、系统论、数学学作为桥梁同马克思主义哲学相联系[①]。上述观点尽管同传统观点有内在的契合性，但依然可以引导研究者深化对这个问题的思考。

2.交叉科学被列为科学部类的缘由

在四面体塔杆式科学部类结构图式中，将交叉科学列为一个独立的科学部类，首先是因为组成交叉科学的各门交叉学科，有着既不同于数学自然科学又不同于哲学社会科学的研究对象，其次还因为交叉科学有着独特的功能。笔者主张将交叉科学提升为一个科学部类，基于以下三个方面的缘由。

第一，有助于充分认识交叉科学在科学知识整体化进程中的特殊作用。20 世纪以来，现代科学越来越呈现出整体化的特征，科学部类之间的界限越来越模糊。边缘学科特别是交叉学科在这一进程中发挥了特有的重要作用。在图 8.6 中，交叉科学处于四面体“底座”的顶点，是各个科学部类相互联系的桥梁和纽带。交叉科学集纳了自然科学、社会科学、思维科学与系统科学、数学科学、哲学科学这些科学部类之间跨学科研究的丰硕成果，一方面向自然科学、社会科学、思维科学转移系统科学、数学科学、哲学科学的理论和方法，另一方面又向系统科学、数学科学、系统科学传递可供进一步加工提炼的自然科学、社会科学、思维科学的研究成果。交叉科学的特殊地位，加强了自然科学、社会科学、思维科学与系统科学、数学科学、哲学科学的联系，在科学知识

① 钱学森:《现代科学的结构——再论科学技术体系学》,《哲学研究》1982 年第 3 期。

整体化进程中所履行的功能是其他任何一个科学部类都不能替代的。

第二，有助于保证交叉学科门类、交叉学科群组在科学知识体系中的完整性。20世纪下半叶以来，交叉学科的数量急剧增加，在科学知识体系学科总量中所占比例越来越大。交叉科学已经发展到了不能不给予格外重视和关注、不能不专门加以研究的地步。交叉科学作为一个科学部类，应当包含在习惯上归属于各个传统科学部类或学科门类的交叉学科，如计量历史学、数理经济学、计量经济学、计量社会学、数理语言学等。这些学科在科学知识体系中具有多重归属性，例如计量社会学，既可以视为数学科学的边缘分支学科，又可以视为社会学的边缘分支学科，现在理所当然地可以将其归入交叉科学。交叉科学的主体部分是那些在总体上既具有数学自然科学属性又具有哲学社会科学属性的学科门类、学科群组，即交叉学科门类、交叉学科群组。这些交叉学科门类、交叉学科群组，既包含一些可以归属于数学自然科学的分支学科，又包含一些可以归属于哲学社会科学的分支学科，甚至还有一些介于自然科学与社会科学之间的交叉性分支学科。例如，人类学包括体质人类学（或称之为自然人类学）和文化人类学（或称之为社会文化人类学）两个学科群组，地理学包括自然地理学和人文地理学两个学科群组，每个学科群组都各有几十门分支学科。如果将体质人类学、自然地理学唯一地归入自然科学这个科学部类，将文化人类学、人文地理学唯一地归入社会科学这个科学部类，势必造成人类学、地理学这些学科门类整体的肢解。另外，还会造成像工效学（即功效学、人类工程学）、计划生育学、优生人类学和环境地理学、生态地理学等一类真正具有交叉性特征的分支学科，无法归入人类学、地理学这些学科门类，从而无法在科学知识体系中找到合适的安放位置。

第三，有助于在科学管理、教育管理和信息管理中对交叉科学给予特别的关注。迄今为止，交叉学科、交叉科学在多数人的观念中只是一些具有交叉属性的学科的笼统称谓而已，并没有认识到它们在科学发展历程中的特殊地位，因而相应管理制度的调整也没有提到议事日程上来。在现有的课题申报、成果报奖、学科专业设置、图书资料分类等各种目录中，均没有专设“交叉科学”这一大类，也没有为大部分交叉科学学科门类提供应有的发展空间。多年来，一些从事交叉科学研究的学者差不多都有课题申报难、报奖评奖难、查阅文献难的切身经历和感受。例如，图书馆中的人类学图书，一部分编列在自然科学的生物学类中，一部分编列在社会科学的社会学或文化研究类中，还有一部分编列在哲学类中。在历年的《国家自然科学基金项目指南》《国家社会科学基金项目年度课题指南》中，除归入自然科学资助范围的生态学（归属生命科学部）、管理科学（归属管理科学部）、环境科学（归属专门领域）和归入社会科学资助范围的统计学、体育学之外，绝大部分交叉学科、交叉科学学科门类均难以登堂入室，从而无法在研究上获得名正言顺的资金支持。进入21世纪以来的项目（课题）指南立项指导思想中，尽管已经增加了“注重新兴边缘交叉学科和跨学科综合研究”“鼓励开展跨科学部的学科交叉研究”等文字，实际上能够列入资助范围的只是一些小交叉、近交叉的课题，还不是涉及数学自然科学与哲学社会科学两大知识板块的大交叉、远交叉课题。一些具有交叉性的研究课题，在数学自然科学领域中申报，评审者认为方法、手段“太软”；在哲学社会科学领域中申报，评审者又认为哲学味或人文味不足。诸如此类情况的出现，根本原因就在于交叉科学没有在科学知识体系中取得应有的地位，没有单独设类。只有将交叉科学擢升为科学知识体系的一级子系统——科学部类，才能真正体现交叉科学的地位、作用和价值，才能为交叉科学引起人们的足够重视奠定必要的基础。

四、人文科学在科学分类体系中的地位问题

本章第二节、第三节提到的各种科学分类体系图式和科学部类结构图式，都没有列入人文科学。鉴于近年来人文学科、人文科学在中国学术话语中频繁出现的实际情况，这一节有必要对人文科学在现代科学分类体系中的地位问题做简要的讨论。

1.“人文学科”和“人文科学”概念的由来和使用概况

汉语言文字中的“人文”一词，首次出现于《易·贲卦·彖传》：

"《彖》曰：贲，亨，柔来而文刚，故亨。分刚上而文柔，故小利有攸往，天文也；文明以止，人文也。观乎天文，以察时变；观乎人文，以化成天下。"宋代理学家、教育家程颐(1033—1107)解释说："天文，天之理也；人文，人之道也。天文，谓日月星辰之错列，寒暑阴阳之代变，观其运行，以察四时之速改也。人文，人理之伦序，观人文以教化天下，天下成其礼俗，乃圣人用贲之道也。"(《伊川易传》卷二)其实，中国语境中的"人文"有很宽泛的含义，可以视为"文化"的等义概念。习俗礼仪、行事规则、道德修为、技能训练等，都属于人文的范畴。

被中国学者译为"人文学科"或"人文科学"的英文 humanities 一词，源于拉丁文 humanitas，原意为人性、教养。公元前 1 世纪，古罗马政治家、演说家马库斯·西塞罗(Marcus T. Cicero，公元前 106—前 43)使用 humanitas 一词指称培养雄辩家的教育纲要，而后成为古典教育的基本纲领。十二三世纪欧洲出现世俗性学校，除设有同神学相关的教学科目(学科)之外，逐渐添设了一些非神学的属于 humanitas 的科目。这些科目以人和自然界为研究对象，以古希腊、罗马的希腊文、拉丁文"人文典籍"为内容，主要包括语言、文学、艺术、历史、道德哲学，乃至数学、自然科学等。显而易见，欧洲中世纪的 humanitas 一词，是一个与神学教学科目相对应的概念。15 世纪末，意大利学生使用 umanista 一词称呼讲授古典语言和文学的教师，这些教师所讲授的科目则被称之为 studiahumanitatis。这两个词汇译成英文，分别为 humanist(人文教师)、humanities(人文学科)。

至 19 世纪，西方的 humanitas(humanities)的重点又有所变化，已经不再刻意强调它的世俗性，而是强调它与物理科学的区别，因为后者只是客观地考察世界而不联系人生意义和人类追求。在德国，对于科学中的非自然科学部分使用另外的称谓。1883 年，德国哲学家、历史学家威廉·狄尔泰(Wilhelm Dilthy，1833—1911)在《精神科学引论》

(Einleitung in die Geisteswissenschaften)第一卷[①]中创用复数形式的德文词汇 Geisteswissenschaften(精神科学),将 Geisteswissenschaften 视为同自然科学相并立的科学部门,它包含自然科学之外研究人的活动的所有学科。英语国家的学者在充分理解了 Geisteswissenschaften 的基础上,将其译为 human science 或 humanscience(人文科学)[②]。1896 年,德国哲学家亨里希·李凯尔特(Heinrich Rickert,1863—1936)在《文化科学和自然科学》一书中使用含义较为宽泛的德文词汇 Kulturwissenschaften(文化科学),力图用这个复合词替代狄尔泰用之与自然科学相对应的 Geisteswissenschaften(精神科学)。

"人文学科"和"人文科学"这两个学术术语在中国文献中何时开始出现,humanities、human science 等词汇何时开始引起中国学者的注意,目前还没有确切的考证结果。1924 年,中国学者、马克思主义传播先驱李大钊(1889—1927)的《史学要论》被商务印书馆列为《百科小丛书》第 51 种正式出版。在这部重要著述中,李大钊谈到历史理论研究要充分利用相关学科的研究成果时说:"须采用生物学、考古学、心理学及人文科学等所研究的结果,更以征验于记述历史、历史理论的研究,方能作到好处。"[③]在谈到各种社会现象专门史的理论基础时,他又说:"对于政治史、经济史、宗教史、教育史、法律史等,记述的特殊社会现象史,已有研究一般理论的学科。对于政治史,则有政治学;对于经济史,则有经济学;对于宗教史,则有宗教学;对于教育史,则有教育学;对于

① 威廉·狄尔泰的这部著作有多种中文译本:威廉·狄尔泰:《精神科学引论》第一卷(西方思想经典文库),童奇志、王海鸥译,霍桂桓校译,中国城市出版社 2002 年版;韦尔海姆·狄尔泰:《人文科学导论》,赵稀方译,华夏出版社 2004 年版;威廉·狄尔泰:《精神科学引论》第一卷,艾彦译,北京联合出版公司 2012 年版;威廉·狄尔泰:《精神科学引论》第一卷,艾彦译,译林出版社 2012 年版;威廉·狄尔泰:《精神科学引论》第一卷(汉译文库),艾彦译,北京联合出版公司 2014 年版;威廉·狄尔泰:《精神科学引论》第一卷(汉译经典),艾彦译,译林出版社 2014 年版。(后面四种艾彦译本,均为童奇志、王海鸥、霍桂桓译本的修订版。)

② 有中国学者认为,将德文词汇 Geisteswissenschaften 对译为英文 human sciences(人文科学),只能表达出 Geisteswissenschaften 的部分含义。参见威廉·狄尔泰:《精神科学引论》第一卷,童奇志、王海鸥译,霍桂桓校译,中国城市出版社 2002 年版,译者前言第 11 页。

③ 李大钊:《史学要论》,《李大钊全集》第四卷,人民出版社 2006 年版,第 413 页。

法律史，则有法理学；对于文学史，则有文学；对于哲学史，则有哲学；对于美术史，则有美学；但对于综合这些特殊社会现象，看作一个整个的人文以为考究与记述的人文史或文化史（亦称文明史），尚有人文学或文化学成立的必要。”①李大钊将“人文”与“文化”看作是等义概念，因此《史学要论》中说到的“人文科学”“人文学”可以换用“文化科学”“文化学”。这两个术语，同西方的 culture science、human science 等词汇似乎没有直接的对译关系。

20 世纪 30 年代至 40 年代，“人文科学”在中国一直是一个使用频率比较低的学术术语。在“中国知网”的《中国学术期刊（网络版）》中，笔者以“人文科学”作为检索词进行“全文”检索，检出 1949 年以前发表的在文中使用“人文科学”一词的期刊文献 4 篇。其中第一篇是 1935 年第 3 期《地理学报》刊载的地理学家、历史学家张其昀（1900—1985）的《近二十年来中国地理学之进步（上）》一文，其中写道：“地理学之性质，兼涉自然科学与人文科学，方面既多，各有专称”。此处的“人文科学”似可等同于现在的社会科学。近日，笔者在日本国立国会图书馆网站中检索到一份中文版纸质文献，1938—1939 年由北京人文科学研究所编印的《北京人文科学研究所藏书目录》。虽然今天已经难以搜查到北京人文科学研究所的相关资料，但这份《藏书目录》告诉我们，当年曾经有过这样一个以“人文科学”命名的学术机构。

20 世纪 50 年代以后，中国教育界、学术界又从苏联引进了“人文学科”（俄文 гуманитарные науки）概念。在《中国学术期刊（网络版）》中，笔者以“人文学科”作为检索词进行“全文”检索，检出 1965 年以前发表的在文中使用“人文学科”一词的期刊文献 21 篇。时间最早的两篇是 1955 年第 11 期和第 12 期《人民教育》杂志所刊介绍苏联小学、中学教学大纲和教学计划的文章。直到 1985 年，中国期刊才出现第一篇以“人文学科”作为篇名主题词的文献，此后偶有中断的年份，1995 年以后每年的文献产出量为 10 篇以上，2008 年产出 30 篇。翻检期刊文

① 李大钊：《史学要论》，《李大钊全集》第四卷，人民出版社 2006 年版，第 417—418 页。

献篇名可知，“人文学科”概念主要用于教育领域指称课程类型。

1955年，中国期刊中出现了第一篇以“人文科学”作为篇名主题词的文献，这篇文献是东北人民大学校长匡亚明(1906—1996)为《东北人民大学人文科学学报》撰写的创刊词。这个时期，多所高等学校创办了“人文科学版”学报。以“人文科学”作为篇名主题词的文献在20世纪60年代中期至70年代末出现了十几年的中断，1979年重新起步后数量逐渐增多，1998年以后每年的文献产出量多为30篇以上。“人文科学”概念，大多是在研究科学知识体系或科学分类时用于指称一类学科。

20世纪90年代中后期，在高等学校强化“人文素质教育”的背景下，越来越多的学校开设了以“人文科学”冠名的课程，由此促进了相关教材的编纂和出版。借助于“读秀学术搜索”，目前可以在《读秀知识库》中检索到中国学者编写的《人文科学概论》著作11部(出版年份始于2002年)，《人文科学导论》著作4部(出版年份始于1998年)，《人文科学要论》著作1部(出版年份1986年)，《人文科学基础》著作2部(出版年份始于2000年)，《人文科学概览》著作1部(出版年份2001年)，《人文科学论纲》著作2部(出版年份始于2001年)，《人文科学教程》著作2部(出版年份始于2004年)，《人文科学素养读本》著作1部(出版年份2012年)，《人文科学引论》著作1部(出版年份2002年)。

2.人文科学不宜单独设类的理由

20世纪末以来，一些中国学者提出现代科学知识体系三分法分类方案，主张将所有的科学学科区分为三个基本部分：自然科学、社会科学、人文科学[①]或者自然科学、社会科学、人文学科[②]。这种观点可能主要是受到外国工具书权威“人文学科”定义的影响。根据《简明不列颠百科全书》1984年英文版翻译的中文版《简明不列颠百科全书》，为“人文学科”做出了一个被广泛引用的“人文学科(humanities)”经典定

① 刘鸿武：《守望精神家园：人文科学论纲》，云南大学出版社2000年版，第1页。

② 李醒民：《知识的三大部类：自然科学、社会科学和人文学科》，《学术界》2012年第8期。

义:“学院或研究院设置的学科之一,特别是在美国的综合大学。人文学科是那既非自然科学又非社会科学的学科的总和。一般认为人文学科构成一种独特的知识,即关于人类价值和精神表现的人文主义的学科。”[①]在美国等西方国家,高等教育领域流行这种三分法,综合性大学通常设置理学院、法学院、文学院,分别对应于自然科学、社会科学、人文科学。笔者以为,据此就将人文科学(人文学科)视为同自然科学、社会科学相并立的一类学科或科学部门,是值得商榷的一种主张。

首先,“人文科学”概念本身具有游移性和发散性。“人文科学”在国外至今仍是一个歧义迭出的概念。中国学术界所使用的“人文科学”术语,有多个西方语言文字来源,情况更为复杂。英文词汇 humanities 除被译为人文学科、人文学之外有时也被译为人文科学(《辞海》等),威廉·狄尔泰使用的德文词汇 Geisteswissenschaften(精神科学)有时被译为人文科学[②],德裔哲学家恩斯特·卡西尔(Ernst Cassirer,1874—1945)使用的德文词汇 Kulturwissenschaften(文化科学)被译为人文科学[③],法国文学理论家吕西安·戈德曼(Lucien Goldmann,1913—1970)使用的法文词组 sciences humaines 也被译为人文科学[④]。“人文科学”的来源不同,人们对它的理解必然会有很大差异。

在中国,学者们对人文科学的涵盖范围有着多种多样的看法。有的学者认为人文科学包含文学[⑤]、史学、哲学,习惯上将三者简称为“文史哲”。有的学者认为人文科学包括哲学、美学、伦理学、宗教学、历史学、语言学、文艺学等。也有的学者主张人文科学的范围可以再宽泛一些,包括哲学、美学、伦理学、宗教学、民族学、人类学、历史学、语言学、

① 《简明不列颠百科全书》第六卷,中国大百科全书出版社 1986 年版,第 760 页。

② [德]韦尔海姆·狄尔泰:《人文科学导论》,赵稀方译,华夏出版社 2004 年版。书名中的“人文科学”译自德文 Geisteswissenschaften。

③ [德]恩斯特·卡西尔:《人文科学的逻辑:五项研究》,关子尹译,上海译文出版社 2004 年版。书名中的“人文科学”译自德文 Kulturwissenschaften。

④ [法]吕西安·戈德曼:《马克思主义和人文科学》,罗国祥译,安徽文艺出版社 1989 年版。书名中的“人文科学”译自法文 sciences humaines。

⑤ 严格地说,文学并不是一个学科。文学作为一种社会现象、语言艺术,是一门学科的研究对象,研究它的学科应该称之为“文学学”。本书第十二章对这个问题做了简略阐释。

文艺学、教育学、心理学等。还有的学者采用更为广义的理解，主张用“人文科学”取代以往的“社会科学”概念，其理由是前者比后者更能突出研究的目的性——“人的自身发展”①。1999年版《辞海》继续沿用以往版本对“人文科学”的一种顾及大多数的折衷解释：“狭义指拉丁文、希腊文、古典文学的研究。广义一般指对社会现象和文学艺术的研究，包括哲学、经济学、政治学、史学、法学、文艺学、伦理学、语言学等。”②就目前状况而言，对人文科学的学科涵盖范围形成相对一致的看法，尚不具备现实可能性。

其次，人文科学与社会科学的分野难以做出清晰的区分。“人文科学”概念的使用者，大多接受《简明不列颠百科全书》关于人文学科侧重于研究“人类价值和精神表现”的表述，从强调精神层面的角度看待人文科学（人文学科）的特点。“社会科学为人类提供了关于社会的组织、结构、制度、功能、管理、运行的规律与知识，而人文科学，则探究追问着关于人的生存意义、生命价值、生活理想方面的一些‘形而上’的终极性问题。”“人文科学的特殊意义，则在于为人类构建一个精神的家园，守护一个心灵的故乡，为人类筑造起一个可供心灵‘诗意地栖息’的精神与情感世界。”③即使按照比较狭义的人文科学概念，其中有些学科也很难归结为其宗旨在于探究追问“关于人的生存意义、生命价值、生活理想”等终极性问题。以哲学为例。当下的广义哲学科学（包含伦理学、美学）已经形成数以百计的直系分支学科、边缘分支学科。其中同认识和改造社会相联系的政治哲学、军事哲学、经济哲学、管理哲学等，同认识和改造自然界相联系的数学科学哲学、自然科学哲学（物理学哲学、天文学哲学）、技术哲学、工程哲学等，追求的是对相关领域、活动进行哲理性思考，以便更明白、更聪明地做事，很难说同“人的生存意义、生命价值、生活理想”有什么直接的关联。

认定人文科学研究人及其精神文化现象，社会科学研究人及其社

① 王卓民、李永康：《人文科学概览》，山西人民出版社2001年版，第4页。

② 《辞海》（1999年版缩印本），上海辞书出版社2000年版，第372页。

③ 刘鸿武：《守望精神家园：人文科学论纲》，云南大学出版社2000年版，第2—3页。

会活动，只是一种理想化的笼统说法而已。显而易见的是，我们现在还难以将人文科学从社会科学中分立出来，在人文科学与社会科学之间还难以划出相对明晰的分界线。如果将美学、伦理学、宗教学、语言学、文艺学(文学学、艺术学)等划归人文科学，那么人们自然而然就会提出这样的问题：审美过程、道德生活、语言现象、文学艺术活动等是不是社会活动、社会现象？另外，人的思考、人的精神生活，都是在一定的社会条件下进行的，同社会的方方面面有着千丝万缕的联系。1845年，马克思(1818—1883)在批判费尔巴哈对人的本质的错误理解时，说过一句被后人广泛引用的名言："人的本质不是单个人所固有的抽象物，在其现实性上，它是一切社会关系的总和。"①对人、人的精神世界的研究，不可能脱离对社会的研究。正如瑞士心理学家皮亚杰(Jean Piaget，1896—1980)所说："在人们通常所称的'社会科学'与'人文科学'之间不可能做出任何本质上的区别，因为显而易见，社会现象取决于人的一切特征，其中包括心理生理过程。反过来说，人文科学在这方面或那方面也都是社会性的。只有当人们能够在人的身上分辨出哪些是属于他生活的特定社会的东西，哪些是构成普遍人性的东西时，这种区分才有意义。"②

由于"人文科学"概念具有诸多的不确定性，对它的使用应该谨慎一些。前面第三节介绍的中国学者提出的几种科学分类体系图式，都没有将人文科学列为科学知识体系的一级子系统，其中隐含着一定的道理。学术概念的选择和使用，同整个学术研究工作一样，应以满足社会需要作为基本前提。既然不使用"人文科学"概念也能够说清科学分类问题或科学知识体系的结构，我们就不把"人文科学"概念拉进来。有的研究者认为"人文科学"概念不该舍弃，可以继续探索人文科学与社会科学的划界问题。这或许是一个有魅力的学术研究课题。当然，

① 马克思：《关于费尔巴哈的提纲》，《马克思恩格斯选集》第一卷，人民出版社1995年版，第56页。

② [瑞士]让·皮亚杰：《人文科学认识论》，郑文彬译，中央编译出版社1999年版，第1页。

在没有划清人文科学与社会科学的分界线的情况下，还有一种模糊处理的方法，亦即用“人文社会科学”这一词组来替代以往的“社会科学”或“哲学社会科学”。

笔者的态度是不要对社会科学与人文科学做硬性切分，人文科学目前还不宜单独设类。基于以上考虑，本书的后半部分将按照图 8.6 的四面体塔杆式科学部类结构图式所列出的 7 个科学部类安排 7 章内容，依次对哲学科学、数学科学、自然科学、社会科学、思维科学、系统科学、交叉科学的演进脉络、学科结构等做概观式的描述。这个顺序，大体反映了科学部类兴起发展的先后次序。

第九章 哲学科学学科概览

哲学是时代精神的精华,哲学是人的"形而上"的思考,哲学是教人聪明的特殊类型的知识。本章所讨论的哲学,是科学知识体系中一个有着久远历史的科学部类,是由众多分支学科汇聚而成的知识集合体——哲学科学。广义理解的哲学科学,包括伦理学、美学。哲学作为最早成长起来的知识部门,曾经是孕育了许多科学学科幼芽的苗圃园地。

一、哲学科学的由来和历史演进

1."哲学"学科称谓的由来

中国哲学萌发于公元前 11 世纪前后的商周之际,但直到 19 世纪末对整体性的哲学知识一直没有形成统一的称谓。公元前 6 世纪末至公元前 3 世纪的春秋战国时期,在社会动荡变幻的背景下,形成了诸子百家争鸣的学术繁荣局面,出现以老子(约公元前 571—前 471)、孔子(公元前 551—前 479)、墨子(春秋末期战国初期人)为代表的道家、儒家、墨家三大哲学体系。孔子学说的继承者孟子(公元前 372—前 289)在《孟子・尽心下》中使用"儒"指称孔子开创的学派。西汉时期,汉武帝刘彻(公元前 156—前 87)采纳经学家董仲舒(公元前 179—前 104)"罢黜百家,独尊儒术"的建议,此后儒家学说逐渐成为中国封建社会的正宗统治思想和主流意识。成书于公元前 1 世纪初的《史记》,在"礼书""五宗世家"和"朱家传"各篇中分别出现了"儒术"(儒家学术)、"儒学"(儒家之学)、"儒教"(以儒家学说教人)等新词汇。儒学在长达 2000 多年的流传过程中,吸纳了道家、佛学及其他学派的思想精华,形成不同时期的应时儒家学说,如魏晋时期以老庄思想解释儒经的玄学,唐代以文学家韩愈(768—824)为代表的儒家"道统"说,宋明时期兼取佛道思想的程朱派理学和陆王派心学[①]等。儒学是一个内涵丰富的思想体系和知识体系,其中的基础架构是"形而上"的中国传统哲学思想和哲学知识,但它并不是一个专有的学科名称。直到20世纪初,中国学者才在西方和日本学术界的影响下,形成了"哲学"的学科概念。

西方语言文字中的"哲学"概念源于古希腊。据公元前6世纪末至5世纪初的古希腊哲学家赫拉克利特(Heraclitus,约公元前540—约前480)在《论无生物》中记载,毕达哥拉斯(Pythagoras,约公元前580—约前500)在同西库翁或弗里阿西亚城邦的独裁统治者——僭主勒翁的一次谈话中,首次使用了 φιλοσοφία(拉丁化写法为 philosophia)一词。这个词由动词 philos(爱、追求之意)和名词 sophia(智慧、理性思考之意)两部分构成,意为"爱智慧"。毕达哥拉斯把自己称之为 philosophos(意为爱智者)[②]。经过长达几个世纪的渗透过程,多种西方文字中先后出现了与 Philosophia 词根相同的同义词汇,如法文的 philosophie、英文的 philosophy、德文的 Philosophie 等。

中国学人选择 philosophy 的译名,大约经历了300年时间。17世纪初,西方传教士来华传教,带来了西方学术著作,中国人始知西方有拉丁文 philosophia 一词,但不知道应该如何翻译。1623年,意大利来华传教士艾儒略(P.Julius Aleni,1582—1649)在中国刻印介绍欧洲大学教育和学术概况的小册子《西学凡》。他在书中既将作为所有学问总称的 philosophia 一词音译为"斐禄所费亚",又借用宋明时期的儒家理学概念将其意译为"理学",即"义理之大学";Philosophia 之下"立为五家",即包含 Logica、Physica、Metaphysica、Mathematica、Ethica 五个分支领域。1631年刻印问世的《名理探》(原书是1611年在德国出版

① 程朱理学亦称为程朱道学,是对后世影响最大的理学学派之一,由北宋哲学家、教育家程颢(1032—1085)、程颐(1033—1107)兄弟开创,到南宋时期由朱熹(1130—1200)集其大成。陆王心学的代表人物,是南宋哲学家陆九渊(1139—1193)和明代哲学家王守仁(即王阳明,1472—1529)。

② 互动百科词条"哲学",见 http://www.baike.com/wiki/哲学。

的耶稣会士拉丁文逻辑学读本《亚里士多德辩证法概论》)一书，则将Philosophia译为“爱知学”。这部由中国明末科学家李之藻(1569—1630)与葡萄牙来华传教士傅汎际(Francois Furtado，1557—1638)合作翻译的著作，开篇即指出：“爱知学者，西云斐录琐费亚，乃穷理诸学之总名。译名，则知之嗜；译义，则言知也。”①这一时期，有的传教士则将philosophy译为“格致”，与science的译名没有区别，这与当时西方语境中对哲学与自然科学不做严格区分的状况相一致。后来，也有些中国学者依据philosophy的原初含义将其译为“智学”“爱智学”，也有人莫名其妙地将其译为“神学”。

17世纪下半叶，“理学”这个译名随着汉译西方学术书籍传到日本，一直沿用到19世纪80年代。1862年，日本哲学家、教育家西周(1829—1897)在致松冈麟次郎的信中，使用片假名和汉字的“混搭”词组“ヒロソヒ之學”翻译philosophy。1864年，他在留学荷兰期间为同窗挚友津田真道(1829—1903)《性理论》一书所作的跋文中说：“西土之学，传之既百年余，至格物、舍密②、地理、器械诸术，间有窥其室者，特至吾希哲学(ヒロソヒ)一科，则未见其人矣。”③在《西洋哲学史讲义片断》中，他同样将philosophy译作“希哲学”。据他自己说，这个译法是模仿中国北宋哲学家、儒家理学思想鼻祖周敦颐(1017—1073)的“士希贤”说法，以“希哲”来表示希求贤哲之意。西周选中“哲”字将philosophy译为“希哲”，确实能够文雅地表达出希腊文原词“爱智慧”的本意。1865年，西周由荷兰留学回国后，经过不断思索，对philosophy的真正含义有了更深层次的理解。在1870年的《开题门》中，他一度以汉字将philosophy音译为“斐卤苏比”。在同年开讲的《百学连环》讲座和1872年撰写的《美妙学说》《生性发蕴》手稿中，他开

① ［葡］傅汎际译义、李之藻达辞：《名理探》，生活·读书·新知三联书店1959年版，第7页。

② “格物”为物理学，“舍密”为化学。

③ ［日］西周：《津田真道稿本〈性理論〉の跋文》，大久保利谦编：《西周全集》第一卷，東京：宗高書房1960年版，第13页。“性理”是津田真道对philosophy的特有译法。

始将“希哲学”简化为“哲学”，用之对译 philosophy。“哲学”一词第一次见诸出版物，是 1874 年刊行的《百一新论》。西周在此书中写道：“把论明天道人道，兼之教法的 philosophy 译为哲学。”[①]西周作为向日本学术界系统介绍西方哲学的第一人，被后世誉为“日本近代哲学之父”，他将 philosophy 一词定译为“哲学”是一项重要贡献。

19 世纪 80 年代初，曾留学德国的东京大学文学部井上哲次郎（1855—1945）等青年学者，以英国哲学家威廉·弗莱明（旧译弗列冥，William Fleming）的《哲学字典》第二版（1858 年）为原本，译编为《哲学字汇》一书于 1881 出版。《哲学字汇》对于 philosophy 等译名的统一和广泛传播起到了极为重要的作用。此书于 1884 年、1912 年分别以《改订增补哲学字汇》《英独佛和哲学字汇》为名两次再版。在 1912 年版中，philosophy 除译为“哲学”外，译词又增加了一个“哲理”。对应译词的增加是必要的，例如在 philosophy 不是指称学科的情况下，译为“哲理”可能更合适。

1877 年至 1881 年，中国清末外交家、诗人黄遵宪（1848—1905）在驻日本使馆担任参赞官期间，广泛搜集资料，撰写了 50 余万字的《日本国志》，历时数年于 1887 年定稿，1895 年刊行出版。其中卷三十二“学术志一”说到东京大学校文学部“分为二科，一哲学、政治学及理财学科，二和汉文学科”，在“哲学”之下专门注明“谓讲明道义”[②]。1896 年，清末思想家康有为（1858—1927）编《日本书目志》，其中列有多种书名中包含“哲学”二字的日文图书。1897 年，清末思想家、学者梁启超（1873—1929）在《读〈日本书目志〉书后》中罗列图书种类时首次使用“哲学”一词[③]。1899 年，他在《论学日本文之益》一文中说道，日本自明治维新以来的 30 年翻译了多达数千种西方学术著作，“尤详于政治

① ［日］西周：《百一新論》，大久保利谦编：《西周全集》第一卷，東京：宗高書房 1960 年版，第 289 页。

② 黄遵宪：《日本国志》下卷，吴振清、徐勇、王家祥点校整理，天津人民出版社 2005 年版，第 798 页。

③ 梁启超：《读〈日本书目志〉书后》，《饮冰室合集》第一册，中华书局 1988 年重印版，文集之二第 54 页。

学、资生学（即理财学，日本谓之经济学）、智学（日本谓之哲学）、群学（日本谓之社会学）等”[1]。由于 philosophy 有多种译名同时使用，给学术交流带来诸多麻烦，中国学术界经过几年的讨论，逐渐接受了“哲学”这个译名。

2.哲学科学主要学科的演进脉络

人类诞生伊始，就开始在摸索、试错中积累着各种知识。原始社会，由于生产力水平十分低下，人类对于自然界的干预能力极为有限。面对无法解释的自然现象和生理现象，人们不由自主地会产生一种神秘和敬畏的感情，幻想出世界上存在着种种超自然的神灵和魔力，并对之加以膜拜，从而产生了浸润着特殊类型知识的原始宗教和神话。进入奴隶制时代，社会经济的发展推动了人类认识能力的提高，人们开始思索世界的本质等具有抽象性的理论问题，于是便出现了早期的哲学思想。古代哲学研究的对象是庞杂的，上至天文，下至地理，凡是能给人以智慧、使人聪明的各种问题，都进入了哲学家的思维场域。这时的哲学研究对象，包含了具体科学的对象，因此哲学知识与科学知识水乳交融，浑然一体。

世界上各个文明古国都有悠久的哲学思想传统。古希腊是古代西方哲学的主要发祥地。古希腊时期的哲学被称之为自然哲学，自然哲学家既是哲学家也是各有专长的科学家。泰勒斯（Thales，约公元前 624—前 547）是提出水乃万物本原重要论断的哲学家，同时也是天文现象研究者和引进埃及土地丈量法的几何学家。毕达哥拉斯是提出数乃万物本原重要命题的哲学家，又是在几何学、代数学、数论等领域卓有贡献的数学家。

古希腊哲学家为西方哲学奠定了发展的基石。以泰勒斯、毕达哥拉斯、赫拉克利特和“古希腊三杰”苏格拉底（Socrates，公元前 469—前 399）、柏拉图（Plato，约公元前 427—前 347）、亚里士多德（Aristotle，公

① 梁启超：《论学日本文之益》，《饮冰室合集》第一册，中华书局 1988 年重印版，文集之二第 81 页。括号中的文字，系梁启超所做的注解。

元前 384—前 322)为代表的古希腊哲学家,从思考世界的本原开始,经过 200 多年的不懈探索,形成了爱智慧、尚思辨、重探索、学以致知的哲学精神。他们为哲学的核心部分——理论哲学(第一哲学、实体哲学或形而上学)建造了坚实的基础,将思维与存在、精神与物质、主体与客体的关系圈定为哲学基本问题,建立了哲学话语和基本范畴体系,本体论、认识论、知识论等均形成基本的学术构架和研究范式,不仅逻辑学、伦理学、美学获得初步的发展,而且科学哲学(数学哲学、物理学哲学)、系统哲学、社会哲学、人学意义的人生哲学、政治哲学、法律哲学、教育哲学、语言哲学和政治伦理学、家庭伦理学、建筑美学、音乐美学等分支学科也都埋下了等待发芽的种子。19 世纪 70 年代末,恩格斯(1820—1895)在评价古希腊哲学时曾说:"在希腊哲学的多种多样的形式中,几乎可以发现以后的所有观点的胚胎、萌芽。"[①]从学科的视角来看,后来发展起来的许多哲学分支学科,大都可以在古希腊哲学中找到各自的源头。

在经历了中世纪长达 1000 年的漫漫长夜和文艺复兴运动之后,17 世纪的欧洲哲学家,在推动认识论、科学哲学(科学方法论)的进步方面做出了重要贡献。英国哲学家弗朗西斯·培根(Francis Bacon,1561—1626)站在不赞同亚里士多德《工具篇》的立场上,于 1620 年出版了《新工具》一书。他认为,真正的科学认识应该从感性材料出发,尽可能地排除心灵的自由臆断和僵化的三段式推理,通过理性的归纳而逐步上升到真理性的知识。他在《新工具》第二卷中,比较详尽地阐释了他所倡导的科学研究应当采用的新方法或新工具——科学归纳法,并以研究热的"形式"为例,列出了科学归纳法不同步骤的三个表。培根曾被马克思(1818—1883)、恩格斯誉为"英国唯物主义和整个现代实验科学的真正始祖"[②]。

---

① 恩格斯:《自然辩证法》,《马克思恩格斯选集》第四卷,人民出版社 1995 年版,第 287 页。

② 马克思、恩格斯:《神圣家族》,《马克思恩格斯全集》第二卷,人民出版社 1957 年版,第 163 页。

法国数学家、哲学家勒内·笛卡儿(René Descartes,1596—1650)同弗朗西斯·培根一样,也强调方法的重要性,但他主张要把理性演绎法当作获取真理性知识的唯一途径。作为近代唯理论哲学的开山祖师,笛卡儿所倡导的方法,从一些"不证自明"的公理出发,遵循严格的推理规则,一步一步清楚明白地推演出各种命题或定理,从而形成完整的知识体系。笛卡儿认为,他的演绎法不同于以往经院哲学的演绎三段论,是综合了逻辑学、几何学和代数学这三门科学的优点的新方法[①]。他所创建的新学科解析几何学,将自古以来彼此分离的代数学与几何学统一起来,为他在数学的牢固基础上建造高大的知识建筑物增添了信心。

由伊曼努尔·康德(Immanuel Kant,1724—1804)开创、格奥尔格·黑格尔(Georg W. F. Hegel,1770—1831)集大成的德国古典哲学,将西方哲学推向空前的繁荣。康德的主要著作《纯粹理性批判》《实践理性批判》《判断力批判》,分别系统地阐述了他的知识学(认识论)、伦理学和美学思想。《纯粹理性批判》标志着哲学研究的主要方向由本体论转向认识论,是西方哲学史上具有划时代意义的巨著,被视为近代哲学的开端。康德在宗教哲学、法律哲学、历史哲学、教育哲学领域也有重要建树。约翰·费希特(Johann G. Fichte,1762—1814)在《全部知识学基础》《知识学导言》两部主要著作中构建了以"知识学"为框架的哲学体系,他在历史哲学、伦理学等领域也做出了自己的贡献。弗里德里希·谢林(Friedrich W. J.von Schelling,1775—1854)则在自然哲学、法律哲学、艺术哲学领域进行了积极的探索。黑格尔将辩证发展的思想贯穿到自然界、社会和人的生活的各个方面,构筑了一个无所不包、内容宏富的客观唯心主义哲学体系,全方位地推进逻辑学、自然哲学、精神哲学、法律哲学、历史哲学、宗教哲学、美学等分支学科的发展。他把哲学的演进发展看作是哲学知识由低级形式向比较高级的形式、由不完全的知识向比较完全的知识转化的过程;在《哲学史讲演录》中

① 邓晓芒、赵林:《西方哲学史》,高等教育出版社 2005 年版,第 146—147 页。

第一次试图建立系统化的哲学史,使之初步呈现学科的格局。

19 世纪 40 年代,马克思和恩格斯汲取古希腊以来优秀哲学文化的精华,特别是批判地继承格奥尔格·黑格尔的辩证法和路德维希·费尔巴哈(Ludwig A. Feuerbach,1804—1872)的唯物主义,创立了马克思主义哲学。马克思主义哲学的诞生,是哲学史上的重大事件。马克思主义哲学从实践出发解决思维与存在这个哲学基本问题,认定人与世界的关系实质上是以实践为中介的人对世界的认识关系和改造关系。所以,实践不仅具有世界观意义,而且具有认识论意义。马克思主义哲学通过实践去理解现实世界,从而在世界观、自然观、历史观和认识论上都获得了全新解释,构筑了统一的、彻底的、科学的哲学体系。实践观点作为马克思主义哲学的基础,贯穿于马克思主义者对于自然界、社会和人类思维方方面面的思考之中。辩证唯物主义、历史唯物主义、自然辩证法的相关原理分别渗入各个传统的应用哲学领域,为这些领域增添新的发展活力。

进入 20 世纪以来,前进步伐持续加快的现代社会为现代哲学创设了极为开阔的演进发展空间,哲学向社会生活多层面、全方位渗透。各个社会领域、人们的各种活动都需要哲学思维,而哲学也需要不断拓展自身的用武之地。哲学的分支学科逐渐增多,比较哲学、经济哲学、文化哲学、体育哲学、管理哲学、医学哲学、生态哲学、环境哲学、哲学社会学、哲学教育学等陆续破土而出。在理论哲学及其各个分支学科中,各种哲学流派、学派异彩纷呈,“你方唱罢我登场”,流派、学派之间的频繁对话、争辩使哲学园地呈现一派繁荣景象。人们在自己的社会实践中感悟哲学的真谛、功能,领略哲学作为智慧学、聪明学、明白学所带来的生存智慧、聪明办法、明白思路。

伦理学和美学作为广义哲学的组成部分,其发展历程同理论哲学的进化步伐相互交织、相互照应。伦理道德研究有着悠久的历史。西方语言文字中的伦理学(如英文的 ethics),源于古希腊文 ethikos,意为习俗、风尚、性格等。亚里士多德及其门生著有以“伦理学”为题的专门著作。近代以来,经过荷兰哲学家巴鲁赫·德·斯宾诺莎(Baruch de

Spinoza,1632—1677)、德国哲学家威廉·莱布尼茨(G. Wilhelm Leibniz,1646—1716)、法籍德国哲学家保尔·霍尔巴赫(Paul H. D. d'Holbach,1723—1789)等人前后相继的持续努力,伦理学渐趋成型。同样,伦理学思想在古代已有萌芽。中国先秦诸子即有一些探讨美学问题的言论和著述,《礼记·乐记》《荀子·乐论》等著作中较多地论述了美学问题。古希腊哲学家柏拉图的《大希庇阿斯篇》和亚里士多德的《诗学》《修辞学》等,都以美学为主要内容。1750年,德国哲学家亚历山大·鲍姆加登(Alexander G. Baumgarten,1714—1762)的《美学》一书,首创"美学"(德文 Ästhetik)一词,使美学具有了相对的独立性。1835年,黑格尔的3卷本《美学讲演录》全部出齐,建立了唯心主义的美学体系。进入20世纪中后期,伦理学、美学同理论哲学一样,在与相关学科的交融、汇流中衍生出一系列边缘分支学科,成为生命力旺盛的学科门类。

二、哲学科学的学科结构框架

哲学在长达2000多年的演进发展历程中,扮演了众多科学学科母体的角色,先后"代育"了数学(几何学、代数学等)、自然科学(力学、物理学等)、思维学、心理学等学科。近代以来,在"代育"学科逐步剥离出去的同时,哲学自身分化、衍生出来的直系分支学科、边缘分支学科也越来越多。

作为科学部类的哲学科学,包含哪些直系分支学科、边缘分支学科,如何架构其学科结构,很少有人涉猎这个研究课题。1902年,梁启超在《新史学》一文中谈到史学与其他科学的关系时,将伦理学、心理学、论理学(即逻辑学)、文章学列为"哲学范围所属"[①]。1987年出版的《中国大百科全书·哲学》卷的概观性专文列出的哲学"门类和分

① 梁启超:《新史学》,《饮冰室合集》第四册,中华书局1988年重印版,文集之九第11页。

支”，仅有认识论、伦理学、美学、逻辑学、自然辩证法和辩证逻辑[①]。作为国家级规范文件，国家技术监督局于1992年11月1日发布《中华人民共和国国家标准·学科分类与代码》(GB/T 13745-92)，将“哲学”(学科代码720)列为人文社会科学的第二个一级学科，其下列有马克思主义哲学(720.10)、自然辩证法(720.15)、中国哲学史(720.20)、东方哲学史(720.25)、西方哲学史(720.30)、现代外国哲学(720.35)、逻辑学(720.40)、伦理学(720.45)、美学(720.50)9个二级学科，三级学科共有56个[②]。例如，在二级学科“自然辩证法”之下列有自然观(720.1510)、科学哲学(720.1520)、技术哲学(720.1530)、专门自然科学哲学(720.1540)4个三级学科。国家质量监督检验检疫总局、中国国家标准化管理委员会于2009年5月6日发布的修订版《中华人民共和国国家标准·学科分类与代码》(GB/T 13745-2009)，二级学科没有变化，三级学科仅在二级学科“伦理学”之下增加了一个环境伦理学(720.4565)。

在广泛搜集哲学科学学科资料的基础上，笔者尝试性地提出哲学科学的学科结构建构方案(图9.1)。在图9.1中，哲学科学学科按照研究对象、生成区位的不同，除概观哲学学科之外，区分为理论哲学、应用哲学、边缘哲学、伦理学、美学5个学科门类。

概观哲学学科包含普通哲学、哲学史、哲学科学学、比较哲学等。这些学科是哲学科学的核心部分、基础部分，地位较为特殊。普通哲学是哲学科学的标志性分支学科，其任务是探讨哲学科学领域的各种普遍性、共同性、基础性问题。高等学校开设的哲学原理、哲学基础、哲学概论、哲学导论等课程，在内容上同普通哲学是大体一致的。哲学史是研究哲学思想、学科的历史发展进程的学科。哲学科学学是运用科学学的理论和方法对哲学科学这个科学部类进行整体性研究而建立的学科，是哲学科学自我认识的产物，也可以视之为介于哲学科学与科学学

① 邢贲思：《哲学》，中国大百科全书总编辑委员会编：《中国大百科全书·哲学Ⅰ》，中国大百科全书出版社1987年版，第6页。

② 丁雅娴主编：《学科分类研究与应用》，中国标准出版社1994年版，第114—117页。

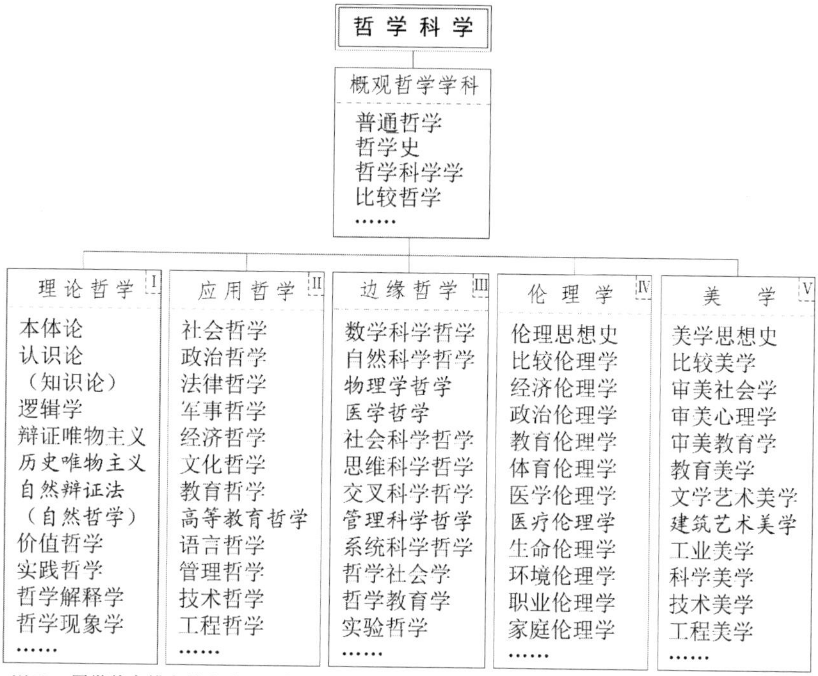

哲学科学

概观哲学学科

普通哲学
哲学史
哲学科学学
比较哲学
……

理论哲学 I	应用哲学 II	边缘哲学 III	伦理学 IV	美学 V
本体论	社会哲学	数学科学哲学	伦理思想史	美学思想史
认识论（知识论）	政治哲学	自然科学哲学	比较伦理学	比较美学
逻辑学	法律哲学	物理学哲学	经济伦理学	审美社会学
辩证唯物主义	军事哲学	医学哲学	政治伦理学	审美心理学
历史唯物主义	经济哲学	社会科学哲学	教育伦理学	审美教育学
自然辩证法（自然哲学）	文化哲学	思维科学哲学	体育伦理学	教育美学
价值哲学	教育哲学	交叉科学哲学	医学伦理学	文学艺术美学
实践哲学	高等教育哲学	管理科学哲学	医疗伦理学	建筑艺术美学
哲学解释学	语言哲学	系统科学哲学	生命伦理学	工业美学
哲学现象学	管理哲学	哲学社会学	环境伦理学	科学美学
……	技术哲学	哲学教育学	职业伦理学	技术美学
	工程哲学	实验哲学	家庭伦理学	工程美学
	……	……	……	……

说明：用楷体字排印的名称，是哲学科学各学科门类的第二层级分支学科。

图 9.1　哲学科学的学科结构

之间的边缘学科，通常被简称为哲学学①②。其内容包括哲学科学的历史沿革、对象范围、科学定位（科学学科关联）、理论范式、研究方法、学科结构、应用领域、发展状态、演进态势、发展环境、未来前景、发展思路、国际比较、代表人物和学派述评、重要文献述评、课程教学、学术队伍等。比较哲学是运用比较方法研究哲学思想、哲学学科而建立的分支学科，其中既包括对同一地域、国家不同历史时期的哲学思想、哲学流派、哲学人物、哲学文献、哲学分支学科等进行纵向比较研究，也包括对同一历史时期不同地域、国家的哲学思想、哲学流派、哲学人物、哲学文献、哲学分支学科等进行横向比较研究。

① 张义德：《哲学学——关于哲学的科学》，《学术论坛》1981 年第 5 期。
② 任忱：《哲学学导论》，山西人民出版社 1987 年版。

第Ⅰ学科门类包括本体论、认识论(知识论)、逻辑学、辩证唯物主义、历史唯物主义、自然辩证法(自然哲学)、价值哲学、实践学、哲学解释学、哲学现象学等,这些分支学科理论色彩最为鲜明,属于传统意义的第一哲学、形而上学,现在可以统称为理论哲学。

本体论是哲学科学体系中历史悠久的传统分支领域,旨在探讨世界的本原或最终本性。"本体论"(德文 Ontologie)是 17 世纪初由德国经院学者鲁道夫斯·郭克兰纽(Rudolphus Goclenius,1547—1628)最早创用的哲学术语,德国哲学家、数学家克里斯蒂安·冯·沃尔夫(Christian F. von Wolff,1679—1754)为其做出了清晰的界定,人们通常将其理解为关于存在、本体的学问或理论。其实在古希腊时期,亚里士多德就把哲学规定为关于"本体"的学问,其目标是回答万物最初是从哪里来的、最终又到哪里去的问题。认识论旨在探讨人类把握世界的本原或最终本性的认识过程。西方哲学家曾用不同的术语表述认识论这个研究领域,例如伊曼努尔·康德使用了 Gnoselogie 一词。德国哲学家卡尔·莱因霍尔德(Karl L. Reinhold,1757—1823)在《人类想象力新论》(1789 年)和《哲学认识的基础》(1791 年)两部著作中首先使用德文词组 Erkenntnis Theorie 来指称认识论。19 世纪中期以后,这个词组逐渐为哲学界所接受,在英文中出现了与之对应的词组 theory of knowledge。与此同时,苏格兰哲学家杰西·费利尔(Jessie F. Ferrel)在《形而上学原理》(1854 年)一书中创用 epistemology 一词指称认识论,他明确地将哲学区分为本体论(ontology)和认识论两个部分。认识论的主要内容,包括认识的本质和结构、认识与客观实在的关系、认识的前提和基础、认识发生和发展的过程及其规律、认识的真理性标准等。长期以来,许多哲学家将认识论与知识论视为等义概念,但有人对此有不同的看法。认识论与知识论的关系,来源于认识与知识这两个概念的关系。认识通常被定义为人们反映客观事物的活动及其结果,知识则被定义为人们对客观事物的正确认识或清晰把握。两者的联系显而易见,知识是认识活动的产物,认识论的范围大于知识论的范围。有学者认为,既然认识和知识不是可以完全划等号的概念,认识论和知识论也不能视之为等义概念。为了推进两者的细化发展，有必要将知识论由认识论中分立出来。认识论侧重于探讨认识与客观世界的关系，从路径、过程的视角揭示认识活动的机理；知识论侧重于探讨知识与认识活动的关系，从认识成果的视角揭示知识持续进化的机理。认识论是思维科学这个科学部类同哲学科学相联系的桥梁，而知识论则是作为交叉科学一个学科门类的知识科学同哲学科学相联系的桥梁①。

逻辑学是研究人类思维活动的学科，同本体论、认识论一样也有着悠久的历史。古希腊的形式逻辑、中国先秦的名辩逻辑和古印度的因明逻辑（因明学），是逻辑学的三个主要来源。西方语言文字中的“逻辑”（如拉丁文 logica、英文 logic）源于古希腊文 λόγοζ（逻各斯）一词，原义为言辞、思想、理性、规律性等。在很长一个时期，logica 包括论辩术（dialectica，原义为谈话艺术）和修辞学方面的学问。到了欧洲近代，才通用 logica 一词来指称研究推理或论证的学问。17 世纪 20 年代，中国明末科学家李之藻与葡萄牙传教士傅汎际合作翻译的《名理探》（1631 年初刻印行），是第一部介绍西方逻辑学的著作。李之藻既将 logica 音译为“络日枷”，又意译为“名理”，意在同中国古代的“名学”相对接。19 世纪末，中国和日本引进西方逻辑学著述先后使用“辩学”“名学”“论理学”“理则学”“逻辑学”等名称。章士钊（1881—1973）连续著文倡导使用“逻辑”之名，“逻辑学”这个学科名称逐渐为中国学术界所普遍接受。逻辑学是一门具有工具性特征的学科，可以为各种科学学科提供逻辑分析、逻辑判断、逻辑推理、逻辑论证的工具。在思维科学从哲学社会科学的母体中分立为独立的科学部类之时，逻辑学理应成建制地迁入思维科学。为了存留逻辑学生成于哲学领域的历史印迹，可以仍然将逻辑学的基础理论部分（称之为逻辑哲学或理论逻辑学）列为理论哲学的一门分支学科，使之成为思维科学同哲学科学相联

① 王续琨、宋刚等：《交叉科学结构论（修订版）》，人民出版社 2015 年版，第 349—361 页。

系的桥梁。

辩证唯物主义(dialectical materialism)即辩证唯物论,是马克思主义哲学的核心组成部分,是建立在自然界、社会和人类思维发展最一般规律基础上的哲学理论。马克思和恩格斯没有在自己的著述中使用过"辩证唯物主义"这个术语。1891年,俄国思想家、工人运动活动家格奥尔基·普列汉诺夫(Георгий Валентинович Плеханов,1858—1918)在《黑格尔逝世六十周年》一文中,最早使用"辩证唯物主义"(俄文 диалектический материализм)一词指称马克思和恩格斯所创立的马克思主义哲学[①]。恩格斯看到普列汉诺夫为纪念黑格尔所写的一组文章后,在致卡尔·考茨基(Karl Kautsky,1854—1938)的信中高兴地说:"普列汉诺夫的几篇文章好极了。"[②]恩格斯对这些文章的评价,表明他认可普列汉诺夫对马克思主义哲学的总体概括。列宁(1870—1924)多次在其著述中使用了"辩证唯物主义"这个术语,例如1908年他在《向报告人提十个问题》这份发言提纲中明确指出:"马克思主义的哲学是辩证唯物主义"[③]。历史唯物主义、自然辩证法是马克思主义哲学的两个基本分支领域,前者是对人类社会发展历程的哲学概括,表征着辩证唯物主义的社会历史观,后者是对自然界辩证发展历程的哲学概括,表征着辩证唯物主义的自然观。1890年9月恩格斯在致德国《社会主义月刊》编辑约瑟夫·布洛赫(Joseph Bloch,1871—1936)的信中说,在《反杜林论》和《路德维希·费尔巴哈和德国古典哲学的终结》"这两部书里对历史唯物主义做了就我所知是目前最为详尽的阐述"[④]。这是德文词组 Der historische Materialismus(历史唯物主义)在文献中的第一次出现。"自然辩证法"(德文 Dialektik der Natur)是

① [俄]普列汉诺夫:《黑格尔逝世六十周年》,《普列汉诺夫哲学著作选集》第一卷,生活·读书·新知三联书店1959年版,第495页。

② 恩格斯:《致卡·考茨基》(1891年12月3日),《马克思恩格斯全集》第三十八卷,人民出版社1972年版,第236页。

③ 列宁:《向报告人提十个问题》,《列宁选集》第二卷,人民出版社1972年版,第10页。

④ 恩格斯:《致约·布洛赫》(1890年9月21—22日),《马克思恩格斯选集》第四卷,人民出版社1995年版,第697—698页。

恩格斯晚年在自己一部没有最终完成的著作的一部分手稿上所使用的名称。1925年，苏联以德文和俄译文相对照的形式出版了这部总称为《自然辩证法》的著作。恩格斯没有讨论过辩证唯物主义与历史唯物主义、自然辩证法的关系，笔者借鉴一部分中国学者的观点，提出马克思主义哲学"一总两分"的建构方案。马克思主义哲学包含两个层次的哲学概括，"一总"是辩证唯物主义，覆盖自然界、社会和人类思维三个基本领域，"两分"是历史唯物主义和自然辩证法，前者指向社会历史领域，后者指向自然界，分别同西方传统哲学中的历史哲学、自然哲学相对应。这里，对自然辩证法不做广义理解，其中不包含科学哲学（即自然科学哲学）、技术哲学、工程哲学等。马克思主义哲学能否演进为"一总三分"，即增加同思维哲学相对应的一个分支领域，尚须人们在推进思维科学众多分支学科充分发展的基础上积极进行哲学概括，创设这个分支领域走向定型化的相关条件。

价值哲学或哲学价值学是在各种哲学价值学说的基础上发展起来的分支学科。价值是一个同多门学科有关联的概念。从哲学上看，价值是指具有特定属性和功能的客体对于满足主体需要的实际意义。自古洎今，许多哲学家都讨论过价值问题，提出了多种价值理论或价值学说。19世纪末，法国哲学家保尔·拉皮埃（Paul Lapie，1869—1927）在《意志的逻辑》一书中最早使用"价值哲学"（法文 axiology）一词。德国哲学家卡尔·冯·哈特曼（Karl R. E. von Hartmann，1842—1906）的遗著《哲学体系纲要》（1911年），对价值哲学做了系统的阐释。20世纪以来，西方国家的价值哲学研究呈现百花齐放的局面。20世纪80年代，中国开启了价值哲学研究之门，至今已经出版了60多部以"价值哲学"作为书名主题词的著作和10多部以"价值学"作为书名主题词的著作。

实践哲学或实践学是研究人类实践活动的哲学分支学科。实践哲学萌发于古希腊时代，亚里士多德在《物理学》《形而上学》等著作中将人类的所有行为和活动都视为实践，在哲学反思的意义上对实践进行了系统的考察，使实践成为一个哲学概念[①]。此后，许多西方哲学家涉猎实践哲学或实践问题，但他们对实践概念的理解出现偏狭的倾向，甚至有某种程度的"误读"。19世纪40年代，马克思、恩格斯把实践提升为哲学范畴，进行了多方面的研究，奠定了实践在马克思主义哲学中的科学地位。马克思说："哲学家们只是用不同的方式解释世界，问题在于改变世界。"[②]强调实践在改变世界过程中的特有作用，是马克思主义实践概念的基本特色。1978年，中国理论界开展了一场关于实践是检验真理唯一标准的大讨论，提高了实践研究在中国的学术地位。20世纪80年代以后，在引介西方实践哲学著述的同时，中国学者将哲学层次的实践研究推向更加系统化、学科化的新阶段。

解释学(hermeneutics)是研究如何正确理解语言符号的意义的学科，在中国又被译为诠释学、解说学、阐释学、释义学、传释学等。解释学发端于古希腊时代，早期的解释学主要是研究具体领域有关文献的理解问题，如研究《圣经》经文理解的"解经学"或"圣经解释学"(exegesis)，研究古典文献理解的"古典解释学"(classical hermeneutics)、"古文书学"或"古文献学"(phiology)。这一时期的解释学，被后人称为"局部解释学"。19世纪上半叶，被后人称之为"解释学之父"的德国哲学家弗里德里希·施莱尔马赫(Friedrich Schleiermacher，1768—1834)开始将解释学作为哲学的一个分支领域，着重研究包括各个领域理解问题的一般解释活动。解释学由此成为一种哲学认识论和方法论，成为"一般解释学"，即哲学解释学。德国哲学家马丁·海德格尔(Martin Heidegger，1889—1976)进一步从本体论方面发展了哲学解释学。1960年，德国哲学家、语言学家汉斯—格奥尔格·伽达默尔(Hans-Georg Gadamer，1900—2002)出版代表作《真理与方法——哲学解释学的基本特征》一书。该书探讨了理解的本体论问题、存在范

① 赵全洲：《走向共同的团结　伽达默尔实践学思想研究》，黑龙江教育出版社2010年版，第19页。

② 马克思：《关于费尔巴哈的提纲》，《马克思恩格斯选集》第一卷，人民出版社1995年版，第57页。

围、语言在理解活动中的作用，成为影响深广的一部解释学经典著作。现代社会人们之间的交往日趋符号化，解释学的研究愈来愈显示出它的特殊意义。最近几十年来，解释学对美学、文艺学、语言学、教育学等领域产生了较大影响，形成了解释学美学、艺术解释学、语义解释学、符号解释学等边缘分支学科。

"现象学"一词最早出现于德文文献中，格奥尔格·黑格尔曾于1807年出版《精神现象学》(*Phänomenologie des Geistes*)一书。20世纪以后在哲学界逐渐趋热的现象学(phenomenology)，通常是指由德国哲学家埃德蒙德·胡塞尔(E. Edmund Husserl，1859—1938)所开创的一个现代哲学流派或哲学思潮。从创始者埃德蒙德·胡塞尔针对认识问题的"意向现象学"，到马丁·海德格尔以关注人的存在和生存为核心的"生存现象学"，现象学的内涵不断发展、丰富。更为引人注目的是，渗透于现象学之中的世界观、方法论，如"回到事情本身"的理念、"生活世界"理论和"本质直观""悬置""还原"方法等为众多科学学科提供了独特的研究视角和思维方式。现象学在本质上是一种思路、方法，人们并不特别关注其具体研究内容，而是更加看重它的方法论功能。为强调现象学的方法论功能，可以将其称之为哲学现象学。现象学思路、方法的应用至今已经成为一股潮流，在期刊文献中随处能够看到"现象学视域""现象学路径""现象学进路""现象学分析""现象学诠释""现象学解读""现象学描述"之类的篇名嵌加词。艺术现象学、神话现象学、身体现象学、知觉现象学、神经现象学、符号现象学、文化现象学、文学现象学、技术现象学、审美现象学、现象学美学、伦理现象学、中医现象学等学科名称的出现，是哲学现象学广泛渗透的直接表征。

第Ⅱ学科门类是运用哲学科学的基本理论和方法研究各个社会活动领域一般问题所建立的分支学科，包括社会哲学、政治哲学、法律哲学、军事哲学、经济哲学、文化哲学、教育哲学、语言哲学、管理哲学、技术哲学、工程哲学等，统称为应用哲学。应用哲学各个分支学科的历史长短不同，演进态势和成熟程度各有差异，人们对各门学科相关元问题的理解也不尽相同。然而，这些学科的创生和发展，极大地影响甚至带动了各个社会活动领域的学术研究。先以政治哲学为例。自古代以来，许多哲学家、思想家都曾对权力、权威、国家、主权、法律、正义、平等、权利、自由、民主等政治概念做过哲学解析。政治哲学的现代研究者一直重视对古代学者政治哲学思想的梳理[①][②]。“政治哲学”这个名称，直到 20 世纪上半叶才在学术界逐渐流行起来，但尚未成为各国普遍接受的术语，德国学者按照学术传统仍然习惯于使用“法和国家哲学”或“法和国家的哲学伦理学”这样的称谓。多数学者将政治哲学理解为对政治的哲学反思，是关于国家权力的一般理论，其使命是研究政治的本质及其发展规律，研究政治理论的概念体系。最近几十年，政治哲学的学术活力已经成为政治学或政治科学这个学科门类活跃程度的晴雨表。

再看工程哲学。中国和西方语言文字中的“工程”(如英文 engineering，德文 Ingenieur)概念的出现已有约 1000 年，西方学者对于工程中哲学问题的思考也有 200 多年之久了，工程哲学一直没有成为显学。其主要原因在于“工程”概念经常被含混地包容在“工程技术”一类词组之中，缺乏相对独立性，形成“技术”遮蔽“工程”的现象。19 世纪 70 年代，德国学者恩斯特·卡普(Ernst Kapp，1808—1896)开辟了“技术哲学”这个研究领域之后，技术哲学包含了对于工程问题的哲学反思。20 世纪 90 年代，在技术哲学发生经验转向或工程学转向的背景下，工程哲学进入萌生阶段。1993 年，中国学者李伯聪著文倡导在工程实在论的基础上开拓“工程哲学”这个新的哲学分支学科[③]。2002 年，李伯聪出版《工程哲学引论：我造物故我在》[④]一书，构建了包含 50 多个范畴的工程哲学范畴体系。2003 年，任教于美国马萨诸塞理工学院的荷兰学者路易斯·布西亚瑞利(Louis L.Bucciarelli)出版了西方

① [德]特拉夫尼：《苏格拉底或政治哲学的诞生》，华东师范大学出版社 2014 年版。

② 谭绍江：《荀子政治哲学思想研究》，华中科技大学出版社 2014 年版。

③ 李伯聪：《我造物，故我在——简论工程实在论》，《自然辩证法研究》1993 年第 12 期。

④ 李伯聪：《工程哲学引论：我造物故我在》，大象出版社 2002 年版。

国家第一部以《工程哲学》命名的著作，阐释了以工程设计的社会建构为出发点的工程哲学思想[①]。工程哲学虽然创生时间尚短，但是在社会需求的强力拉引下，已经形成良好的发展势头。

第Ⅲ学科门类是在哲学科学与其他科学部类之间交汇区域形成的边缘学科，包括数学科学哲学、自然科学哲学、社会科学哲学、思维科学哲学、交叉科学哲学、系统科学哲学、哲学社会学、哲学教育学、实验哲学等，统称为边缘哲学。归属于边缘哲学的这些学科，通常也可以看作是生成于哲学科学与社会科学、交叉科学某些学科门类之间交汇区域的边缘学科。例如，政治哲学、经济哲学、教育哲学可以视为介于哲学科学与政治学（政治科学）、经济学（经济科学）、教育学（教育科学）之间的边缘学科，军事哲学、管理哲学则可以视为介于哲学科学与交叉科学所属的军事科学、管理科学之间的边缘学科。比较而言，归属于社会科学哲学的政治科学哲学、经济科学哲学、教育科学哲学和归属于交叉科学哲学的军事科学哲学、管理科学哲学的边缘性特征，比政治哲学、经济哲学、教育哲学和军事哲学、管理哲学的边缘性特征更为明显一些。

由于数学的兴起和发展与自然科学学科的关系最为密切，因此传统意义的科学哲学（philosophy of science）包括数学科学哲学和自然科学哲学。鉴于数学科学与自然科学在研究对象、研究范式等方面存在明显差异，数学科学哲学（数学哲学）、自然科学哲学理应走上相对独立、深度分化的发展轨道。社会科学哲学是传统的科学哲学向社会科学领域延展的产物。社会科学哲学作为一门学科，其孕育过程伴随着社会科学主要分支学科的兴起和发展历程。1966 年，美国学者鲁德纳（Richard S. Rudner）出版《社会科学哲学》（*Philosophy of Social Science*）一书[②]。在中国，由于一部分学者主张将狭义社会科学与归属关系存在争议的人文科学合称为“人文社会科学”，因此而出现了“人文社

① ［荷］路易斯·L.布西亚瑞利：《工程哲学》，安维复等译，辽宁人民出版社 2012 年版。

② ［美］R.S.鲁德纳《社会科学哲学》，曲跃厚、林金城译，生活·读书·新知三联书店 1989 年版。

会科学哲学"这样的学科名称[①]。社会科学哲学与社会哲学在名称上相近,两者的区别在于社会科学哲学的研究对象是作为认识活动和认识成果的社会科学,社会哲学的研究对象是人类社会。思维科学哲学、交叉科学哲学、系统科学哲学的研究对象,分别是作为认识活动和认识成果的思维科学、交叉科学、系统科学。简而言之,这三门学科的任务是分别对思维科学、交叉科学、系统科学的本质、特征、研究范式、演进机理等问题进行哲学探索或哲学反思。

哲学社会学与社会哲学可以看作是词汇倒序学科名称,但两者的研究内容各不相同。哲学社会学是对哲学思想、哲学科学进行社会学解析所建立的边缘学科,其内容包括社会变迁对哲学思想和哲学科学演进发展的影响、哲学思想和哲学科学的社会功能两个基本方面。"社会哲学"是英国政治学家、哲学家托马斯·霍布斯(Thomas Hobbes,1588—1679)最先使用的术语,用以指称关于人类社会的一般理论。在后来的流传过程中,人们对这个术语所涉及范围的理解并不相同。有人将"社会"理解为包含政治、法律、经济、文化等的广义社会,也有人将"社会"理解为社会学意义的狭义社会,不同的理解导致社会哲学研究范围的差异。很显然,哲学社会学与研究边界具有模糊性的社会哲学有相互联系的一面,但它们是内容有别的两门学科。哲学教育学与教育哲学同样可以看作是词汇倒序学科名称,两者也不具有等义性。哲学教育学的研究对象是哲学教育活动,旨在揭示哲学科学普及、哲学人才培养的各种问题。教育哲学的任务是对一般教育活动进行哲学反思。

实验哲学是20世纪初由于实验方法运用于哲学研究而兴起的一个研究领域或发展方向。2007年7月,在澳大利亚召开了首次有关实验哲学和概念分析的小型国际性研讨会。2008年,牛津大学出版社出版了由约书亚·诺布(Joshua Knobe)、肖恩·尼科尔斯(Shaun

① 欧阳康主编:《人文社会科学哲学》,武汉大学出版社2001年版。

Nichols)编辑的《实验哲学》(*Experimental Philosophy*)[①]一书。此书共收录12篇文稿,其中8篇是2001年至2007年期间在哲学类期刊上发表过的论文。两位编者专为此书撰写的第1章"实验哲学宣言",重点阐释了实验哲学的性质、范围、宗旨、意义。2012年,美国哲学家约书亚·亚历山大(Joshua Alexander)出版《实验哲学导论》,其主体部分包括哲学直觉、实验哲学和哲学分析、实验哲学和心灵哲学、实验哲学和哲学方法论、为实验哲学辩护等5章内容[②]。实验哲学为哲学研究提供了新的思路和手段,是对内省哲学、分析哲学传统的有益补充,但目前实验哲学的研究范围还比较狭窄。实验哲学向严格意义学科的演进,还有一段艰苦的路要走,有待于研究成果的充分积累和系统化梳理。值得注意的是,此前已经出现了另外一种意义的实验哲学。研究科学实验中的各种哲学问题,亦即对科学实验方法进行哲学解析,也被称为实验哲学[③]。为避免同前面所说的实验哲学相混淆,以科学实验方法作为对象的实验哲学可以称之为科学实验哲学,并将其作为科学哲学(自然科学哲学)的一门分支学科。

第Ⅳ学科门类是伦理学的一系列分支学科,包括伦理思想史、比较伦理学、经济伦理学、政治伦理学、教育伦理学、体育伦理学、医学伦理学、生命伦理学、环境伦理学、职业伦理学、家庭伦理学等。伦理学通常被理解为以道德作为研究对象的学科,为了表明伦理学与哲学的联系,许多研究者将伦理学称之为道德哲学(moral philosophy)。在中国和西方语言文字中,"伦理"和"道德"都是两个既有联系又有区别的概念。因而伦理学与道德哲学其实并不能看作是等义概念。在西方学术界,广义理解的道德哲学包含三个层次的内容:一是实践伦理学(描述伦理学、应用伦理学);二是道德理论,包括对道德进行系统推理的规范伦理

---

① [美]约书亚·诺布、肖恩·尼科尔斯编:《实验哲学》,厦门大学知识论与认知科学研究中心译,上海译文出版社2013年版。

② [美]约书亚·亚历山大:《实验哲学导论》,楼巍译,上海译文出版社2013年版。

③ 郭贵春:《实验哲学的认识论意义》,《山西大学学报(哲学社会科学版)》1991年第2期。

学和对人的品质、情感、心理进行道德分析的非规范伦理学；三是对伦理学本身开展元研究的元伦理学。狭义的道德哲学，仅指规范伦理学和元伦理学[①]。为了突出伦理学在实际社会生活中的导向作用，图 9.1 列出的伦理学分支学科，多数属于应用伦理学的范畴。按照传统将伦理学列入哲学科学学科阵列，必须特别注意给伦理学分支学科留有充分的独立发展空间，不要让应用哲学的某些分支学科有意无意地遮蔽了对应的应用伦理学分支学科。不可否认，类似于经济哲学与经济伦理学、环境哲学与环境伦理学、管理哲学与管理伦理学的对应分支学科之间存在着内在的联系，然而经济哲学、环境哲学、管理哲学的发展并不能替代经济伦理学、环境伦理学、管理伦理学的发展。

第Ⅴ学科门类是美学的一系列分支学科，包括美学思想史、比较美学、审美社会学、审美心理学、审美教育学、教育美学、文学艺术美学、工业美学、科学美学、技术美学、工程美学等。为了表明美学与哲学的亲缘关系，很长时间以来，包括格奥尔格·黑格尔在内的许多哲学家都把美学视为“艺术哲学”。黑格尔说，对于美学的这种对象，“‘伊斯特惕克’(Ästhetik)这个名称实在是不完全恰当的，因为‘伊斯特惕克’的比较精确的意义是研究感觉和情感的科学。……我们的这门科学的正当名称却是‘艺术哲学’，或则更确切一点，‘美的艺术的哲学’。”[②]一些现代美学研究者认为，美无处不在，美学的范围不局限于艺术领域，美学在本质上是“审美学”[③]。最近几十年，中国学者提出了一系列用“××审美学”命名的学科，出版了一批专著，如文艺审美学(艺术审美学)、文学翻译审美学、戏剧审美学、电影审美学(影视审美学)、建筑审美学、生态审美学、教育审美学、体育审美学、旅游审美学、休闲审美学、性审美学等。图 9.1 列出的美学分支学科，多数仍沿用传统名称，排在后面的主要是应用美学的分支学科。将美学列入哲学科学学科阵列，同样需要关注美学分支学科的独立发展问题。教育哲学、科学哲学、工程哲学

① 高国希：《道德哲学》，复旦大学出版社 2005 年版，第 49—51 页。

② [德]黑格尔：《美学》第一卷，朱光潜译，商务印书馆 2009 年版，第 3 页。

③ 王世德：《审美学》，山东文艺出版社 1987 年版。

可以分别适当地纳入教育美学、科学美学、工程美学的部分内容，但教育美学、科学美学、工程美学必须真正地自立门户，不断丰富和完善各自的学科理论体系。

三、哲学科学的学科衍生线索举例

作为知识体系的哲学，其知识的抽象程度最高，因此为哲学做定义是一件有难度的事情。《中国大百科全书·哲学》卷的概观性文章依据中国的流行观点，为哲学做出了一个非常概括的定义："哲学是世界观的理论形式，是关于自然界、社会和人类思维及其发展的最一般规律的学问。"①正是哲学知识的高度抽象性，使哲学理论和方法具有天然的强渗透性，能够在各个知识领域和社会实践、社会生活领域发挥导通思路、启迪智慧的功能。哲学科学学科的分化、衍生，学科结构的演进变迁，既有哲学科学的内在逻辑动因，又有社会需求的拉引作用。在图9.1中，哲学科学的各个学科门类都存在新学科的生长点，都有衍生出直系分支学科、边缘分支学科的可能性。下面以举例方式分析概观哲学、边缘哲学的学科衍生线索。

1. 概观哲学：哲学史的学科衍生线索

在概观哲学这个学科门类中，最值得关注的是哲学史。哲学科学及其分支学科在2000多年的演进发展历程中不断出现的思想学说、文献著作、学术流派、代表人物，为哲学史积累了丰富的研究素材，成为哲学史分支学科衍生的重要生长极。图9.2初步勾勒出哲学史已经大体形成的基本学科结构框架。按照研究对象特征和生成区位，哲学史的分支学科可以区分为6个学科系组。后面5个学科系组按照时段（通史、断代史）和地域范围（世界、地区、国家）的不同，可以组合成众多的分支学科。右侧框图以举例方式列出少数第二层级分支学科，其中隐含着许多新学科的衍生线索。

① 邢贲思：《哲学》，中国大百科全书总编辑委员会编：《中国大百科全书·哲学Ⅰ》，中国大百科全书出版社2002年版，第1页。

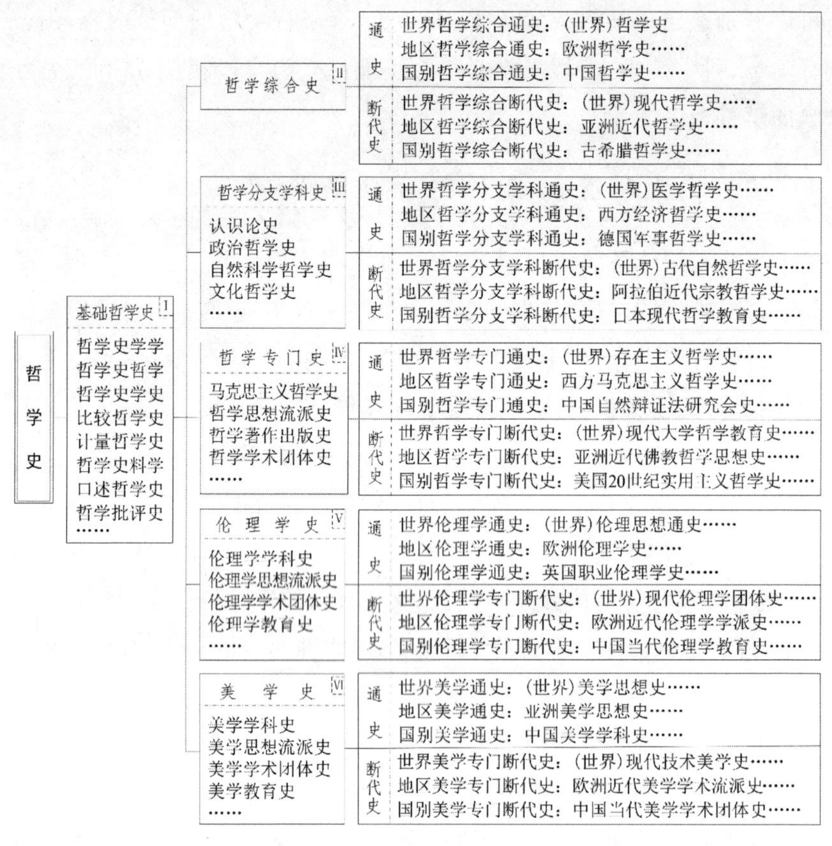

图 9.2　哲学史的学科衍生线索

第Ⅰ系组是基础哲学史和一组与其有近缘关系的学科，包括哲学史学学、哲学史哲学、哲学史学史、比较哲学史、计量哲学史、哲学史料学、口述哲学史、哲学批评史等。基础哲学史的任务是探讨哲学史领域的各种普遍性、一般性、基础性问题。基础哲学史与几门近缘学科的关系，是一般与特殊的关系。前者既要总结和概括各门基础分支学科的研究成果，又要指导和帮扶各门基础分支学科。哲学史学学、哲学史哲学、哲学史学史都以哲学史研究这样一种认识活动及其认识成果作为研究对象，但研究视角、研究重点并不相同。它们分别对哲学史进行科学学、哲学、历史学的审视，可以分别看成是介于哲学史与科学学、哲学、历史学之间的边缘学科，亦可视之为史学学、历史哲学、史学史的分支学科。这三门分支学科尚处于孕育状态。比较哲学史、计量哲学史、哲学史料学（哲学史史料学）、口述哲学史、哲学批评史等，是在哲学史研究中运用比较方法、计量方法、史料采集和分析方法、口述史料采集方法、批评方法等所建立起来的分支学科，它们同时也分别是比较历史学、计量历史学、史料学、口述历史学（口碑史学）、批评史等的分支学科。哲学史料学、哲学批评史已有较好的发展基础，出现了按照时段和地域范围分化的分支学科，如中国哲学史料学、中国近代哲学史料学①、中国古代哲学批评史、西方哲学批评史②等。

第Ⅱ系组是哲学综合史，包括研究各个时段、各种地域范围哲学发展总体状况所建立的各门哲学史分支学科，如中国哲学史、世界古代哲学史等。哲学综合史是相对于哲学分支学科史、哲学专门史而言的。其中，世界哲学综合通史只有唯一的一门，其专著通常就称之为“哲学史”，“通史”之“通”字常常被省略，“世界”二字有时也无须特别标出。这就是说，没有说明时段、地域范围的哲学史，就是指世界通史。地区哲学综合通史、国别哲学综合通史、世界哲学综合断代史、地区哲学综合断代史、国别哲学综合断代史，大都可以列出数量不等的分支学科系列。例如，国别哲学综合断代史包括古希腊哲学史、英国中世纪哲学史、意大利文艺复兴哲学史、德国18世纪哲学史、中国唐代哲学史、中国现代哲学史等。

第Ⅲ系组统称为哲学分支学科史，包括本体论史、认识论史、辩证唯物主义史、实践哲学史、政治哲学史、军事哲学史、教育哲学史、文化哲学史、管理哲学史、自然科学哲学史、社会科学哲学史、思维科学哲学史及其按照时段和地域范围分化出来的第二层级分支学科。哲学科学的每一门分支学科都有自身的历史，“资深”分支学科需要在梳理史料的基础上进行历史性总结，一些尚处在创生阶段和初兴阶段的分支学

① 季甄馥、高振农：《中国近代哲学史史料学》，华东师范大学出版社1992年版。

② ［美］D.J.奥康诺主编：《批评的西方哲学史》，洪汉鼎等译，桂冠图书股份有限公司2004年版。

科同样需要注意积累史料，在不断反思中调整前进方向和步伐，获得自身发展的充足能量。

第Ⅳ系组统称为哲学专门史，包括马克思主义哲学史、哲学思想流派史、哲学著作出版史、哲学学术团体史、哲学教育史等及其按照时段和地域范围分化出来的第二层级分支学科。在哲学科学领域，值得进行历史研究的专门事物很多。以马克思主义哲学及其在不同国家的传播和本土化发展过程作为研究对象，可以建立马克思主义哲学史、西方马克思主义哲学史、马克思主义哲学在俄国传播史①、中国马克思主义哲学史②、马克思主义哲学在中国传播史、马克思主义哲学中国化发展史等。以曾在历史上产生过重要影响的哲学思想流派为对象，则可以建立人文主义哲学史、经验主义哲学史、理性主义哲学史、实证主义哲学史、实用主义哲学史、存在主义哲学史③、结构主义哲学史、解构主义哲学史、中国宋明理学史④等。

第Ⅴ系组统称为伦理学史，包括伦理学学科史、伦理学思想流派史、伦理学著作和期刊出版史、伦理学学术团体史、伦理学教育史等的一系列第二层级分支学科。按照地域范围划分，伦理学通史和断代史可以分化为(世界)伦理学史、欧洲伦理学史、英国近代伦理学史、中国伦理学史⑤、中国现代伦理学史等。研究伦理学各个分支学科的历史演进，可以建立教育伦理学史、欧洲政治伦理学史、英国职业伦理学史、日本现代家庭伦理学史等。组建学术团体或组织是支撑学术发展的重要制度条件。最近几十年，国际上和许多国家成立了以伦理学或伦理学分支学科命名的学术团体，如国际环境伦理协会(1990年成立)、国际生命伦理学学会(1992年成立)、日本伦理学会(1950年成立)、中国伦理学会(1980年成立)、中华医学会医学伦理学分会(1988年成立)

① 黄楠森、商英伟主编:《马克思主义哲学史(第四卷)·马克思主义哲学在俄国的传播和发展》，北京出版社1994年版。

② 刘林元主编:《中国马克思主义哲学史》，江苏人民出版社2006年版。

③ [法]J.华尔:《存在主义简史》，马清槐译，商务印书馆1962年版。

④ 侯外庐等主编:《宋明理学史》，人民出版社1984年版。

⑤ 蔡元培:《中国伦理学史》，商务印书馆1910年版。

等。在中国，还有大量地方性伦理学学术团体，如安徽省伦理学会(1981年成立)、北京市伦理学会(1984年成立)、上海市医学伦理学会(1987年成立)等。从总结办会经验、充分发挥学术团体作用的角度来看，研究伦理学学术团体史的任务理应提到各个学术团体和伦理学界的工作议事日程中来。

第Ⅵ系组统称为美学史，包括美学学科史、美学思想流派史、美学著作和期刊出版史、美学学术团体史、美学教育史等及其下属的一系列第二层级分支学科。按照地域范围划分，美学通史和断代史同样可以分化为(世界)美学史、西方美学史[①]、德国18世纪美学史、中国美学史、中国当代美学史等。有的美学分支学科史，有可能出现多层级链锁式分化。例如，文学艺术美学史分化为文学美学史、艺术美学史(狭义)，艺术美学史又分化为美术美学史、音乐美学史、舞蹈美学史等，美术美学史进而分化为绘画美学史、雕塑美学史、工艺美术美学史等。这些美学分支学科史，都可以按照时段和地域范围建立分支学科，如欧洲艺术美学史、西方音乐美学史[②]、中国绘画美学史[③]等。美学著作和期刊史研究，是目前美学史领域尚未给予充分重视的研究方向。柏拉图文艺对话录编辑出版史、黑格尔美学著作翻译出版史、中国美学著作出版史、欧洲美学期刊史等，都应该进入我们的研究视野。

2.边缘哲学：自然科学哲学的学科衍生线索

传统的科学哲学(数学科学哲学、自然科学哲学)是边缘哲学这个学科门类中历史较长、成熟度较高的分支学科。自然科学哲学同数学科学哲学相互分立后，其下属分支学科在今后的演进发展中将呈现按层位、循层级的波动衍生状态。自然科学哲学下属分支学科不断衍生的内在依据，在于自然科学是分支学科数量最多、学科结构最为复杂的一个科学部类。英国哲学家大卫—希勒尔·鲁宾(David-Hillel Ruben)为《当代英美哲学地图》撰写的第十七章"社会科学哲学"中指

① 朱光潜主编：《西方美学史》上册，人民文学出版社1963年版。
② [美]E.福比尼：《西方音乐美学史》，修子建译，湖南文艺出版社2004年版。
③ 陈传席：《中国绘画美学史》上册，人民美术出版社2009年版。

出:“在有经济学之前不可能有经济学哲学,在有人类学之前也不可能有人类学哲学,如此等等。即便是这样,哲学研究的这些特定的领域要花如此之久的时间才产生出来确实令人吃惊。例如,至少在英美哲学界,从经济学产生到经济学哲学被普遍认可,竟然用了将近半个世纪的时间。”[①]在自然科学领域也是如此。因为有了物理学、化学等自然科学基础科学学科门类,才会有现在的物理学哲学、化学哲学。自然科学哪个层位或哪个层级的分支学科、哪个具体的分支学科能够生成自然科学哲学的分支学科,取决于对象学科自身的演进程度和社会需求程度。这些自然科学哲学分支学科的生成过程,也不会是一蹴而就的。

自然科学经过近代以来几百年的演进,至今已经发展成为包含数千门学科的庞大知识体系。按照与实践活动相联系的密切程度,自然科学的所有学科可以相对地区分为三个基本学科层位,即自然基础科学、自然应用科学、自然技术科学和自然工程科学[②]。从 1840 年英国学者威廉·惠威尔(又译为威廉·休厄尔,William Whewell,1794—1866)出版《以归纳科学史为依据的归纳科学哲学》一书算起,自然科学哲学在西方已经有 170 多年的演进史。回溯这段历史,我们遗憾地发现,自然科学哲学对自然科学的哲学反思和解读就学科层位而言是不完整、不全面的,自然基础科学获得较多的关注,包含物理学哲学、化学哲学、天文学哲学等的自然基础科学哲学积累了丰厚的研究成果,而自然应用科学哲学、自然技术科学哲学和自然工程科学哲学却很少被人提及。在不会引起误解的前提下,为简洁起见,以下将自然技术科学哲学和自然工程科学哲学简称为技术科学哲学和工程科学哲学。

在中国学术期刊中,目前仅能检索到 2 篇以“技术科学哲学”作为篇名主题词的期刊文献,分别介绍了苏联、俄罗斯学者研究技术科学领

① 欧阳康主编:《当代英美哲学地图》,人民出版社 2005 年版,第 585 页。

② 王续琨:《自然科学的学科层次及其相互关系》,《科学技术与辩证法》2002 年第 1 期。

域哲学问题的概况[1][2]。而"工程科学哲学"概念，至今尚未在中国期刊文献篇名和书名中出现。这种状况同自然基础科学、自然应用科学、自然技术科学和自然工程科学三个学科层位所属学科的属性、特征有着直接关系。自然基础科学所属学科与实践活动的联系最为疏远，理论性最强，学术前沿问题与哲学的联系较为明显，如物理学中的宇宙有限无限、物质层次有限无限、时间和空间的微观特性、测不准原理等。自然技术科学和自然工程科学所属学科与实践活动的联系最直接、最密切，理论色彩较弱，原理性知识少而操作性知识多，不易看出同哲学的关联。在 20 世纪 70 年代以来哲学的实践转向和 80 年代以来技术哲学的经验转向的影响下，继自然科学哲学的文化转向、认知转向、心理转向之后，目前已经出现技术科学转向和工程科学转向的苗头，对技术科学和工程科学的哲学反思和解读今后有望成为新的研究热点。

鉴于学术界对于居于自然科学第二个学科层位的自然应用科学尚缺少全面、系统的研究，以下笔者将重点讨论技术科学哲学和工程科学哲学的学科衍生线索。一般而言，技术指创造改造自然界活动手段的行为(发明、革新)及其工具性成果，工程是指改造自然界的活动过程及其造物性成果。技术科学和工程科学的任务是综合运用自然基础科学、自然应用科学的理论，分别探讨人类改造自然界的活动手段和行为过程。技术科学哲学是对技术科学的哲学反思和解读，其基本论题主要有：技术科学研究的认识论特征，技术科学方法论，技术科学范畴的解读，技术科学学科体系的建构原则和思路，技术科学原理的特征，技术科学原理检验的途径，技术科学实验设计的原则，技术科学家(钱学森、邓稼先等)的学术思想和研究方法，技术科学各门学科中的哲学问题。工程科学哲学是对工程科学的哲学反思和解读，其基本论题主要有：工程科学研究的认识论特征，工程科学方法论，工程科学范畴的解

① 白夜昕、姜立红：《前苏联技术科学哲学问题研究》，《东北大学学报(社会科学版)》2008 年第 1 期。

② 万长松：《俄罗斯技术科学哲学问题研究》，《燕山大学学报(哲学社会科学版)》2009 年第 2 期。

读，工程科学学科体系的建构原则和思路，工程科学原理的特征，工程科学原理检验的途径，工程科学实验设计的原则，工程科学家（茅以升、张光斗等）的学术思想和研究方法，工程科学各门学科中的哲学问题。技术科学哲学与工程科学哲学的区别与联系，类同于技术与工程、技术科学与工程科学的关系。

面对数量众多的技术科学学科、工程科学学科，技术科学哲学和工程科学哲学不能仅仅局限于对技术科学和工程科学进行整体性的研究。尽管不可能将所有的技术科学学科、工程科学学科都作为哲学反思和解读的对象，但是随着研究工作的持续深入和研究成果的逐步积累，今后一个时期有望建立若干门技术科学哲学和工程科学哲学的分支学科。一方面，技术科学哲学和工程科学哲学的整体性研究，能够引导、牵拉分支学科的局域性研究；另一方面，分支学科的局域性研究，又会支撑、促进技术科学哲学和工程科学哲学的整体性研究。整体性研究与局域性研究需要相互照应，协同发展。

图 9.3 列出了技术科学哲学和工程科学哲学分支学科的一部分衍生线索[①]。各门分支学科的任务，是探讨各门技术科学学科、工程科学学科的各种哲学问题，包括：学科的认识论、方法论特征，学科基本范畴解读，学科体系的建构原则和思路，相关技术原理、工程原理的科学基础、检验途径、应用范围，实验设计的原则，学科名家的学术思想和研究方法。各门分支学科的建立，可能是一个长期的过程。随着研究工作的逐步深入，某些分支学科有可能衍生出第二层级分支学科，如机械制造工艺科学哲学、机械工程科学哲学之下的机床制造工艺科学哲学和机床制造工程科学哲学、工具制造工艺科学哲学和工具制造工程科学哲学等。

由于技术和工程存在唇齿相依的关系，在一门具体的技术学科或工艺学科中常常包含同工程的过程性特征相关的内容，在一门具体的

① 王续琨、张春博：《走向技术科学哲学和工程科学哲学》，《山东科技大学学报（社会科学版）》2016 年第 5 期。

技术科学哲学	工程-技术科学哲学	工程科学哲学
普通技术科学哲学	普通工程技术科学哲学	普通工程科学哲学
机械制造工艺科学哲学	机械工程技术科学哲学	机械工程科学哲学
机床制造工艺科学哲学		机床制造工程科学哲学
建筑工艺科学哲学	建筑工程技术科学哲学	建筑工程科学哲学
电子工艺科学哲学	电子工程技术科学哲学	电子工程科学哲学
生物技术科学哲学	生物工程技术科学哲学	生物工程科学哲学
纳米生物技术科学哲学		纳米生物工程科学哲学
农业技术科学哲学	农业工程技术科学哲学	农业工程科学哲学
医疗技术科学哲学	医疗工程技术科学哲学	医疗工程科学哲学
计算机技术科学哲学	计算机工程技术科学哲学	计算机工程科学哲学
软件工艺科学哲学	软件工程技术科学哲学	软件工程科学哲学
交通技术科学哲学	交通工程技术科学哲学	交通工程科学哲学
……	……	……

说明：用楷体字排印的名称，是技术科学哲学和工程科学哲学的第二层级分支学科。

图 9.3　技术科学哲学和工程科学哲学的学科衍生线索举例

工程学科中常常包含同技术或工艺的工具性特征相关的内容。因此，研究者必须充分关照技术科学哲学和工程科学哲学的对应分支学科，如机械制造工艺科学哲学和机械制造工程科学哲学、建筑工艺科学哲学和建筑工程科学哲学、医疗技术科学哲学和医疗工程科学哲学，看到这些“学科对”的紧密联系，推进两者相扶相携、协同发展。

值得注意的是，技术科学哲学分支学科和工程科学哲学分支学科的“学科对”之间，有可能存在某些共同的论题。例如，机械制造工艺科学哲学和机械工程科学哲学面对的基本范畴多数是相同的，如生产过程、生产类型、加工、制造、基准、精度、工件、零件、构件、部件、机器、机构、机械、运动副（转动副、移动副、齿轮副、凸轮副）①②等。在机械制造工艺科学哲学和机械制造工程科学哲学之间，存在着两者可以合力研究、共同演进的接壤区域，这个区域就是机械工程技术科学哲学。类似于机械工程技术科学哲学的建筑工程技术科学哲学、农业工程技术科学哲学等，统称为“工程—技术科学哲学”。另外，有少数技术学科或

① 何瑛、欧阳八生主编：《机械制造工艺学》，中南大学出版社 2015 年版。

② 丁树模、丁问司主编：《机械工程学》，机械工业出版社 2015 年第五版。

工程学科具有双栖性,同一门学科有两个名称,如研究生物工程、生物技术的学科,有人称之为生物技术学,有人称之为生物工程学。在生物技术学、生物工程学之上建立的生物技术科学哲学、生物工程科学哲学和生物工程技术科学哲学,目前阶段只能将三者视为等义概念。生物技术科学哲学和生物工程科学哲学在未来的发展中能否做出相对区分,最终取决于社会需求。

图 9.3 中,列在分支学科第一行的普通技术科学哲学和普通工程科学哲学,是技术科学哲学和工程科学哲学的标志性基础分支学科,分别探讨技术科学哲学和工程科学哲学的若干普遍性、一般性、共同性问题。这些问题包括:技术科学哲学、工程科学哲学的知识特征和思维特征,技术科学哲学和工程科学哲学基本范畴的遴选和比较,技术科学哲学、工程科学哲学分支学科创生和发展的学理基础和社会条件,技术科学哲学和工程科学哲学研究范式、研究进路的哲理诠释等。作为技术科学哲学和工程科学哲学之间接壤区域的普通工程技术科学哲学,其协同作用主要体现在对技术科学与工程科学、技术科学哲学与工程科学哲学的差异和联系的哲学解析上。

第十章 数学科学学科概览

数学科学历史悠久,远在2000多年以前就萌生了算术学、代数学、几何学(含三角学)等分支学科。由于数学学科最先在力学、物理学等自然科学学科中得到有效应用,因而人们长期以来习惯于将数学科学视为自然科学的组成部分。数学科学的研究对象遍布于整个客观世界,将数学科学归类于自然科学是一种历史的误解。在现代科学知识体系中,数学科学理应被视为一个具有较高抽象程度、重要方法功能的科学部类。

一、数学科学的由来和历史演进

1."数学"学科称谓的由来

数学知识来源于数数、计算和土地丈量。汉字"算"(通"筭""祘")和"数""计"的出现都比较早,这几个字都有计算之义。儒家经典《周礼》(又称为《周官》《周官经》)中所记载的作为教育内容的"九数",大体上包含了中国西周时期数学的所有内容。成书于公元7世纪的《隋书》,第一次出现了具有学科之义的"算学"一词:"国子寺元隶太常。祭酒,一人。属官有主簿、录事。各一人。统国子、太学、四门、书算学,各置博士、国子、太学、四门各五人,书、算各二人。"(《隋书·卷二十八·志二十三》)此处的"书算学",是关于"书"(书写、识字、文字)的学问和关于"算"(计算、数术)的学问的合称。宋代以后,出现多部以"算学"作为书名主题词的著作,如元代数学家和教育家朱世杰(1249—1314)的《算学启蒙》(1299年)、明代数学家王文素(约1465—?)的《新集通证古今算学宝鉴》(1524年)等。

1148年,南宋数学家荣棨(生卒年不详)为北宋数学家贾宪(生卒年不详)在11世纪中叶完成的《黄帝九章算经细草》作序,其中写道:"由是自古迄今,历数千余载,舟车所及,凡善数学者,人人服膺而重之。"[①]此序是目前我们所检索到的最早出现"数学"一词的文献。《黄帝九章算经细草》后来失传,其主要内容被两个世纪以后的杨辉(生卒年不详)录入《详解九章算法》(完成于1261年)一书。在《详解九章算法》的多种刻本中,均保留了荣棨的这篇序。在荣棨之后,多位名家使用了"数学"概念。南宋数学家秦九韶(约1202—1261)于1247年完成《数术大略》一书,推广、完善了被称为"中国剩余定理"的大衍总数术、三斜求积术、正负开方术等计算方法。在此书的序中,秦九韶讲述自己早年的经历时说:"早岁侍亲中都,因得访习于太史,又尝从隐君子受数学,际时狄患,历岁遥塞,不自意全于矢石间。"[②]限于当时的条件,此书没有立即刊刻印行,但有手抄本传世。明代《永乐大典》(1408年)将此书分类抄入"算"字条各卷,书名为《数学九章》。清代道光二十二年(1842年),此书以《数书九章》为名正式出版。1303年,元代学者莫若(生卒年不详)在为朱世杰的代表作《四元玉鉴》作序,介绍朱世杰的学术生涯时说:"燕山松庭朱先生,以数学名家周游湖海二十余年矣。"[③]在当时的文人圈子中,"数学"可能已经成为一个不算生疏的词汇。1578年,明代数学家柯尚迁(1528—1583)刊刻出版《曲礼外集》一书,其中列入"补学礼六艺"附录的《数学通轨》,主要涉及珠算内容。其后,明末科学家徐光启(1562—1633)在《刻〈同文算指〉序》(1614年)中也使用了"数学"一词,其含义比"算学"略宽泛一些。

西方语言文字中的"数学"一词,源于拉丁文 mathematica 和希腊文 μαθηματιχα。英文中的 mathematics 大约出现于16世纪。1623年,意大利传教士艾儒略(P.Julius Aleni,1582—1649)在中国刻印介绍欧洲大学教育和学术概况的小册子《西学凡》,其中将拉丁文 math-

① 荣棨:《〈黄帝九章〉序》,《九章算术新校》下册,郭书春汇校,中国科学技术大学出版社2014年版,第493—494页。

② 秦九韶:《数书九章》,商务印书馆1937年版,序第1页。

③ 莫若:《〈四元玉鉴〉前序》,《四元玉鉴校证》,科学出版社2007年版,第55页。

ematica(数学)音译为“马得马第加”。同年,艾儒略根据西班牙传教士庞迪我(Diego de Pantoja,1571—1618)和意大利传教士熊三拔(Sabatinode Ursis,1575—1620)所著底本编译并刻印了地理著作《职方外纪》。其中卷二“欧逻巴总说”中介绍欧洲大学的分科情况时说道:“又四科大学之外,有度数之学,曰玛得玛第加,亦属斐录所科内,此专究物形之度与数度。”①拉丁文 mathematica 既被音译为“玛得玛第加”,又被意译为“度数之学”,同时还明确了它与“斐录所”(philosophia)的从属关系。1627 年,德国来华传教士邓玉函(Johann Terrenz/Schreck,1576—1630)口译、中国明末科学家王征(1571—1644)笔述绘图的《奇器图说》刻印面世。该书主要内容取材于欧洲多位科学家和工程家的相关著述,是第一部介绍西方力学和机械工程知识的中文著作,其中出现了翻译词汇“数学”。1631 年,由葡萄牙来华传教士傅汎际(Francois Furtado,1557—1638)与中国明末科学家李之藻(1569—1630)合作翻译的《名理探》(原书是 1611 年在德国出版的耶稣会士拉丁文逻辑学读本《亚里士多德辩证法概论》)一书刻印问世。该书在介绍西方学术时指出:“明艺,有三:一谓形性学,西言斐西加,专论诸质模合成之物之性情。二谓审形学,西言玛得玛第加,专在测量几何之性情。三谓超性学,西言陡禄日亚,专究天主妙有与诸不落形质之物之性也。”②“形性学”为物理学,“审形学”为数学,“超性学”为形而上学。“审形学”这个译名也许只适用于概括几何学等研究图形的学科,不能准确地表述 mathematics 整体的本质特征,因而没有为中国学术界所接纳和沿用。

在 19 世纪下半叶至 20 世纪初的又一次西学东渐高潮中,一些学者将“算学”和“数学”视为等义概念,都用于指称西方学术中的 mathematics。一方面,中国传统的“算学”极力向西方的 mathematics 一词实现“无缝”对接,教育界将新办西式学堂中开设的数学课程称之为“算学”。另一方面,学者们则有意识地选用和推介“数学”概念。1853 年,

① [意]艾儒略:《职方外纪》,中华书局 1985 年版,第 44 页。

② [葡]傅汎际译义、李之藻达辞:《名理探》,生活·读书·新知三联书店 1959 年版,第 11 页。

墨海书馆刊行英国汉学家、来华传教士伟烈亚力(Alexander Wylie,1815—1887)的《数学启蒙》一书,在学术界产生较广泛的影响。1872年,美国汉学家、来华传教士卢公明(Justin Doolittle,1824—1880)编纂辞书《英华萃林韵府》,列出了 mathematics 一词的四个对应中文义项:"数学、算学、算法、数理"。1895 年,中国翻译家严复(1854—1921)在《译〈天演论〉自序》中说:"夫西学之最为切实而执其例可以御蕃变者,名、数、质、力四者之学是已。"①他将"数学"列为西学基础学科之一。与此同时,还有一部分学者将"数学"视为"算学"的下位概念,仅指算术等同数量有关的分支学科。1896 年,清末思想家、学者梁启超(1873—1929)编成《西学书目表》,开头就是"算学"类书目,在类目名称之后有两行说明文字:"由浅入深,故先以数学;先理后法,故次以几何,凡诸形学附焉;次代数,通行之算也;微分积分,非深造不能语,故以终焉。"②同年,他又在《读西学书法》札记中指出:"学算必从数学入,乃及代数。"③1898 年,实业家朱志尧(1863—1955)和朱云佐(1865—1898)兄弟创办科学普及类旬刊《格致新报》,创刊号(第 1 册)上刊载的译文《学问之源流门类》指出:"如推究物之形体,仅及其式样状貌大小,而不求物之实理者,是为算学。算学中分数学、代数学、形学等。"④此文译者将"算学"的分支学科译为"数学"。

鉴于"算学""数学"概念理解和使用上出现一定程度混乱的实际状况,中华民国政府和民间科学团体在 20 世纪 30 年代积极进行科学名词的统一工作。为确定"算学""数学"两个术语的取舍,教育部向相关单位征询意见,赞成使用"算学"的单位和赞成使用"数学"的单位各占

① 严复:《译〈天演论〉自序》,[英]赫胥黎:《天演论》,严复译,商务印书馆 1981 年版,序第Ⅳ页。

② 梁启超:《西学书目表》,《〈饮冰室合集〉集外文》下册,北京大学出版社 2005 年版,第 1221 页。

③ 梁启超:《读西学书法》,《〈饮冰室合集〉集外文》下册,北京大学出版社 2005 年版,第 1259 页。

④ [法]向爱莲:《学问之源流门类》,乐在居侍者译,《格致新报》1898 年第 1 册第 10 页。

一半。教育部随后召集“理学院课程会议”进行专项讨论，多数与会者认为“二名词中可任择其一”，建议交由教育部做出决定。教育部几经斟酌，考虑到“数、理、化”已经成为比较通用的课程简称，在古代“六艺”中“数”居其一，在高等学校中以“数学”“数理”“数学天文”作为系名者居多，最终决定选择“数学”对译 mathematics 一词。1939 年 8 月，教育部通令全国所有学校一律遵用“数学”这个名称，“以昭划一”[①]。此后，不赞同用“数学”一统“算学”天下的意见日渐式微，运用行政手段推行学术术语终见效果。20 世纪 50 年代后，“算学”在中国大陆完全退出教育课程系列，仅出现于中国数学史研究的特定话语空间。

2.数学科学主要学科的演进脉络

数学起源于人类为谋求自身生存而从事的生产活动。在共同劳动中，先民们学会了识别图形和记数、计算，建立了初步的“形状”“数量”观念。“象”和“数”是中国古代用于表示图形和数量的两个汉字。据大约成书于公元前 5 世纪的《左传》记载：“龟，象也；筮，数也。物生而后有象，象而后有滋，滋而后有数。”（《左传・僖公十五年》）龟以象示，筮以数告，事物生而就有形状，形状会有各种变化，由此产生出表征事物空间形式和数量关系的“数”。近代以后，中国学术界以“象数”“象数之学”指称数学这个知识领域，即来源于古人对“象”“数”的这种认识。

在中国，最早发展起来的数学学科是算术学和几何学[②]。公元前 21 世纪中国进入奴隶制社会以后，随着社会结构的复杂化和战争、工程活动规模的逐步扩大，统治阶层对有关“数”的知识提出越来越多的需求。在公元前 14 世纪至公元前 11 世纪殷商时期，甲骨文中出现一系列标示数字的文字，人们创造了十进位值制记数法，能够记录十万以内的任意自然数。在数学知识有了较多积累的基础上，商代开办的学

① 夏晶：《“算学”“数学”和“Mathematics”——学科名称的古今演绎和中西对接》，《武汉大学学报（人文科学版）》2009 年第 6 期。

② 算术学在传统上多简称为算术，为了明示其学科含义，本书一律写为“算术学”。后面陆续将要说到的代数学、几何学、三角学、数理统计学等，作为学科名称同样都加上了“学”字。

校将计数知识纳入教育内容。西周时期,“九数”被列为对贵族子弟进行“六艺”教育的一个大科目。《周礼·地官司徒·保氏》中记载:“保氏掌谏王恶,而养国子以道。乃教之六艺:一曰五礼,二曰六乐,三曰五射,四曰五御,五曰六书,六曰九数。”“九数”可以理解为“数”的九个细目或小科目。东汉时期,经学家郑众(?—83)和马融(79—166)等均对“九数”做过注解。东汉末年经学大师郑玄(127—200)在《周礼注疏》中引用了郑众的说法:“九数:方田、粟米、差分、少广、商功、均输、方程、赢不足、旁要;今有重差、夕桀、勾股也。”经后人的考证,认为方田、粟米、差分、少广、商功、方程、赢不足、旁要是“九数”的主要组成部分。在西周时期,“九数”作为兼具教育管理意义和知识体系意义的古代学科,其内容同生产活动、社会管理的联系非常紧密。约成书于公元前 2 世纪的《周髀》(唐代以后称之为《周髀算经》)和约成书于公元 1 世纪的《九章算术》,是两部流传下来的中国古代数学著作。《周髀》的内容除“盖天说”等天文学知识之外,主要包括勾股定理(商高定理)及其在测量上的应用、相似直角三角形对应边成比例定理、开平方法、等差级数计算等数学内容,记录了夏、商、西周三代的若干数学史料,其中必然在一定程度上反映“九数”的教学内容。《九章算术》将 246 个与生产、生活实践有联系的应用问题,分为方田、粟米、衰分、少广等 9 章,涉及几何图形面积和体积的计算、分数四则运算、比例算法、线性联立方程组解法、正数和负数加减运算法则、开平方和开立方算法等诸多方面,存在着几何问题算术化和代数化的倾向。《九章算术》同西周“九数”的关联更为明显,魏晋时期数学家刘徽(约 225—295)在《九章算术·序》中所说:“周公制礼而有九数,九数之流则《九章》是矣。”据此,我们可以做出这样的推断:“九数”作为中国古代数学的标志性学科,以算术学为主体,包含一部分平面几何学和代数学的内容,尚未形成自身的逻辑体系,学科边界也不够清晰。

埃及作为地处非洲的文明古国,在古代也曾取得不朽的数学成就。通过专家对纸莎草纸文书等文物的研究可知,古代埃及人用象形文字创造了完整的数字符号系统(包括分子为 1 的单位分数)和十进位值制记数法，创建了加法、减法、倍乘、分数算法和一元一次方程、一元二次方程等一套较完整的运算法则，通过丈量土地和建筑设计等实践积累了大量的几何学知识。古希腊哲学家、数学家泰勒斯（Thales，约公元前624—前547）是最早游学埃及和巴比伦的学者。他将埃及人长期以来在尼罗河泛滥后重新测量土地过程中所积累的几何学知识和巴比伦人的天文观测方法引进希腊。根据后人的记述，泰勒斯曾经证明了“等腰三角形两底角相等”等四条定理，以他为首的爱奥尼亚学派开了古希腊数学命题证明的先河。公元前6世纪前后，在古希腊城邦社会特有的唯理主义气氛中，来自阿拉伯世界的经验性算术知识和几何法则，被加工升华为具有初步逻辑结构的论证数学体系。以泰勒斯为代表的古希腊学者，不仅引进了阿拉伯地区的土地测量知识，而且将阿拉伯文“土地测量术”翻译为希腊文、拉丁文，各种西方语言文字中后来出现的“几何学”（如英文 geometry）一词均来源于拉丁文 geometria。

古希腊论证数学的另一位先驱毕达哥拉斯（Pythagoras，约公元前580—约前500），青年时代也游历过埃及和巴比伦，可能还到过印度。返回希腊后，他定居于克罗托内，组建了一个秘密会社（后世称之为毕达哥拉斯学派），致力于哲学和数学研究。毕达哥拉斯及其学派在几何学领域做出了重要贡献，证明了在西方被称之为“毕达哥拉斯定理”的勾股定理，确立了正多面体的作图方法。毕达哥拉斯学派主张“万物皆数”，在数字神秘主义的外壳中包含着数学向其他知识领域渗透的理性内核。他们对于“三角形数”“正方形数”“长方形数”等数形关系问题的研究，促进了数量思维与几何思维的结合，推动了几何学走向抽象化、理论化。

公元前5世纪以后，雅典成为希腊民主政治和经济文化的中心，希腊数学走向繁荣期，柏拉图学派和亚里士多德学派极大地推动了数学的演绎化趋势。柏拉图（Plato，约公元前427—前347）认为数学是一切学问的基础，据说柏拉图开办的雅典学院在大门上悬挂了一幅“不懂几何学者莫入”的告示。柏拉图本人曾为一些几何学概念做过定义，更为重要的是他倡导运用分析法和归谬法对数学知识进行演绎整理。柏拉图的门生亚里士多德(Aristotle,公元前384—前322)继承了前人重视数学的传统,对作为数学推理出发点的基本原理做了深入研究,将基本原理区分为公理(一切科学公有的真理)和公设(为某一门科学所接受的第一性原理)。他的最大贡献是建立了形式逻辑学这门研究思维规律的学科,将前人使用过的数学推理方法进一步规范化和系统化,创制了以三段论为核心的演绎推理方法。亚里士多德的形式逻辑学被后人奉为演绎推理的圣经,其中的基本逻辑原理(包括矛盾律和排中律等)为欧几里得演绎几何体系的建立奠定了方法论基础①。

公元前300年以后,新兴的地中海城市亚历山大城学者云集,人才荟萃,出现多位数学大家,进入古希腊数学的黄金时代。亚历山大学派的奠基人欧几里得(Euclid of Alexandria,约公元前330—约前275)是论证几何学的集大成者。他最重要的数学著作是《原本》(*Elements*)②,“原本”的希腊文为Σταχετα,其原意是指一个学科中应用广泛、最为重要的定理。欧几里得在这部划时代的著作中,用公理演绎法对当时的几何学知识做了系统化、理论化的总结。他以少数公理、公设、定义作为已知要素,对第一个命题做出证明。然后循此继进,依次证明后面的各个命题。零散的数学理论被他成功地编织为一个从基本假定到最复杂结论的系统。全书共13卷,包括5条公理、5条公设、119个定义和465个命题,构建了科学史上的第一个公理化学科知识体系。其论证之精彩,逻辑之周密,结构之严谨,令人叹为观止。

欧几里得几何学是人类知识史上的一座丰碑,其中蕴含着重大的方法论意义,为学科知识建构提供了一种严谨的演绎模式。欧几里得的历史功勋不仅在于建立了完整的几何学体系,而且在于运用亚里士多德的三段论演绎法首创了一种学科体系的构建方法——公理化方法。这种方法对于科学发展的深远影响,在一定程度上超过了几何学本身。艾萨克·牛顿(Isaac Newton,1642—1727)的《自然哲学的数学

① 李文林:《数学史概论》,高等教育出版社2002年版,第45页。

② 1606年,中国明代科学家徐光启和意大利来华传教士利玛窦合作翻译了《原本》前6卷的平面几何学部分,以《几何原本》为书名于1607年刊刻印行。

原理》、詹姆斯·麦克斯韦(James C. Maxwell,1831— 1879)的电磁场理论、阿尔伯特·爱因斯坦(Albert Einstein,1879—1955)的狭义相对论等,都成功地应用了欧几里得几何学所开创的公理化方法。爱因斯坦曾满怀崇敬地说:"我们推崇古代希腊是西方科学的摇篮。在那里,世界第一次目睹了一个逻辑体系的奇迹,这个逻辑体系如此精密地一步一步推进,以致它的每一个命题都是绝对不容置疑的——我这里说的就是欧几里得几何。推理的这种可赞叹的胜利,使人类理智获得了为取得以后的成就所必需的信心。如果欧几里得未能激起你少年时代的热情,那么你就不是一个天生的科学思想家。"①

亚历山大后期,几何学的最重要成果是三角学的初步建立。地理学家、天文学家、数学家克罗狄斯·托勒密(Claudius Ptolemy,约 90—168),在《天文学大成》(*Almagest*)中概括总结了希帕科斯(Hipparchus,约公元前 180—前 125)等先驱者的三角学知识,制作了历史上第一个有明确构造原理并流传于世的系统的三角函数表——弦表。托勒密还继承亚历山大中期学者梅内劳斯(Menelaus,约公元 1 世纪)在《球面学》(*Sphaerica*)一书中的研究成果,给出了多个球面的三角定理,用之于解决特定的天文学问题,打通了三角学的发展道路。此外,算术学和代数学在这个时期也取得了独立的学科地位。尼可马科斯(Nichomachus,约公元 1 世纪)的《算术入门》(*Introduction Arithmetica*)是第一部完全跳出几何学窠臼的算术学著作,其内容同现今的数论相对应。丢番图(Diophantus,约公元 3 世纪)的《算术》(*Arithmetica*)运用纯分析的途径处理数论和代数问题,被视为西方古代算术学和代数学的一部代表作。

公元 5 世纪下半叶至 15 世纪下半叶,在宗教神学的钳制下,欧洲经历了中世纪长达 1000 年的漫漫长夜,包括数学在内的科学被视为异端邪说,西方数学陷入低潮期。这一时期,东方的中国、印度和阿拉伯

① [美]爱因斯坦:《关于理论物理学的方法》,《爱因斯坦文集》第一卷,许良英、范岱年编译,商务印书馆 1976 年版,第 313 页。

国家,数学方面的成就主要是算术学、几何学和代数学的进步,在世界数学史上发挥了承前启后的作用。公元 820 年前后,阿拉伯数学家花拉子米(Mohammed ibn Mūsā al-Khwārizmī,约 783—850)出版了《还原与对消计算概要》一书,运用代数方式处理线性方程组和二次方程,给出了一元二次方程的一般代数解法和几何证明,同时又引进了移项、同类项合并等代数运算等。这部又被称之为《代数学》的著作,在公元 1140 年前后被英国学者罗伯特(Robert of Chester)译成拉丁文,不仅成为标准的数学教科书,在欧洲流行了几百年,而且为 16 世纪初意大利代数方程求解方面的突破做了奠基性的工作。书名中的"还原"(阿拉伯文 al-jabr)一词,在 14 世纪演变为拉丁文词汇 algebra,后来成为多种西方语言文字"代数学"(如英文 algebra)一词的词源。

15 世纪下半叶,在经历了复苏前的阵痛之后,欧洲数学借文艺复兴运动的思想解放潮流艰难起步。代数学成为文艺复兴时期成果最突出、影响最深远的数学学科,拉开了西方近代数学发展的序幕。意大利波伦亚大学数学教授希皮奥内·德尔·费罗(Scipione del Ferro,1465—1526)大约在 1515 年首先发现了一种类型三次方程的代数解法。1535 年,意大利数学家尼科洛·丰塔纳(Nicoolo Fantana,约 1499—1557,绰号 Taitaglia,意为口吃者)也独立地发现了两种类型所有三次方程的解法。他将解法传给米兰学者吉罗拉莫·卡尔丹(Girolamo Cardano,1501—1576),后者在 1545 年出版《大法》(*Ars Magna*)一书,公开了三次方程的解法,给出了几何证明。《大法》一书同时还公开了卡尔丹的学生鲁多维科·费拉里(Ludovico Ferrari,1522—1565)提供四次方程解法。法国律师、数学家弗朗索瓦·韦达(Francois Vieta,1540—1603)在《分析引论》(1591 年)一书中第一次有意识地使用系统的代数符号,以辅音字母表示已知量,元音字母表示未知量。他把符号性代数称作"类的算术",同时对算术学与代数学做出了区分,认为代数运算面对的是事物的类或形式,算术运算面对的是具体的数,从而使代数学成为研究一般类型方程的学问。经过英国数学家威廉·奥特雷德(William Oughtred,1575—1660)《数学之钥》(1631 年)一书的提倡,数学符号在欧洲学者中流行开来。在《三角学》(1657 年)一书中,奥特雷德拟制了简洁实用的三角符号。法国数学家、哲学家勒内·笛卡儿(René Descartes,1596—1750)对代数符号体系做出了全面改进。他主张使用字母表中的前面几个拉丁字母(a、b、c、d 等)表示已知量,后面几个拉丁字母(x、y、z、w 等)表示未知量,这种做法后来成为惯例。引入符号体系,不仅使代数学成为体系严密的学科,而且成为近现代数学最为明显的标志之一,体现了数学科学学科的简洁性和抽象性特征。

文艺复兴时期,绘画艺术和工程制图的需要导致透视学的兴起,进而促进了射影几何学的创生。意大利建筑师、建筑理论家利昂纳·阿尔贝蒂(Leone B. Alberti,1404—1472)于 1452 年写成的《论绘画》一书,是早期数学透视法的代表作,被视为射影几何学发展的起点。法国军官、建筑师吉拉德·德沙格(Girard Desargues,1591—1661)从 1636 年开始连续发表关于透视法的论文和著作,力图从数学上解答透视法所引出的一些问题,提出以其姓氏命名的透视学定理。法国数学家、物理学家布莱士·帕斯卡(Blaise Pascal,1623—1662)的《圆锥曲线论》(1640 年)和法国天文学家、数学家菲利普·拉伊尔(Phailippe de La Hire,1640—1718)的《圆锥曲线》(1685 年),使射影几何学有了实质性的发展。由于射影几何学只能获得定性的结果,不为推崇定量化方向的数学家所重视,因而很快就让位于代数学、解析几何学和微积分学,由这些学科进一步发展出在近代数学中占中心地位的其他学科。

16 世纪以后,研究自然界物质运动及其变化已经成为自然科学的中心问题,对于新的数学工具的迫切需求,导致变量数学亦即近代数学的萌生。解析几何学的创建,是变量数学的第一个标志性起点。1637 年,笛卡儿出版包含《屈光学》《气象学》和《几何学》三个附录的《科学中正确运用理性和追求真理的方法论》(简称为《方法论》或《方法谈》)。在探讨数学问题的《几何学》中,笛卡儿确立了解析几何学的基本思路:平面上的每一个点都可以表示为一对实数,每一对实数都对应于平面上的一个点;运用这种关系,代数方程 $f(x,y)=0$ 就与平面上的一条曲线对应起来，于是几何问题便可以归结为代数问题。他引入了平面直角坐标系和线段运算的概念，创造性地将几何图形"转译"为代数方程式，从而找到几何学问题的代数学解法，即通过代数转换来发现、证明几何图形的性质。1629 年前后，法国律师、业余数学家皮埃尔·德·费尔马(Pierre de Fermat，1601—1665)也运用代数方法成功地解决了一些几何问题，令人遗憾的是他没有当即公开发表自己的研究成果。建立在代数学与几何学边缘区的解析几何学，将变量、函数、数和形等重要概念紧密联系起来，为微积分的问世铺平了道路。

17 世纪上半叶，伽利略·伽利雷(Galileo Galilei，1564—1642)和约翰尼斯·开普勒(Johannes Kepler，1571—1630)等欧洲科学家在天文学、力学领域做出的一系列重要发现，对解决瞬时变化率、做任意曲线的切线、求函数极大值和极小值等问题提出了迫切需求。许多科学家开始为解决这些问题寻求新的数学工具。英国科学家艾萨克·牛顿 1665 年开始探讨微分、积分问题，很快取得突破性进展。1666 年 10 月，牛顿将研究成果整理成《流数简论》(*Tract on Fluxions*)一文。这是历史上第一篇系统论述微积分的文献，当时没有正式发表，牛顿将其交给几位同事传阅。此后 20 多年，牛顿继续改进、完善微积分，先后完成三篇重要的论文。这些论文的发表都比较晚，牛顿于 1687 年出版《自然哲学的数学原理》，首先以实际应用的形式向世人展示自己的微积分学说。德国哲学家、数学家戈特弗里德·莱布尼茨(Gottfried W. Leibniz，1646—1716)从 1672 年开始从数列、特征三角形起步研究微分、积分问题，1684 年发表第一篇微分学论文《一种求极大与极小值和求切线的新方法》，1686 年发表第一篇积分学论文《深奥的几何与不可分量和无限的分析》。他所创用的微分符号、积分符号为学术界所普遍接受，至今仍在沿用。牛顿和莱布尼茨的微积分在形式和方法上有所不同，各有特色，学术贡献难分伯仲。微积分学的创建，是近代数学的最大成果，使数学科学由常量数学走向变量数学。恩格斯(1820—1895)曾为近代数学成就做过简洁的总结："最重要的数学方法基本上被确立了；主要由笛卡儿确立了解析几何，耐普尔确立了对数，莱布尼茨，也许还有牛顿确立了微积分。”[①]他还将微积分的发明赞誉为“人类精神的最高胜利”[②]。

18世纪，数学家、科学家在应用微积分的过程中推动了微积分学的深入发展，使数学进入所谓的“分析时代”。瑞士数学家莱昂哈德·欧拉（Leonhard Euler，1707—1783）先后出版了《无限小分析引论》（1748年）、《微分学》（1755年）、《积分学》（3卷本，1768—1770年）等具有里程碑意义的著作。同前辈数学家以曲线作为微积分的主要对象有所不同，欧拉等人将函数作为主要对象。欧拉在《无限小分析引论》一书中指出，数学分析是关于函数的科学。他将微积分看作是建立在微分基础上的函数理论。欧拉等人扩展了微积分在力学等领域的应用程度，欧拉、约瑟夫—路易斯·拉格朗日（Joseph-Louis Lagrange，1736—1813）、皮埃尔—西蒙·拉普拉斯（Pierre-Simon Laplace，1749—1827）等名家在力学领域都卓有建树。与此同时，以微积分学为基础的分析手段在扩散性应用中带动了常微分方程、偏微分方程、变分法等分支的陆续创生，这些分支学科同微积分学汇聚成为与代数学、几何学相并列的学科领域——数学分析学[③]。具有边缘学科性质的微分几何学，同样也可以看作是这个时期分析方法扩散的产物。

18世纪末在数学与天文学、力学等学科的结合缺乏可开采的“新矿脉”的背景下，一些学者对数学的前景产生了忧虑情绪。恰在此时，数学科学内部长期积累的矛盾、问题，例如欧几里得几何中平行公理的证明问题、高于四次的代数方程的根式求解问题、牛顿和莱布尼茨微积分算法的逻辑基础问题等[④]，开始成为数学学科演进发展的内在驱动力。1829—1831年，法国青年数学家埃瓦里斯特·伽罗华（Evariste

① 恩格斯：《自然辩证法》，《马克思恩格斯选集》第四卷，人民出版社1995年版，第263页。

② 恩格斯：《自然辩证法》，人民出版社1971年版，第244页。

③ 在数学领域，对“分析”或“分析学”（analysis）有狭义、广义等多种理解。为区别于哲学、逻辑学意义的“分析”，本书将具有数学学科意义的“分析”或“数学分析”称之为数学分析学。它主要包含微积分学和无穷级数一般理论。

④ 李文林：《数学史概论》，高等教育出版社2002年版，第207页。

Galois,1811—1832)研究方程根式可解这个数学难题,创造性地提出"群"概念,开创了群论这门新的分支学科,导致代数学在对象、内容和方法上的深刻变革,使之走向新的发展阶段。代数学不再仅仅用于研究代数方程,而是主要研究各种抽象"对象"的运算关系。

非欧几里得几何学的问世,是19世纪数学史上的一项重大突破。2000多年来,欧几里得几何学尽管被人们视为科学的"圣经",但有不少人发现关于第五公设即平行公设的证明存在着疑问。德国数学家卡尔·高斯(J. Carl F. Gauss,1777—1855)大约在1799年开始意识到平行公设不能利用其他的欧几里得公理推导出来,后来又构思了平行公设在其中不成立的新几何学,将其称之为"非欧几里得几何学"。他生前一直没有公开发表相关的研究成果,仅在给友人的信件中说到了自己的想法。匈牙利数学家雅诺什·鲍耶(Janos Bolyai,1802—1860)在他人的启发下,摈弃平行公设,从反面来设定命题,得到了不与欧几里得几何学其他公设或公理相悖的结果。1823年,他写成《空间的绝对几何学》一文,1831年作为其父法卡斯·鲍耶(Farkas Bolyai,1775—1856)《写给好学青年的数学原理》一书第二卷的附录公之于世。1826年,俄国数学家尼古拉·罗巴切夫斯基(Никола й И. Лобачевский,1792—1856)在喀山大学发表关于非欧几里得几何学研究成果的演讲,1829年以后陆续发表《论几何学原理》《具有完备的平行线理论的新几何学原理》《平行理论的几何研究》等论文。他所开创的几何学新学科,被后世称之为罗巴切夫斯基几何学。1854年,德国青年数学家波恩哈德·黎曼(G. F. Bernhard Riemann,1826—1866)发展罗巴切夫斯基等人的思想,建立了一种对应于任意维数空间的几何学即黎曼几何学,将欧几里得几何学和非欧几里得几何学都作为特例纳入其中。

20世纪,数学科学进入全线推进的新时期。1900年8月,德国数学家戴维·希尔伯特(David Hilbert,1862—1943)在巴黎国际数学家代表大会上以《数学问题》为题所做的讲演中,依据19世纪数学的发展状况和未来趋势提出了23个数学问题。数学家对这些前沿问题的不懈探索,有力地推动了数论、函数论、代数几何学、常微分方程、偏微分方程、变分法、概率论、李群论、数理逻辑学等一大批数学分支学科的发展，同时还奠定了现代计算机理论的数学基础。实践需求和理论需求对学科发展的拉动作用，时常超出人们对问题和趋势的预测。在20世纪纯粹数学走向更高程度抽象化的进程中，泛化的集合概念和广泛渗透的公理化方法以及两者的结合，导致实变函数论、泛函分析学、拓扑学、抽象代数学在20世纪上半叶异军突起。这几门新学科所使用的抽象语言、结构和方法，进而向数论、微分方程论、解析几何学、微分几何学、复变函数论、概率论等既有学科渗透，推动这些学科进入抽象化的新的发展阶段。

拓扑学是研究各种"空间"在连续变形下保持不变性质的学科。1736年，瑞士数学家莱昂哈德·欧拉解决哥尼斯堡七桥问题可以看作是拓扑学的初始起点。德国数学家卡尔·高斯曾研究过一些与拓扑学有关的问题，将其称之为"位置几何"问题。1847年，高斯的门生约翰·李斯廷(Johann B. Listing，1808—1982)发表《拓扑学初步》，依据希腊文 τοποζ(原义地貌、位置、形势)和 λογοζ(原义学问)，创用了"拓扑学"(德文 Topologie)这个术语。20世纪初，拓扑学有了实质性的发展。法国数学家、天体力学家、科学哲学家亨利·庞加莱(J. Henri Poincaré，1854—1912)建立了庞加莱对偶定理，提出庞加莱猜想，奠定了组合拓扑学的基础。20世纪40年代以后，代数拓扑学、点集拓扑学、微分拓扑学逐步成型。法国布尔巴基(Bourbaki)学派加入研究行列后，使一般拓扑学在20世纪60年代趋于成熟，成为数学科学的重要基础学科。

在数学方法向自然科学一些学科不断渗透的同时，在数学领域形成了数理统计学、运筹学等工具性数学分支学科。英国数学家、生物统计学家卡尔·皮尔逊(Karl Pearson，1857—1936)在20世纪初发展了其老师弗朗西斯·高尔顿(Francis Galton，1822—1911)提出的"相关"和"回归"理论，创建了生物统计学。他在统计学中引进"总体""众数""标准差""变差系数"等概念，明确指出统计学的任务是根据样本对总体进行推断，为数理统计学奠定了重要的基础。英国数学家、生物学家罗纳德·费希尔(Ronald A. Fisher,1890—1962)拟定了一系列重要的统计方法,开辟了抽样分布、回归分析、方差分析、假设检验、多元分析等研究方向,使以概率论为基础的数理统计学展现出初步的学科体系。

运筹学的策源地也是英国。第二次世界大战之初,英国空军为了有效地运用新研制的雷达系统对付德军飞机的空袭,组建了由数学家、物理学家、工程师等人员组成的研究小组,进行新战术试验和战术效率的研究,取得了满意的效果。他们将这项工作称之为 operational research,意为作战研究、作业研究。此后不久,美国军队也开展了类似研究,将其称之为 operations research。战争结束后,民用部门引入相关研究,内容不断扩充,逐渐发展成为一门蓬勃发展的新兴的应用学科,operational research 和 operations research 作为学科名称保留下来。中国学者先后将这门学科翻译为运用学、运筹学。20 世纪 50 年代以来,电子计算技术有力地推动了运筹学的发展,衍生出越来越多的直系分支学科和边缘分支学科,如线性规划、整数规划、排队论、对策论(博弈论)、图论、网络流、几何规划、非线性规划、大型规划、多目标规划、动态规划、随机规划、组合优化、库存论、搜索论、随机模拟论和工程技术运筹学、管理运筹学、工业运筹学、农业运筹学、军事运筹学等。

20 世纪 40 年代以后,电子计算机的问世和广泛运用,大规模科学计算项目的实施使计算方法的研究呈现空前活跃的局面,以往分散在数学科学许多分支学科中的计算研究成果汇聚成"计算数学"这门新的分支学科。美籍匈牙利裔数学家约翰·冯·诺依曼(John von Neumann,1903—1957)既是计算机理论的建立者之一,又是计算数学的早期开拓者。1946 年,他着手研究程序编制问题、线性代数和算术的数值计算、误差分析,与人合作创造了一种方便于电子计算机处理大量随机数据的数值计算法——蒙特卡洛方法。50 年代以后,陆续出现了适于计算机应用的多种计算方法。发展中的计算数学与一些自然科学学科、社会科学学科相融合,推进了相关学科的数学化进程,催生了计算力学、计算物理学、计算化学、计算考古学等边缘学科。

数学科学的传统学科都以精确现象作为研究对象。1965 年,美国控制论专家、数学家罗特菲·查德(Lotfi A. Zadeh)发表《模糊集合》一文,标志着以模糊现象为研究对象的模糊数学进入创生期。模糊现象是复杂性事物的一种表现,研究复杂性系统的现实需要为模糊数学创造了萌生的契机。查德借用经典集合论的思路,将其中的特征函数改造为"隶属度函数",推广了经典集合概念,这样就可以利用模糊集合对因外延模糊而导致的事物是非判断上的不确定性提供特殊的数学描述。由于人脑的思维活动存在精确性和模糊性两个方面,因此模糊数学在人工智能模拟方面能够发挥独特的作用。半个世纪以来,许多数学学科引入模糊集合概念,使这些学科增添了新的内容,衍生出模糊拓扑学、模糊代数学、模糊分析学、模糊测度学、模糊积分学、模糊群论、模糊图论、模糊概率统计学等边缘分支学科。

二、数学科学的学科结构

数学科学包括数百门各个层级的分支学科。美国《数学评论》(*Mathematical Reviews*)杂志,将当今的数学科学划分为约 60 个二级学科,400 多个三级学科。在 1992 年发布、2009 年修订的《中华人民共和国国家标准·学科分类与代码》中,"数学"被列为第一个一级学科(学科代码 110),其下列有 25 个二级学科:数学史、数理逻辑与数学基础、数论、代数学、代数几何学、几何学、拓扑学、数学分析、非标准分析、函数论、常微分方程、偏微分方程、动力系统、积分方程、泛函分析学、计算数学、概率论、数理统计学、运筹学、组合数学、离散数学、模糊数学、计算机数学、应用数学。各门二级学科以下,总计列出 122 个三级学科。《中国大百科全书·数学》①没有提出数学学科分级的概念,目录中被列为一级词目的学科名称(黑体字)总共有 13 个:数学史、数理逻辑、集合论、代数学、数论、几何学、拓扑学、分析学、微分方程、计算数学、概率论、数理统计学、运筹学。另外,还有几个被列为准一级词目的学科名称:算术、数学物理、控制理论、信息论、理论计算机科学、模糊性

① 《中国大百科全书·数学》,中国大百科全书出版社 1988 年版。

数学。

本章主要参照《中国大百科全书·数学》的分组方案，绘出如图 10.1 所示的数学科学学科结构框图。在图 10.1 中，按照具体研究对象的差异，除概观数学学科、边缘数学学科、交叉数学学科之外，数学科学归并为数理逻辑学、代数学、数论、几何学、拓扑学、数学分析学、微分方程论、计算数学、概率论、数理统计学、运筹学 11 个学科门类。数学界有个通行说法：所有的数学学科依据抽象性程度和应用性特征，可区分为纯粹数学（基础数学）和应用数学两大类别。一门数学学科如果不属于纯粹数学，则必然属于应用数学，因此纯粹数学（基础数学）和应用数学应被视为超学科门类概念。分析数学也是一个常见概念。“简言之，涉及极限内容与方法的所有无限数学分支学科都可以视为分析数学。”① 按这种理解，数学分析学、实变函数论、复变函数论、常微分方程论、偏微分方程论、微分几何学、概率论、数理统计学、泛函分析学、测度论、点集拓扑学、微分拓扑学等均可以归入分析数学。显而易见，分析数学也属于超学科门类概念。作为超学科门类概念的“纯粹数学”“应用数学”“分析数学”，没有出现在框图中。

置于图 10.1 上方中间方框的概观数学学科，是运用历史学、哲学、科学学的理论和方法对数学科学本身进行概观性研究所建立的分支学科，包括数学科学史（数学史）、数学科学哲学（数学哲学）、数学科学美学（数学美学）、数学科学学（数学学）等。数学科学史研究有着久远的历史。大约在公元前 320 年前后，古希腊罗德岛的欧多谟斯（Eudemus of Rhodes）撰写了一部《几何学史》，为后人留下了关于毕达哥拉斯等早期数学家的珍贵史料。法国数学家、天体力学家、科学哲学家亨利·庞加莱说：“如果我们希望预知数学的将来，适当的途径是研究这门学科的历史和现状。”②在中国，数学科学史通常划分为中国数学史、世界数学史两个基本分支。其实，综合数学史和数学分支学科史，都可以按

① 张凯军：《分析数学讲义》，科学出版社 2011 年版，第 3 页。

② 转引自 M.克莱因：《古今数学思想》第一册，张理京、张锦炎译，上海科学技术出版社 1979 年版，序第Ⅳ页。

照不同研究事项(专著、学派、研究机构)与地域(世界、地区、国别)、时段(通史、断代史)进行组合,建立多系列的分支学科,如世界现代数学史、欧洲拓扑学史、中国宋代数学史、欧几里得《原本》翻译史、法国布尔

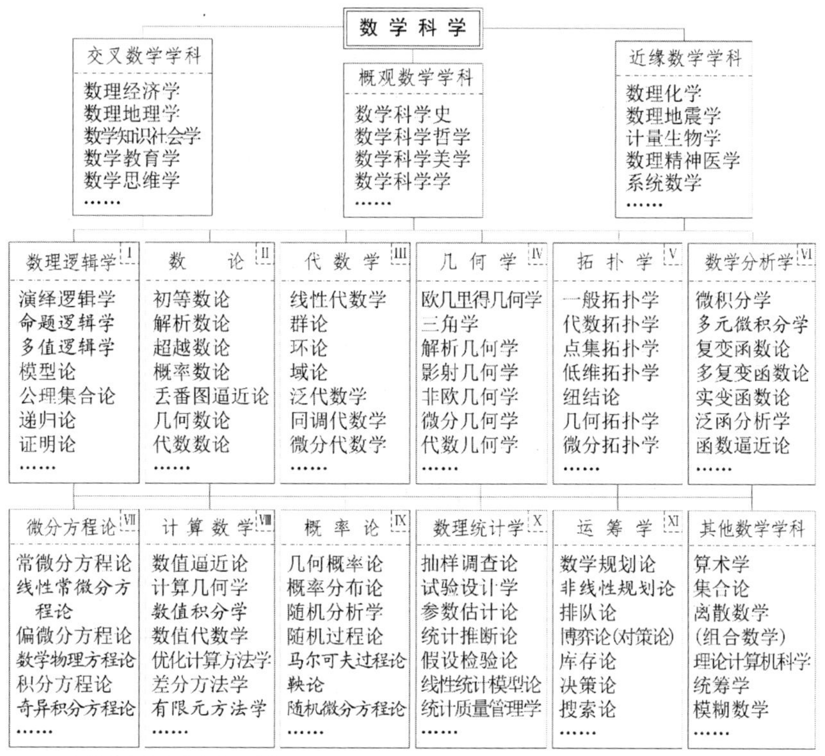

图 10.1　数学科学的学科结构

巴基学派史、美国20世纪数学研究机构史等。数学科学哲学是由传统科学哲学分立出来的一门学科,其任务是对数学科学领域的各种一般性问题进行哲学反思,涉及数学对象的特征和客观性、数学思维的本质、数学观对数学科学发展的影响、数学理论真理性的判定、数学科学发现的逻辑、数学科学知识的增长模式、数学科学方法论等。数学科学美学是从科学美学中分立出来的分支学科,以数学形式美、数学理性美作为研究对象,可以将其归入数学科学哲学,也可以将其视为数学科学

哲学的同级学科。数学科学学的任务是从科学学视角探讨数学科学的各种基础性问题，如数学科学的对象和内容、科学地位、社会功能、学科结构、演进动因、发展趋势等。

第Ⅰ学科门类是数理逻辑学，包含演绎逻辑学、模型论、公理集合论、递归论、证明论等分支学科。其中，演绎逻辑学有多门第二层级分支学科，如命题逻辑学、一阶逻辑学（谓词演算学）、高阶逻辑学、无穷逻辑学、多值逻辑学、模态逻辑学、构造逻辑学等。数理逻辑学是符号化、数学化、精确化的形式逻辑学，又被称之为符号逻辑学。其基本思想是德国哲学家、数学家戈特弗里德·莱布尼茨于17世纪70年代末至90年代提出来的。经典数理逻辑学是数学基础的重要组成部分，《中华人民共和国国家标准·学科分类与代码》将“数理逻辑与数学基础”作为一个一级学科，其下列出的分支学科“证明论”又被称之为“元数学”。数理逻辑学不仅对其他数学学科起着一定的支撑作用，而且与计算机科学相互影响、协同发展。在未来的发展中，数理逻辑学还将进一步显现其在数学科学与哲学科学、思维科学之间的桥梁作用。

第Ⅱ学科门类是数论，包含初等数论、解析数论、超越数论、概率数论、丢番图逼近论、几何数论、代数数论、计算数论等。数论是以整数作为主要研究对象的分支学科。古代的算术学包含着一些初等数论的内容，至今数论与算术学仍然存在着难分难解的关系。1801年，德国数学家卡尔·高斯写成《算术研究》一文，将数论与代数学联系起来，开创了代数数论的新方向，开启了通往现代数论的门户。现代数论的许多研究成果可以运用于其他数学学科，构成离散数学的主要理论基础。电子计算机问世之后，数论的应用范围不断有所扩大。

第Ⅲ学科门类是代数学，包含线性代数学、群论、环论、域论、模论、格论、泛代数学、同调代数学、范畴论、微分代数学等。历史久远的代数学，从作为古代算术学延伸推广的古典代数学（初等代数学）到抽象代数学（又称之为近世代数学），在基本对象、研究方法和核心问题上经历了重大的变化。代数学各个分支学科不仅相互提携、交错发展，而且在与其他数学学科的互动中，对力学、理论物理学的发展产生重要影响。

20 世纪中期以来，代数学与电子计算机相结合，在工程技术和社会科学领域催生了代数自动机理论、代数编码学、语言代数学、代数语义学等边缘学科。

第Ⅳ学科门类是几何学，包含欧几里得几何学、三角学、解析几何学、仿射几何学、射影几何学、非欧几里得几何学、微分几何学、代数几何学、分数维几何学、计算几何学、向量和张量分析学等。如果说算术是中国古代数学的代称，那么几何学就是西方古代数学的代称。欧几里得所创建的公理化几何知识体系使几何学成为最早“出彩”的数学学科。在历史演进过程中，几何学与代数学（微分代数学、群论）、透视学、数论、数学分析学（微分学、复变函数论）等学科的相互渗透越来越广泛、越来越深入。

第Ⅴ学科门类是拓扑学，包含一般拓扑学、代数拓扑学、点集拓扑学、低维拓扑学、纽结论、几何拓扑学、微分拓扑学、奇点论等。通常认为，拓扑学是从几何学中分立出来的一门学科。在其演进的历程中，拓扑学既通过几何拓扑学、微分几何学与几何学保持着密切的联系，而且同其他一些数学学科在相互影响中携手共进。例如，拓扑学与微分学的相互渗透，衍生出微分拓扑学；组合拓扑学与群论的结合，演化出运用抽象代数方法研究拓扑问题的代数拓扑学。拓扑学在自然科学、系统科学和社会科学领域的许多学科中发挥着不可替代的工具性作用。

第Ⅵ学科门类是数学分析学，包含微积分学、复变函数论、多复变函数论、实变函数论、泛函分析学、变分学、函数逼近论、非标准分析学等。数学分析学是分支学科较多、运用较广泛的一个学科门类。微积分学是数学分析学中最先建立起来的一门主干分支学科，300 多年来在应用于科学实践的过程中，不仅引领了复变函数论、多复变函数论、实变函数论、变分学、泛函分析学等近邻学科的发展，而且自身内容越来越丰富、理论体系越来越严密，分化出函数论、极限论、级数论、微分学、积分学、多元微积分学等第二层级分支学科

第Ⅶ学科门类是微分方程论，包含常微分方程论、偏微分方程论、积分方程论等。微分方程论和微积分学相伴而生，解决实际科学问题

所建立起来的各种微分方程为微分方程论的发展拓宽了发展空间。20世纪中期之后，由于电子计算机提供了强大的计算工具，原本归属于数学分析学的微分方程论逐步从中分立出来，成为相对独立的学科门类。在数学学科之间的相互作用和力学、物理学、化学、天文学、生物学等学科的拉引下，微分方程论正在走向深度分化，其中的常微分方程论有可能分化出初等常微分方程论、线性常微分方程论、概周期微分方程论、抽象空间微分方程论、泛函微分方程论等。

第Ⅷ学科门类是计算数学，包含数值分析学、数值逼近论、计算几何学、数值代数学、优化计算方法学、差分方法学等。计算数学的任务是研究数值计算方法的设计、分析及其理论基础和软件实现途径。数学科学的所有学科与计算数学都有不同程度的联系，都可以为计算数学创造新算法、完善已有算法提供方法和理论的支持。几十年来，借助于电子计算机的强大计算能力，计算数学向自然科学、社会科学领域广泛渗透，生成了大量冠以“计算”一词的边缘学科，如计算力学、计算物理学、计算化学、计算天文学、计算地球科学、计算生物学、计算神经科学、计算材料学、计算经济学、计算文体学、计算语言学、计算词典学等。

第Ⅸ学科门类是概率论，包含几何概率论、概率分布论、随机分析学、随机过程论、应用概率论等。以随机现象为研究对象的概率论，肇始于17世纪中叶对博弈问题的研究。20世纪30年代，概率论建立了较为严密的公理化体系，打下了快速发展的坚实基础。随机过程论是内容丰富的研究领域，已经形成马尔可夫过程论、鞅论、随机积分学、随机微分方程论等第二层级分支学科。概率论既为数理统计学提供理论基础，又在自然科学、社会科学领域和工程技术活动、管理活动中获得有效的应用。

第Ⅹ学科门类是数理统计学，包含抽样调查论、试验设计学、参数估计论、统计推断论、假设检验论、线性统计模型论、非参数统计学、统计质量管理学、产品抽样检验学等。数理统计学是伴随着概率论的发展而渐趋形成的一门同实践有着紧密联系的学科，20世纪中期进入成熟阶段。数理统计学既以概率论为基础，又广泛利用数学分析学（复变函数论、实变函数论、泛函分析学)、线性代数学、组合数学、拓扑学、抽象代数学的一些理论和方法。在美英等国家,对数理统计学采用狭义的理解,仅指有关统计方法的数学理论。

第Ⅺ学科门类是运筹学,包含数学规划论(规划论)、排队论、博弈论(对策论)、库存论、决策论、搜索论、图论等。运筹学只有几十年的历史,在社会实践需求的强力拉动下获得了快速发展。数学规划论由于应用范围较广,形成了较多的分支学科,包括线性规划论、非线性规划论、动态规划论、参数规划论、整数规划论、随机规划论、组合规划论等。各个国家对运筹学有不同的定义,对运筹学的学科定位也有不同的看法。在美国,运筹学被视为狭义管理科学的等义概念。在未来的发展中,运筹学将进一步显示其交叉科学特征,成为一个以运筹数学为基础、以管理应用为指向的跨科学部类的学科门类。在本书中,运筹学既列为数学科学的一个学科门类,又以“系统运筹学”之名列为系统科学的一个第一层级分支学科。

图 10.1 右下角最后一个方框,列入没有单列为学科门类的其他一些在层级上与学科门类大体相当的数学学科,包括算术学、集合论、离散数学(组合数学)、理论计算机科学、统筹学、模糊数学等。这些学科都有着或长或短的历史,在数学科学中的地位各不相同。算术学是数学科学中最古老的基础分支学科,在特定意义上可以将其看作是孕育某些数学学科的园地。作为研究数的性质及其运算的一门学科,算术学包含着数论的一部分内容。以无穷集合和超穷数作为对象的集合论,其基本概念已经渗透到数学的所有领域,为公式化提供基本的描述语言。离散数学是研究离散量的结构及其相互关系的学科,主要任务是选择合用的算法处理离散数据。根据具体研究工作的需要,离散数学可以采用不同方案从某些学科门类中集纳相关的内容。离散数学与组合数学有着微妙的关系,有人认为离散数学等价于广义组合数学,狭义的组合数学又称为组合学、组合论,用一种最简约的说法,它以“安排”问题作为研究对象,主要内容包括组合计数、组合设计、组合矩阵、

组合优化等[①]。从服务于计算机科学的角度来看，离散数学（组合数学）与理论计算机科学在内容上有所交叉。理论计算机科学以可计算性理论、自动机和形式语言理论、程序设计和形式语义理论、算法分析和计算复杂性理论为主要内容，是伴随、支撑着计算机科学、计算机技术的发展而兴起的数学学科。统筹学是研究管理活动的统筹模型、方法和手段的学科，同管理科学、社会科学有着密切的关系。模糊数学或模糊性数学是为研究模糊性现象而发展起来的新兴数学学科。以往的其他数学学科只适用于研究精确性对象，模糊数学的创建，扩充了数学科学的应用范围。

图10.1右上方和左上方的两个方框不属于数学科学的主体部分，也没有被列为学科门类。右上方的近缘数学学科，是数学自然科学板块内部两个科学部类之间及其与近邻科学部类系统科学之间因学科渗透而建立起来的边缘学科，如数理化学、数学地质学、数理地震学、数理气象学、计量生物学、数理精神医学、疾病数理诊断学、系统数学等。这些学科基本上都是数学方法向自然科学、系统科学扩散的产物，显现了越来越强劲的自然科学数学化、系统科学数学化趋势。左上方的交叉数学学科，是数学科学与社会科学、思维科学和交叉科学的某些学科相互渗透而建立的跨科学部类的边缘学科，即交叉学科。这些交叉学科，一部分是数学方法向社会科学、思维科学、交叉科学扩散的产物，体现了社会科学、思维科学、交叉科学的数学化趋势，如数理社会学、数理经济学、数理语言学、数理地理学（计量地理学）、数理战术学、定量社会学、计量历史学、计量政治学、计量心理学等；另外一部分是运用社会科学、思维科学、交叉科学某些学科的理论和方法研究数学领域相关问题而建立的学科，如数学知识社会学、数学教育学、数学教育心理学、数学思维学、数学人类学等。

学科结构框图能够概略地描绘数学科学的基本框架，便于从不同的视角看到某些学科之间的联系。这里，再做两点补充性说明。第一，

① 杨雅琴、李秋月、马腾宇：《组合数学》，国防工业出版社2013年版，前言第1页。

学科名称的规范化。在《中华人民共和国国家标准·学科分类与代码》和一些工具书、教材中，数理逻辑、微分代数、微积分、常微分方程、随机过程等都被用作学科名称。本书按照中文的学科命名惯例，将这类名称加上标示学科含义的“学”或“论”字。有的学科有多种称谓可供选择，如理论计算机科学又称之为计算理论、计算机科学的数学基础，几何数论又称之为为数的几何、数的几何学，本书选择最适合做学科名称的“理论计算机科学”“几何数论”。第二，学科的层级认定和分组归类，像各种学术问题一样存在着不同的看法。例如，有人将代数拓扑学、同伦论、同调论、纤维丛论视为同一个层级的学科，也有人将同伦论、同调论、纤维丛论视为代数拓扑学的分支学科。有人主张将可靠性数学(可靠性数学理论)列入应用统计数学或数理统计学，也有人主张将其列入运筹学。在尽可能多地借鉴他人观点的基础上，笔者在学科的层级认定和分组归类上做出了自己的判断。

三、数学科学学科演进中的几个基本问题

有着2000多年历史的数学科学，是许多学者心目中的“科学皇后”。回顾数学科学演进史，我们清楚地看到，随着数学学科的增多和学科成熟度的提高，从中暴露出来的问题不仅越来越多，而且层次越来越深。探索始于问题，发展始于问题。正视问题、辨识问题、研究问题，是思考数学科学发展前景所提出的必然要求。本节将主要讨论以下三个问题。

1.数学科学研究对象的确认

作为西方语言文字中“数学”一词来源的拉丁文 mathematica 和希腊文 μαθηματιχα，据说原义比较宽泛，意指“学问的基础”。西方的一些学科名称同中文学科名称相似，通常以极其简约的方式标示其研究对象，如英文的 oceanology(海洋学)、anthropology(人类学)等。而英文的 mathematics、德文的 Mathematik 等，学科名称却没有直接显现或提示它的研究对象。

17世纪初，通过来华传教士的中介，中国人开始接触西方的“数

学”概念。本章第一节，说到1623年意大利传教士艾儒略编译并在中国刻印的地理著作《职方外纪》，其中介绍欧洲大学的分科情况时，将拉丁文 mathematica（数学）意译为“度数之学”，同时音译为“玛得玛第加”。据艾儒略的介绍，这门学科的任务是“专究物形之度与数度”，亦即表明数学的研究对象是物体的“形的度量和数的度量”。这应该是16世纪前后欧洲学术界的普遍观点。

17世纪20年代，法国数学家、哲学家勒内·笛卡儿在《思想的指导法则》一书中写道：“所有那些目的在于研究顺序和度量的科学，都和数学有关。至于所求的度量是关于数的呢，形的呢，星体的呢，声音的呢，还是其他东西的呢，都是无关紧要的。因此，应该有一门普遍的科学，去解释所有我们能够知道的顺序和度量，而不考虑他们在个别科学中的应用。事实上，通过长期使用，这门科学已经有了它自身的专名，这就是数学。”[①]笛卡儿所认定的数学研究对象，是“顺序和度量”。

1878年，恩格斯在《反杜林论》一书中批驳德国哲学家、庸俗经济学家欧根·杜林（Eugen K. Dühring，1833—1921）的观点时指出：“纯数学是以现实世界的空间形式和数量关系，也就是说，以非常现实的材料为对象的。”[②]恩格斯对于纯数学研究对象所做的这个界定，把“数量”概念扩展为“数量关系”。“甚至数学上各种数量的表面上的相互导出，也不证明它们的先验的来源，而只是证明它们的合理的联系。”[③]由此便引入了数量之间、数量与现实世界之间相互联系的思想，扩展了数学研究对象的外延。

20世纪以后，数学科学进入大变革时代，分支学科越来越多。每一门分支学科都有自身的研究对象，如初等代数学的对象是数字的代数运算，数论的对象主要是整数，集合论的对象是一般集合，几何学的

① 转引自［美］M.克莱因：《古今数学思想》第二册，北京大学数学系数学史翻译组译，上海科学技术出版社1979年版，第6页。

② 恩格斯：《反杜林论》，《马克思恩格斯选集》第三卷，人民出版社1995年版，第377页。

③ 恩格斯：《反杜林论》，《马克思恩格斯选集》第三卷，人民出版社1995年版，第377页。

对象是空间区域关系，函数论的对象是变量之间的关系，泛函分析学的对象是函数与函数的关系，概率论的对象是随机现象。如何对林林种种的具体研究对象做整体性的概括，成为给数学或数学科学做出定义的难点。形成于20世纪30年代的法国布尔巴基学派，受抽象代数学思想的启示提出了一般的数学结构观念，力图在集合论的基础上用公理方法重新构造整个现代数学。在一个集合中，只要元素之间有大小之分、远近之别、运算关系等，它就有了“结构”。布尔巴基学派在荷兰数学家范·德·瓦尔登(B. L. van der Waerden，1903—1996)的《近世代数学》(1931年)提出的“代数结构”基础上，概括出三种基本的抽象结构：代数结构(群、环、域等)、序结构(偏序、全序等)、拓扑结构(邻域、极限、连通性、维数等)。三种基本结构还可以构成一些复合结构、多重结构、混合结构[①]。他们将数学看作是按照不同结构进行演绎的体系，数学就是研究抽象结构的科学。

布尔巴基学派没有完成用结构观念一统整个数学科学的宏大目标，但他们的数学结构思想产生了广泛而深刻的影响。20世纪60年代，苏联翻译出版了布尔巴基的著作，接受了布尔巴基的数学结构概念。1978年，苏联白俄罗斯科学院哲学和法学研究所集体编著的《现代科学的发展规律性与认识方法》一书，由高洛列维奇(T. A. Горолевич)执笔的第三章第一节专门论述科学数学化问题。其中涉及到数学的研究对象问题：“我们把客观世界和主观世界中的数量关系和结构关系称为数学的对象。空间形式(按恩格斯的说法，也属于数学的研究范围)合理地被看作是结构关系的特例。”随后，高洛列维奇解释说：“结构正在成为数学研究的主要手段(在数学形成的过程中，数量和大小曾经是旧数学的主要概念)。”“数学结构，可理解为确立某个集合的一定方式。”[②]由这一节的参考文献可知，关于数学结构的观点来源

① 胡作玄：《布尔巴基学派的兴衰——现代数学发展的一条主线》，知识出版社1984年版，第139—154页。

② [苏]Д. И. 希洛卡诺夫、M.A.斯列姆涅夫等：《现代科学的发展规律性与认识方法》，中央党校第二届自然辩证法研究班俄语翻译组译，复旦大学出版社1984年版，第121页。

于布尔巴基的《数学的建立方法。数学史导论》一书。该书关于数学研究对象的观点，能够在一定程度上代表当时苏联学术界的倾向性意见。

最近几十年来，多数中国学者依然沿用恩格斯的说法，将空间形式和数量关系作为数学的研究对象。《中国大百科全书·数学》的概观性专文指出："数学是研究现实世界中数量关系和空间形式的，简单地说，是研究数和形的科学。"①在 20 世纪 80 年代以来的讨论中，一部分中国学者提出了一些新的观点。有学者认为，数学所直接研究的不是它的实际对象——实际的量——本身，而是对实际的量经过理想化加工后的理想对象——纯粹的量②。也有学者认为，数学自古及今先后产生过演算技术、演算理论、演算对象理论、对象理论、结构理论、元数学等六类研究对象；时至今日，数学仍然是一个具有多样性对象也具有多种目标的学科③。

在科学领域，一般都采用较为具体地揭示研究对象的方式为科学学科做出定义。因此，数学科学研究对象的确认，关涉数学科学的定义，不同的研究对象会有不同的定义。数学科学的发展是没有止境的。可以预期，面对层出不穷的数学新学科，面对数学不断扩展的研究疆域，人们对数学科学研究对象的探索是不会停步的。这里有一个需要特别说明的问题。在讨论数学科学的研究对象时，有人将研究范围等同于研究对象。其实，两者不能相等同。钱学森在 20 世纪 80 年代曾提出一个观点，认为任何科学都是研究整个客观世界的，只不过各个科学部门研究的角度或着眼点有所不同④。数学科学的研究对象遍及自然界、社会和人类思维的各个领域。因此，我们可以说：数学科学是从数量关系和结构关系的角度研究整个世界的。

---

① 吴文俊：《数学》，《中国大百科全书·数学》，中国大百科全书出版社 1988 年版，专文第 1 页。

② 胡定国：《论数学的对象——兼论形式逻辑的本质》，《自然辩证法论文集》，人民出版社 1983 年版，第 86 页。

③ 胡作玄：《数学研究对象的演化》，《自然辩证法研究》1992 年第 1 期。

④ 钱学森：《现代科学的结构——再论科学技术体系学》，《哲学研究》1982 年第 3 期。

2.数学科学学科的整体化

分支学科的逐渐增多,无疑加大了确认整体数学科学研究对象的难度,在表面上看来也削弱了知识体系的整体性。其实,数学科学在学科分化的同时,又必然地存在着某种形式的学科综合或整合过程,从知识流动的角度来看,学科演进是分化与综合的辩证统一。随机微分方程论来源于运用微分方程研究随机函数,可以看作是因微分方程论研究范围的扩展而衍生出来的分支学科。研究随机现象是概率论的"长项",数学家在运用微分方程研究随机函数的过程中必然要借助于随机分析学、随机过程论(马尔可夫过程论、鞅论)的某些理论和方法,从这个角度来看,随机微分方程论又可以看作是概率论的分支学科。随机微分方程论理应被视为介于概率论与微分方程论或概率论与数学分析学之间的边缘学科。随机微分方程论的创生,将概率论与微分方程论或概率论与数学分析学综合起来,体现了数学科学学科的整体化趋势。

数学科学学科整体化的内在机制,是数学理论(包括概念)和方法在学科之间的相互移植。在数学科学的演进历史上,各门分支学科的发展始终存在着不平衡性,发展水平相对较高的数学学科和新生数学学科,其理论和方法具有较高的"活化"程度,通常会被其他数学学科所移植或借用,从而打通了学科与学科之间的界限,强化了学科与学科之间的联系。12世纪,阿拉伯数学家花拉子米的《代数学》传入欧洲,经过3个多世纪的积淀,代数学成为近代第一次科学革命后冲到数学科学前沿的标志性学科,最先建立了符号系统。进入17世纪,代数学对其他数学学科的影响开始显现出来,其理论和方法首先进入几何学领域。几何学在古希腊时期有过几个世纪的辉煌,后来有所沉寂,勒内·笛卡儿和皮埃尔·德·费尔马将代数学理论和方法引进几何学,创建了解析几何学,不仅使代数学与几何学这两门古老的数学学科重新结合起来,而且使几何学获得新的发展活力,扩大了代数学的研究疆域。19世纪中叶,德国数学家波恩哈德·黎曼在研究复变函数时,提出了黎曼曲面概念,以紧致的黎曼曲面一一对应于抽象的射影代数曲线,由此开创了将解析几何学向任意维空间推广的研究工作。经过几代人的不懈努力，代数学与几何学在新的层次上相互融合，不仅建立了抽象程度更高的代数几何学，而且使代数几何学成为数学科学学科整体化格局中的一门核心学科。

数学科学学科整体化的外显方式，是介于数学学科之间的边缘性分支学科逐渐增多。从理论上来说，一门数学学科可以有自身的边界，但这种所谓的边界从来都是开放性的，是随时可变的。临近各门数学学科边界的边缘区域或交汇区域，时常成为新学科的生长点，衍生出能够起到强化学科之间相互联系作用的边缘学科。列入图 10.1 的学科，还不是数以百计甚至数百计的数学学科的全部，其中有一部分就属于边缘学科。例如置于数论这个学科门类的学科，解析数论、概率数论可以分别视为介于数学分析学与数论、概率论与数论之间的边缘学科，几何数论、代数数论则可以分别视为介于几何学与数论、代数学与数论之间的边缘学科。众多边缘学科的存在，为数学科学的各个学科门类搭起了相互沟通的桥梁。在现代条件下，数学科学中已经看不到独生独长、孑然孤立的分支学科。

德国数学家戴维·希尔伯特在 1900 年巴黎国际数学家代表会的讲演中十分坚定地指出："我认为，数学科学是一个不可分割的有机整体，它的生命力正是在于各个部分之间的联系。尽管数学知识千差万别，我们仍然清楚地意识到：在作为整体的数学中，使用着相同的逻辑工具，存在着概念的亲缘关系，同时，在它的不同部分之间，也有大量相似之处。我们还注意到，数学理论越是向前发展，它的结构就变得越加调和一致，并且，这门科学一向相互隔绝的分支之间也会显露出原先意想不到的关系。"①也许正是由于数学科学学科的整体性，为数学家做出多方面的贡献提供了可能性。面对整体化的数学科学知识体系，数学研究者要在通晓少数数学学科的基础上，努力掌握具有通用性特征的数学工具和研究方法，了解数学科学的整体发展趋向，了解相关学科

① ［德］戴维·希尔伯特：《数学问题》，李文林、袁向东译，中国科学院自然科学史研究所数学史组、中国科学院数学研究所数学史组编：《数学史译文集》，上海科学技术出版社 1981 年版，第 81 页。

的最新发展状态。这样,研究者才有可能在数学研究中正确地把握前进方向,充分吸纳近邻学科的研究成果,做到左右逢源、游刃有余,及时开辟新的研究领域、发展新的学科。华罗庚(1910—1985)就是这样一位有多方面贡献的中国数学家。自学成才的华罗庚,凭借着坚实的理论基础和过硬的基本功,成为解析数论、矩阵几何学、典型群、自守函数论、多元复变函数论等学科在中国的开拓者,创建了具有中国特色的统筹学。

3.数学科学学科的应用——数学化

通俗地说,科学数学化是指数学在科学中的应用越来越广泛,亦即数学对现代科学的影响越来越大。1786 年,德国哲学家伊曼努尔·康德(Immanuel Kant,1724—1804)在《自然科学的形而上学初始根据》一书中说:"在任何特殊的自然学说中,所能发现的本真的科学和在其中能发现的数学一样多。"[①]在康德看来,自然学说中的科学成分与数学的应用呈现正相关关系。据此,我们有理由将康德的这个观点看作是自然科学数学化的早期表述。马克思(1818—1883)在跟身边人谈话时也说过,一种科学只有在成功地运用数学时,才算达到了真正完善的地步[②]。

科学数学化的内在依据,一方面在于数学科学可以为其他科学部类提供通用语言和认识方法,数学理论、数学方法具有高度抽象性、逻辑严密性、语言简洁性、结论精确性等特征;另一方面也在于各门科学学科对于自身的抽象性、严密性、简洁性、精确性提出了新的要求。科学演进发展的历史表明,许多科学学科都有成功地运用数学的可能性,数学理论、数学方法能够有效地提升科学学科的抽象性、严密性、简洁性、精确性程度。

长期以来,由于各种数学模型的计算工作过于繁复,数学的运用受

① [德]伊曼努尔·康德:《自然科学的形而上学初始根据》,李秋零主编:《康德著作全集》,中国人民大学出版社 2010 年版,第 479 页。

② [法]保尔·拉法格:《回忆马克思》,《回忆马克思恩格斯》,马集译,人民出版社 1973 年版,第 7 页。

到极大的限制。许多数学学科、理论“久居深闺人来识”，没有获得有效的运用。19世纪80年代，恩格斯对当时数学在自然科学中的应用情况做过这样的概括：“数学的应用：在固体力学中是绝对的，在气体力学中是近似的，在液体力学中已经比较困难了；在物理学中多半是尝试性的和相对的；在化学中是最简单的一次方程式；在生物学中＝0。”[①]20世纪中期以后，随着电子计算机的出现和普及，数学的列车凯旋式地开进了自然科学领域。美籍匈牙利裔数学家约翰·冯·诺依曼作为计算机理论的主要奠基者，当时曾做过这样的论断：“在现代经验科学中，能否接受数学方法或与数学相近的物理学方法，已愈来愈成为该学科成功与否的主要标准。确实，整个自然科学一系列不可割断的相继现象的链，它们都被打上数学的标志，几乎和科学进步的理念是一致的，这也变得越来越明显了。”[②]一个多世纪以前同数学尚未发生联系的生物学，如今仰仗着数学科学及其分支学科的支持，陆续建立了生物数学、数学生物学、生物力学数学、分子生物数学、化学生物数学、生物实验室数学、医学生物数学、数量分类学、渔业生物数学、数学生态学（数理生态学）、昆虫数学生态学、计算生物学、计算分子生物学、计量生物学、数量进化论、数量遗传学、分子数量遗传学、植物数量遗传学、动物数量遗传学、数量生态学、植被数量生态学、生物统计学、生物概率论、生物运筹学、生物函数方程论等边缘分支学科。

最近几十年，数学在社会科学领域找到了越来越多的用武之地，历史学、社会学、政治学、法学、经济学、教育学、语言学等学科门类都与数学科学建立了紧密的联系，引进数学理论、数学方法的社会科学学科越来越多。其中，经济学已经成为数学化程度最高的社会科学学科门类。在数学科学与经济学之间的边缘区域，一系列包含“数学”“数理”“数量”“计量”字样的学科竞相出现，诸如经济数学、经济应用数学、经济管理数学、数学生物经济学、数理经济学（数学经济学）、微观数理经济学、

① 恩格斯：《自然辩证法》，人民出版社1971年版，第249页。

② ［美］冯·诺依曼：《论数学》，朱水林译，《世界科学》1982年第2期。

数理政治经济学、数理金融经济学、数量经济学、数量生态经济学、林业数量经济学、企业数量经济学、数量金融经济学、计量经济学(经济计量学)、宏观计量经济学、微观计量经济学、计算计量经济学、非参数计量经济学、空间计量经济学、能源计量经济学、金融计量经济学、金融市场计量经济学等。数学科学的一些学科门类及其分支学科同经济学相互渗透,建立了经济代数学、经济运筹学、经济博弈论(经济对策论)、经济决策论、统筹经济学等。诺贝尔经济学奖自 1969 年设立以来,至 2015 年已经颁发了 46 届,共有 76 名获奖者。从获奖者的研究领域来看,分别为宏观经济学 11 人、计量经济学 7 人、博弈论 7 人、信息经济学 7 人、金融经济学 6 人、国际经济学 4 人、微观经济学 5 人、一般均衡理论 4 人、劳动经济学 3 人[①]。获奖者大都具有经济学和数学科学相复合的学科背景,在经济学研究中能够熟练地运用数学工具。

科学数学化的进程是没有终止点的。在科学数学化如火如荼的大背景下,数学研究者既要专注于数学学科的研究,又要有扩展数学理论、数学方法应用疆域的欲望;非数学科学部类的研究者,要关心数学科学的发展,不断提高自身的数学科学素养,在专攻学科领域的研究中要做积极引入数学理论、数学方法的尝试。在现代社会许多综合性课题的研究活动中,数学家与自然科学家、社会科学家等的跨学科合作,是推进科学数学化的重要途径。

① 李永刚、孙黎黎:《诺贝尔经济学奖得主学术背景统计及趋势研究》,《中央财经大学学报》2016 年第 4 期。

第十一章 自然科学学科概览

现代自然科学是分支学科数量最多、学科结构最为复杂、成熟程度相对较高的一个科学部类。以自然界作为研究对象的自然科学萌生于古代，其早期发展起来的分支学科（力学、物理学）同数学科学学科有着不解之缘。由于自然科学中的自然应用科学学科、自然技术科学—自然工程科学学科与生产实践有着紧密的联系，能够直接转化为生产力，自然科学因此而成为社会关注度最高的科学部类。

一、"自然科学"和"应用科学"等术语的由来

1."自然科学"术语的由来

17 世纪以前的欧洲，人们将通过经验观察和抽象思辨所总结出来的有关自然界的知识，仍纳入"自然哲学"的范畴。学术界通用的拉丁文词组 philisophia naturalis 和 scientia naturalis，都用于指称关于自然界的知识。英国科学家艾萨克·牛顿（Isaac Newton，1642—1727）于 1687 年出版的《自然哲学的数学原理》（*Principia Mathematica Philisophiae Naturalis*）一书作为近代以来第一次科学革命的标志性著作，将地球上物体的力学和天体的力学统一起来，为自然科学的第一个基础学科——力学搭建了理论体系。牛顿在拉丁文书名中使用的术语是"自然哲学"。此时，自然科学的其他学科尚没有初步兴起，因而也就没有形成整体性的"自然科学"概念的现实条件。

18 世纪 60 年代，首先在英国兴起的第一次产业革命极大地推动了力学、物理学（热力学、光学、声学）、化学等自然科学基础学科的发展。人类关于自然界的知识快速增长，人们更清晰地看到了在实验手段和数学方法基础上建立起来的自然知识体系同对自然界进行形而上

思考所获得的知识有着明显的区别。此后,英文中原来同义的两个词组 natural philosophy 和 natural science 在用法上逐渐出现差异,natural philosophy 被用于指称具有思辨性特点的传统的自然哲学,natural science 和 science 则被用作关于自然界知识的总称。1831 年英国科学促进协会(British Association of the Advancement of Science,缩写为 BAAS)成立,science 一词逐渐被用于专指数学和自然科学的集合。

德文中的 Wissenschaft(科学)一词,一般而言是指一切有条理性的知识体系,同英文 science 的含义并不完全对等。根据目前所见到的文献,我们可以大致推定德文中的"自然科学"(Naturwissenschaft)出现在 18 世纪末以前。1786 年,德国哲学家伊曼努尔·康德(Immanuel Kant,1724—1804)出版了一部题为《自然科学的形而上学初始根据》[①]的著作,书名中使用了"自然科学"这个术语。整体性的"自然科学"概念已经形成,"自然科学"一词不断地出现在德国哲学家的著作中。路德维希·费尔巴哈(Ludwig A. Feuerbach,1804—1872)在论述科学发展态势时曾指出:"自然科学头一批伟大的革命发现,主要发生在天文学和数学、物理学的领域内。因此,量在思想家们的心目中被看作是绝对的实在,被看作是自然界的唯一认识原则。"[②]恩格斯(1820—1895)的《自然辩证法》手稿,主要部分完成于 19 世纪 70 年代,"自然科学"术语的出现频次很高。德文的 Naturwissenschaft 和英文的 science 一样,除现代意义的自然科学学科之外,还包含着数学。

19 世纪下半叶,日本学者曾使用"理学"之名翻译专指数学和自然科学的狭义 science。"理学"是"穷理之学"的缩略,源于中国宋明理学的"即物穷理""格物穷理"。宋代理学家程颐(1033—1107)说:"明善在

① [德]伊曼努尔·康德:《自然科学的形而上学初始根据》,李秋零主编:《康德著作全集》,中国人民大学出版社 2010 年版,第 475 页。康德的这部著作有多种中文译本,有的将书名译为《自然科学的形而上学基础》。

② [德]路德维希·费尔巴哈:《对莱布尼兹哲学的叙述、分析和批判》,《费尔巴哈哲学史著作选》第二卷,商务印书馆 1984 年版,第 38 页。

乎格物穷理。”(《二程遗书》卷十五)明代文学家、学者方孝孺(1357—1402)说:“其无待于外,近之于复性正心,广之于格物穷理。”(《答郑仲辩》)“理”是宋明理学的核心概念,包含着自然法则、事物规律、伦理原则,是三者的统一。所谓“格物穷理”,意为接触事物以穷究隐含其中的道理或规律。日本学者使用“穷理之学”“理学”对译西方的 science,表明宋明理学对日本学术界曾有过广泛而深刻的影响。在学校,数学类和自然科学类科目被合称为“理学科目”,进而简称为“理科”。由此可见,“理科”概念来源于“理学”。

19 世纪、20 世纪之交,中国学术界逐渐接纳了“科学”一词,有学者开始思考科学分类问题。在形成“自然科学”“社会科学”两个术语之前,学者们有过一段时间的摸索和尝试。1901 年,上海五马路普通学书室出版教育家蔡元培(1868—1940)撰写的《学堂教科论》。蔡元培在该书中借用日本佛教哲学家、教育家井上円了(号甫水,1858—1919)的学术三分法,以图表形式将“学目”分为三个大类:有形理学(算学、博物学、物理学、化学),无形理学(名学、群学、文学),道学(哲学、宗教学、心理学)[①]。“有形理学”下面的博物学,列有全体学(包括生理学)、动物学、植物学、矿物学(包括地质学)。“有形理学”显然相当于后来的自然科学。

1902 年,思想家、学者梁启超(1873—1929)为自然科学试用了多种称谓。他在《新史学》一文中谈到史学与其他科学的关系时,将天文学、物质学(即物理学)、化学、生理学列为“天然科学范围所属”[②]。他在《格致学沿革考略》一文中写道:“学问之种类极繁,要可分为二端。其一,形而上学,即政治学、生计学、群学等是也。其二,形而下学,即质学、化学、天文学、地质学、全体学、动物学、植物学等是也。吾因近人通

① 蔡元培:《学堂教科论》,《蔡元培全集》第一卷,中华书局 1984 年版,第 142—144 页。

② 梁启超:《新史学》,《饮冰室合集》第四册,中华书局 1988 年重印版,文集之九第 11 页。

行名义，举凡属于形而下学者皆谓之格致。”[1]很显然，其中的“形而上学”是指社会科学学科，“形而下学”是指自然科学学科，亦即过去所说的“格致”或“格致学”。他在《进化论革命者颉德之学说》一文中，又使用“有形科学”作为与史学、政治学、生计学、人群学（即社会学）、宗教学、伦理道德学等“形而上”类学科相对应的学科类别称谓[2]。

1904 年，戊戌变法失败后流亡海外的康有为（1858—1927），在游历欧洲 11 国期间撰写了《物质救国论》一书，其中出现了“物质学”“物质之学”概念。所谓物质，既包括“工艺兵炮”，又包括“科学中之化光、电重、天文、地理、算数、动植生物”，亦即“力数形气”等[3]。研究这些物质的“物质学”或“物质之学”，也属于自然科学的早期称谓。

1901 年，植物学家钟观光（1868—1940）、化学家虞和钦（1879—1944）、企业家虞辉祖（1864— 1921）、化工企业家林涤庵（1878—1953）等人合资在上海创办科学仪器馆，主要销售从日本等国家进口的科学仪器和实验药品。1903 年 3 月，随着事业规模的扩大，他们以科学仪器馆的名义创办了中国历史上第一份刊名中包含“科学”一词的杂志——《科学世界》，该刊由虞和钦和王本祥（1881—1938）担任主笔。林涤庵和虞辉祖各为创刊号撰写了一篇《发刊词》。林涤庵（林森）在《发刊词一》中写道：“欧洲理科之学，在前世纪，不别为专家，惟推寻概要，包函于哲学之内。……中世以还，名贤辈出。尊观察，重实验，自然科学始渐自哲学分离。而一切心理人群政法经济，且浸蒙间接之助，而一新理解焉。”[4]《科学世界》有可能是最早使用“自然科学”术语的中文杂志。

“中国知网”的《中国学术期刊（网络版）》目前还没有录入 20 世纪

① 梁启超：《格致学沿革考略》，《饮冰室合集》第四册，中华书局 1988 年重印版，文集之十一第 4 页。生计学即经济学，群学即社会学，质学即物理学，全体学即人体解剖学。

② 梁启超：《进化论革命者颉德之学说》，《饮冰室合集》第五册，中华书局 1988 年重印版，文集之十二第 79 页。

③ 康有为：《物质救国论》，《康有为政论集》上册，中华书局 1981 年版，第 565、568—569 页。

④ 林森：《发刊词一》，《科学世界》1903 年第 1 期。

初以前创刊的早期中国期刊。2016 年 8 月，笔者以“自然科学”作为检索词进行“全文”检索，第一篇在正文中出现“自然科学”一词的文献发表于 1917 年[①]；以“自然科学”作为检索词进行“篇名”检索，第一篇以“自然科学”作为篇名主题词的文献发表于 1950 年。借助“读秀学术搜索”，笔者在《读秀知识库》中以“自然科学”作为检索词进行“标题”检索，第一篇标题中包含“自然科学”的文献发表于 1905 年的《大陆》杂志[②]。

“自然科学”“社会科学”等术语的推广，同以科学分类为基础的图书分类法有着密不可分的关系。1909 年，古文字学家顾实（1878—1956）翻译了日本的《图书馆小识》一书，向国人介绍杜威十进制分类法。1910 年，图书馆学家、童话作家孙毓修（1871—1922）在商务印书馆发行的《教育杂志》上连载《图书馆》一文，其中既有对杜威十进制分类法的介绍，又初步提出了考虑中国国情的新书编目分类法方案。由美国图书馆学家麦尔威·杜威（Melvil Dewey，1851—1931）发明的十进制图书分类法，将图书分为 10 个大类（每个大类用三个数字予以标示），哲学（100）、社会科学（300）、自然科学（500）、应用科学（600）。此后，中国学者仿照或借鉴杜威十进制分类法，编制了多种图书分类法，基本大类没有很大的变化。

20 世纪 20 年代之前，使用自然科学、社会科学概念的学者还比较少。1917 年 7 月 1 日，中国新文化运动领导者陈独秀（1879—1942）在天津南开学校的演讲中，单独使用了“自然科学”概念：“我们中国教育，若真要取法西洋，应该弃神而重人，弃神圣的经典与幻想而重自然科学的知识和日常生活的技能。”[③]1920 年，他在《新文化运动是什么？》一文中同时使用了“自然科学”“社会科学”概念：“科学有广狭之义：狭义

① 叶企孙：《中国算学史略》，《清华学报》第二卷第 6 期（1917 年）。

② 《法律与自然科学》，《大陆》1905 年第 6 期。

③ 陈独秀：《近代西洋教育——在天津南开学校演讲》，《陈独秀文章选编》上册，生活·读书·新知三联书店 1984 年版，第 220 页。

的是指自然科学而言，广义是指社会科学而言。”[①]陈独秀的这种见解与现今的观点有所不同。按现在的说法，广义科学包含自然科学和社会科学，并非专指社会科学。

2.“应用科学”“工程科学”“技术科学”术语的由来

19世纪中期之前，由于自然科学还没有充分分化，还没有出现很多同生产实践活动紧密联系的学科，因而以往的各种科学分类体系中均没有专门涉及应用科学。“应用科学”或“实用科学”（applied science）在西方语言文字中何时成为具有应用性特点的学科类别称谓，笔者目前还没有找到确切的佐证资料。1876年，美国图书馆学家麦尔威·杜威编制十进制图书分类法，考虑到与自然科学基础学科内容有别的应用性、技术性图书越来越多的实际情况，将这些图书单独列为一个大类。随着十进制图书分类法的不断推广，应用性、技术性图书所标示的这个研究领域逐渐引起科学界的关注。学者们对这个领域使用过“应用科学”“工程科学”“技术科学”“应用技术”“工程技术”等多种称谓。

中国学者对应用性、技术性学科的类别称谓，也先后使用过多个术语。1896年，梁启超编纂《西学书目表》时，将电气镀金、电气镀镍、照相显影、蒸汽发动机等一起归入“工艺”之列。他认为，虽然“工艺之书，无不推本于格致”，但上述工艺“不能尽取而各还其类”[②]，分别归入电学、光学、汽学（气体动力学）也是不合适的。他看到对这些工艺的研究与作为其基础的“格致”有所区别，因而单独设类。1897年，梁启超在《湖南时务学堂学约》中，提出学习“西方一切格致制造之学”的主张[③]。1904年，康有为在《物质救国论》一书中写道：“炮舰农商之本，皆由工艺之精奇而生；而工艺之精奇，皆由实用科学，及专门业学为之。”[④]他

① 陈独秀：《新文化运动是什么？》，《新青年》1920年第7卷第5期。

② 梁启超：《西学书目表序例》，《饮冰室合集》第一册，中华书局1988年重印版，文集之一第123—124页。

③ 梁启超：《湖南时务学堂学约》，《饮冰室合集》第二册，中华书局1988年重印版，文集之二第27页。

④ 康有为：《物质救国论》，《康有为政论集》上册，中华书局1981年版，第569页。

认为,实用科学、专门业学是精奇工艺、炮舰农商的根基。在该书中,他还使用了“实业学”“物质工艺之学”“工学”“土木工学”“机器工程学”①等术语。以上情况表明,19 世纪末、20 世纪之交,中国学者已经意识到应当重视研究工艺问题的学问,这类学问的形态、功能与从理论上研究自然现象的“格致”或“科学”是有差异的。

20 世纪二三十年代,中国图书馆学研究者仿照或借鉴杜威十进制分类法,编制了多种图书分类法,其中大部分将“应用科学”设为一个大类。从 30 年代开始,中国期刊上以“应用科学”作为篇名主题词的文献逐渐增多,《工业学院学报》《清华周刊》等期刊自 1934 年起开设了“应用科学”栏目。有些学者探讨了纯粹科学、纯理科学、理论科学(pure science)与应用科学的区别和联系问题,特别强调纯粹科学与应用科学的内在关联。“以发现新事实或新学说而不问其结果有没有直接应用为目的的科学,叫做纯粹科学。以利用科学原理来解决实用问题为目的的科学,叫做应用科学。”②值得注意的是,当时人们对于“应用科学”的认识,多偏向于技术发明成果本身(如瓦特的蒸汽机、富尔顿的轮船等),还没有将应用科学理解为建立在技术原理或技术发明成果基础之上的知识体系。

20 世纪初,随着中外文化交流的展开,中国学术界最先接纳了“工程学”这个术语。1905 年,《岭南学生界》杂志刊载一则短文,其中说道:由于本国工程师匮乏,“长沙官办私立各学堂,悉废旧章,一律专习工程各学。”③ 1913 年,第一批留美归国人员、铁路工程师詹天佑(1861—1919)等人发起创建中国第一个工程学术团体中华工程师会④和随后组建的上海工程师学会、中国科学社⑤等学术团体,推动了工程学的扩散性发展。1923 年,东南大学教授杨铨(杨杏佛,1893—1933)

① 康有为:《物质救国论》,《康有为政论集》上册,中华书局 1981 年版,第 575、578 页。
② 杨永昭:《纯粹科学与应用科学》,《科学画报》1934 年第 18 期。
③ 《专习工程等学》,《岭南学生界》1905 年第 8 期。
④ 1915 年中华工程师会更名为中华工程师学会,1931 年与中国工程学会合并组成中国工程师学会。
⑤ 杨铨:《中国科学社工程学联合年会记事》,《科学杂志》1919 第 5 期。

在题为《工程学与近世文明》的讲演中说到工程学的发展状态："今则工程之学渐臻完满，工程学之名久为科学界所承认矣。"1927 年，中央研究院筹建工程研究所，次年正式成立。20 世纪 30 年代之后，在射电工程学（无线电工程学）、市政工程学、农业工程学、道路工程学、桥梁工程学、机械工程学、陆军工程学等工程学学科名称大量涌现的基础上，期刊上出现了论析"工程科学"的文献①。工程科学被视为包含各门工程学的集合概念。

西方的 engineering sciances（工程科学）一词，可能来源于英国皇家学会 1665 年创办的《自然科学会报：数学科学、物理科学、工程科学》（*Philosophical Transactions*：*Mathematical*，*Physical and Engineering Sciences*）和 1854 年创办的《会志：数学科学、物理科学、工程科学》（*Ptnceedings*：*Mathematical*，*Physical and Engineering Sciences*）。300 多年来，engineering sciences 一词虽然没有成为人们耳熟能详的学术术语，但也经常被人提及。20 世纪 40 年代，"工程科学"被工程技术界赋予了特定的含义。1943 年，美籍匈牙利裔航空航天工程学家西奥多·冯·卡门（Theodore von Kármán，1881—1963）在美国《应用数学季刊》创刊号上发表《用数学武装工程科学》一文。1947 年 8 月，冯·卡门的门生、旅美中国科学家钱学森（1911—2009）回国探亲期间，先后在浙江大学、上海交通大学航空系、清华大学以《工程和工程科学》为题做学术讲演，论析了工程科学（engineering science）的研究方向、研究方法、基本学识、主要学科（流体力学、弹性学、塑料学、热力学、燃烧学、电子学、材料学、原子核研究）等几个问题②。在讲演中，他同时使用了"实用科学"（applied science），将其作为"工程科学"的同义概念。1948 年，他的讲演英文稿 *Engineering and Engineering Science* 全文发表③。

---

① 李书田：《中国工程科学研究及试验机关概观》，《北洋理工季刊》1937 年第 1 期。

② 钱学森：《怎样研究工程科学和研究些什么？》，《工程界》1947 年第 12 期。

③ Hsue-Shen Tsien，*Engineering and Engineering Science*，Journal of the Chinese Institute of Engineers，1948，(6)：1-14.

“技术科学”概念，可能有多个来源。1935年，苏联科学院根据新章程进行组织机构调整，共设立物理数学、化学、地质地理、生物、技术科学、经济和法学、历史和哲学、文学和语言8个学部。1952年成立的波兰科学院，设立社会科学、生物科学、数理科学、技术科学4个学部。20世纪50年代初，《科学通报》发表多篇介绍苏联和波兰等国技术科学发展状况的文稿，中国科学界接纳了苏联和东欧国家所使用的专业术语“技术科学”(俄文 технические науки)。中国科学院于1954年筹建物理学数学化学部、生物学地学部、技术科学部、哲学社会科学部4个学部，1955年4个学部正式成立。1957年，钱学森在返回中国一年多之后，在 *Engineering and Engineering Science* 一文的基础上，根据最新发展状况，写成《论技术科学》一文，对 engineering science 做了更为全面的阐释[①]。考虑到中国科学院设有技术科学部，学术界对“技术科学”已经比较熟悉，钱学森将10年前的“工程科学”概念改为“技术科学”，其英文仍为 engineering science[②]。在期刊文献和图书文献中，有人习惯于使用“技术科学”术语，也有人习惯于使用“工程科学”术语。在“中国知网”的《中国学术期刊(网络版)》中，笔者以“技术科学”作为检索词进行“篇名”检索，检出2015年以前发表的文献325篇(起始年份1952年，其中含5篇“工程技术科学”文献)；以“工程科学”作为检索词进行“篇名”检索，检出2015年以前发表的文献468篇(起始年份1956年)。“工程”概念单独使用的频度高于“技术”概念，因而“工程科学”文献数量稍多于“技术科学”文献。

中国学术界对于“应用科学”“工程科学”“技术科学”等术语的理解尚存歧义，笔者将在本章第三节解析自然科学的层次学科结构时再对这个问题做简略讨论。

① 钱学森:《论技术科学》,《科学通报》1957年第3期。

② 郑哲敏:《钱学森的技术科学思想与力学所的建设和发展》,《力学进展》2006年第1期。

二、自然科学基础学科的历史演进

同哲学科学、数学科学一样，自然科学也有着悠久的历史。恩格斯(1820—1895)指出："科学的发生和发展一开始就是由生产决定的。"[①]自然科学的发展动力，首先来自于生产实践的需要。天文学、力学作为自然科学中最早发展起来的部门或学科门类，有着明显的生产实践背景。

古代的游牧民族和农业民族为了依据季节变化进行游牧、农业生产活动，在观测天象和制订历法的基础上，建立了古代的天文学。据《尚书·尧典》记载，中国古代人通过观察黄昏时处于南方天空是什么恒星，就能确定一年中的季节。约成书于战国时期的《夏小正》，相传为夏代留传下来的物候和农事历，记载了许多天文学知识，其中提到人们通过一些天文现象，例如每月北斗七星斗柄所指的方向就能对一年12个月做出区分。公元前4世纪中叶前后，战国时期齐国甘德所著的《天文星占》和魏国石申所著的《天文》，是两部流传下来的古代天文学著作。中国古代学者通过长期观察和思考，提出了多种关于天地形状和位置的猜想。《晋书·天文志》中写道："古言天者有三家，一曰盖天，二曰宣夜，三曰浑天。"盖天说、宣夜说、浑天说等，都可以看作是初始形态的宇宙模型。

古希腊人在继承巴比伦和古埃及天文知识的基础上，在天文学领域取得一系列重要成果。面对茫茫天宇，注重运用数学工具的古希腊学者比较关注宇宙模型的构建。他们认为，整个宇宙是井然有序的，各个天体在不同的位置和不同的轨道上构成了和谐宇宙。米利都学派的阿那克西曼德(Anaximander，约公元前610—前545)认为天体环绕北极星运转，将天空描绘成一个完整球体，而不是仅仅在大地上方的一个半球拱形，圆柱形大地被火圈包围。球体的概念由此进入天文学领域。

① 恩格斯:《自然辩证法》,《马克思恩格斯选集》第四卷，人民出版社1995年版，第280页。

他可能是第一位将东方的天文学与希腊的几何学结合起来的学者，被视为古代天文学的奠基人。毕达哥拉斯学派的菲洛劳斯(Philolaus，约前480—前405)猜测到地球不是宇宙的中心，认为地球、月球、水星、金星、火星、木星、土星和其他星球都是围绕着一个中心火团运行的球体，人们能看见的太阳只不过是这个火团的反射。柏拉图学派用几何系统描述天体的运动，创立了同心球宇宙体系。亚里士多德(Aristotle，公元前384—前322)认为宇宙是一个有限的球体，分为天地两层，地球位于宇宙中心，太阳、月球围绕地球运行，地球之外有9个等距天层。阿利斯塔克(Aristarchus，公元前315—前230)则认为地球在绕轴自转的同时，又每年沿圆周轨道绕太阳一周，太阳和恒星都不运动，行星则以太阳为中心沿圆周运动。他是最早提出日心说的学者，其《论日月大小和距离》一书存留于世。古罗马后期天文学家、地理学家克罗狄斯·托勒密(Claudius Ptolemaeus，约公元90—168)继承了亚里士多德等人的地球中心说，认为地球居于宇宙的中心，太阳、月球、行星和恒星都围绕着地球运行。托勒密所著13卷本《天文学大成》，详尽论述了宇宙的地心体系，被视为西方古典天文学的百科全书。

古代力学起源于人们对生产实践经验的总结。亚里士多德留下一部题为《物理学》的著作，其研究的侧重点是自由落体等力学问题。由于缺乏实验依据，此书具有明显的思辨倾向，因而其结论大多是不正确的。亚里士多德学派传人所著的《力学问题》(*Mechanica*)一书，以秤和杠杆为中心，用35个问题讨论了滑轮、轮、楔子、舵、钳子、桅杆和桨等机械构件，认为它们的背后存在着某种数学原理。力学家、数学家、天文学家、发明家阿基米德(Archimedes，公元前287—前212)著有《论平面的平衡》《论浮体》《论杠杆》《原理》等力学著作和《论球和圆柱》《圆的度量》等数学著作，通过实验和数学推理提出并证明了杠杆原理和浮力定律，建构了静力学和流体动力学基础框架，被后世誉为“力学之父”。中国古籍中也记载了一些力学知识，如春秋战国之交成书的《考工记》，战国时期以墨翟(约公元前5世纪上半叶至前4世纪初)为首的墨家代表作《墨经》，东汉哲学家、教育家王充(公元29—约97)的《论衡》等。

公元5世纪下半叶至15世纪下半叶,“基督教的中世纪什么也没有留下”[①],自然科学领域出现长达1000年的空白期。1543年,波兰医生、教士、天文学家尼古拉·哥白尼(Nicolaus Copernicus,1473—1543)出版《天体运行论》一书,根据常年观测和精心计算建立了太阳中心说,推翻流行1000多年的地球中心说,树起近代科学的第一座里程碑。“从此自然研究便开始从神学中解放出来,……科学的发展从此便大踏步地前进”[②]。1584年,意大利思想家、科学家乔尔丹诺·布鲁诺(Giordano Bruno,1548—1600)出版《论无限宇宙和世界》,纠正了哥白尼的宇宙有限、宇宙有中心的错误观念。1601年,德国天文学家、数学家约翰尼斯·开普勒(Johannes Kepler,1571—1630)继承了丹麦天文学家第谷·布拉赫(Tycho Brahe,1546—1601)积累了20多年的精确度很高的天文观测资料,经过数年的冥思苦想和精心计算,于1609年出版《新天文学》(又名《论火星的运动》)一书,提出行星运动第一定律(椭圆定律)和第二定律(面积定律),1619年出版《宇宙的和谐》一书,提出行星运动第三定律(调和定律)。开普勒以精巧的数学工具建立了行星运动三大规律,完善了哥白尼的太阳中心说,他因此而获得了“天体立法者”的美誉。

17世纪20年代,意大利科学家伽利略·伽利雷(Galileo Galilei,1564—1642)撰写《关于托勒密和哥白尼两大世界体系的对话》一书,运用运动相对性反驳托勒密地静说(即地球中心说)关于“重物为何不是斜线下落”的诘问。“地球的运动是居住在地球上的人所不能觉察到的。……因为作为地球上的居民,我们也同样地运动着。”[③]伽利略以严密的运动学论证有力地支持了哥白尼的太阳中心说。他通过实验总结出自由落体定律、惯性定律和伽利略相对性原理等,推翻了亚里士多

① 恩格斯:《自然辩证法》,《马克思恩格斯选集》第四卷,人民出版社1995年版,第263页。

② 恩格斯:《自然辩证法》,《马克思恩格斯选集》第四卷,人民出版社1995年版,第263页。

③ [意]伽利略·伽利雷:《关于托勒密和哥白尼两大世界体系的对话》,周煦良等译,北京大学出版社2006年版,第81页。

德的一些臆断，完成了经典力学的初步架构，并且将天文学、力学、数学三门学科融会贯通。伽利略被誉为“近代力学之父”“近代科学之父”，其研究工作为艾萨克·牛顿完成经典力学的理论综合奠定了坚实的基础。

艾萨克·牛顿在数学、物理学(光学、声学、热学)、天文学等领域都有重要贡献。他作为经典力学的集大成者，在继承和系统总结伽利略、开普勒等人研究成果的基础上，于1687年出版《自然哲学的数学原理》一书，详尽地阐释了力学三大定律(惯性定律、加速度定律、作用力反作用力定律)和万有引力定律，将地上的力学和天上的力学统一起来，实现了近代以来自然科学的第一次理论综合。“新兴自然科学的第一个时期——在无机界的领域内——是以牛顿告结束的。”[①]《自然哲学的数学原理》是一部划时代的科学巨著，通常被作为近代以来第一次科学革命完成的标志。自此以后，力学作为最先走向成熟期的基础学科，成为近代以后的第一个带头学科，发挥了约200年的带头作用。

近代化学借助炼金术和炼丹术所积累的相关知识和实验手段，兴起于17世纪中叶。1654年，英国化学家罗伯特·波义耳(Robert Boyle，1627—1691)开始从事化学实验研究，陆续提出对化学发展起到基础作用的一些思想观点。1661年，他出版了仿效伽利略对话体笔法写成的《怀疑派化学家》(*The Skeptical Chemist*)一书，批驳了柏拉图、亚里士多德的四元素论和炼金术士的三要素说等错误观点，阐释了自己关于元素的基本观念。正是由于建立了科学的元素概念，“波义耳使化学确立为科学”[②]。1662年，他总结出气体体积与压力成反比的定律。1673年，他撰写《关于火焰与空气关系的新实验》，最先揭示了燃烧对空气的依赖关系。

关于燃烧过程，学术界长期流行燃素说，认为可燃物体都含有燃素，物体的燃烧是燃素释放出来的过程，物体包含的燃素越多，其燃烧

① 恩格斯：《自然辩证法》，人民出版社1971年版，第173页。

② 恩格斯：《自然辩证法》，《马克思恩格斯选集》第四卷，人民出版社1995年版，第281页。

就越剧烈。许多科学家坚信燃素说，力图在实验中找到独立存在的“燃素”，但都无功而返，甚至失去了发现氧元素的机会。法国化学家、生物学家安托万-洛朗·德·拉瓦锡（Antoine-Laurent de Lavoisier，1743—1794）依据一系列实验，于1775年发表《煅烧时与金属化合并使其增重的要素的性质》，1777年向巴黎科学院提交题为《燃烧通论》的报告，1783年出版《关于燃素的回顾》，建立了系统的燃烧氧化学说。拉瓦锡使化学从定性研究走向定量研究，提出了较严密的“元素”定义和规范的化学命名法，于1789年出版《化学概论》一书，编制出化学史上的第一个包含33种元素的化学元素表。他被后世尊称为“近代化学之父”。

18世纪，萌发于古代的生物学有了重大进展。瑞典医生、生物学家卡尔·冯·林奈（Carl von Linné，1707—1778），先后出版《自然系统》（1735年）、《植物学基础》（1736年）、《植物种志》（1737年）、《植物之纲》（1739年）、《斯维奇动物志》（1746年）等著作，确立了植物和动物拉丁文命名的双名法，最先提出至今仍被采用的界、门、纲、目、科、属、种的物种分类法。作为带头学科的力学也有新的进步。由于多位成果卓著的数学家参与力学研究，不仅使力学保持着较高的数学化程度，而且发展出分析力学、理论力学、天体力学等分支学科。这一时期的重要力学著作有，瑞士数学家丹尼尔·伯努利（Daniel Bernoulli，1700—1782）的《流体动力学》（1738年），法国数学家、哲学家让·勒朗·达朗贝尔（Jean Le Rond d'Alembert，1717—1783）的《动力学》（1743年），法国数学家约瑟夫-路易斯·拉格朗日（Joseph-Louis Lagrange，1736—1813）的《分析力学》（1788年），法国数学家、天文学家皮埃尔-西蒙·拉普拉斯（Pierre-Simon Laplace，1749—1827）的5卷16册巨著《天体力学》（1799—1825年）等。

19世纪是自然科学基础学科由搜集事实走向整理事实的世纪。物理学家通过实验研究推翻了18世纪普遍流行的热素说，提出热动说，进而建立了能量守恒与转化定律。1798年，英籍美国物理学家本杰明·汤普森(Benjamin Thompson,1753—1814)[①]在实验中认定热素没有重量,继而引出一个更加重要的结论:热不是物质,而是物体内部的某种运动,运动是无重量可言的。1799 年,英国化学家汉弗里·戴维(Humphry Davy,1778—1829)同样得出热素不存在的实验结论。英国酿酒师、物理学家詹姆斯·焦耳(James P. Joule,1818—1889)赞同汤普森的热动说,1840 年在皇家学会会议上宣读了关于电流生热的论文,提出电流通过导体产生热量的定律。1843 年至 1850 年,焦耳不断研制新仪器、设计新实验,测出了精确的热功当量,得出重要结论:无论固体或液体摩擦所生的热量,总是与所消耗的力成正比。在焦耳确认机械能可以转化为热能的同时,多位科学家在不同领域还揭示出电能与化学能、电能与热能、电能与机械能的转化。1841 年和 1842 年,德国医生、物理学家尤利乌斯·迈尔(Julius R. Meyer,1814—1878)写出《论力的量和质的定义》《论无机界的力》两篇论文,认为机械运动、热、电等都是力的表现,各种力能够相互转化,而且力不生不灭。1847 年,德国物理学家、生理学家赫尔曼·冯·赫尔姆霍兹(Hermann L. F. von Helmholtz,1821—1894)出版《力的守恒》一书,根据力学定律全面论述了机械运动、热运动和电磁运动的"力"在相互转换中具有守恒性的规律。1853 年,英国物理学家威廉·汤姆逊(William Thomson,1824—1907)[②]用"能量守恒"替代"力的守恒",恩格斯则进一步将这一定律表述为"能量守恒与转化定律",不仅强调守恒,同时也强调各种能可以相互转化。这一定律揭示了各种运动形式之间的普遍联系。

在生物学领域,19 世纪的重大成果是同能量守恒与转化定律合称为 19 世纪中叶自然科学三大发现的细胞学说和生物进化论。17 世纪 70 年代,荷兰业余显微镜制造者安东·范·列文虎克(Antony van Leeuwenhoek,1632—1723)利用自制的显微镜观察到动物的细胞。

① 1890 年,本杰明·汤普森被巴伐利亚王室封为伦福德(Rumford)伯爵,史书上多使用"伦福德"之名。

② 1866 年,威廉·汤姆逊被英国女王授予开尔文男爵(Lord Kelvin)。学术界将热力学温度(旧称绝对温度)命名为"开尔文"(Kelvin),缩写为 K。

1833年英国军医、植物学家罗伯特·布朗(Robert Brown,1773—1858)观察到植物细胞中普遍存在细胞核并予以命名。1838年,德国植物学家马蒂亚斯·施莱登(Matthias J. Schleiden,1804—1881)发表《植物发生论》一文,在前人研究成果的基础上提出:细胞是一切植物的基本构造;细胞不仅本身是独立的生命,而且维系着整个植物体的生命。1839年,德国动物生理学家西奥多·施旺(Theodor Schwann,1810—1882)发表《关于动植物的结构和生长的一致性的显微研究》一文,把细胞说扩大到动物界,提出一切动物组织均由细胞组成。1858年,德国病理学鲁道夫·微耳和(Rudolf C. Virchow,1821—1902)出版《细胞病理学》一书,认为所有的疾病都是细胞的疾病,彻底否定了传统的生命自然发生说,同当时占统治地位的体液病理学分道扬镳。至此,比较完备的细胞学说建立起来,揭示了植物与动物(包括人)在细胞层次上的统一性。

物种进化的思想可以上溯到古希腊时代。法国生物学家、作家莱克莱雷·德·布丰(Leclere de Buffon,1707—1788)及其门生著有44卷《自然史》(1749—1804年),以通俗文字描述了地球和生物的起源。1809年,法国生物学家让·巴蒂斯特·拉马克(Jean Baptiste Lamarck,1744—1829)出版《动物学哲学》一书,比较系统地阐述了物种进化的思想,提出用进废退、获得性遗传两条法则。1858年,英国生物学家查尔斯·达尔文(Charles R. Darwin,1809—1882)和生物学家、地理学家阿尔弗雷德·华莱士(Alfred R. Wallace,1823—1913)在伦敦林奈学会上分别宣读了关于进化论的论文。1859年,达尔文出版《物种起源》一书,建立以自然选择为核心的生物进化学说,对整个生物界的发生、发展历程做出了清晰的解释。生物进化论揭示了从低等生物到包括人在内的高等生物的普遍联系。

地质学和地理学作为地球科学的两门主干学科,在19世纪进入近代时期。18世纪以前,地质学已有一些研究成果的积累,对于地壳中岩石的形成原因出现水成论与火成论两种学术观点的激烈争辩,解释地层中古生物的突变现象则流行超自然的灾变论。1830—1833年,英国地质学家查尔斯·赖尔(Charles Lyell,1797—1875)出版《地质学原理》一书,明确提出地质学"将今论古"的现实主义原则,认为解释地球的历史无须求助上帝和灾变,那些看来非常微弱的地质动力,经历漫长的历史时期就能使地球面貌发生巨大的变化。恩格斯评价说:"最初把理性带进地质学的是赖尔,因为他以地球的缓慢的变化这样一些渐进的作用,取代了由于造物主的一时兴起而引起的突然变革。"①赖尔的著作,厘定了地质学的基本概念,初步建立了地质学的学科体系。赖尔因此而被称为"近代地质学之父"。

18世纪以前的古典地理学时期,虽然曾出现过一些重要著作,如公元1世纪克罗狄斯·托勒密的8卷本《地理学指南》等,但地理学研究一直处于现象描述阶段。19世纪初,在第一次产业革命的推动下,地理学进入近代时期。其标志性著作是德国自然地理学家、地质学家亚历山大·冯·洪堡德(F. W. H. Alexander von Humboldt,1769—1859)的5卷本《宇宙:物质世界概要》(1845—1862年)和地理学家、教育家卡尔·李特尔(Carl Ritter,1779—1859)的19卷本《地球科学——它同自然和人类历史的关系》(简称为《地学通论》,1817—1859年)。文采绚丽的《宇宙:物质世界概要》旨在将地球作为一个整体来描绘,是一部地理学和地质学的百科全书,此书奠定了地球物理科学的基础,成为植物地理学、气象学、地貌学、火山学等地学分支学科的开拓之作。《地学通论》创用了"地球科学"(德文Erdkunde)一词,最早阐述了人地关系和地理学的综合性、统一性,倡导人是地理学研究的核心,奠定了人文地理学的基础。

电磁学是19世纪物理学发展的一个亮点。1820年,丹麦物理学家、化学家汉斯·奥斯特(Hans C. Oersted,1777—1851)在实验中发现了电流的磁效应。1831年,英国物理学家、化学家迈克尔·法拉第(Michael Faraday,1791—1867)发现电磁感应现象,即当一块磁铁穿

① 恩格斯:《自然辩证法》,《马克思恩格斯选集》第四卷,人民出版社1995年版,第268页。

过一个闭合线路时，线路内就会有电流产生。奥斯特和法拉第的发现，表明电与磁具有内在统一性，两者能够相互转化。法拉第在进一步的研究中证实了不同来源的电具有统一性，发现电磁与光的内在联系，创用电场、磁场、电力线、磁力线等术语。19 世纪五六十年代，英国物理学家、数学家詹姆斯·麦克斯韦(James C. Maxwell，1831—1879)先后发表 3 篇有关电磁学的论文，并于 1873 年出版《电磁理论》一书，对前人和自己的研究工作进行了综合概括，使用简洁、对称、完美的数学形式表述电磁场理论，建立了麦克斯韦方程组，创立了经典电动力学，并且预言了电磁波的存在，认为光是电磁波的一种形式。麦克斯韦电磁场理论揭示了光、电、磁的统一性，实现了近代以来自然科学理论的第二次综合。1888 年，德国物理学家海因里希·赫兹(Heinrich R. Hertz，1857—1894)用实验验证了电磁波的存在，为麦克斯韦电磁场理论提供了重要的实验支持。

19 世纪 80 年代以后，在经典物理学取得一系列重要进展的同时，科学实验中又出现了已有理论无法解释的新现象。进入 20 世纪的前几年，物理学领域接连出现三项重大发现：X 射线(1895 年)、天然放射线和放射性元素(1896 年)、电子(1897 年)。这三项发现，揭开了物理学由宏观领域走向微观领域的序幕，物理学家力图在微观、高速领域解决经典物理学所面临的危机。1900 年，德国物理学家马克斯·普朗克(Max C. E. L. Planck，1858—1947)提出“能量子”假说，认为能量的交换是不连续的。1905 年，瑞士籍德国物理学家阿尔伯特·爱因斯坦(Albert Einstein，1879—1955)在《关于光的产生和转化的一个推测性观点》一文中提出光量子假说；在《论动体的电动力学》一文中完整地提出了狭义相对论。狭义相对论在很大程度上解决了 19 世纪末经典物理学遭遇的危机，改变了牛顿的绝对时空观念，揭露了物质和能量的相当性，创立了一个全新的物理学世界。1913 年，爱因斯坦发表《广义相对论纲要和引力理论》一文，1915 年又连续撰写 4 篇相关论文，最终完成了广义相对论的创建，打开了通往相对论宇宙学的门户。1911 年，英籍新西兰裔实验物理学家欧内斯特·卢瑟福(Ernest Rutherford，

1871—1937)将量子理论引进原子结构研究,依据 α 粒子散射实验所呈现的现象,提出原子结构有核行星模型,为原子物理学、原子核物理学的创生提供了重要前提。

1923 年,法国理论物理学家路易·德布罗意(Louis V. de Broglie,1892—1987)在爱因斯坦光量子理论被证实后,发表《辐射——波与量子》一文,提出实物粒子同光量子一样也具有波粒二象性。他在 1924 年完成的博士学位论文《关于量子理论的研究》中进一步阐释了实物粒子也有波动性的观点。1925 年,德国物理学家沃纳·海森堡(Werner K. Heisenberg,1901—1976)在马克斯·玻恩(Max Born,1882—1970)和帕斯卡·约尔丹(Pascual Jordan,1902—1980)的帮助下,建立了量子理论的第一个数学描述——矩阵力学。1926 年,奥地利物理学家埃尔文·薛定谔(Erwin Schrödinger,1887—1961)连续发表了 4 篇论文,提出了波函数概念,给出了描述物质波的运动方程,建立了量子论的另一个数学描述——波动力学。英国物理学家保罗·狄拉克(Paul A. M. Dirac,1902—1984)在研究中发现海森堡和薛定谔两人所建立的理论具有互补性,发展出涵盖波动力学与矩阵力学的广义理论。后来,人们将二者统一起来,统称为量子力学。量子力学作为研究物质世界微观粒子运动规律的学科与研究高速运动的狭义相对论相结合,产生了相对论量子力学。

20 世纪 20 年代中期量子力学建立以后,描述各种粒子场的量子化理论——量子场论也进入了创生阶段。量子力学的使命是研究微观粒子,而量子场论的使命是研究量子场(电磁场等),两者构成量子物理学的主体部分。量子电动力学作为粒子场论的基本分支,起步于 20 世纪 20 年代后期狄拉克、海森堡和奥地利物理学家沃尔夫冈·泡利(Wolfgang E. Pauli,1900—1958)等人对电磁场和带电粒子相互作用基本过程的研究。40 年代后期,美国物理学家理查德·费曼(Richard P. Feynman,1918—1988)、朱利安·施温格(Julian Schwinger,1918—1994)和日本物理学家朝永振一郎(1906—1979)提出"量子电动力学"概念并做出了实质性贡献,三人共同获得 1965 年度的诺贝尔物理学奖。

相对论、量子力学和量子场论的创生和发展，不仅使物理学特别是微观物理学成为20世纪上半叶的带头学科，而且因为它们可以为所有的学科提供基本的观念和重要的工具，它们的影响延续到20世纪下半叶，延续到21世纪。在物理学革命潮流的推动下，化学、天文学、地球科学、生物学等学科门类在20世纪下半叶都呈现出飞速发展的势头。

量子力学和泡利不相容原理在化学中的应用，使俄国化学家德米特里·门捷列耶夫(Дмитрий И. Менделеев，1834—1907)等人发现的元素周期律获得了更为科学的解释。量子力学和原子结构理论，为化学家了解原子之间相互结合的方式提供了新的理论依据，开创了量子化学、核化学、放射化学等新兴分支学科，而且为物理化学、结构化学等分支学科注入新的活力。电子计算机和先进电学、光学研究手段的应用，不仅催生了化学计量学、计算化学等学科，而且使化学的众多分支学科进入定量化、精确化、微观化阶段。在天文学领域，由于射电望远镜的发明和不断改进，人们的视野扩展到100多亿光年的浩瀚宇宙，先后发现脉冲星、类星体、宇宙微波背景辐射和星际有机分子，建立了射电天文学(无线电天文学)、射电天体测量学、射电波谱学以及介于射电天文学与天体物理学之间的射电天体物理学等新学科。人造卫星和空间探测器的出现，为天体力学创造了新的研究对象，导致天文动力学、卫星动力学、卫星设计学等学科的创生。在地球科学领域，20世纪60年代末期，大地构造理论的“活动论”与“固定论”两大派学说经过近半个世纪的论争，以现代地质和地球物理研究成果为基础的板块构造学说取得了决定性胜利，并由此推动了固体地球科学(包括地质学和地球物理学)的一场深刻革命。电子计算机、遥感遥测等新技术的应用，使地质学、地理学、气象学、海洋学、地球物理学、地球化学等学科，或者发生所谓计量革命，或者逐步由定性描述和分析走向半定量、定量分析和研究的新阶段。

在生物学领域，遗传研究是20世纪的一条亮线。从奥地利神父、业余遗传学家格雷戈尔·孟德尔(Gregor J. Mendel，1822—1884)于

1865 年通过豌豆实验发现遗传分离定律和基因自由组合定律以来，遗传研究不断取得重要成果。例如，建立染色体学说（1903 年），提出"基因"概念替代"遗传因子"（1909 年），美国生物学家托马斯·摩尔根（Thomas H. Morgan，1866—1945）发现遗传学第三定律——基因连锁互换定律（1910 年），摩尔根出版系统总结基因学说的《基因论》（1928 年），证明遗传基因来自于脱氧核糖核酸即 DNA（1944 年）。1951 年，美国青年学者詹姆斯·沃森（James D. Watson）受薛定谔《生命是什么？》一书的影响，对基因研究产生了浓厚的兴趣。在剑桥大学卡文迪什实验室访学期间，他与英国的物理学博士研究生弗朗西斯·克里克（Francis H.C.Crick，1916—2004）相遇，两人决定携手合作探讨当时生物学的一个前沿问题——DNA 结构。他们利用他人的实验数据展开研究，经过反复修改，于 1953 年 2 月建立了 DNA 分子双螺旋结构模型。他们的研究成果以短文的形式发表于 1953 年 4 月的《科学》杂志。DNA 双螺旋结构模型的建立，成为分子遗传学、分子生物学创生的标志。分子生物学的兴起，对生物学的一些分支学科和医学、人类学等近邻学科领域产生了深刻影响，起到了带头学科的作用。在分子生物学的影响下，细胞学、胚胎学、免疫学、生物进化论、生命演化学等分别衍生出细胞分子生物学（细胞生物学）、分子胚胎学、分子免疫学、分子系统学、分子演化学等，医学科学衍生出医学分子生物学、传染病分子生物学、遗传病分子生物学、阿尔茨海默病分子生物学、衰老分子生物学、分子矫正医学等边缘分支学科，信息科学、生态学分别衍生出分子信息学、分子生态学，人类学、考古学分别衍生出分子人类学、分子考古学。

20 世纪 80 年代，在分子水平上研究人类基因的结构和功能及其相互关系历史性地列入科学工作议程。初期阶段，只有少数科学家以噬菌体、嗜血流感菌等为对象试探性地进行基因组测序工作。1985 年，美籍意大利裔病毒学家、1975 年度诺贝尔生理学或医学奖获得者罗纳托·杜尔贝科（Renato Dulbecco，1914—2012）倡导实施人类基因组计划。1990 年，经美国国会批准，美国能源部和国立卫生研究院共同启动人类基因组计划(human genome project,缩写为 HGP)。该计划要求,用 15 年时间全部解开人体内约 2.5 万个基因的 30 亿个碱基对的密码,同时绘制出人类基因图谱。德国、英国、法国、日本和中国等国家陆续加入这个预算达 30 亿美元的跨国跨学科科学计划。2003 年,人类基因组计划提前两年完成。基因组计划的完成,使人们对一些疾病的理解更加深入,但仍有许多关键问题有待于在今后的深入研究中逐个予以攻克。

1986 年,美国遗传学家维克多·麦克库锡克(Victor A. McKusick,1921—2008)曾将在整个基因组层次上研究遗传的学科称之为"基因组学"(genomics)。人类基因组测序工作完成后,基因组学进入"后基因组学"时代,功能基因组学、比较基因组学替代结构基因组学走到了前台。目前,由基因组学和转录组学、蛋白质组学、代谢组学相结合构成系统生物学的组学(omics),对生命本质、人类进化、生物遗传和人的发病机制、疾病防治、新药开发、健康长寿以及对整个生物学都具有深远的影响和重大意义,标志着生命科学进入一个新的时代。

三、自然科学的学科层次结构

自然科学经过近代以来几百年的演进,至今已经发展成为包含数千门学科的庞大知识体系。如此众多的自然科学学科,可以分成几个基本类型或层次,在中国有着多种多样的看法。图 11.1 左侧的 5 列方框,是笔者从中国文献中搜集整理出来的几种代表性观点。概括起来,学者们对于自然科学学科层次的划分,主要有两分法和三分法两大类。各个层次的名称,多有差异。

图 11.1 自然科学学科层次的诸家观点

借鉴已有的层次分类法，笔者提出同三类研究开发活动相对应的自然科学学科层次三分法命名方案，如图 11.1 右侧所示。多年以来，国内外学术界已经形成将研究开发(research and development，缩写为 R&D)活动分成三种类型的共识，因此笔者主张采用自然科学学科层次三分法。自然科学学科的三个层次分别被称之为自然基础科学、自然应用科学、自然技术科学和自然工程科学，三者的基本区别在于它们与实践活动相联系的密切程度有所不同。三个层次的名称选择，充分地照顾到同三种类型研究开发活动的对应关系，即自然基础科学同基础研究相对应，自然应用科学同应用研究相对应，自然技术科学和自然工程科学同开发研究相对应[①]。自然基础科学的所属学科与实践活动的联系最为疏远；自然应用科学与实践活动有指向性联系，但并不十分紧密；自然技术科学各门学科和自然工程科学各门学科同属于一个层次，直接服务于利用和改造自然界的活动，与实践活动的联系最直接、最密切。这种对应关系，可以避免将第三个层次命名为“应用科学”所带来的某种混乱。鉴于本章不涉及社会技术、思维技术、社会工程等概念，以下除个别场合外，将自然技术、自然工程简化为技术、工程，将自然基础科学、自然应用科学、自然技术科学和自然工程科学简化为基础科学、应用科学、技术科学和工程科学(技术—工程科学)。

就一般语义而言，“应用”概念是“理论”或“基础”概念的对称。在自然科学学科层次采用两分法方案的场合下，除基础科学之外的学科都可以归类于应用科学；也就是说，以技术发明革新活动所创造的活动手段作为研究对象的技术科学和以工程造物活动的过程作为研究对象的工程科学，都属于这种广义理解的“应用科学”。而在自然科学学科层次采用三分法方案的场合下，如若将第三个层次称之为“应用科学”，势必与第二类研究开发活动“应用研究”相错位，造成某种程度的概念混乱。笔者在自然科学学科层次三分法方案中，使用“应用科学”对应

① 王续琨：《自然科学的学科层次及其相互关系》，《科学技术与辩证法》2002 年第 1 期。

于研究开发活动三分法的第二类“应用研究”(applied research),应用科学在这种场合下就有了特定的、非日常用语的学术含义。应用科学当然要涉及“应用”问题,但它仅仅探索基础科学各种理论的可能应用前景,其目的在于扩充关于一般技术原理、一般工程原理层面的知识,为具体实践领域的技术开发活动、工程开发活动提供方向性的导引。

长期以来,国内外学术界对“技术科学”“工程科学”主要有两种存在明显歧义的理解。第一种理解是在自然科学学科层次三分法方案中,将“技术科学”“工程科学”分别作为第二个学科层次、第三个学科层次的统称。这种用法意味着技术科学、工程科学有层次上的差别,技术科学是基础科学与工程科学的中间层次,相当于笔者所倡导的自然科学学科层次三分法的“应用科学”。第二种理解是将“技术科学”“工程科学”视为等义概念,两者可以互换。钱学森在20世纪四五十年代的文稿中就采用了这种理解,一些中国学者至今仍沿袭这种用法。在国外,也有人持有这种理解。在《简明不列颠百科全书》中,“技术科学”词目使用如下释文:“技术科学(technological sciences) 包括传统的工程学科、农业科学以及关于空间、计算机和自动化等现代学科的一门科学。”[①]按照这个词目的解释,所有的工程学科都归类于技术科学,空间科学、计算机科学、自动化科学等所属的学科也归类于技术科学,自然科学还剩下的学科就是基础科学学科。不难看出,《简明不列颠百科全书》“技术科学”词目编撰者对自然科学学科层次采用了两分法,技术科学与工程科学(工程学科)属于一个层次。

笔者认为,技术科学和工程科学虽然都属于自然科学的第三个学科层次,但两者有研究侧重点的差异,即所谓“同中有异”。两者的“同”来源于技术和工程的“同”,两者的“异”来源于技术和工程的“异”。“技术”(technology)和“工程”(engineering)在中国和西方语言文字中都是有着不同词源和使用习惯的两个概念。

首先,从词义上看,技术和工程具有相对独立性,以它们作为研究

① 《简明不列颠百科全书》第四卷,中国大百科全书出版社1986年版,第233页。

对象的技术科学和工程科学同样具有相对独立性。按通行理解，技术是指人类为改造自然界而进行发明革新及其开发出来的活动手段，工程是指人类改造自然界、建造人工自然物的活动过程及其物质成果。在改造自然界的过程中，技术和工程各司其职、不能相互取代。以技术作为研究对象的技术科学，关注点是技术家、技术共同体做出发明和革新的手段，如技术专利、技术装备、技术诀窍、工艺方法等。以工程作为研究对象的工程科学，关注点是工程家、工程共同体用物造物的过程，如工程规划、工程决策、工程融资、工程试验、工程设计、工程施工、工程监理、工程维护等。技术科学和工程科学各有侧重，研究指向、范围有所不同，都有独立的研究疆域。

其次，技术和工程有着紧密的内在联系，以它们作为研究对象的技术科学和工程科学同样有着紧密的内在联系。在改造自然界的实践中，作为活动手段的技术和作为活动过程及其结果的工程，犹如手心和手背，两者相互依存、相互牵动、互为表里、互为前提。任何工程都不能摆脱作为活动手段的技术，任何技术都不能游离于作为活动过程的工程。没有不以工程为指归、不依托于工程的技术，也没有不以技术为手段、不依赖于技术的工程；技术是工程的支撑，工程是技术的载体①。正因为如此，"技术"和"工程"两个词汇经常一起连用，组成"工程技术"这个更常用的词组以及由这个词组派生出来的工程技术活动、工程技术人员、工程技术研究、土木工程技术、军事工程技术等词组。技术和工程的这种紧密联系，是我们将技术科学和工程科学一起置于自然科学第三个学科层次的主要依据。就具体内容而言，技术科学学科以活动手段作为研究对象，但在实际研究中却不可能完全不涉及用物造物的活动过程；工程科学学科以用物造物的活动过程作为研究对象，但在实际研究中也不可能完全不涉及活动手段的选择和运用程序等问题。因此，机械工艺学（机械制造工艺学）、建筑工艺学、农业技术学（农业工艺学）等技术科学学科，必然地要同机械工程学、建筑工程学、农业工程

① 王续琨、宋刚等：《交叉科学结构论（修订版）》，人民出版社2015年版，第268页。

学等工程科学学科在内容上有某种程度的交叉和融合。

经过长时间思考和反复修改，笔者提出如图11.2所示的自然科学学科层次结构框图。由于自然科学学科多达数千门，框图中基础科学、

图11.2 自然科学的学科层次结构

应用科学、技术—工程科学三个学科层次的各个学科门类只能以举例方式列出其中的第一层级分支学科和极少数第二层级分支学科。各学科门类第一层级分支学科的确认和选择，主要参照了《中国大百科全书》相关各卷的目录部分。一些研究客观事物自然属性的学科，如自然地理学、海洋物理学、动物生态学、环境化学、军事工程科学、运动形态学、体质人类学等，为保持交叉科学学科门类的完整性，没有将它们列入图 11.2 的收录范围。这些学科虽然分别归类于交叉科学的地理科学、海洋科学、生态科学、环境科学、军事科学、体育科学、人类学等学科门类，但应当视为自然科学与交叉科学的共有学科。

图 11.2 上方中间的方框是一个置于三个学科层次之外的一组特殊学科，统称为概观自然学科，包含自然科学史、自然科学哲学、自然科学美学、自然科学伦理学、自然科学学等学科。这些学科分别运用历史学、哲学、美学、伦理学、科学学的理论和方法对自然科学进行概观性的整体研究，它们可以分别看作是广义的科学史、科学哲学、科学美学、科学伦理学、科学学的边缘分支学科。其中，自然科学史、自然科学哲学、自然科学学的成熟度相对较高。

自然科学第一个学科层次是基础科学。基础科学究竟应该包含几个学科门类，历来有不同的看法，概括起来主要有两点分歧。一是数学是否应该列为自然科学基础科学的一个学科门类。过去，中国民众中曾流行“学好数理化，走遍天下都不怕”的说法。这种说法其实只是意在强调数学在知识体系中的基础作用，并不涉及知识分类问题。然而，长期以来人们习惯于将数学当作自然科学的一个基础学科门类。20 世纪 50 年代，中国学术界已经部分地接受了苏联学术界将数学与自然科学相并列的观点。1955 年，中国自然辩证法研究者参与编制的《自然辩证法十二年(1956—1967)研究规划草案》，将“自然辩证法”与苏联哲学界使用的“数学和自然科学中的哲学问题”相等同①。70 年代末

① 《自然辩证法(数学和自然科学中的哲学问题)十二年(1956—1967)研究规划草案》，《自然辩证法研究通讯》1956 年第 1 期。

至80年代初,钱学森[①]、于光远[②]等学者著文论析科学知识体系或科学分类问题,都主张将数学科学列为与自然科学相并立的一个类别。数学科学的研究对象是客观世界中的数量关系和结构关系,自然科学的研究对象是自然界的各种物质运动及其现象。基于研究对象的差异,笔者主张将数学科学单列为一个同自然科学、社会科学相并列的科学部类[③]。

二是力学和物理学的关系。自古以来,力学和物理学就有着紧密的联系,人们习惯于将力学当作物理学的一门分支学科。因此之故,人们认定创立了经典力学体系的牛顿的学术身份时,通常说他是"英国物理学家"或"英国科学家",而不使用"英国力学家"这样的说法。19世纪初,德国哲学家格奥尔格·黑格尔(Georg W. F. Hegel,1770—1831)在《逻辑学》第三册《客观逻辑》和《哲学全书》第二部分《自然哲学》中,将力学从物理学中分立出来。恩格斯在《自然辩证法》一书中讨论科学分类问题时,吸纳了黑格尔的观点,依据研究对象的不同,将研究机械运动的力学与研究热、光、声、电等分子运动的物理学、研究原子运动的化学相并列[④]。20世纪80年代,中国大百科全书出版社按学科分卷出版《中国大百科全书》,力学单独成卷[⑤],独立于分成两册的物理学卷。笔者赞同不将力学归入物理学的主张,认为自然科学基础科学包含力学、物理学、化学、天文学、地球科学、生物学6个学科门类。

基础科学的任务是探索未知世界,揭示自然界各种物质运动的基本规律。整体而言,其研究对象主要是天然自然界,学科门类依据物质运动形式进行划分,例如生物学研究微生物、植物、动物等生命体的运动。由于研究对象能够逐级细分,所以每个学科门类都可能衍生出多个层级的分支学科。例如,力学的第一层级分支学科有固体力学、流体

① 钱学森:《科学学、科学技术体系学、马克思主义哲学》,《哲学研究》1979年第1期。

② 于光远:《关于科学分类的一点看法》,《百科知识》1980年第4期。

③ 王续琨、王月晶:《现代科学分类与图书分类体系》,《图书与情报工作》1992年第2期。

④ 恩格斯:《自然辩证法》,人民出版社1971年版,第228页。

⑤ 《中国大百科全书·力学》,中国大百科全书出版社1985年版。

力学等，固体力学之下有结构力学、材料力学等第二层级分支学科，材料力学之下又有弹性力学、塑性力学、断裂力学等第三层级分支学科。每一门自然科学基础学科所面对的只是天然自然界的某个局部、某个片断。其成果是对被研究的客体及其相关过程提出新的或系统的规律性认识，如发现过去未被发现过的事实或现象，提出或验证一种解释、假说，系统地观察、收集、分析某些事实材料以至创立新的或者完善已有的定律、定理、理论学说等。

自然科学第二个学科层次是应用科学。应用科学的任务是阐明自然基础科学的可能应用前景，探究技术活动、工程活动中带有普遍性的理论问题。应用科学的研究对象是简单化、形式化了的天然自然界和留有人类干预痕迹的人工自然界，其成果是提出某种新的或改进的技术路线、方法、方案、解释，在实验室中获得基本达到功能要求的样品、流程、原理性样机等。应用科学是介于基础科学与技术—工程科学之间的中间层次，具有承上启下的关键性作用。

应用科学应该划分为几个学科门类，尚缺少相关研究。笔者以现代技术的材料、能源、信息三大支柱为基础，提出应用科学学科门类五分法方案，即材料应用科学、能源应用科学、信息应用科学和具有综合性特征的运载应用科学、生命应用科学。材料应用科学，包含所有以材料和材料加工过程作为对象的应用性理论学科，如材料物理学、材料化学、金属材料学、非金属材料学、工程材料科学、土木工程力学、金相学、土壤学等。能源应用科学，包含所有以能源作为对象的应用性理论学科，如能源物理学、能源化学、水电能源学、矿物能源学、能源微生物学、电工学、燃烧学、工程热物理学、传热学、节能学等。信息应用科学，包含所有以自然信息过程作为对象的应用性理论学科，如电子学、通信学、计算机科学、光电信息科学、量子信息学、地球信息科学、生物信息学、自动化学、机器人学等。运载应用科学，包含所有以运载活动作为对象的应用性理论学科，如交通运输学、汽车拖拉机学、铁路机车学、船舶学、航空器学、航天器学、运载空气动力学等。生命应用科学，包含所有以生命体作为对象的应用性理论学科，如解剖学、病理生理学、基础医学、农业生物学、耕作学、林学、畜牧学、水产学等。

自然科学第三个学科层次是技术—工程科学。技术—工程科学的任务是综合运用基础科学、应用科学的理论，分别探讨人类改造自然界的活动手段和行为过程。技术—工程科学的研究对象主要是在人类的干预、作用下所形成的人工自然界，其成果是获得在生产、生活中有实际用途的新的或改进的工艺、流程、方案、设计、产品（工程构筑物）等。有些成果经过扩大或中间试验的验证，直接进入生产或施工阶段。技术—工程科学是基础科学、应用科学走向实践活动的最后一个知识环节，其所属学科包含着较多的操作性知识、经验形态知识，学科体系的严整性、逻辑性明显不及应用科学学科，更不及基础科学学科。

技术—工程科学应该如何划分学科门类，同样缺乏相关研究。2002 年，笔者在《自然科学的学科层次及其相互关系》一文中，按照社会生产和劳动部门将工程科学区分为工业工程科学、农业工程科学、医疗工程科学、军事工程科学、文化工程科学 5 个学科门类①。考虑到同应用科学的衔接关系，图 11.2 将技术—工程科学区分为材料技术—工程科学、能源技术—工程科学、信息技术—工程科学、运载技术—工程科学、生命技术—工程科学 5 个学科门类。材料技术—工程科学，包含所有以材料的制备、加工作为对象的操作性理论学科。土木建设、陶瓷制作等领域的技术活动和工程活动，在本质上是对岩土、沙石、木材等材料进行加工的过程，因此土木工程测量学、土木工程学、陶瓷工艺学、陶瓷工程学等学科归类于材料技术—工程科学。能源技术—工程科学，包含所有以能源物质的开采、加工、利用作为对象的操作性理论学科。信息技术—工程科学，包含所有以采集、加工、传输、利用信息的物质工具作为对象的操作性理论学科。运载技术—工程科学，包含所有以输送物质和人的交通运输工具作为对象的操作性理论学科。研究公路、铁路、桥涵、港口、航天发射场等运载基础设施建设的技术或工艺问

① 王续琨：《自然科学的学科层次及其相互关系》，《科学技术与辩证法》2002 年第 1 期。

题的相关学科，主要涉及材料加工过程，可以将它们置于材料技术—工程科学之中。生命技术—工程科学，包含所有以生命体生存状态和培育生长过程作为对象的操作性理论学科。

技术—工程科学各个学科门类既包含一些命名为"××技术学"或"××工艺学"的学科，又包含一些命名为"××工程学"的学科。工艺通常被理解为劳动者运用生产工具对各种原材料、半成品进行加工或处理使之成为成品的方法或技术。正如英文 technology 既可以译为"技术(学)"又可以译为"工艺学"一样，中文的"技术"和"工艺"两个概念在特定范围内也具有等义性。因此，技术学和工艺学两个术语具有等价性，作为学科都侧重于研究人们利用和改造自然物的活动手段。在技术—工程科学各个学科门类中，一门研究人们利用和改造自然物的过程的"××工程学"，可能有与其对应的"××技术学"或"××工艺学"，如机械制造工程学有对应的机械制造技术学(机械制造工艺学)，电子工程学有对应的电子工艺学。有些具体实践领域，则未必既有技术科学学科又有对应的工程科学学科，可能在工程学科中包含着一些技术知识或工艺知识，能源工程学即属此例。另外，一门属于技术—工程科学层次的学科，可能既包含技术学科的内容又包含工程学科的内容，是两者的综合，例如农作物育种学。

居于第二个学科层次的材料应用科学、能源应用科学、信息应用科学、运载应用科学分别和居于第三个学科层次的材料技术—工程科学、能源技术—工程科学、信息技术—工程科学、运载技术—工程科学相对接，构成广义的材料科学、能源科学、信息科学、运载科学。生物学和生命应用科学、生命技术—工程科学相贯通，构成广义的生命科学，其中包括医疗科学(医药科学)、广义农业科学(包含林业科学、草业科学、畜牧科学、水产科学等)。

四、自然科学学科的衍生线索

自然科学作为"体量"最大的科学部类，分支学科数量的增长必然超过其他科学部类。自然科学学科的衍生，主要应该关注以下五条线索。

一是已有学科的分化。近代科学兴起以来，自然科学学科不仅从来没有停止分化的步伐，而且分化的速度越来越快。从牛顿时代开始，研究“万物之理”的物理学，陆续建立了光学、声学、热学、电磁学、热力学等学科。早期创生的学科，至今已经生成数十门分支学科。以声学为例。1987年版《中国大百科全书·物理学》卷在“声学”之下列为词目的分支学科，有超声学、次声学、水声学、大气声学、分子声学、量子声学、运动媒质声学、等离子体声学、非线性声学、电声学、建筑声学、语言声学、音乐声学、生物声学、生理声学、心理声学。根据在《读秀知识库》的搜索结果，还可以列出下面一些声学分支学科：噪声学、声测量学、地声学、物理声学、环境声学①、计算声学、材料声学、波动声学、光声学、射线声学、微波声学、振声学、语音声学（含汉语音声学、英语音声学、日语音声学）、广播声学、录音声学、通信声学、气动声学、汽车声学、航空声学、住宅室内声学、城市森林声学、沉积物声学、海洋声学、海洋矢量声学、海底声学、昆虫声学、工程声学、声学工程学、超声工程学等。

在科学发展的历史长河中，学科的分化或细分化是没有止境的。上面说到的旨在解决发动机噪声问题的气动声学，起步于20世纪50年代，目前出现明显的分化迹象。按照发动机类型，气动声学有可能分化出内燃机气动声学、燃气轮机气动声学、涡轮发动机气动声学等；按照发动机的使用场合，气动声学又可以分化出汽车发动机气动声学、船舶发动机气动声学、航空发动机气动声学、火箭发动机气动声学等。

二是已有学科的综合。水力学研究以水为代表的液体在平衡状态和运动状态下的力学属性，包括水静力学和水动力学。水静力学萌发于古代，中国战国后期墨家学派的《墨经》（公元前4世纪）和古希腊阿基米德的《论浮体》（公元前3世纪），都包含水静力学的内容。1586年，荷兰数学家、工程学家西蒙·斯蒂文（Simon Stevinus，1548—1620）建立水静力学方程。17世纪中叶，法国数学家、物理学家布莱士

① 马大猷、杨训仁：《声学漫谈》，湖南教育出版社1994年版，第4页。

·帕斯卡(Blaise Pascal,1623—1662)提出液压等值传递原理,水静力学的基础框架至此初步形成。水动力学始于古代以来水利工程建设经验的积累。意大利科学家、画家列奥纳多·达·芬奇(Leonardo D. S. Da Vinci,1452—1519)开实验水力学的先河,用悬浮砂粒在玻璃槽中观察并描述了水流现象。18 世纪至 19 世纪,瑞士数学家、力学家莱昂哈德·欧拉(Leonhard Euler,1707—1783)和丹尼尔·伯努利等人将风格迥异的水静力学和水动力学以及对气体的研究综合起来,建立了以液体、气体等各种流体为对象的流体力学。现今,流体力学除水力学之外,还包含空气动力学、气体动力学、多相流体力学、渗流力学、非牛顿流体力学等分支学科。

材料科学的形成,走的也是“先分后总”的路子。自古以来,人类就在利用材料的同时思考各种同材料有关的问题,至 20 世纪 50 年代陆续建立了冶金学、金属学、金属工艺学、金属热处理学、金相学、陶瓷学、晶体学、高分子学等学科。1957 年 10 月 4 日,苏联发射了第一颗人造地球卫星,引起美国朝野的震惊。通过调查和反思,美国学术界和政界认识到先进材料研究的重要性。1958 年 3 月 18 日,美国总统通过科学顾问委员会发布《全国材料规划》,决定在 12 所大学中成立材料研究实验室。此后,“材料科学”(materials science)这个术语逐步传播开来,为世界各国学术界所普遍接受。材料科学不仅将先期建立的冶金学、金属学等综合在一起,而且发展出材料物理学、材料化学、材料性能学、材料强度学、材料能量学、复合材料学、环境材料学、生物材料学、建筑材料学、纺织材料学、服装材料学等新兴分支学科。

三是内部学科渗透。在自然科学内部,由于科学学科数量多,发展水平各不相同的学科之间必然频繁地出现互涉、互动现象,在原有学科的边缘区域通过理论和方法的渗透而形成边缘学科。边缘学科可以生成于同层次的学科之间,也可以生成于不同层次的学科之间。介于物理学与化学之间的物理化学、化学物理学,介于化学与生物学之间的生物化学、化学生物学,属于同层次的双边缘学科。介于生物学、物理学、化学之间的生物物理化学、分子生物物理化学,属于同层次的多边缘学科。今后，需要继续关注生物学与物理化学之下热化学、光化学、声化学、电化学等分支学科之间的相互渗透。

在属于基础科学的光学、声学、生物学与属于应用科学的电子学之间的边缘区域所形成的光电子学、声电子学、生物电子学（含仿生电子学、生物医学电子学），是跨层次的边缘学科。除介于第一与第二个层次之间、第二与第三个层次之间的“双跨”学科之外，还存在“三跨”学科，即涉及自然科学三个学科层次的多边缘学科，如仿生学、生物医学工程学等。仿生学的任务，首先是研究生命系统的结构、功能和能量转换、信息控制机理，然后将研究结果模式化，用以设计和制造新的技术系统，改善现有的生产流程、工具、装备和构筑物，使之具有类似于生物系统的优异性能。仿生学包含机械仿生、电子仿生、建筑仿生、控制仿生、化学仿生、医学仿生、农业仿生等内容，既与物理学（声学、光学、电磁学）、化学（水化学、胶体化学）、生物学（生物形态学、生理学、植物学、动物学）、生物物理学、生物化学等基础科学学科相关，又与属于应用科学的机械原理学、机械动力学、材料物理学、能源化学、农业植物学、环境医学、病理化学等和属于技术—工程科学的机械制造工艺学、电子工程学、土木工程学、化学工程学、医学工程学、农业技术学等学科密切相关。

图 11.2 右上角方框中列出的计算力学、计算燃烧学、数理精神医学、工程数学、能源系统工程学等，是形成于数学自然科学知识板块内部两个科学部类及其与近邻科学部类系统科学之间因学科渗透而建立起来的边缘学科，统称为近缘自然学科。数学科学、系统科学和自然科学有着千丝万缕的亲缘关系，因此上述学科也可以视为内部学科渗透的产物。

四是内外学科交叉。内外学科交叉，是指在自然科学学科与哲学社会科学知识板块及其近邻科学部类思维科学之间形成交叉性边缘学科即交叉学科。图 11.2 左上角方框中列出的刑事技术学、教育技术学、社会科学信息学、医学社会学、社会流行病学等，就是建立在内外学科交叉基础上的交叉学科，可以统称为交叉自然学科，当然从社会科学的角度来看也可以称之为交叉社会学科。就生成区位而言,列于图11.2上方中间方框的自然科学史、自然科学哲学、自然科学美学、自然科学伦理学、自然科学学等,也属于交叉学科。值得注意的是,这些学科可以按学科层次分化,或者说基础科学、应用科学、技术—工程科学三个学科层次都可以根据需要依次同历史学、哲学、美学、伦理学、科学学等相融合。例如,在自然科学的三个学科层次与哲学之间,有可能建立基础科学哲学、应用科学哲学、技术科学哲学和工程科学哲学①。

20世纪以来,不仅出现了更加强大的"从自然科学奔向社会科学的强大潮流"②,而且出现了社会科学奔向自然科学的潮流。医学社会学可以看作是社会科学奔向自然科学潮流的产物。医学社会学有时又被称之为医疗社会学、卫生社会学、保健社会学、健康和病患社会学,它运用社会学的理论和方法,研究医疗领域中的社会角色、角色关系、角色行为、角色流动、医疗社会组织的交互作用、医疗领域与社会各方面的互动关系的科学。随着科学理论和方法的多样化发展,自然科学学科与哲学社会科学学科之间相交叉、相融合的可能性还会进一步提高。

五是确认新的研究对象。科学学科的数量自古洎今越来越多,在本质上是不断发现、辨识和确认研究对象的过程。研究对象是科学学科的逻辑起点。研究者只有将动物区分为无脊椎动物、脊椎动物,才能建立无脊椎动物学、脊椎动物学;只有将动物区分为昆虫、鱼类、爬行类、两栖类、哺乳类和实验动物、观赏动物、药用动物、农用动物、水产动物等,才能建立昆虫学、鱼类学、爬行动物学、两栖动物学、哺乳动物学和实验动物学、观赏动物学、药用动物学、农用动物学、水产动物学等学科。近代科学兴起以来的几百年间,科学研究对象的确认有两种情况或两个基本范围。一是研究者通过深度开掘、广度拓展,在天然自然界中陆续发现新的研究对象;二是在人类创造的人工自然界中寻找新的

① 王续琨、张春博:《走向技术科学哲学和工程科学哲学》,《山东科技大学学报(社会科学版)》2016年第5期。

② 列宁:《又一次消灭社会主义》,《列宁全集》第二十五卷,人民出版社1988年版,第43页。

研究对象。从生理学到解剖生理学、细胞生理学、分子生理学，从人体生理学到消化生理学、血液生理学、内分泌生理学、神经生理学、心理生理学，属于在天然自然界中的深度开掘。从生理学到植物生理学、动物生理学、人体生理学，从人体生理学到病理生理学、运动生理学、舞蹈生理学、服饰生理学、环境生理学，属于在天然自然界中的广度拓展。

以内燃机、飞机等人造物作为研究对象，建立内燃机学、实验内燃机学、内燃机结构学、内燃机燃烧学、内燃机计算燃烧学、内燃机制造工艺学、内燃机装试工艺学、内燃机工程学和飞机空气动力学、飞机结构学、飞机制造工艺学、飞机钣金工艺学、飞机装配工艺学、飞机仪表学、飞机电器学、飞机驾驶学等，则属于第二种情况。伴随着科学技术的快速发展，人工自然界的范围越来越大，人造物越来越多。研究者要对人造物及其引起的相关人类活动保持高度的敏感性，及时将新的人造物和相关活动确认为研究对象。人造卫星、空间探测器、飞船、空间站、航天飞机等航天器出现后，不仅航天器和相关装备成为研究对象，已经或正在建立航天机械制造工艺学、航天器工程学、航天工效学、航天员—航天器耦合动力学、航天光学遥感辐射度学、航天器相对轨道动力学、航天材料热物性学、航天纺织材料学等学科，而且与航天器相关的航天活动、空间探测活动也成为研究对象，正在形成航天学、军事航天学、航天气象学、航天技术经济学、航天医学细胞分子生物学、航天医学工程学、航天卫生学、航天心理学等。

第十二章 社会科学学科概览

社会科学是由研究社会事物的所有学科组成的科学部类。按照传统的学科类型两分法或三分法,社会科学是与自然科学学科属性相异的一类学科的统称。在现代条件下,社会科学与自然科学在理论和方法上互通互鉴,两个基础科学部类相互支撑、相互扶持、相互照应,有力地推动着整个科学知识体系的演进发展。

一、"社会科学"术语的由来

关于西方语言文字中"社会科学"(如英文 social science)术语的起源,尚无确切的说法。有文献称,美国政治家约翰·亚当斯(John Adams,1735—1826)[①]于 1785 年在一封信中使用了 the science of society 这个词组,次年在一封信中又使用了英文词组 the social science。由于 18 世纪末叶 science 还不具有在 19 世纪以后才获得的意义,因此约翰·亚当斯所使用的两个词组都不是用于指称由研究社会现象的学科所构成的知识体系。18 世纪 90 年代初,法国启蒙思想家、数学家马奎斯·德·孔多塞(Marquis de Condorcet,1743—1794)在其著述中使用了法文词组 science sociale(社会科学)[②]。笔者翻阅了孔多塞的代表作《人类精神进步史表纲要》(1795 年),发现书中不仅涉及大量的自然科学学科,还谈到政治哲学、政治学、政治史、经济科

① 约翰·亚当斯为《独立宣言》签署者之一,被美国人视为最重要的开国元勋之一,1789 年至 1797 年担任美国第一任副总统,其后接替乔治·华盛顿于 1797 年至 1801 年担任美国第二任总统。

② 李醒民:《知识的三大部类:自然科学、社会科学和人文学科》,《学术界》2012 年第 8 期。

学、经济学、政治经济学、公共经济学、道德学、道德科学等社会科学类学科，但没有使用可以概括这些学科的上位概念"社会科学"，只有几处用了法文词组 art sociale(社会艺术)[①]。这表明，尽管孔多塞的著述中出现了"社会科学"这个术语，他也没有将"社会科学"用作有别于自然科学的另外一类学科的统称。"社会艺术"(art sociale)是法国大革命前重农主义者普遍使用的一个术语。

美籍法裔文化史学家雅克·巴森(Jacques Barzun，1907—2012)在《从黎明到衰颓：五百年来的西方文化生活》一书中认为"社会科学"这个术语的首创者是经济学家、历史学家西蒙·德·西斯蒙第(J. C. L. Simonde de Sismondi，1773—1842)[②]。西斯蒙第出生于瑞士，是法国古典政治经济学的完成者，其政治经济学代表作是《政治经济学新原理或论财富同人口的关系》(1819 年)。1826 年，在该书第二版序中，西斯蒙第在谈到学术批评时多次使用了"社会科学"这个术语："不过，我认为必须反对一般的、往往是轻率的、往往是错误的评判社会科学著作的方法。社会科学所要解决的问题比各种自然科学问题复杂得多；同时，这种问题需要良心正如需要理智一样。……原理的联系同样不会由于故意制造矛盾，或进行恶意讽刺的某些言论而动摇。如果这些原理是真正的东西，如果它是新的，如果它有生命力，即使包含一些真的或假的错误，也会把社会科学向前推进一步，社会科学是最重要的科学，因为它研究人类的幸福。"[③]1838 年，西斯蒙第在另一部重要著作《政治经济学研究》的序言中也使用了"社会科学"一词："人们总是把一切关于社会科学的论述普遍推广，我觉得这是陷入了严重的谬误。恰恰相

① ［法］孔多塞：《人类精神进步史表纲要》，何兆武、何冰译，生活·读书·新知三联书店 1998 年版，第 192、195 页。

② ［美］巴森：《从黎明到衰颓：五百年来的西方文化生活》中册，郑明萱译，猫头鹰出版社 2004 年版，第 783 页。

③ ［瑞士］西斯蒙第：《政治经济学新原理或论财富同人口的关系》，何钦译，商务印书馆 2009 年版，第二版序第 9—10 页。

反，我们一定要从具体情况出发研究人类生存条件。”[①]他没有为“社会科学”做出清晰的界定或解释，联系上下文来看，彼时的“社会科学”还不能等同于今天用于作为研究社会现象的所有学科统称的“社会科学”。

1857年，英国组建了以“社会科学”命名的社会团体——“全国社会科学促进会”(National Association for the Promotion of Social Science)。它的工作范围比较宽泛，例如早期曾主持关于企业状况、劳资冲突的调查，参与环境污染情况考察和海运损失理赔规则的制订等。19世纪60年代，美国也组建了“社会科学促进会”。美国学者詹姆斯·史密斯(James A. Smith)在其关于智库的著作中认为，1865年在马萨诸塞州召开的关于经济、社会秩序重建的各界联席会议是“智库”创建的起点[②]。这次由美国社会科学促进会发起的会议使知识界开始认识到多领域知识交汇所带来的好处。“社会科学促进会”不是纯粹的学术共同体，但由于以“社会科学”之名从事社会活动，在客观上为传播“社会科学”(social science)概念起到了积极的作用。

欧洲学术界对于同“自然科学”相并立的另一类学科总体称谓的选择，或者说对于“社会科学”一词的认同过程，经历了约几十年时间。在德国，马克思(1818—1883)在《1844年经济学哲学手稿》中使用了“关于人的科学”(德文 Wissenschaft von dem Menschen)作为自然科学(德文 Naturwissenschaft)的对称：“自然科学往后将包括关于人的科学，正像关于人的科学包括自然科学一样：这将是一门科学。但这两个方面是不可分割的；只要有人存在，自然史和人类史就彼此相互制约。自然史，即所谓自然科学，我们在这里不谈；我们需要深入研究的是人类史”[③]。1945—1846年，马克思和恩格斯(1820—1895)在《德意志意

① [瑞士]西斯蒙第：《政治经济学研究》第一卷，胡尧步、李直、李玉民译，商务印书馆2011年版，序言第3页。

② James A. Smith. The Idea the Broker: Think Tanks and the Rise of the New Polic Elite. New York: The Free Press, 1991: 24.

③ 马克思：《1844年经济学哲学手稿》，人民出版社2000年版，第90页。

识形态》中进一步指出:“我们仅仅知道一门唯一的科学,即历史科学。历史可以从两方面来考察,可以把它划分为自然史和人类史。”①显然,这里所说的“历史科学”(德文 Geschichtswissenschaft)是广义的,亦即包含自然科学(自然史)和“关于人的科学”(人类史)的历史科学。1857年,马克思在《〈政治经济学批判〉导言》中第一次使用了“社会科学”(Sozialwissenschaft)一词:“在研究经济范畴的发展时,正如在研究任何历史科学、社会科学时一样,应当时刻把握住:无论在现实中或在头脑中,主体——这里是现代资产阶级社会——都是既定的”②。1859年,恩格斯在为马克思《政治经济学批判》所写的书评中对非狭义“历史科学”加注了一句解释:“凡不是自然科学的科学都是历史科学”③。由此可见,19 世纪 60 年代之前,“社会科学”还是一个比较生疏的学术术语。

19 世纪下半叶,研究社会现象和人的一些基本学科都有了较大的发展。1883 年,德国哲学家、历史学家威廉·狄尔泰(Wilhelm Dilthy,1833—1911)在《精神科学引论》(*Einleitung in die Geisteswissenschaften*)第一卷中创用复数形式的德文词汇 Geisteswissenschaften(精神科学),将 Geisteswissenschaften 视为同自然科学相并立和对称的科学部门,它包含自然科学之外研究人的活动的所有学科。英语国家的学者在充分理解了 Geisteswissenschaften 的基础上,将其译为 human science 或 humanscience(人文科学)。1896 年,德国哲学家亨里希·李凯尔特(Heinrich Rickert,1863—1936)在《文化科学和自然科学》一书中使用含义较为宽泛的德文词汇 Kulturwissenschaften(文化科学),力图用“文化科学”替代狄尔泰用之与自然科学相对称的 Geisteswissenschaften(精神科学)。除了这种特定含义的“精神科学”

① 马克思、恩格斯:《德意志意识形态》,《马克思恩格斯选集》第一卷,人民出版社 1995 年版,第 66 页。

② 马克思:《〈政治经济学批判〉导言》,《马克思恩格斯选集》第二卷,人民出版社 1995 年版,第 24 页。

③ 恩格斯:《卡尔·马克思〈政治经济学批判。第一分册〉》,《马克思恩格斯选集》第二卷,人民出版社 1995 年版,第 38 页。

"文化科学"之外,多数学者逐渐认同了"社会科学"这个术语。在德文中,"社会科学"主要有两种写法和用法,Gesellschaftswissenschaften指称所有以社会现象和人为对象的范围较广的社会科学,Sozialwissenschaft 指称除人文学科(教育学、语言学、文艺学、历史学等)之外的其他以社会现象为对象的狭义社会科学。

"社会科学"一词,出现于俄文文献中的时间大约在 19 世纪六七十年代。俄国经济学家、社会学家瓦西里·别尔维(Василий В. Берви,笔名恩·弗列罗夫斯基 H. Флеровский,1829—1918)应革命民粹派之请,撰写从理论上论证当代革命运动思想的专门著作,这就是 1871 年出版的《社会科学入门》[①]。此书是以"社会科学"作为书名主题词的一部早期著作。

在中国,"社会科学"一词的出现,比"自然科学"一词略晚一些。学术界在对"社会科学"这个术语形成共识之前,学者们进行了多年的尝试和选择。1899—1900 年,教育家蔡元培(1868—1940)广泛搜集国外教育资料并考察中国学校教育现状,写成《学堂教科论》,于 1901 年印成 28 页的单行本。他在该书中借用日本学者井上円了(号甫水,1858—1919)的学术三分法(有形理学、无形理学或有象哲学、无象哲学或实体哲学),将"学目"分为三个大类:有形理学(算学、博物学、物理学、化学),无形理学(名学、群学、文学),道学(哲学、宗教学、心理学)[②]。包含名学(逻辑学)、群学(社会学)、文学(文艺学)的"无形理学",相当于后来的社会科学。

1902 年,思想家、学者梁启超(1873—1929)在《格致学沿革考略》一文中写道:"学问之种类极繁,要可分为二端。其一,形而上学,即政治学、生计学、群学等是也。其二,形而下学,即质学、化学、天文学、地质学、全体学、动物学、植物学等是也。吾因近人通行名义,举凡属于形

① 《俄国民粹派文选》,中共中央编译局国际共运史研究室编译,人民出版社 1983 年版,第 181 页。

② 蔡元培:《学堂教科论》,《蔡元培全集》第一卷,中华书局 1984 年版,第 142—144 页。

而下学者皆谓之格致。”[①]很显然，其中的“形而上学”是指社会科学，“形而下学”（过去称之为“格致”）是指自然科学。

1910年，图书馆学家、童话作家孙毓修（1871—1922）在商务印书馆发行的《教育杂志》上连载《图书馆》一文，首次向国人介绍杜威十进制分类法，初步制定了一部考虑中国国情的新书编目分类法。由美国图书馆学家麦尔威·杜威（Melvil Dewey，1851—1931）发明的十进制图书分类法，将图书分为10个大类（每个大类用三个数字予以标示），哲学（100）、社会科学（300）、自然科学（500）、应用科学（600）。此后，中国学者仿照或借鉴杜威十进制分类法，编制了多种图书分类法，基本大类没有很大的变化。以科学分类为基础的图书分类法，对“社会科学”等术语的推广产生了重要影响。

20世纪20年代初，“社会科学”一词开始在中国学术界流行开来。1920年，中国新文化运动领导者、北京大学文科学长陈独秀（1879—1942）在《新文化运动是什么？》一文中说：“科学有广狭之义：狭义的是指自然科学而言，广义是指社会科学而言。社会科学是拿研究自然科学的方法，用在一切社会人事的学问上，像社会学、伦理学、历史学、法律学、经济学等。”[②]陈独秀的这种见解与现今的观点有所不同。按现在的说法，广义科学包含自然科学和社会科学，并不专指社会科学。他1923年为《科学与人生观》文集所写的序中，又一次同时使用“自然科学”和“社会科学”两个新术语：“科学的观察分类说明等方法运用到活动的生物，更应用到最活动的人类社会，于是便有人把科学略分为自然科学与社会科学二类。社会科学中最主要的是经济学、社会学、历史学、心理学、哲学。”[③]陈独秀所说的自然科学、社会科学都是广义的，前者包括数学，后者包括哲学。

---

① 梁启超：《格致学沿革考略》，《饮冰室合集》第四册，中华书局1988年重印版，文集之十一第4页。生计学即经济学，群学即社会学，质学即物理学，全体学即人体解剖学。

② 陈独秀：《新文化运动是什么？》，《新青年》1920年第1卷第5期。

③ 陈独秀：《〈科学与人生观〉序》，《科学与人生观》，亚东图书馆1923年版，陈序第2—3页。

1920年，文学家、作家许地山（1894—1941）在《新社会》《新社会杂志》上同时连载长文《社会科学的研究法》，《现代学生》杂志在这一年出现了以“社会科学”作为篇名主题词的译文①。1921年，由教育家顾孟余（1888—1972）主编的《社会科学季刊》在北京创刊，这是中国第一份以“社会科学”命名的杂志。1921年，北京大学将拟议设置的研究所，“归并为自然科学、社会科学、国学、外国文学四门”②。1922年，北京大学创办《国立北京大学社会科学季刊》；1925年，北京大学创办《社会科学》杂志。1927年中华民国大学院成立，其附属机构中央研究院设立社会科学研究所，1929年创办《国立中央研究院社会科学研究所专刊》。20年代末，高级中学和大学一年级普遍开设“社会科学概论”课程。“社会科学”这个术语，在这个时期已经被普遍接受、广泛运用，不仅报刊上出现许多推介社会科学的文章，而且出版了一系列以“社会科学”作为书名主题词的专著、译著和工具书。例如，萧楚女的《社会科学概论》（中央军事政治学校政治部宣传科印行，1924年），瞿秋白的《社会科学概论》（上海书店出版社，1924年），郭任远的《社会科学概论》（商务印书馆，1928年），李璜的《历史学与社会科学》（东南书店，1928年），高希圣和郭真等的《社会科学大词典》（世界书局，1929年），孙寒冰主编的《社会科学大纲》（黎明书局，1929年），杨剑秀的《社会科学概论》（现代书局，1929年），高希圣和郭真的《社会科学大纲》（平凡书局，1929年），日本杉山荣的《社会科学概论》（李达、钱铁如译，昆仑书店，1929年），德国布浪得耳的《社会科学研究初步》（杨霄青译，社会科学研究社，1929年）。

1927年第一次国共合作破裂后，在国民党统治区出现了一个翻译、研究、宣传马克思主义理论和出版发行相关著作的社会科学运动热潮。为了加强对这一新兴运动的领导，中国共产党决定建立社会科学界的统一组织——中国社会科学家联盟。1930年5月20日，中国社

① Ogburn、Goldenweiser：《社会科学的领域》，亦天译，《现代学生》1920年第1期。

② 蔡元培：《十五年来我国大学教育之进步》，《蔡元培教育论集》，湖南教育出版社1987年版，第413页。

会科学家联盟在上海举行成立大会，30多人出席会议，讨论通过了《中国社会科学家联盟纲领》，推举翻译家宁敦伍为联盟主席。1931年，学者、教育家邓初民（1889—1981）继任联盟主席。社会科学家联盟除创办机关刊物《社会科学战线》外，其骨干会员还先后主编了《研究》《新思潮》《社会现象》《时代论坛》等多种刊物。1936年，全国抗日救国运动空前高涨，多数会员在中国共产党建立抗日民族统一战线的号召下，参加了各界救国会的工作，中国社会科学家联盟宣布自行解散。

20世纪30年代之后，以“社会科学”命名的中文著述越来越多。笔者近期以“社会科学”作为书名检索词在《读秀知识库》进行检索，检出图书类文献4622部。该数据库1956年以前没有分年度或分时段的文献数据，笔者进行了人工统计，剔除日文版图书和部分误检的期刊类出版物，30年代的“社会科学”图书出版量为20多部，40年代出版了50多部，1950—1956年的出版量为40多部；1957年至1986年有每10年一个时段的文献数据，分别为1957—1966年115部，1967—1976年114部，1977—1986年601部。依据《读秀知识库》所提供的年度数据，表12.1列出了1987—2016年“社会科学”图书的各年度出版量（由于2016年仅录入部分数据，在表中加括号予以标示）。由此表可见，“社会科学”图书出版量在中国呈现稳步增长的态势。

表12.1 “社会科学”中文图书出版量的年度统计（1987—2016年）

年份	1987	1988	1989	1990	1991	1992	1993	1994	1995	1996	1997	1998	1999	2000	2001
文献数量	78	87	83	72	103	60	56	38	40	59	66	88	81	100	84
年份	2002	2003	2004	2005	2006	2007	2008	2009	2010	2011	2012	2013	2014	2015	2016
文献数量	106	72	115	149	126	142	157	153	163	178	146	180	141	168	(64)

检索日期：2016年9月23日。

需要特别指出的是，“社会科学”概念在近百年的流传、使用过程中一直存在着争议。有人认为，“社会科学”既然属于“科学”（science）之列，就应当像自然科学一样地客观、中立，无研究者个人的价值色彩，能够提供可实证的规律性研究结论。然而，社会科学的很多学科难以达到这样的要求，一些人对“社会科学”的科学性表示疑惑，对“社会科学”术语的使用表示疑惑。在英国，20 世纪 70 年代末，由于政府压缩公共开支，对于社会科学教学和研究工作产生了消极影响。1981—1985 年，政府不仅将“社会科学研究理事会”的预算削减了近六分之一，而且大量削减政府部门中社会科学家的数量。当时的教育科学大臣基思·约瑟夫(Sir Keith Joseph)甚至认为，社会科学的价值有待证明，“社会科学研究理事会”应该易名。在他看来，该理事会受资助的领域并不具有学科的地位[①]。1982 年，英国政府有关部门曾对“社会科学”一词提出异议，主张用“社会研究”(social studies)取而代之[②]。近年来，有中国学者对“社会科学”概念提出异议，认为中文的“社会科学”是对英文 social science 的误译，social science 应该译为“社会研究”或“社会学科”[③]。依笔者之见，social science 的译法、“社会科学”概念的合理性作为学术问题，当然可以继续讨论下去，但“社会科学”已经成为人们耳熟能详的术语，不可能被废止。在与数学科学、自然科学的比照中探讨“社会科学”的特征，思考其科学性程度的提升途径，也许更有实际意义。

二、社会科学主要学科的历史演进

人类社会是自然界发展到一定阶段随着人类各种交往关系的建立而形成的有机系统，是物质运动的最高形式。人们对于人类社会各种活动、关系的观察和思考始于古代，社会科学的分支学科由此而萌发。中国先秦时期道家学说的创始人老子(约公元前 571—约前 471)、儒家学说的创始人孔子(公元前 551—前 479)及其传人孟子(约公元前

① 郑海燕：《英国社会科学的历史发展和现状》，《国外社会科学》2001 第 5 期。

② 周阳山、陈思贤、冯燕等：《社会科学概论》，三民书局股份有限公司 2008 年版，第 7 页。

③ 李田心：《学界须对“社会科学”咬文嚼字——“社会科学”是英语 Social Science 的误译》，《社会科学论坛》2014 年第 12 期。

372—约前 289）等，欧洲古希腊时期的苏格拉底（Socrates，公元前 469—前 399）、柏拉图（Plato，约公元前 427—前 347）、亚里士多德（Aristotle，公元前 384—前 322）等，是社会科学的早期开拓者。他们探讨了诸多社会问题，提出了无为、礼、仁、义、法、仁政、正义、民主等社会科学范畴，制定了理论研究的逻辑推理、类比等方法。由于当时生产力水平低下，受社会历史条件的局限，这一时期的社会研究只是笼统的概括和浅显的分析，社会知识零散而不成系统，而且同哲学知识混杂在一起。历史学、政治学、经济学、法学、社会学、教育学、语言学、文艺学等学科均处于萌芽状态。公元前 430 年前后，被西方史学界誉为“历史学之父”的古希腊历史学家希罗多德（Herodotus，约公元前 484—前 425）完成 9 卷本《历史》（又称为《希波战争史》），首创以史事为中心的叙述体，后来成为欧洲史学著作的正规体裁。古希腊历史学家修昔底德（Thucydides，约公元前 460—前 400 或 396）的《伯罗奔尼撒战争史》，将古希腊哲学精神和逻辑方法运用于历史研究中，为后世的历史编纂学树立了典范。萌芽状态的各门社会科学学科，在研究内容上相互之间没有明显的区分，研究者以“百科全书”式的学者居多。亚里士多德留下一部名为《政治学》（Πολιτικα）的著作，作为西方历史上第一部成体系的政治理论著作，它对古希腊城邦政体进行了详细分析，探讨了国家的起源、本质和理想的社会政治制度等一系列政治理论问题。该书虽然打破了柏拉图《理想国》一书将伦理问题和政治问题相杂糅的传统，但其中仍然包含着一些哲学、历史学和家庭研究、教育研究等方面的内容。

公元前 5 世纪，法学在罗马共和国进入萌生阶段。公元前 451—450 年，罗马制定并颁布了《十二铜表法》。为了让这部公布在罗马广场上的成文法典得以贯彻实施，罗马统治阶级安排神职人员对该法进行解释和宣传。大约在公元前 3 世纪末，拉丁文中出现了后来作为学科名称的 jurisprudentia（法学）一词。公元前 254 年，平民出身的科伦卡纽士（T.Coruncanius）担任大神官，开始在公开场合讲解法律条文。公元前 198 年，执政官阿埃利乌斯（Aelius）以世俗官吏的身份讲授法律、著书立说，从而使法律知识面向社会，走入市民生活，最终成为一门世俗的学问。公元2世纪罗马帝国前期，jurisprudentia一词被广泛使用。罗马五大法学家中出生最早的盖尤斯(Gaius，约130—约180)，著有《法学阶梯》《法律论》等法学著作。五大法学家之一的乌尔比安(Ulpianus，约160—228)为jurisprudentia做过一个流传甚广的定义："法学是神事和人事的知识，正与不正的学问。"①罗马帝国兴办了有特色的法律教育。公元2世纪末，除了首都罗马，共和国各行省也建立了一批法律学校。公元425年，东罗马帝国皇帝狄奥多西二世(Theodosius Ⅱ，401—450)在君士坦丁堡创办了历史上第一所法律大学，开高等法律教育的先河。公元6世纪，查士丁尼一世(Justinian I，482—565)时期编纂了包括《法学总论》和《学说汇编》在内的《罗马民法大全》。

公元5世纪下半叶至15世纪下半叶，长达1000年的欧洲中世纪，社会科学在多数领域处于停滞状态，而以教会史为主要内容的历史学则有一定程度的发展，逐步形成一种较为成熟的范型。法国是中世纪史学成果最突出的地区，代表性著作有高卢和图尔主教格雷戈里(Gregory，539—594)的10卷本《历史》(又称为《法兰克人史》)、曾担任查理大帝秘书的艾因哈德(Einhard，约770—840)的《查理大帝传》、史学家基伯特(Guibert，1053—1124)记述第一次十字军东征历史的《法国人的神圣事业》等。在意大利，则出现了"世界第一奇书"——商人马可·波罗(Marco Polo，1254—1324)的4卷本《马可·波罗游记》(又称为《东方见闻录》)。此书记录了作者游历几个东方国家和留居中国17年的所见所闻，为西方人认识东方世界特别是中国留下了珍贵的历史记录。

从14世纪初开始的文艺复兴运动，打断了中世纪的神学思想锁链，给西方社会带来了一次思想解放。随着文艺复兴思潮的播扬，意大利、英国等国家滋生出新生的资本主义生产方式，关注和研究社会现象成为势之所趋。文艺复兴包括宗教改革运动，首先在政治领域冲破了

① 何勤华：《西方法学史》，中国政法大学出版社1996年版，第2页。

中世纪宗教神学政治的枷锁，形成了具有重大历史进步意义的近代资产阶级政治学说，为政治学奠定了一般理论基础。1513 年，意大利政治家、学者尼科洛·马基雅维里(Niccolo Machiavelli,1469—1527)完成《君主论》(又译为《霸术》)一书。此书比较系统地阐述了关于国家权力的理论和君主治国的政治谋略，在 20 世纪被人们列为影响人类历史的十大名著之一。马基雅维里被誉为近代政治学的鼻祖、"政治哲学之父"。马基雅维里的政治学的核心是民族主义的中央集权思想，以"人"为中心观察国家，以权利作为法的基础，开创了以民族国家为研究重点的近代政治学①。1576 年，法国政治学家让·博丹(Jean Bodin,1530—1596)出版《国家论六卷集》，在政治思想史上第一次比较系统、清晰地阐释了国家主权学说，对主权和主权者、国家主权和政府权力做出明确区分，为近代国家主权理论奠定了基础，铺平了政治学的发展道路。

深受文艺复兴时期人文主义思想影响的意大利学者詹巴蒂斯塔·维柯(Giambattista Vico,1668—1744)于 1725 年出版《关于各民族的共同性的新科学的一些原则》(简称为《新科学》)一书的第一版，1744 年出版增补本第三版。此书内容宏富，其中所阐发的思想原则和研究思路对于美学、文艺学、语言学、文化人类学、历史学、经济学、政治学、法学、思维学等学科都有启示意义，直接或间接地影响了此后各个时期许多领域的思想家和学术传统。维柯被学术界视为西方近代社会科学的先驱。

1640 年爆发的英国资产阶级革命不仅极大地推动了英国社会的发展，而且开创了欧洲乃至整个世界近代历史的新纪元。17 世纪至 19 世纪，英国通过原始资本积累和工业革命，逐渐成为世界经济的中心，政治学、经济学等都有了新的发展。1640 年，哲学家、政治学家托马斯·霍布斯(Thomas Hobbes,1588—1679)出版了他的第一部政治学著作《论政体》。1651 年，他出版了代表作《利维坦，或教会国家和市民

① 许耀桐：《西方政治学史》，外语教学与研究出版社 2009 年版，第 116 页。

国家的实质、形式和权力》。此书是近代政治思想史上第一部关于国家学说的专著，霍布斯在书中将国家比喻为《圣经》中那个力大无比的巨兽——“利维坦”(Leviathan)，其国家学说在总体上带有明显的专制主义倾向。1689 年和 1690 年，哲学家约翰·洛克(John Locke，1632—1704)出版政治哲学著作《政府论》上篇和下篇，将自由作为政治学的核心理念，奠定了近代西方政治学发展的基础。

在资本主义积累取代了原始积累的背景下，古典经济学在英国应运而生。15 世纪至 17 世纪中叶，在欧洲封建社会晚期，占主导地位的经济学学说是重商主义经济学。由于自然经济已经被商品经济所取代，重商主义经济学家所考察的对象由古希腊时期的家庭管理扩展到广泛的社会经济问题。为了同以往的所谓“经济学”区别开来，重商主义者把自己的经济学理论称为“政治经济学”。医生、统计学家威廉·配第(William Petty，1623—1687)作为英国古典政治经济学的开创者，先后出版了《赋税论》(1662 年)、《献给英明人士》(1664 年)、《政治算术》(1672 年)、《货币略论》(1682 年写成，1695 年发表)等经济学著述。经济学家亚当·斯密(Adam Smith，1723—1790)1776 年出版《国民财富的性质和原因的研究》(简称为《国富论》)，提出了分工理论、货币理论、价值理论、分配理论、资本积累理论、赋税理论，初步建立经济学的基本理论体系。牧师、经济学家托马斯·马尔萨斯(Thomas R. Malthus，1766—1834)将亚当·斯密的理论引申到对人口问题的研究。大卫·李嘉图(David Ricardo，1772—1823)于 1817 年出版《政治经济学及赋税原理》，继承和发展了亚当·斯密创立的劳动价值论，并以此作为建立比较优势理论的学术基础。李嘉图的劳动价值论成为西方经济学诸多流派的基石，同时也是马克思劳动价值论的重要源泉。

18 世纪在法国兴起的资产阶级启蒙运动，揭开了社会科学一系列学科走上近代发展轨道的帷幕。启蒙思想家夏尔·德·孟德斯鸠(Charles de S. Montesquieu，1689—1755)的《罗马盛衰原因论》《论法的精神》(又译为《法意》)等著述，在约翰·洛克分权思想的基础上明确提出“三权分立”学说；认为法律是理性的体现，提倡自由和平等，同时又强调自由的实现要受法律的制约。孟德斯鸠为西方近代政治学、法学做出了开创性的贡献，成为西方国家学说和法学理论的奠基人。启蒙运动的旗手伏尔泰（Voltaire，1694—1778）[①]出版《查理十二史》《路易十四时代》《论各民族的风俗和精神》等历史学著作，开创了理性主义史学，认为理性是历史前进的动力，第一次在历史研究中将人类精神进步因素提升到应有的高度上。启蒙思想家让—雅克·卢梭（Jean-Jacques Rousseau，1712—1778）的《社会契约论》（又译为《民约论》）提出了作为现代民主制度基石的“主权在民”思想，阐释了政府的角色及其运作方式；其《爱弥儿：论教育》一书从自然人性观出发构建了理想教育体系，提出对不同年龄阶段的儿童进行教育的原则、内容和方法。启蒙思想家、数学家马奎斯·德·孔多塞倡导将数理方法引入社会政治研究并积极地进行尝试，设想创建一门“社会数学”；他在《人类精神进步史表纲要》（1795 年）一书中提出“人类不断进步”的历史观念，成为西方历史进步观历史哲学的主要奠基人。

19 世纪上半叶，随着第一次产业革命的深入发展和资本主义生产方式的建立，欧洲各国的社会矛盾和冲突不断扩大，出现越来越多有待认识和解决的社会问题。在自然科学各门基础学科的带动和影响下，以古希腊时期以来学者们的社会现象思考和 17 世纪以来社会统计调查、定量分析方法及其相关资料为依托，社会学在 19 世纪 30 年代进入创生期。1839 年，法国实证主义哲学家奥古斯特·孔德（I. M. Auguste F.X.Comte，1798—1857）在《实证哲学教程》第四卷中首创“社会学”（法文 sociologie）一词。他认为，社会学是“对于社会现象所固有的全部基本规律的实证研究”[②]，主张运用自然科学的方法来研究社会。他将社会学区分为社会静力学和社会动力学两个部分，前者侧重研究社会结构，后者侧重研究社会过程。英国哲学家、社会学家赫伯特·斯宾塞（Herbert Spencer，1820—1903）著有《社会静力学》《社会

① 伏尔泰系笔名，其本名为弗朗索瓦—马利·阿鲁埃（François-Marie Arouet）。

② ［美］刘易斯·A.科瑟：《社会学思想名家》，石人译，中国社会科学出版社 1990 年版，第 2 页。

学原理》等。他的社会学理论主要围绕着社会有机论和社会进化论两个方面展开，认为社会学的主要目的是发现社会有机体的形态学（社会结构的原理）和生理学原理（社会运动和发展的原理）。

19 世纪上半叶以前的社会科学研究者，尚未形成清晰的学术分科意识。“十七八世纪，法、政、经、社是不分家的，因为它们所处理的都是社会的整体现象。”[①]当时术业专攻的分野具有模糊性，很多学者都是多面手。托马斯·霍布斯除政治学著作外，还写下了大量哲学著作和多部数学著作。威廉·配第将亚里士多德开创的统计学引入收集数据和分析数据的新时代，其《政治算术》的问世，标志着广义社会统计学的诞生。亚当·斯密既是古典经济学的主要创建者，又著有研究伦理道德问题的《道德情操论》。伏尔泰不仅在哲学、社会科学方面做出重要贡献，而且创作了多部史诗、剧本和哲理小说等。让—雅克·卢梭除了在政治学、教育学领域有所建树之外，还为世人留下了《现代音乐论》等艺术理论著述和歌剧、小说等文学艺术作品。

19 世纪 40 年代，马克思（1818—1883）、恩格斯（1820—1895）在批判地继承和吸收人类思想文化优秀成果的基础上，创立了包括马克思主义哲学、马克思主义政治经济学和科学社会主义三个组成部分的马克思主义科学体系。马克思、恩格斯的著作涵盖哲学、经济学、政治学、社会学、法学、教育学、文艺学等诸多学科领域。19 世纪下半叶以后，马克思主义的学术思想对社会科学学科的演进发展产生了或显或潜的影响。例如在社会学领域，马克思主义的社会批判理论、社会有机体理论、唯物主义社会历史观为后来的社会学理论提供了思想渊源。美国社会学家丹尼尔·贝尔（Daniel Bell，1919—2011）在《当代西方社会科学》一书中以排谱系的方式概括列出近代以来社会科学一些学科演进过程中的代表性学者：“在社会学中，祖父辈是奥古斯特·孔德、卡尔·马克思和赫伯特·斯宾塞，时间是从 1850 到 1870 年；父辈是埃米尔·

① 朱敬一：《朱敬一讲社会科学（上册）：社会科学的源起背景》，时报文化出版企业股份有限公司 2008 年版，第 4 页。

迪尔凯姆和马克斯·韦伯，时间是从 1890 到 1915 年。”①20 世纪 20 年代后，在以马克思主义作为指导思想的国家，一些社会科学学科彰显着鲜明的马克思主义特色。

19 世纪末以来，在社会科学各门主干学科有了一定程度的研究成果积累之后，出现了两个相反相成的演进趋势：一是收敛趋势，研究者对已有研究成果进行体系化梳理，概括和发展新理论，专注于建构学科理论体系；二是发散趋势，研究者或者着力于已有理论和方法的推广性应用，或者积极发现新的研究对象，扩展原有学科的疆域，催生新的分支学科。历史学、政治学、经济学、法学、社会学经历 20 世纪的扩张式发展，都成为包含数十门甚至数百门分支学科的学科门类。下面侧重概述前面涉及较少的教育学、语言学、文艺学的演进脉络。

经过 17 世纪初以来 300 年的发展，从捷克教育家扬·阿姆斯·夸美纽斯(Jan Amos Komensk，1592—1670)的《大教学论》(1632 年)为近代教育学奠基，到德国哲学家、教育学家、心理学家约翰·赫尔巴特(Johann F. Herbart，1776—1841)的《普通教育学》(1806 年)初步建构教育学的学科体系，教育学在进入 20 世纪后呈现空前繁荣的发展格局。教育研究引入科学实验等自然科学研究方法，在各种哲学思想的影响下形成各有特色的教育学流派，先后问世的教育学名著有德国教育学家威廉·拉伊(Wilhelm A. Lay，1862—1926)的《实验教育学》(1908 年)和德国教育家恩斯特·梅伊曼(Ernst Meumann，1862—1915)的《实验教育学纲要》(1914 年)，美国哲学家、教育家约翰·杜威(John Dewey，1859—1952)的《民主主义与教育》(1916 年)，苏联教育家、心理学家列奥尼德·赞可夫(Леонид В. Занков，1901—1977)的《教学与发展》(1975 年)，美国教育心理学家杰罗姆·布鲁纳(Jerome S. Bruner，1915—2016)的《教育过程》(1961 年)和《教育文化》(1996 年)等。1939 年，苏联教育学家伊万·凯洛夫(Иван А. Кайров，

① [美]丹尼尔·贝尔：《当代西方社会科学》，范岱年、裘辉、彭加礼等译，社会科学文献出版社 1988 年版，第 14 页。

1893—1978)出版《教育学》一书,力图运用马克思主义的观点和方法阐释教育基本原理、教学论、德育论、学校管理等相关问题,此书曾对中国教育界产生深刻影响。教育学通过研究对象细化衍生出高等教育学、职业教育学、成人教育学、社会教育学、家庭教育学、军事教育学、法律教育学、艺术教育学等直系分支学科,通过学科间的渗透和融合生成教育伦理学、教学语言学、教育人口学、教育人类学、教育技术学、教育生态学、教育经济学等边缘分支学科。

西方近代语言学起步于15世纪各民族语言的语法研究。随着民族主义的高涨和拉丁语使用面的缩小,民族语言研究得到重视,至16世纪几乎所有的欧洲民族语言都有了自己的语法著作。17世纪,法国波尔—罗瓦雅尔修道院的安托因·阿尔诺(Antoine Arnauld,1612—1694)和克劳德·兰斯洛(Claude Lancelot,1615—1695)编著《普遍唯理语法》一书,主张在广泛的语言素材中寻找不同语言背后存在的基本和普遍规则。普遍唯理语法后来成为转换生成语法的主要理论来源。18世纪末、19世纪初,英国东方学家、语言学家威廉·琼斯(Sir William Jones,1746—1794)和德国语言学家弗朗兹·博普(Franz Bopp,1791—1867)、丹麦语言学家拉斯克(Rasmus C.Rask,1787—1832)等开创了历史比较语言学。19世纪末至20世纪初,瑞士语言学家费尔迪南·德·索绪尔(Ferdinand de Saussure,1857—1913)长期研究和讲授历史比较语言学,开创普通语言学。其讲稿由查尔斯·巴利(Charles Bally,1865—1947)等人整理成《普通语言学教程》,于1916年出版。索绪尔提出了全新的语言理论、原则和概念,对语言学的发展产生了极为深远的影响,被人们尊称为"现代语言学之父"。索绪尔的语言学说导致结构主义语言学的崛起和迅速发展,形成多个分支流派。20世纪中叶以后,在语言学理论的更迭中,占主流地位的主要有转换生成语言学、系统功能语言学和综合性语言学。对语言应用实践问题(语言教学、机器翻译等)的研究,导致了应用语言学一系列分支学科的出现。

文学研究、艺术研究,自古以来就有一些零散的研究成果。近代以后，人们通常用文学理论或文学原理、艺术理论或艺术原理来指称文学研究、艺术研究的成果。1830 年，法国文学家让—雅克·阿姆培尔(Jean-Jacques Ampère，1800—1864)在《诗歌史讲演录》一书中使用法文词组 science littéraire(文学科学)作为包含文学哲学和文学史两部分内容的研究领域的统称。1848 年，德国文学批评家约翰·罗森克朗兹(Johann K. F. Rosenkranz，1805—1879)在 3 卷本《演说与论文集》的第五部分"德国文学 1836—1842 年概论"中，首先使用了德文 Literaturwissenschaft(文学学、文学科学)一词①。1845 年，德国文学史家、美术史家海尔曼·海特纳(Hermann T. Hettner，1821—1882)在《反思辨的美学》一文中，使用 Kunstwissenschaft(艺术学、艺术科学)一词；德国文学史家泰奥多尔·蒙特(Theodor Mundt，1808—1861)在同年出版的《美学》一书中也使用了这个术语。此后，针对以往美学专以艺术美作为研究对象、将艺术与美相等同的倾向，德国哲学家康拉德·菲德勒(Konrad Fiedler，1841—1895)等人极力倡导对艺术与美做出明确的区分，将艺术理论从美学中分离出来，Kunstwissenschaft 一词逐渐流行开来。

文学又被称之为语言艺术，因此广义的艺术包含文学，广义的艺术学包含文学学。在实际研究中，有的学者使用广义艺术概念，有的学者使用不包含文学的狭义艺术概念。1894 年，德国艺术史家、社会学家恩斯特·格罗塞(Ernst Grosse，1862—1927)出版其代表作《艺术的起源》一书，其章节安排除前面概述性的四章之外，后面几章依次论析了人体装饰、装潢、造型艺术、舞蹈、诗歌、音乐等艺术样式的起源。很显然，此书所讨论的艺术是广义艺术概念。格罗塞指出："艺术史与艺术哲学合二为一，就成为现在所说的艺术科学。"②1900 年，他又出版了《艺术学研究》一书，提倡运用人类学、民族学的方法研究艺术问题。1906 年，德国心理学家、艺术学家马克斯·迪索尔(Max Dessoir，

① 谭好哲、程翠玉：《作为独立学科的现代文艺学的产生和形成》，《临沂师范学院学报》2006 年第 1 期。

② [德]恩斯特·格罗塞：《艺术的起源》，杨泽译，京华出版社 2000 年版，第 9 页。

1867—1947)出版《美学和一般艺术学》一书，同时创办《美学和一般艺术学杂志》(1943年停刊)。迪索尔在分析美学与艺术学存在差异的基础上，第一次提出“一般艺术学”(即普通艺术学，Allgemeinen Kunstwissenschaft)和“具体艺术学”(即特殊艺术学)的概念。后者是指对各个艺术门类的专门研究。该书论述了一般艺术学的学科性质、范围和任务，设计了一般艺术学的理论框架，被视为艺术学学科确立的标志。其学术追随者埃米尔·乌提茨(Emil Utitz，1883—1956)出版2卷本《一般艺术学原理》(1914年、1920年)，进一步夯实一般艺术学的理论基础。20世纪20年代，中国学者宗白华(1897—1986)留学德国期间直接受到迪索尔艺术学思想的影响，归国后长期在东南大学、中央大学讲授“艺术学”课程，将艺术学的种子撒进中国的学术园地。20世纪中期后较有影响的文艺学著作，有美国学者勒内·韦勒克(Rene Wellek)和奥斯汀·沃伦(Austin Warren)的《文学理论》(1948年)、瑞士文艺理论家沃尔夫冈·凯塞尔(Wolfgang Kayser，1906—1960)的《语言的艺术作品——文艺学引论》(1948年)、日本学者浜田正秀《文艺学概论》(1977年)、中国文艺理论家吴中杰的《文艺学导论》(1988年)、德国学者克劳斯—米歇尔·波哥达(Klaus-Michael Bogoda)主编的《新文学理论：西欧文学学导论》(1997年)、中国学者李心峰的《元艺术学》(1997年)、俄罗斯文艺理论家瓦连京·哈利泽夫(Валиандин Е. Хализев)的《文学学导论》(1999年)等。

三、社会科学的学科结构

据估计，社会科学所包含的学科在千门以上。长期以来，人们不断地思考社会科学学科的分类或归类问题，形成多种多样的观点。1920年，中国文学家、作家许地山在《社会科学的研究法》一文中，将社会科学分为两大部分：普通社会学、特殊社会学。“特殊社会学占‘社会的科学’的大部分。它的材料包罗教育学、史学、法学、政治学、经济学、统计学、哲学、心理学、宗教学等等。”[①]1968 年至 1979 年美国麦克米兰出版公司和自由出版社联合出版的《国际社会科学百科全书》共 18 卷，其中包括社会科学的 10 个基本学科：人类学、经济学、地理学、历史学、法学、政治学、心理学、精神病学、社会学和统计学。此外，这部百科全书还对哲学、考古学、宗教学、犯罪学、生态学和语言学等学科的有关内容做了专门介绍。《简明不列颠百科全书》中文版没有专设“社会科学”词目，在“社会科学史”词目中对社会科学做了简要的解释：“社会科学研究的课题是人类在社会和文化方面的行为，包括经济学、政治学、社会学、社会和文化人类学、社会和经济地理学；也包括教育的有关领域，即研究学习的社会环境以及学校与社会秩序之间的关系。”[②]1979 年版《辞海》的“社会科学”词目列出 11 个学科：政治学、经济学、军事学、法学、教育学、文艺学、史学、语言学、民族学、宗教学、社会学[③]。1983 年版《苏联大百科全书》的“社会科学”词目列举了 11 个学科：历史学、考古学、民族学、经济地理学、社会经济统计学、政治经济学、国家与法科学、艺术史与艺术理论、语言学、心理学、教育学。

借鉴多家之言，本书将归属于社会科学的绝大多数学科划分为 10 个学科门类。由于各个学科门类都是包含上百门乃至数百门分支学科的学科群，为了清晰地标示出学科门类的含义，除社会学之外都称之为“××科学”。10 个学科门类依次是历史科学、文化科学、政治科学、经济科学、法律科学、社会学、教育科学、语言科学、文艺科学、传播科学。图 12.1 为社会科学的基本学科结构图，图中以举例的方式列出各个学科门类的若干门第一层级分支学科和极少数第二层级分支学科。另有一些研究客观事物社会属性的学科，如人文地理学、海洋社会学、生态政治学、环境教育学、军事战略学、体育经济学、人文社会人类学等，为

① 许地山：《社会科学的研究法》，《新社会杂志》1920 年第 14 期。此文所说的“社会学”实指社会科学，不同于现在的“社会学”。

② 《简明不列颠百科全书》第七卷，中国大百科全书出版社 1986 年版，第 121 页。

③ 《辞海》(1979 年版)缩印本，上海辞书出版社 1980 年版，第 1578 页。《辞海》(1999 年版)的“社会科学”词目，删除了学科举例。

图 12.1　社会科学的学科结构

保持交叉科学学科门类的完整性，没有将它们列入图 12.1 的收录范围。这些学科虽然分别归类于交叉科学的地理科学、海洋科学、生态科学、环境科学、军事科学、体育科学、人类学等学科门类，但应当将它们视为介于社会科学与交叉科学之间的边缘学科，亦即社会科学和交叉科学的共有学科。

图12.1上方中间方框所列的学科，统称为概观社会学科，包含社会科学史、社会科学哲学、社会科学美学、社会科学伦理学、社会科学学等学科。这些学科分别运用历史学、哲学、美学、伦理学、科学学的理论和方法对社会科学进行概观性的整体研究，它们可以分别看作是广义的科学史、科学哲学、科学美学、科学伦理学、科学学的边缘分支学科。这些学科的层位高于社会科学各个学科门类的分支学科。分属于各个学科门类的史学史、文化学史、政治学史、经济学史、法学史、社会学史、教育学史、语言学史、文艺学史等学科史，可以看作是社会科学史的分支学科。然而，从创生时序来看，多数学科史则早于社会科学史，前者的研究成果多于后者。目前，在《读秀知识库》中，笔者检索到以“史学史”“政治学史”“经济学史”“法学史”“社会学史”作为书名主题词的图书分别为241部、4部、111部、29部、30部，另有“经济学说史”“政治学说史”“法律学说史”“社会学说史”类图书分别为127部、42部、2部、2部，而以“社会科学史”作为书名主题词的图书仅检索到2部(检索日期2016年10月4日)。社会科学史不是各门社会科学学科史的简单组合。社会科学史不仅应该从各门学科史中进行概括提炼，更应该从多姿多彩的自然科学史研究成果中获得借鉴、汲取营养，既注重社会科学各个学科门类之间的关联研究(即内史研究)，又注重社会科学与其他科学部类以及与各个社会领域的关联研究(即外史研究)。在中国，社会科学学[1]研究起步后不久，就出现了经济科学学[2]、教育科学学[3]等分支学科的著作。社会科学学今后仍有很大的分化空间。

第Ⅰ学科门类是历史科学，包含史学史、历史哲学、史学学、比较历

① 夏禹龙主编:《社会科学学》，湖北人民出版社1989年版。

② 黄河主编:《经济科学学》，中国财政经济出版社1994年版。

③ 张诗亚、王伟廉:《教育科学学初探：教育科学的反思》，四川教育出版社1990年版；安文铸主编:《教育科学学引论》，江西教育出版社1997年版。

史学、计量历史学、口述历史学、史料学、社会发展史、社会制度史、社会主义思想史、文化史、经济史、法制史、教育史、文学艺术史(文学史、艺术史)等。任何一种社会事物、任何一项人类活动,都有自身的历史,只要有社会需要都可以建立相应的历史学科。从古人绑竹成筏、刳木为舟到现代人建造大型邮轮、航空母舰,构成造船史的研究内容,如中国造船史、英国造船史等。一个城市从形成到今天的经济、政治、文化、建设现状,构成城市史的研究内容,如西安史、福州史、大连史等。一些对象复杂、内容宏富的历史学分支学科,可以按照时空范围、活动领域等进行多层级、多序列的切分。以中国史(中国历史学)为例。除综合性的中国通史之外,按照时段划分,可以有中国古代史、中国春秋战国史、中国唐代史、中华人民共和国史①等;按照地域划分,可以有中国东北地区史、中国西南地区开发史、黄河流域城市体系史等;按照领域划分,可以有中国政治史、中国经济史、中国思想史、中国戏曲史等。历史科学是分支学科最多的社会科学学科门类,其分支学科数量甚至很难做出概略的估计。

第Ⅱ学科门类是文化科学,包含文化学史、文化哲学、比较文化学、文化社会学、文化心理学、政治文化学、民族文化学、企业文化学、旅游文化学、文化资源学、文化管理学、巴蜀文化学、齐鲁文化学、语言文化学等。“文化”一词源于拉丁文 cultura,原意为耕作、加工。“人类社会生活中的一切事物、人们的行为方式、心智状态皆属于文化的范畴。”②文化无处不在,文化研究的对象遍及人类社会的方方面面,因此文化科学分支学科的数量也比较多。归属于人类学的文化人类学或人文社会人类学以人类文化作为研究对象,与文化科学有共同的关注点,但在研究方法和基本指向上存在一定差异。文化人类学主要运用以田野调查或实地调查为基础的参与式观察方法记述并解析人类的文化行为,而文化科学则运用从访谈法、个案法、计量法到比较法、抽象法、归纳法、

① 当代中国研究所:《中华人民共和国史稿》,人民出版社、当代中国出版社 2012 年版。

② 王续琨:《城市文化与城市文化学》,《城市问题》1991 年第 2 期。

演绎法等多学科、多层次的研究方法探讨各个社会领域的文化现象、文化变迁、文化整合。今后，在文化人类学与文化科学的对位学科之间，如政治人类学与政治文化学、语言人类学与语言文化学、军事人类学与军事文化学、教育人类学与教育文化学等，应该建立一种互通互携、共同发展的紧密关系①。

第Ⅲ学科门类是政治科学，包含政治学史、政治哲学、比较政治学、政治社会学、发展政治学、非政府政治学、国家学、政党学、国际关系学、外交学、战争学、政策科学等。政治是指政府、政党、集团、个人在国家事务、社会公共事务方面的活动。近代以来，政治科学的研究内容不断丰富，分支学科在分化融合中发生着沉浮嬗变，有的学科名称逐渐被替代，有的学科名称被赋予新的内涵。20 世纪 40 年代，一度在德国盛极一时的地缘政治学(德文 Geopolitik)因其曾为纳粹德国领土扩展政策张目而被彻底否定和抛弃。20 世纪 70 年代，由于美国国务卿亨利·基辛格(Henry A. Kissinger)的倡导，地缘政治学说重新进入国际关系和外交领域，在美国、法国出现所谓“新地缘政治学”(new geopolitics)的称谓。随着地缘政治学被赋予研究政治行为及其与地球环境之间关系的特定含义，地缘政治学正在成为学术界认可的学科名称。

第Ⅳ学科门类是经济科学，包含经济学史、经济哲学、比较经济学、计量经济学、宏观经济学、中观经济学、微观经济学、发展经济学、信息经济学、生产力经济学、区域经济学、公共经济学、部门经济学、财政学、金融学、保险学等。有的第一层级分支学科已经分化出较多的第二层级分支学科，例如在部门经济学之下，有工业经济学、农业经济学、林业经济学、畜牧业经济学、商业经济学、运输经济学、邮政经济学、能源经济学、基本建设经济学、物资经济学、医疗卫生经济学、军事经济学、劳务经济学、科学经济学、城市经济学、旅游经济学等。在历史上，经济学曾经是工商管理学的母体学科②，经济科学同归属于交叉科学的管理

① 王续琨、宋刚等：《交叉科学结构论(修订版)》，人民出版社 2015 年版，第 381—387 页。

② 王续琨等：《管理科学学科演进论》，人民出版社 2013 年版，第 72—78 页。

科学至今仍然保持着密切的联系。

第Ⅴ学科门类是法律科学，包含法学史、法律哲学、比较法学、计量法律学、法律社会学、立法学、宪法学、国际法学、民法学、民事诉讼法学、刑法学、刑事诉讼法学、司法心理学、法官学、律师学等。法律科学研究法和立法、司法、执法、守法、法律监督等活动。警务活动或狭义公安活动既属于执法活动，又属于公共部门的管理活动，因此法律科学与作为交叉科学学科门类的警务科学之间有着密切的联系[①]。由是观之，犯罪学（犯罪社会学、犯罪心理学）、证据学或证据法学、监狱学、法医学等，可以视为介于法律科学与警务科学之间的边缘学科。国务院学位委员会、教育部 2011 年颁布的《学位授予和人才培养学科目录》，将“公安学”（代码 0306）列为“法学”门类的第六个一级学科，也反映了法律科学与警务科学（公安学、公安科学）之间的这种特殊联系。

第Ⅵ学科门类是社会学，包含社会学史、社会哲学、比较社会学、计量社会学、发展社会学、国际社会学、区域社会学、劳动社会学、社会工作学、人口学、家庭学等。社会学所研究的“社会”，是剥离了文化、政治、经济、军事、管理、科学、技术等活动领域的狭义社会。社会学重点研究社会组织、社会结构、社会制度、社会规划、社会关系、社会阶层、社会变迁、社会流动、社会解体、社会行为等课题，而研究文化、政治、经济、军事、管理、科学、技术的使命分别赋予同为社会科学学科门类的文化科学、政治科学、经济科学和归属于交叉科学的军事科学、管理科学、科学学、技术学。人口学、家庭学是社会学的“挂靠”学科群组，前者的分支学科有人口史学、数理人口学、人口统计学、人口结构学、比较人口学、迁移人口学、地区人口学、民族人口学、人口社会学、人口经济学、教育人口学、人口生态学、城市人口学、人口地理学、人口管理学、人口控制论等，后者的分支学科有家庭史学、家庭伦理学、家庭美学、家庭结构学、家庭演化学、家庭教育学、家庭心理学、婚姻家庭法学、家庭管理学、

① 王续琨、宋刚等：《交叉科学结构论（修订版）》，人民出版社 2015 年版，第 169—180 页。

家政学等。

第Ⅶ学科门类是教育科学，包含教育学史、教育哲学、比较教育学、教育伦理学、教育社会学、教育心理学、教育人类学、学前教育学、普通教育学、高等教育学、职业技术教育学、成人教育学、终身教育学等。教育科学既有一批按照教育层次、教育内容、教育类型细分的直系分支学科，又有一批因学科渗透而建立的边缘学科、交叉学科，如教育技术学、科学教育学（自然科学教育学）、技术教育学、工程教育学等。

第Ⅷ学科门类是语言科学，包含语言学史、语言哲学、历史比较语言学、对比语言学、数理语言学、社会语言学、语音学、语法学、文字学、符号学等。对于语言文字现象，除了进行覆盖所有语言文字的普遍性、一般性研究之外，还可以按照语言的种类分别研究语音、语法、语义等，按照文字的种类分别研究文字起源、演化、造字法、形体和音义关系、正字法等。据估计，世界上有五六千种语言、二三千种文字。使用人口相对较多的语言文字，都值得进行专门研究，建立相应的专语语言学或族别语言学，如汉语语音学、蒙语语义学、维吾尔语语法学、英语语音学、俄语语义学、日语词汇学、西班牙语语法学、德语语用学、汉语文字学等。语言科学分支学科的数量也难以做出概略的估计。符号学（拉丁文 semiologie）一词由瑞士语言学家弗尔迪南·德·索绪尔首创，意为研究符号的学科。有人将符号解释为携带意义的感知，有意义才是符号，符号就是有意义。语言文字也是符号，从这个意义上，可以认为符号学是语言科学向哲学层面迁移所形成的学科。本章将符号学作为语言科学的“挂靠”学科群组。符号学的分支学科，包括符号学美学、传播符号学、游戏符号学、体育符号学、广告符号学、艺术符号学、电影符号学、音乐符号学等。

第Ⅸ学科门类是文艺科学，包含文艺学史、文艺哲学、比较文艺学、文艺社会学、文艺心理学、文学学、电影学、音乐学、美术学、舞蹈学、建筑艺术学等。文艺科学或文艺学，是文学艺术科学的简称。在实际使用中，由于人们对文艺、艺术概念有多种理解（图 12.2），因而对文艺科学（文艺学）、艺术科学（艺术学）这两个术语也有多种理解。狭义文艺

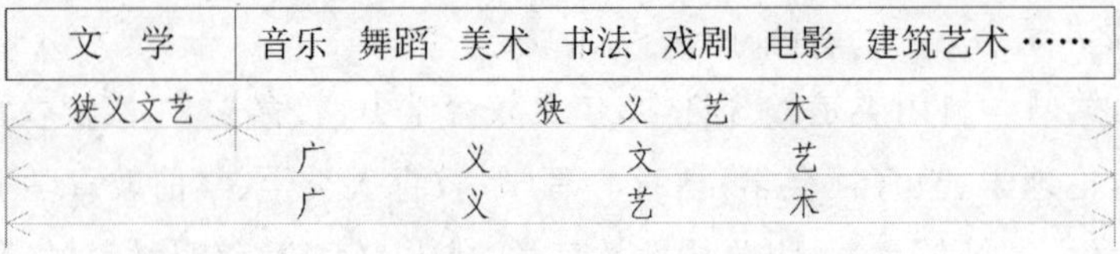

文　学	音乐　舞蹈　美术　书法　戏剧　电影　建筑艺术……
狭义文艺	狭　义　艺　术
广　义　文　艺	
广　义　艺　术	

图 12.2　对文艺、艺术概念的多种理解

科学仅以文学作为研究对象，苏联、俄罗斯学者采用这种理解；狭义艺术科学以狭义艺术（音乐、舞蹈、美术等）作为研究对象，部分中国、西方学者采用这种理解。广义文艺科学、广义艺术科学都以文学和狭义艺术作为研究对象。长期以来，中国教育界、学术界一直将“文学”当作一个学科名称来使用，这是一种概念的误用。文学是一种特殊的意识形态，是社会生活的审美反映，是诗歌、学说、散文、剧本等作品的统称。按照“研究对象＋学”这种最常见的学科命名方式，以文学作为研究对象的学科，应该称之为文学学①。虽然中国在 1987 年就出版了一部以“文学学”作为书名主题词的著作②，然而除了几部译自德文的“文学学”著作外，中国本土研究者使用“文学学”作为书名主题词的文学理论著作依然很少，目前在《读秀知识库》中只能检索到 5 部。

第Ⅹ学科门类是传播科学，包含传播学、新闻学、广告学、编辑学、出版学、文献学、目录学、图书学、档案学、博物馆学、广播电视学等。这些学科都以特定领域的信息传播活动作为研究对象，因而将它们统称为传播科学。广告学不仅研究企业的产品、服务广告，而且研究政府、社会团体的公共关系广告、公益广告等。将广告行为理解为信息传递过程更为合理，因此不宜将广告学归入经济科学。上述学科都有一定数量的分支学科，如传播学包含大众传播学、全球传播学、国际传播学、区域传播学、乡村传播学、新闻传播学、政治传播学、经济传播学、营销传播学、品牌传播学、传播社会学（媒介社会学）、传播心理学（媒介心理学）、传播语言学、数字媒介学等。有的学科已经发生多层级分化，如居

① 王续琨：《初论文学学》，《大连理工大学学报（社会科学版）》2002 年第 1 期。

② 吴调公主编：《文学学》，百花文艺出版社 1987 年版。

于第一层级的图书学(可视为学科群组)分化出图书史、图书事业史、图书分类学、图书发行学、图书营销学、图书评论学、图书馆学等第二层级分支学科,图书馆学①又分化出图书馆史、图书馆学史、比较图书馆学、图书馆社会学、图书馆经济学、图书馆功效学、图书馆管理学等第三层级分支学科。

图 12.1 下方的横向方框,列入其他一些在层级上与学科门类比较接近的社会科学学科,包括社会经济统计学、考古学、民族学、宗教学、妇女学、青年学、人才学、未来学(预测学)、地区学、休闲科学等。社会经济统计学是运用统计方法研究社会经济现象在具体时间、地点、条件下的数量表现的学科。《中国人民共和国国家标准·学科分类与代码》将"统计学"(代码 910)列为社会科学的最后一个一级学科,其中不包括数理统计学和应用自然统计学(含天文统计学、气象统计学、生物统计学等),因此这个一级学科"统计学"其实是与社会经济统计学相等义的狭义统计学。列入这个方框的学科,都包含一定数量的分支学科,有的不仅包含具有社会科学属性的分支学科,还包含具有自然科学属性的分支学科。例如,考古学的分支学科,有史前考古学、历史考古学、田野考古学、天文考古学、工业考古学、美术考古学、宗教考古学、航空考古学、水下考古学、古钱学、甲骨学、铭刻学、考古植物学等。休闲科学的分支学科,有休闲哲学、休闲伦理学、休闲美学、比较休闲学、休闲文化学、休闲社会学、休闲教育学、休闲体育学、休闲经济学、休闲产业学、休闲医学、休闲保健学、老年休闲学等。

图 12.1 右上角和左上角的两个方框不属于社会科学的主体部分,也没有被列为学科门类。右上角方框中列入的哲学文化学、哲学社会学、经济伦理学、教育美学、文学创作思维学等,是哲学社会科学板块内部两个科学部类之间及其与近邻科学部类思维科学之间因学科渗透而建立起来的边缘学科,统称为近缘社会学科。哲学科学、思维科学都与社会科学有着千丝万缕的亲缘关系,因此上述学科也可以视为内部学

① 王续琨、阎佳梅:《图书馆学的学科体系和发展态势》,《图书馆建设》2004 年第 3 期。

科渗透的产物。左上角方框中列出的能源社会学、交通社会学、社会流行病学、社会控制论、控制论经济学以及刑事技术学、数码摄影技术学、数学社会学、人口控制论等，是形成于社会科学与数学自然科学知识板块及其近邻科学部类系统科学之间的交叉性边缘学科即交叉学科，统称为交叉社会学科。从数学科学、自然科学、系统科学的角度来看，这些学科也可以分别称之为交叉数学学科、交叉自然学科、交叉系统学科。列入图12.1各个学科门类的学科，有的也属于交叉学科，如计量历史学、计量政治学、计量社会学、教育技术学、数理语言学等。

四、社会科学学科的发展对策

尽管社会科学的许多学科尚未显现出被奉为圭臬的数学科学、自然科学、系统科学学科所具有的实证性、精确性特征，但19世纪以来，社会科学从来没有停止过学科分化、衍生、交汇、融合的嬗变演进过程。为推进社会科学学科的衍生发展，今后应该重点思考和解决以下几个方面的问题。

1.推进社会科学各个学科门类的深度分化

经过一个多世纪的演进发展，社会科学各个学科门类都形成了数量可观的分支学科。厘清各学科门类的基本学科结构，是促进学科持续分化、深度分化所提出的必然要求。

现以语言科学学科结构的梳理为例。1987年，中国英语教育家许国璋(1915—1994)在为湖南教育出版社"语言学系列教材"所写的总序中，从语言本体的视角，将语言学划分为音系学、语法学、语义学、语用学、语篇语言学、语相学(graphetics)、类型学；从综合研究的视角，将语言学划分为普通语言学、应用语言学；从跨面研究的视角，将语言学划分为心理语言学、社会语言学、计算语言学等①。《现代语言学及其分支学科》(2007年)一书将语言学分为微观语言学(专语语言学或内部

① 伍谦光:《语义学导论》，湖南教育出版社1988年版，总序第4—5页。

语言学）和宏观语言学（外部语言学）两大分支[①]。其中，微观语言学又区分为共时语言学（静态语言学）和历时语言学（动态语言学）。共时语言学进而区分为语音学、音位学、构词法、词汇学、语义学、语法学、口语学、修辞学、文体学、方言学、文字学、词典学等分支学科。归属于宏观语言学的分支学科，包括语言类型学、对比语言学、话语语言学、语篇分析、文章学、人类语言学、民族语言学、社会语言学、心理语言学、应用语言学、数理语言学、认知语言学、翻译学、模糊语言学、跨文化交际学、文化语言学等。

厘清社会科学学科门类的基本学科结构，就是梳理出这个学科门类的演进脉络，寻找新问题、新难点、新趋向，辨识新学科的生长点乃至学科丛生的生长极，填补空白点。语言教育是教育的重要内容，但语言教育学在中国还没有受到应有的重视。目前，在"中国学术期刊（网络版）"中，以"语言教育学""英语教育学"作为篇名主题词分别检索到5篇、6篇期刊文献。就语种覆盖面而言，不仅要有英语教育学，还应该有汉语教育学、对外汉语教育学、俄语教育学、日语教育学、德语教育学等；就语言要素而言，应该有语音教育学（汉语语音教育学、英语语音教育学）、语法教育学、词汇教育学、汉字教育学、作文教育学等。

在不同的学科门类中，学科分化的方式、轨迹有着不同的特点。教育科学的某些分支学科，由于受教育者的不同，在教育内容、教育模式等方面存在明显差异，因而可以形成双向、多向分支学科。例如，图书馆教育学的受教育对象可以是图书馆类专业学生、图书馆工作人员，也可以是一般社会成员，图书馆教育学面向前者的分化称之为内向分化，将建立图书馆专业教育学；面向后者的分化称之为外向分化，将建立图书馆社会教育学[②]。文学教育学、音乐教育学、美术教育学、体育教育学、军事教育学（国防教育学）等学科，都有内向分化、外向分化的社会

① 王福祥、吴汉樱：《现代语言学及其分支学科》，外语教学与研究出版社2007年版，第3—9页。

② 王续琨、石玉廷、常东旭：《图书馆教育研究在中国的双向学科化走势》，《图书馆工作与研究》2014年第10期。

需求，分别分化出文学专业教育学和文学社会教育学、音乐专业教育学和音乐社会教育学、美术专业教育学和美术社会教育学、体育专业教育学和体育社会教育学、军事专业教育学和军事社会教育学等。前面说到的英语教育学，同样由于面向多种类型的受教育者，存在多向分化的可能性，可以分化出幼儿英语教育学、中小学英语教育学、高等学校英语教育学、社会英语教育学(成人英语教育学、老年英语教育学)等分支学科。

2.推进知识板块内部学科之间的交融

哲学社会科学知识板块两个科学部类的学科之间，社会科学与近邻科学部类思维科学的学科之间，都有建立边缘学科的可能性。图12.1右上角方框中列出的几门近缘社会学科，即属此例。研究者应该继续关注社会科学与哲学科学、思维科学学科之间的邻接区域，推进学科之间的深度交汇和融合。近年来，中国期刊中出现了历史学哲学[①]、语言学哲学[②]等学科名称。今后一个时期，文化学哲学、政治学哲学、经济学哲学、社会学哲学、教育学哲学、文艺学哲学、民族学哲学、宗教学哲学等也有望进入研究者的学术视野。这些学科既可以看作是社会科学哲学的分支学科，也可以看作是介于社会科学相应学科门类与哲学科学之间的边缘分支学科。它们运用哲学方法研究各个学科门类或学科发展中的哲学问题，或者说其任务是对各个学科门类或学科发展中的各种问题做哲理性思考。

社会科学各个学科门类之间的邻接区域，是另一个值得关注的边缘学科生成区位。人类社会原本就是一个有机的整体，将其划分为若干个活动领域，建立社会科学的各个学科门类，仅仅是"分析"式研究的需要。其实，学科门类之间并不存在泾渭分明的界限，形成于邻接区域的边缘学科架起了门类之间互通的桥梁，体现了社会科学的整体性特征。在历史科学与文化科学之间，除文化史、文化学史之外，还应该有

① 何兆武:《历史哲学与历史学哲学》,《湛江师范学院学报》1999年第1期。

② 吴刚:《当代西方语言学哲学研究评论》,《自然辩证法通讯》2005年第1期。

历史文化学、文化历史哲学等；在政治科学与教育科学之间，除政治教育学（思想政治教育学）之外，还应该有政治教育心理学、教育政治学等；在法律科学与语言科学之间，除法律语言学之外，还应该创建对比法律语言学、法律语言哲学、语言文字法学等。

社会科学各个学科门类内部，发生学科之间的交汇和融合作用最为频繁，因而也是生成边缘学科的重要区位。在同一个学科门类中，研究者之间沟通、交流的机会比较多，一位研究者可能同时从事几门相关学科的研究，学科之间的知识流动，包括理论和方法的借鉴和移植常常是"无障碍"的。例如在语言科学中，历史比较语言学的勃兴使历史比较方法受到研究者的青睐，语言科学的很多分支学科竞相引进历史比较方法，建立了历史比较语音学、历史比较语法学、历史比较词汇学等。这些学科是介于历史比较语言学与语音学、语法学、词汇学之间的边缘学科。历史比较方法在语言科学中的进一步扩散，还可以建立历史比较语义学、历史比较口语学、历史比较方言学、历史比较文体学、历史比较文字学、历史比较文章学、历史比较社会语言学、历史比较翻译学等第二层级边缘分支学科。

3.推进知识板块内外学科之间的交融

社会科学作为哲学社会科学知识板块中分支学科数量最多的科学部类，与数学自然科学知识板块及其近邻科学部类系统科学之间，存在着生成交叉学科的开阔空间。图 12.1 左上角方框中列出的学科仅仅是未做刻意选择的几个实例，远不是这类学科的全部。从社会科学的视角来看，交叉学科的形成是社会科学数学化、自然科学化、系统科学化的产物。

社会科学的数学化，来源于数学科学的理论和方法在社会科学领域的运用。经济科学是最先移植数学方法的社会科学学科门类，20 世纪上半叶先后建立了数理经济学、计量经济学等以数学方法为支撑的学科。1944 年，美籍匈牙利裔数学家约翰·冯·诺依曼（John von Neumann，1903—1957）和美籍德裔经济学家奥斯卡·摩根斯顿（Oskar Morgenstern，1902—1977）出版《博弈论与经济行为》一书，提出竞争的数学模型并用于解释经济现象，成为经济研究运用数学工具的成功范例。社会科学各个学科门类的许多学科都可以做引进数学工具的尝试，但必须用得自然、用得合理。冯·诺依曼早在 1944 年就曾著文指出："社会现象的重要性，其表现形式的丰富性和多样性及其结构的复杂性，至少是与物理学中的情况相等的。因此，人们盼望或担心的是：数学必须有能与微积分的发明相比拟的新发现，才能在社会科学领域取得决定性的成功。……仅仅重复使用那些在物理学中卓有成效的方法来研究社会现象也不大可能会奏效。成功地运用那些方法解决社会问题的可能性确实是非常小的，因为大家将会看到，我们在后面的讨论中所遇到的一些数学问题与人们在物理科学中遇到的那些数学问题有极大的不同。"①数学方法在社会科学中的成功运用，不仅与社会现象的特点有关，而且与数学科学的发展程度有关。

社会科学的自然科学化，仰仗于对自然科学概念、理论和方法的移植和有效应用。社会科学从来都不是封闭的科学领域，社会科学学科在各自的演进历程中吸纳了大量的自然科学学术营养，如物质、生命力、速度等概念和定量方法、模型方法等。神经科学是研究生物神经系统的科学领域，包括脑科学、神经生物学、神经病理学、行为遗传学等学科。最近十几年来，神经科学的迅速发展引起了社会科学研究者的注目，其研究成果被引入社会科学领域，用于解释人的语言行为、经济行为，由此导致神经语言学（含神经语言形态学、神经音系学、神经语义学）、神经经济学等学科的创生。生态学原本归属于生物科学，其使命是研究生物与其周边环境的关系。经过一个多世纪的发展，生态学方法演变为一种辨析、确认事物之间相互关系的思维方法。继国外出现语言演化生态学、传播生态学②等学科名称之后，在中国陆续出版一系列以"生态学"作为书名主题词的社会科学边缘分支学科图书，如政治

① [美]冯·诺依曼：《经济学中的数学方法》，《数学在科学和社会中的作用》，大连理工大学出版社 2009 年版，第 61 页。

② [美]大卫·阿什德：《传播生态学：控制的文化范式》，邵志择译，华夏出版社 2003 年版。

生态学、文化生态学、经济生态学、产业生态学、文化产业生态学、城乡协同生态学、教育生态学、学校生态学、语言生态学、翻译生态学等。

社会科学的系统科学化，要求社会科学学科积极引进系统科学的理论和方法。20 世纪 40 年代兴起的一般系统论、控制论、信息论等系统科学学科，因其内容具有鲜明的方法性特点而受到各个领域研究者的重视。20 世纪 50 年代以后，系统方法、控制论方法、信息论方法先后在经济科学、教育科学、文艺科学等领域获得应用，在国外出现了经济系统论、教育系统论、经济控制论①、经济信息论、教育信息论等学科名称。80 年代以来，中国学者出版了一大批以“系统论”“控制论”“信息论”“协同论（协同学）”等作为书名主题词的社会科学边缘分支学科图书，包括知识系统论、精神文明建设系统论、区域经济系统论、循环经济系统论、生产系统论、产业结构系统论、物流系统论、社会系统论、高等教育系统论、教学系统论、刑事政策系统论、德育系统论、汉语词汇系统论、文学写作系统论、民族器乐系统论、建筑创作系统论和控制论经济学、财政控制论、社会改革控制论、教育控制论、文艺控制论、犯罪控制论、刑事证据程序控制论、公共权力控制论、信息论经济学、品牌信息论、新闻信息论、协同论历史哲学、文化协同论、生态经济协同论、对外贸易协同论、社会协同论（社会协同学）、第二语言认知协同论等。推进这些新兴学科走向成熟，仍是一项艰巨的任务。

社会科学的数学化、自然科学化、系统科学化是对社会科学理想化发展状态所提出的要求，是一个缓慢的渐进的过程。所谓“化”，并不是通常理解的彻头彻尾、彻里彻外之意。在特定的历史阶段，社会科学的数学化、自然科学化、系统科学化水平是有限度的。

4.推进社会科学及其各个学科门类的元研究

社会科学及其各个学科门类的元研究，是指运用科学学的思路和方法，探讨社会科学及其各个学科门类自身的各种元问题，如历史沿

① ［罗马尼亚］M.曼内斯库：《经济控制论》，刘开铭等译，中国社会科学出版社 1989 年版。

革、对象范围、学科定位(学科关联)、理论范式、研究方法、理论体系、学科结构、应用领域、发展状态、演进态势、发展环境等。元研究是科学部类、学科门类的自我认知。对元研究成果进行学科化梳理,就可以建立社会科学及其学科门类的元研究学科,包括社会科学学、史学学(历史科学学)、政治科学学、经济科学学、社会学学、教育科学学等。

在《中国学术期刊(网络版)》中,目前能够检索到以“社会科学”作为篇名主题词的文献21497篇(以下将其简称为“社会科学”研究期刊文献),初始年份1950年。表12.2列出1977—2015年期间该类文献数量的年度发表量统计结果,2016年的825篇文献未列入表中。“社会科学”研究期刊文献的数量,可以用于表征社会科学元研究的基本规模。由表12.2可见,20世纪70年代末中国进入改革开放时期以来,社会科学的受重视程度逐步有所提高,“社会科学”研究期刊文献的数量呈现波动中的缓慢增长。就研究课题而言,社会科学的历史沿革、学科定位、理论范式、学科结构、演进态势、发展环境、研究队伍建设等方面尚缺乏有深度的研究。

表12.2 “社会科学”研究期刊文献的年度发表量统计(1977—2015年)

年份	1977	1978	1979	1980	1981	1982	1983	1984	1985	1986	1987	1988	1989
文献数量	1	14	37	65	89	141	204	163	256	211	255	263	236
年份	1990	1991	1992	1993	1994	1995	1996	1997	1998	1999	2000	2001	2002
文献数量	279	305	287	299	318	278	407	323	324	369	498	600	744
年份	2003	2004	2005	2006	2007	2008	2009	2010	2011	2012	2013	2014	2015
文献数量	747	903	793	794	1006	1082	1159	1085	1131	1226	1193	1286	1190

检索日期:2016年10月9日。

以“社会科学学”作为“篇名”检索词,在《中国学术期刊(网络版)》中可以检索到10篇文献,初始年份1982年[①]。按年代统计,20世纪80年代4篇,90年代4篇,2000年、2002年各1篇。这个检索结果表

① 管敏政:《需要研究社会科学学》,《科学学与科学技术管理》1982年第2期。

明，社会科学元研究学科的期刊文献虽然起步于20世纪80年代初，但研究者甚少，最近10多年已经无人撰写此类文章。专门著作的出版，情况与此类似。除本章第二节提到的湖北人民出版社1989年出版的《社会科学学》一书之外，还有另外3部以“社会科学学”作为书名主题词的著作①。4部社会科学学著作，同110多部自然科学学（科学学）著作相比，数量明显偏少。

表12.3　社会科学学科门类元研究学科期刊文献的检索结果

学科名称	史学学	文化科学学	政治科学学	经济科学学	法学学	社会学学	教育科学学	语言科学学	文艺科学学	传播科学学
文献数量	4	0	4	5	3	6	4	0	0	0
首发年份	1985	—	1988	1987	1983	1986	1986	—	—	—

检索日期：2016年10月9日。

在《中国学术期刊（网络版）》中，笔者以社会科学各个学科门类的元研究学科名称“史学学”“文化科学学”等作为“篇名”检索词进行检索，检出文献数量列为表12.3。除文化科学学、语言科学学、文艺科学学、传播科学学的检索结果为零之外，史学学、政治科学学、经济科学学、法学学、社会学学、教育科学学的首篇文章均发表于20世纪80年代，相关研究起步不算晚，然而一直没有很大进展，进入21世纪之后基本上便没有新作问世了。不仅社会科学各个学科门类都需要建立元研究学科，而且学科门类中一些有较多分支学科的学科群组、学科系组也有创建元研究学科的必要性和可能性。例如，图书馆学作为图书学中成熟度较高的学科系组，已经具备创建图书馆科学学的各种条件②。

推进社会科学及其学科门类元研究，关键是研究力量的集聚。建立一支社会科学及其学科门类元研究的专门队伍，目前还不具有可行性，但必须通过各种途径吸引一批研究者，让他们对这项研究产生浓厚

① 崔卫国：《社会科学学》，北京师范大学出版社1993年版；乔湘平：《社会科学学导论》，中国传媒大学出版社2006年版；崔卫国、汪建丰：《社会科学学导论》，中国社会科学出版社2009年版。

② 王续琨、刘凡儒：《图书馆科学学刍议》，《图书情报工作》2002年第7期。

的兴趣，耐得住寂寞，长期坚守，不懈探索。集聚研究力量的具体措施，包括在高等学校普遍开设通识性的社会科学史、社会科学学、社会科学概论等课程，为相关专业学生开设包含学科门类元研究成果的课程（如面向政治科学类专业学生的政治科学学、政治科学概论）；研究生指导教师有意识地引导社会科学领域相关专业的硕士研究生、博士研究生选择元研究类课题作为学位论文的研究方向，进而为未来的研究工作埋下伏笔，让他们成为社会科学及其学科门类元研究的潜在人力资源。

第十三章 思维科学学科概览

思维是人认识客观世界和指向改造客观世界的精神活动或脑力活动，是人类大脑的机能并可由机器加以模拟①。人每天都在进行思维，每天都在运用思维创造着精神成果，同时还在思维的引领下通过实践活动创造着物质成果。思维科学作为以人类思维作为研究对象的科学部类，与自然科学、社会科学“三足鼎立”，构成现代科学知识体系部类结构的基础。思维科学被确认的时间并不很长，至今仍处于初级发展阶段。

一、思维科学的由来和演进脉络

1.“思维科学”术语的由来

如果将“思维”一词通俗地理解为思考之意，中国古籍中的“思”“虑”“想”字在很多情况下就相当于我们今天所说的“思维”。例如，《论语·为政》：“学而不思则罔，思而不学则殆。”《论语·卫灵公》：“人无远虑，必有近忧。”《韩非子·解老》：“人希见生象也，而得死象之骨，案其图以想其生也。”《楚辞·九章·悲回风》：“人景响之无应兮，闻省想而不可得。”《史记·司马相如列传》：“兴必虑衰，安必思危。”《史记·孔子世家》：“余读孔氏书，想见其为人。”成书于西汉之前的《尔雅·释诂上》：“虑，谋也。”《尔雅·释诂下》：“虑，思也。”东汉经学家、文字学家许慎（约 58—约 147）编撰的《说文解字》对“思”“虑”“想”字均有解释。《说文解字·思部》：“思，睿也。”“虑，谋思也。”《说文解字·心部》：“想，

① 王续琨：《关于思维科学研究对象及若干基本概念的思索》，《延边大学学报（社会科学版）》1990 年第 1 期。

翼思也。”

汉语言文字中的“思维”，在古籍中多写为“思惟”，最早见于《汉书·董仲舒传·举贤良对策二》：“思惟往古，而务以求贤。”《汉书·张汤传》：“使专精神，忧念天下，思惟得失。”《三国志·魏志·荀攸传》：“我每有所行，反覆思惟，自谓无以易；以咨公达[1]，辄复过人意。”唐代李德裕《与黠戛斯书》：“每欲思维先恩好意，不更疑惑，便是明诚。”中国古籍中的这些“思维”概念，基本含义是思念、思量。

公元3世纪以后，佛经翻译家译述来自印度次大陆的佛教经典，“思维”成为一个重要译词，从中引申出能造作身、口、意三业的精神作用。南北朝刘宋时期的西域译经家畺良耶舍(383—442)翻译的《观无量寿经》中有句：“唯愿世尊，教我思惟、教我正受。”“正受”意为心无旁骛、一向专心，而其中的“思惟”一词，比较接近于现代心理学中包括分析、综合、推理等高级心理活动的“思维”概念。

中文的“思维科学”一词，最早出现于1931年。这一年，时任上海辛垦书店总编辑的青年学者叶青(本名任卓然，1896—1990)在《二十世纪》杂志第一卷第四期上发表《科学与哲学》一文，提出一个很激进的主张，要以“思维科学”替代在自然科学产生之后仅剩下认识论的“哲学”。在1934年出版的《哲学到何处去》一书的“结论”部分，叶青对思维科学做了专门讨论。他说：“思维科学是把思维现象作科学研究的学问。……思维现象就是认识现象。所以思维科学是认识的自己认识。”[2]“思维哲学是哲学的自己认识，思维科学就应该是科学的自己认识。没有自然科学和社会科学，当然谈不到科学的自己认识。”[3]叶青将逻辑学(旧称论理学)、科学分类、语言学(旧称言语学)及其分支语法学、修辞学、音韵学等视为思维科学的早期成果。他认为思维科学的内容包括三个部分：第一是关于思维符号的研究，包括语言学(含文字学)、数

① 荀攸(157—214)，表字公达，东汉末年谋士，曾担任曹操(155—220)的军师，擅长灵活多变的克敌战术和军事策略。

② 叶青：《哲学到何处去》，辛垦书店1934年版，第184页。

③ 叶青：《哲学到何处去》，辛垦书店1934年版，第184—185页。

学;第二是关于思维活动的研究,包括认识学、逻辑学、方法学;第三是关于思维结果的研究,包括知识学、文学(含艺术)、意识学或文化学[①]。叶青指出:“以世纪考之,在近代十七世纪是自然科学出现的时代,十九世纪是社会科学出现的时代,二十世纪其将为思维科学出现的时代乎?”[②]他认为,建立思维科学,除了确认研究对象、厘定这个研究对象与社会科学的关系之外,还要确定方法,通过观察、实验搜集事实,阐明思维现象的物质根源,研究思维活动及其结果的内在必然性[③]。由于当时传播条件的限制,能够看到叶青著述的学者并不多。对于叶青建立思维科学的主张,目前仅见艾生(本名谭辅之)在《思想月刊》1937年第一卷第三期上发表《叶青之所谓思维科学》一文提出批评意见。叶青写了《关于思维科学》[④]一文予以回应。一门科学的创生,取决于社会需求,也取决于科学发展的内在逻辑。20世纪30年代,思维科学的创生条件还不成熟,叶青关于建立思维科学的设想,因此而被淹没了半个世纪。

进入20世纪80年代,电子计算机等人工智能装置的广泛运用,使人们看到了多学科视角思维研究成果的内在联系。1980年4月,中国科学家钱学森(1911—2009)发表《自然辩证法、思维科学和人的潜力》一文,首倡创建和发展作为一个科学部门大类的“思维科学”。他指出:“我们认为人的思维过程是可以理解的。不但如此,而且有具体的研究途径,即通过四门科学:人工智能、认识科学、神经生理学(神经解剖学)和心理学。这个研究范围要比逻辑学广得多,它包括了人的全部思维,包括逻辑思维和形象思维。我们也可以称这个范围的科学为思维科学。”“思维科学是一大类科学,除了已经讲到的人工智能、认识科学、神经生理学(神经解剖学)和心理学之外,还有语言学、数理语言学、文字学、科学方法论、形式逻辑、辩证逻辑、数理逻辑、算法论等。和思维科

① 叶青:《哲学到何处去》,辛垦书店1934年版,第192—193页。

② 叶青:《哲学到何处去》,辛垦书店1934年版,第199页。

③ 叶青:《哲学到何处去》,辛垦书店1934年版,第200—201页。

④ 叶青:《为发展新哲学而战》第一集,真理出版社1937年版,第157—162页。

学有密切关系的还有数学、控制论和信息论等。这样，长期以来分散而又不相直接关联的学科就可以有机地结合成为一个体系了，而且从数理逻辑引入了精确性。这是由于电子计算机技术革命带来的现代科学技术体系结构的一个发展动向。如上所述，它把现在作为哲学的一个部门的辩证逻辑分化出来纳入思维科学，把现在有人作为自然辩证法一部分的科学方法论也纳入思维科学，而哲学的又一个部门，辩证唯物主义的认识论就作为联系马克思主义哲学和思维科学的桥梁了。这可以说是科学技术体系的一个重大改组。"[①]随后几年，在《系统科学、思维科学与人体科学》《关于思维科学》等多篇论文和一系列信函中，钱学森对发展思维科学的意义、思维科学的研究方法、思维科学的研究范围等做了具体的阐释。他说："研究思维科学不能用'自然哲学'的方法，得用自然科学的方法；即不能光用思辨的方法，要用实验、分析和系统的方法。所以说要脑神经解剖学家、脑神经生理学家、心理学家、计算机专家、人工智能专家、语言学家、逻辑学家、哲学家……等的集体努力。"[②]"思维科学似乎应该是专门研究人的有意识的思维，即人自己能加以控制的思维。下意识不包括在思维科学的研究范围，而归入人体科学的研究范围，是心理学的事。"[③]"思维科学只研究思维的规律和方法，不研究思维的内容，内容是其他科学技术部门的事。"[④]

在《关于思维科学》一文中，钱学森提出了"思维科学"术语的对应英文翻译方案："思维科学的目的在于研究人认识客观世界的规律和方法。也因此我现在建议思维科学的一个别名是'认识科学'，英文的cognitive science。当然国外所说认识科学的范围比这里讲得要窄，但仍不妨用这个英文词，但扩大其含义。"20 世纪 70 年代在西方国家出现的 cognitive science 词组，通常被中国学者翻译为"认知科学"。认知是现代心理学的一个重要范畴，是指人脑反映客观事物的特性和联

① 钱学森：《自然辩证法、思维科学和人的潜力》，《哲学研究》1980 年第 4 期。

② 钱学森：《关于形象思维问题的一封信》，《中国社会科学》1980 年第 6 期。

③ 钱学森：《系统科学、思维科学与人体科学》，《自然杂志》1981 年第 1 期。

④ 钱学森：《关于思维科学》，《自然杂志》1983 年第 8 期。

系并揭示事物对人的意义和作用的心理活动。认知作为人获得知识或应用知识的过程或信息加工的过程，包括感觉、知觉、记忆、想象、思维和言语等①。在《读秀知识库》中，目前能够检索到 85 部以"认知科学"作为书名主题词的图书，其中包括 20 多部日文版图书。狭义的认知科学，探究人脑或心智工作的机制。广义的认知科学是一个介于数学科学、自然科学、系统科学与社会科学、思维科学之间的学科群组，其分支学科包括认知哲学、计算认知科学、认知神经科学、认知神经病学、认知心理治疗学、认知心理学、认知语言学、认知神经语言学、认知社会语言学、认知词汇学、认知隐喻学、认知语用学、认知文体学、认知翻译学、认知词典学、认知传播学、认知符号学、社会认知科学、认知经济学、认知人类学等。即使是广义理解的认知科学，其学科覆盖范围也明显小于思维科学，归属于基础思维学、应用思维学和逻辑科学的大量学科(参见图 13.1)不在认知科学的覆盖范围之内。依笔者之见，认知科学与思维科学并不是含义相近的学术术语，更不能视之为含义对等的学术术语。

在中国，还有一个同认知科学比较接近的学术术语"智能科学"(intelligence science)。目前，在《读秀知识库》中可以检索到 20 部以"智能科学"作为书名主题词的图书。从这些图书的内容看，与"认知科学"图书大同小异。例如，清华大学出版社近年出版的《智能科学》②一书，除绪论外，包括神经生理基础、神经计算、心智模型、感知、视觉信息处理、听觉信息处理、语言、学习、记忆、思维和决策、智力发展、情绪和情感、意识、形式系统、脑机融合、智能机器人、类脑智能机等 15 章内容。由上面的简单介绍可以看出，cognitive science 和 intelligence science 都不能涵盖思维科学丰富多彩的全部内容。因此，笔者以为使用 thinking science 这个词组来对译"思维科学"，可能是一种比较稳妥的英译方案。

① 张淑华：《社会认知科学概论》，光明日报出版社 2009 年版，第 1 页。

② 史忠植：《智能科学》，清华大学出版社 2013 年版。

在科学知识体系研究中，许多中国学者接纳了钱学森的观点，将思维科学分立为一个“大类科学”部门。1992年，笔者在《现代科学分类与图书分类体系》[①]一文中构筑了包含7个科学部类的科学知识体系，思维科学被列为与自然科学、社会科学等相并立的一个科学部类。1989年，许志峰等人在《社会科学史》一书中提出“经纬网球体系结构”模式[②]，将科学知识体系描绘成一个类似于网球的球形体。哲学和数学分别位于球形体的北极和南极，自然科学、社会科学和思维科学是各占赤道三分之一长度的圆。

2.思维研究的历史进程和思维科学在中国的兴起

研究思维是一个颇具诱惑力的人类智慧之谜。人类进入文明时期之后，学者们既坚持不懈地认识客观世界，也开始对“物质的最高的精华——思维着的精神”[③]产生了浓厚的探究兴趣。始建于公元前7世纪的古希腊雅典城阿波罗神庙，在其门楣的石板上，用古希腊文镌刻着一行字：“认识你自己”。这是古希腊人对自己和后人提出的追索目标。人类认识史的开端，就是思维研究的起点。

公元前6至前5世纪前后，西方人对思维问题的思索已经逐步摆脱“灵魂”说的束缚，萌发了朴素的唯物主义思想。古希腊医师希波克拉底（Hippokrates，约公元前460—前377）在《论神奇的疾病》一文中指出：“脑以某种特殊的方式使我们有了智慧和知识”[④]。古希腊哲学家运用思维、理智对世界的本原、变化进行不懈思索，提炼出抽象的概念、论断，创造了多姿多彩的哲学思想，他们同时还在思考思想的来源和形成途径。赫拉克利特（Heraclitus，约公元前540—前470）的著作残篇，留下了一些同思维活动有关的重要观点：“思想是人人共有的。”“每一个人都能认识自己，都能明智。”“人人都禀赋着认识自己的能力

① 王续琨、王月晶：《现代科学分类与图书分类体系》，《图书与情报工作》1992第2期。

② 许志峰、李德深、马万里：《社会科学史》，中国展望出版社1989年版，第9页。

③ 恩格斯：《自然辩证法》，《马克思恩格斯选集》第四卷，人民出版社1995年版，第279页。

④ 顾凡及：《脑科学的故事》，上海科学技术出版社2011年版，第1页。

和思想的能力。”[①]“智慧只在于一件事，就是认识那善于驾驭一切的思想。”[②]“这个‘逻各斯’(λόγοζ)，虽然永恒地存在着，但是人仍在听见人说到它以前，以及在初次听见人说到它以后，都不能了解它。”“万物都根据这个‘逻各斯’而产生”[③]，“如果你不听从我本人而听从我的‘逻各斯’，承认一切是一，那就是智慧的。”[④]赫拉克利特已经认识到客观事物存在着规律性，人们要去认识它。巴门尼德(Parmenides，约公元前515—前5世纪中叶后)的著作残篇出现了“思维”概念：“因为能被思维者和能存在者是同一的。”[⑤]这句话通常被认为是“思维与存在的统一性”命题的原始出处。古代原子论主要创立者德谟克利特(Democritus，约公元前460—前370)在强调感性认识的同时，特别强调理智、思维的作用：“智慧生出三种果实：善于思想，善于说话，善于行动。”[⑥]

古希腊时期最重要的思维研究成果是古典形式逻辑学的建立。德谟克利特比较深入地研究了思维问题，认定逻辑是认识自然界的工具，需要加以研究。他写了专门的逻辑著述，成为西方逻辑学史上的首部逻辑学著作，惜已失传。由引用者的片断引述可知，德谟克利特在这部逻辑学著作中，研究了归纳法、类比法和假设等问题。他认为，凡演绎推理所据之原始命题都是假设性的。在其著作残篇中，德谟克利特首先使用了“概念”一词，并为其做了定义：“概念是研究的准则”[⑦]。亚里

① 《古希腊罗马哲学》，北京大学哲学系外国哲学史教研室编译，生活·读书·新知三联书店1957年版，第29页。

② 《西方哲学原著选读》上卷，北京大学哲学系外国哲学史教研室编译，商务印书馆1981年版，第25—26页。

③ 《古希腊罗马哲学》，北京大学哲学系外国哲学史教研室编译，生活·读书·新知三联书店1957年版，第18页。

④ 《古希腊罗马哲学》，北京大学哲学系外国哲学史教研室编译，生活·读书·新知三联书店1957年版，第23页。

⑤ 《西方哲学原著选读》上卷，北京大学哲学系外国哲学史教研室编译，商务印书馆1981年版，第31页。

⑥ 《西方哲学原著选读》上卷，北京大学哲学系外国哲学史教研室编译，商务印书馆1981年版，第52页。

⑦ 杨百顺：《西方逻辑史》，四川人民出版社1984版，第21页。

士多德(Aristotle,公元前384—前322)是古希腊哲学的集大成者,也是古典形式逻辑学的完成者。其逻辑学著述被后人编成《工具论》一书,其中共有6篇论文,包括研究概念、范畴和定义的《范畴篇》,研究命题及其种类和关系的《解释篇》,研究推理和证明的《前分析篇》《后分析篇》,研究辩证方法、驳斥诡辩方法的《论辩篇》《辨谬篇》。从形式逻辑的角度来看,《解释篇》和《前分析篇》最为重要。他在另一部主要哲学著作《形而上学》中明确提出并表述了矛盾律、排中律,同时也涉及同一律。亚里士多德建立了西方逻辑学史上第一个逻辑系统——三段论(大前提、小前提、结论)演绎推理法。他的逻辑学著作奠定了西方逻辑学发展的基础,被西方学术界誉为逻辑学之父。

在中国,思想家、道家学派创始人老子(约公元前571—前471)在《道德经》中阐释了进退推论、正反推论、曲全推论等思维方法。中国春秋战国时期的名辩逻辑,是具有中国特点的逻辑学说。春秋末期战国初期思想家墨子(生卒年不详)提出了"辩""类""故"等逻辑概念,认为应该将"辩"作为一种专门知识来学习。墨子的"辩"虽然统指辩论技巧,但却是建立在知类(事物之类)、明故(根据、理由)的基础上,因而属于逻辑类推或论证的范畴。墨子所提倡的"三表"法既包含言谈的思想标准,也包含推理论证的因素。由于墨子的倡导和启蒙,墨家养成了重逻辑的传统,并由后期墨家建立了第一个中国古代逻辑思想体系。由墨家学派弟子整理而成的《墨子》一书,原有71篇,现存53篇,其中《经上》《经下》《经说上》《经说下》《大取》《小取》等6篇,一般统称为《墨辩》或《墨经》,主要阐述墨家的逻辑思想和认识论观点。中国学术界在19世纪末、20世纪初翻译来自西方的学科名称时,利用由先秦名辩逻辑转化而来的"名学""辩学"对译拉丁文的logica和英文的logic。

12世纪至14世纪,经过六七百年的沉寂,由于亚里士多德等人的逻辑学著作逐步流传,形式逻辑学在欧洲出现一定程度的复苏。法国哲学家、神学家皮埃尔·阿伯拉尔(Pierre Abelard,1079—1142)开启了中世纪后期的一系列重要逻辑研究课题,其主要逻辑学和认识论著作有《逻辑学入门》(1121年)、《辩证法》(1125年)、《自我认识》(1140

年)等。西班牙神学家、逻辑学家朱利奥(Julio,即后来的教皇约翰二十一世,1215—1277),著有一部内容丰富的《逻辑大全》。此书在后来的几个世纪中被奉为经典,先后出版了150多版,到17世纪仍在流行。15世纪以后,形式逻辑学著作数量有了明显增长,但乏善可陈,难见独创之作。在自然科学主要学科陆续起步的背景下,逻辑学发生了重大转向,研究重心由演绎逻辑、语义逻辑向自然科学领域迁移,开辟了科学方法论研究的新疆域。

英国哲学家弗朗西斯·培根(Francis Bacon,1561—1626)是近代以来科学方法研究的第一位领军者。1620年,培根出版《伟大的复兴》系列著作的第二部分,此书命名为《新工具》,显然有针对亚里士多德《工具篇》之"旧"的意味。《新工具》包括一个简短的序言和两卷正文,共有182段语录、格言式的文字。培根指出:"正如现有的科学不能帮助我们找出新事功,现有的逻辑亦不能帮助我们找出新科学。"[①]在他看来,传统的演绎逻辑无助于科学上的新发现。为了弥补三段论式演绎推理的不足,"我们的唯一希望乃在一个真正的归纳法。"[②]钻研和发现真理的正确道路"是从感官和特殊的东西引出一些原理,经由逐步而无间断的上升,直至最后才达到最普通的原理。"[③]这就是建立在唯物主义经验论基础上的归纳法。

法国数学家、哲学家勒内·笛卡尔(René Descartes,1596—1650)从理性主义认识论的视角探讨思维问题,对科学方法研究的发展做出了特有的贡献。1637年,他出版了处女作《谈谈正确运用自己的理性在各门学问里寻求真理的方法》(在中国通常被简译为《谈谈方法》或《方法谈》《方法论》)一书。笛卡尔结合自己的切身经历,特别强调方法的重要性:"行动十分缓慢的人只要始终循着正道前进,就可以比离开正道飞奔的人走在前面很多。"[④]针对几何学、代数学研究中的不足,他

① [英]培根:《新工具》,许宝骙译,商务印书馆1986年版,第10页。
② [英]培根:《新工具》,许宝骙译,商务印书馆1986年版,第11页。
③ [英]培根:《新工具》,许宝骙译,商务印书馆1986年版,第12页。
④ [法]笛卡尔:《谈谈方法》,王太庆译,商务印书馆2000年版,第3页。

总结出普遍怀疑或谨慎判断、难题分解、由简到繁、全面考察等四条思考原则，认为“用不着制定大量规条构成一部逻辑”①。在1628年冬季撰写的未完成书稿《探求真理的指导原则》中，笛卡尔通过21项原则，比较详尽地陈述了与传统演绎逻辑有所不同的理性直观—演绎法：由已经确知的基本原理——理性直观出发，经过带有普遍必然性的演绎推理过程，最终建立科学知识体系②。在《谈谈方法》的第四部分，笛卡尔提出被他认定为哲学第一原理的“我思故我在”③命题。三个多世纪来，人们对“我思故我在”这个哲学命题，做出了多种多样的解读。这个命题其实并不涉及作为哲学基本问题的“思维与存在的关系”，不能作为划分唯物论与唯心论的判据。从当下思维科学的角度来看，似乎也可以做出这样的通俗理解：按照普遍怀疑原则引导思考，以证明存在着有思想或有智慧的我。“我思故我在”在欧洲产生了极其深远的影响，长期以来在西方人的思维世界中插上了理性主义的旗帜。

德国数学家、哲学家威廉·莱布尼茨(G. Wilhelm Leibniz，1646—1716)是勒内·笛卡尔之后的又一位理性主义哲学家。他在思维研究方面的贡献，主要有两个方面，一是认识论、理智论研究，二是逻辑学研究。莱布尼茨在批驳旧唯物主义经验论过度重视经验的弊端时指出：“那些由于年岁大、经验多而变得很精明的人，当过于相信自己过去的经验时，也难免犯错误，这是在民事和军事上屡见不鲜的，因为他们没有充分考虑到世界在变化”④。他认为单凭经验不可能得到普遍必然的真理，不可能掌握事物发展的普遍必然的规律，只有理性才能做得到这一点。这个观点包含着合理的辩证法因素。他将知识区分为直觉知

① ［法］笛卡尔：《谈谈方法》，王太庆译，商务印书馆2000年版，第15—16页。

② ［法］笛卡尔：《探求真理的指导原则》，管振湖译，商务印书馆1991年版，第10页。该书又有《思维的法则》等译名。

③ ［法］笛卡尔：《探求真理的指导原则》，管振湖译，商务印书馆1991年版，第27页。该书将法文Je pense，donc je suis翻译为“我想，所以我是”。译者认为“我思故我在”这一译法“不完全符合作者的原意”。

④ ［德］莱布尼茨：《人类理智新论》上册，陈修斋译，商务印书馆1982年版，序言第15页。

识和推证知识两个等级，从而亦将心灵活动划分为直觉的和推证的两类[①]。莱布尼茨承认在“理性的真理”之外，还存在着“事实的真理”，它在一定意义下来源于经验。他在亚里士多德的矛盾律之外，又提出充足理由律作为建立“事实的真理”的思维原则。因此而为形式逻辑学增添了一直存在争议的第四条基本规律。莱布尼茨继承了前辈学者“思维就是计算”的思想，主张建立作为思维演算学科的一般数学、通用代数学或数理逻辑学。为了发展这种新逻辑并使思维演算得以具体实施，他提出了用人工语言代替自然语言的设想，将这种人工语言称为“普遍语言”[②]。莱布尼茨在逻辑学领域的远见卓识是多方面的，但遗憾的是，他的大部分著述包括逻辑学著述直到 20 世纪才部分出版面世，因而没有对十八九世纪逻辑学的发展进程产生实质性影响。

18 世纪末至 19 世纪上半叶，德国出现了一个哲学发展的高峰，史称德国古典哲学时期。哲学家们探讨了一系列重大哲学问题，尤其是围绕着思维与存在、主体与客体的关系这根轴线展示了各自的研究成果，把哲学思维提高到一个新的水平。“思维”成为德国古典哲学的一个热词。伊曼努尔·康德（Immanuel Kant，1724—1804）作为德国古典哲学的开创者，最先将思维与存在的关系问题突出出来。他独辟蹊径，以认识论为基础，从主体与客体相统一入手探讨思维与存在的关系。康德的全部“批判哲学”体系主要是困绕思维如何把握存在而展开的。其代表作《纯粹理性批判》（1781 年）及其通俗本《未来形而上学导论》（1783 年）阐释了从感性直观经过知性思维进达理性理念的认识过程。“我们的一切知识从感官开始，从感官而知性，最后以理性结束。”[③]“如果没有感性，对象就不会被给与我们，如没有知性，就不能思维对象。思维无内容是空的，直观无概念是盲的。……只有它们联合

① ［德］莱布尼茨：《人类理智新论》下册，陈修斋译，商务印书馆 1982 年版，第 411—429 页。

② 朱建平：《莱布尼茨逻辑学说及其当代影响》，《浙江大学学报（社会科学版）》2015 年第 2 期。

③ ［德］康德：《纯粹理性批判》，《十八世纪末——十九世纪初德国哲学》，北京大学哲学系外国哲学史教研室编译，商务印书馆 1975 年版，第 88 页。

起来时才能产生知识。"[①]康德认为传统逻辑学只研究思维形式规则，不涉及认识的内容。他在逻辑史上第一次将传统逻辑学准确地称之为"形式逻辑学"。

德国古典哲学的集大成者格奥尔格·黑格尔(Georg W. F. Hegel,1770—1831)第一次在认识论史上根据本体论、认识论和逻辑学三者统一的原则,把思维与存在的统一看作一个过程,并将实践范畴引入认识过程,将其作为实现思维与存在统一的一个重要环节。他将研究纯思维的规律和规定的逻辑学部分,作为《哲学全书》的第一部分。与仅仅研究思维的纯形式规律的传统逻辑学有所不同,黑格尔的逻辑学旨在研究思维的形式和思维内容如何在矛盾中达到统一的。他通过建立一个广博的辩证法体系,从而运用辩证法在唯心主义基础上解决思维与存在的统一性问题。黑格尔在其逻辑学著作中对思维研究有很多重要的见解。他说:"何以我们单将思维列为一种特殊科学的对象,而不另外成立一些专门科学来研究意志、想象等活动呢?思维之所以作为特殊科学研究的对象的权利,其理由也许是基于这一件事实,即我们承认思维有某种权威,承认思维可以表示人的真实本性,为划分人与禽兽的区别的关键。而且即使单纯把作为主观活动的思维,加以认识、研究,也并不是毫无兴趣的事。对思维的细密研究,将会揭示其规律与规则"[②]。他特别重视反思(德文 Nachdenken)在揭示对象本性方面的重要作用。"我们既认为思维和对象的关系是主动的,是对于某物的反思,因此思维活动的产物、普遍概念,就包含有事情的价值,亦即本质、内在实质、真理。"[③]"经过反思,最初在感觉、直观、表象中的内容,必有所改变,因此只有通过以反思作为中介的改变,对象的真实本性才可呈现于意识前面。""凡是经反思作用而产生出来的就是思维的产物。……要想发现事物中的真理,单凭注意力或观察力并不济事,而必须发

① [德]康德:《纯粹理性批判》,《十八世纪末——十九世纪初德国哲学》,北京大学哲学系外国哲学史教研室编译,商务印书馆 1975 年版,第 58 页。

② [德]黑格尔:《小逻辑》,贺麟译,商务印书馆 1980 版,第 72 页。

③ [德]黑格尔:《小逻辑》,贺麟译,商务印书馆 1980 版,第 74 页。

挥主观的〔思维〕活动，以便将直接呈现在当前的东西加以形态的改变。”[①]逻辑学在黑格尔著作中占有很大的比重，可以认为，黑格尔在逻辑学的旗帜下对思维做了比较深入的研究，为逻辑哲学搭起了基础框架。

德国古典哲学在哲学史上占据着枢纽的位置，将传统哲学推向了一个顶峰，成为马克思主义的三个来源之一。马克思(1818—1883)、恩格斯(1820—1895)在创立和发展马克思主义的过程中，对思维进行了多角度的研究。关于思维的物质基础和产生根源，恩格斯说："物质依据这样一些规律在其永恒的循环中运动，这些规律在一定的阶段上——时而在这里，时而在那里——必然地在有机物中产生出思维着的精神。"[②]马克思、恩格斯说："人们的想象、思维、精神交往在这里还是人们物质行动的直接产物。"[③]关于思维的发展，马克思、恩格斯说："发展着自己的物质生产和物质交往的人们，在改变自己的这个现实的同时也改变着自己的思维和思维的产物。"[④]关于辩证法作为思维形式的作用，恩格斯说："对于现今的自然科学来说，辩证法恰好是最重要的思维形式，因为只有辩证法才为自然界中所出现的发展过程，为各种普遍的联系，为从一个研究领域向另一个研究领域的过渡，提供了模式，从而提供了说明方法。"[⑤]恩格斯在《〈反杜林论〉旧序》中说过一段非常值得今天的思维科学研究者认真揣摩的话："每一个时代的理论思维，从而我们时代的理论思维，都是一种历史的产物，在不同的时代具有完全不同的形式，同时具有完全不同的内容。因此，关于思维的科学，也和其他各门科学一样，是一种历史的科学，是关于人的思维的历史发展

---

① [德]黑格尔：《小逻辑》，贺麟译，商务印书馆1980版，第76—77页。

② 恩格斯：《自然辩证法》，人民出版社1971年版，第174页。

③ 马克思、恩格斯：《德意志意识形态》，《马克思恩格斯选集》第一卷，人民出版社1995年版，第72页。

④ 马克思、恩格斯：《德意志意识形态》，《马克思恩格斯选集》第一卷，人民出版社1995年版，第73页。

⑤ 恩格斯：《自然辩证法》，《马克思恩格斯选集》第四卷，人民出版社1995年版，第284页。

的科学。”[1]此处所说的“关于思维的科学”(德文 die Wissenschaft vom Denken)同现今我们所讨论的思维科学在研究范围上并不完全等同,值得我们重视的是恩格斯所提出的思维研究的历史唯物主义路径。

19 世纪之前,哲学家、逻辑学家所研究的思维是遵循逻辑规则的逻辑思维或运用概念的抽象思维。19 世纪上半叶,形象思维开始进入人们的研究视野。1838 年,俄国文艺理论家维萨里昂·别林斯基(Висалион Г. Белинский,1811—1848)在《〈冯维辛全集〉和札果斯金的〈犹里·米洛斯拉夫斯基〉》一文中指出:“诗歌是寓于形象的思维,因此,如果形象所表现的观念是不具体的、虚伪的、不丰满的,那么,形象必然也就不是艺术性的。”[2]“寓于形象的思维”,其中负载着诗人想向读者或受众传达的某种“观念”。别林斯基认为,“诗人用形象来思考;他不证明真理,却显示真理。……呈现于诗人心中的是形象,不是观念,他由于形象,看不见观念,而当作品完成时,比起作者自己来,观念更容易被思想家看见。”[3]别林斯基在这篇论文中对“寓于形象的思维”的特点、作用做了初步的探讨。19 世纪下半叶之后,德国、俄国以及苏联的一部分文艺理论家对形象思维问题做了一些零星的研究。20 世纪 50 年代中期至 60 年代中期,在苏联文艺思潮的影响下,中国学术界对形象思维问题展开了初步的讨论。美学家李泽厚于 1959 年发表的《试论形象思维》一文,是这个时期的一篇代表性成果。1977 年年底,许多报刊发表了 1965 年 7 月 21 日毛泽东(1893—1976)《给陈毅同志谈诗的一封信》[4],其中三次说到形象思维。从 1978 年开始,围绕毛泽东关于“诗要用形象思维”的论断,形成全国范围的形象思维问题大讨论。检索《中国学术期刊(网络版)》可知,以“形象思维”作为篇名主题

① 恩格斯:《自然辩证法》,《马克思恩格斯选集》第四卷,人民出版社 1995 年版,第 284 页。

② 复旦大学中文系文艺理论教研组:《形象思维问题参考资料》第二辑,上海文艺出版社 1979 年版,第 112 页。

③ 复旦大学中文系文艺理论教研组:《形象思维问题参考资料》第二辑,上海文艺出版社 1979 年版,第 114 页。

④ 毛泽东:《给陈毅同志谈诗的一封信》,《湖南师院学报》1977 年第 4 期。

词的期刊文献，1977 年为 0 篇，1978 年猛增到 84 篇，1979 年、1980 年仍保持一定的热度，相关文献分别为 34 篇、30 篇。这场大讨论，不仅推进了文学艺术领域的思想解放运动，而且为 80 年代形象思维学进入创生期奠定了重要的理论基础。80 年代中后期，不仅出现了《形象思维研究》《形象思维散论》一类著作，而且出版了第一部以“形象思维学”作为书名主题词的著作①。

心理学作为研究包括思维在内各种心理活动或心理现象的学科，萌发于古代，长期被包容在哲学的母体中。1879 年，德国生理学家、心理学家威廉·冯特（Wilhelm Wundt，1832—1920）在莱比锡大学建立世界上第一个心理学实验室，心理学由此走上分立发展的道路。冯特的门生奥斯瓦尔德·屈尔佩（Oswald Kiilpe，1862—1915）及其学生在符兹堡大学开创了运用实验方法研究思维活动的新方向，形成有影响的符兹堡学派。20 世纪初以来，很多心理学派都对思维过程进行了研究，形成一定理论体系并取得丰硕成果的学派主要有行为主义学派、格式塔学派（完形心理学派）、信息加工学派。1913 年，美国心理学家约翰·华生（John B. Watson，1878—1958）发表《一个行为主义者所认为的心理学》一文，阐明了他的行为主义观点。1914 年，他出版《行为——比较心理学导论》一书，主张心理学应该重点研究行为与环境之间的关系。继约翰·华生之后，心理学家们先后建立了目的行为主义理论、逻辑行为主义理论、操作性行为主义理论等以及打通行为主义心理学和认知心理学的联结主义认知理论。格式塔心理学的代表作是德国心理学家马克斯·韦特海默（Max Wertheimer，1880—1943）的《创造性思维》（1945 年）。韦特海默认为，创造性思维就是打破旧的格式塔而发现新的格式塔。在他看来，对情境、目的和解决问题的途径等各方面相互关系的新的理解是创造性地解决问题的根本要素，而过去的经验也只有在一个有组织的知识整体中才能获得意义和得到有效地使用。

① 何邦泰、焦尧秋：《形象思维学概论》，广西人民出版社 1989 年版。

信息加工学派将人脑看作是一个信息加工系统，思维或认知就是信息加工过程。20 世纪 50 年代中期以后，多个学科领域出现了共同指向信息加工机理的研究成果。1967 年，美籍德裔心理学家乌尔里克·奈塞尔（Ulric G. Neisser，1928—2012）出版《认知心理学》一书，标志着信息加工学派的崛起，也标志着认知心理学的创生。1970 年，《认知心理学》杂志在美国创刊。认知心理学的兴起和发展，是心理学发展到新阶段的产物，同时也与电子计算机的广泛运用和计算机科学的发展密切相关。认知心理学的问世，为实验方法在心理学研究中的运用注入了新的活力，带动了发展心理学、社会心理学、临床心理学等近邻学科的发展。

20 世纪 70 年代中期，以认知心理学为基础，聚合了一系列同认知活动有关的研究方向，形成被称为"认知科学"（cognitive science）的研究领域。1975 年，丹尼尔·博布罗（Daniel G. Bobrow）和阿朗·柯林斯（Allan Collins）出版《表达和理解：认知科学研究》一书。1977 年，美国创办了《认知科学》杂志。1979 年，在圣地亚哥加利福尼亚大学召开了第一届认知科学会议，主持人唐纳德·诺尔曼（Donald A.Norman）所做的报告《认知科学的 12 个主题》，提出了认知科学研究的主攻目标，成为当时认知科学的纲领性文献。40 年来，认知科学已经演进成为同数学科学、自然科学、系统科学和社会科学、思维科学都有密切联系的学科群组，其可以列入思维科学的分支学科除认知心理学之外，还有认知语言学、认知神经语言学、认知计算机科学（人工智能学）、认知神经科学等。

至 20 世纪上半叶，经过许许多多生理学家、医学家的不懈努力，关于思维的自然物质基础、生理机制的研究得以不断深化，神经科学、脑科学建立了良好的发展基础。20 世纪初至 30 年代，俄罗斯—苏联生理学家伊凡·巴甫洛夫（Иван П. Павлов，1849—1936）运用条件反射研究法建立了一整套高级神经活动学说，第一次把心理意识活动纳入了客观研究的轨道。英国生理学家查尔斯·谢灵顿（Charles S. Sherrington，1857—1952）在系统深入地研究反射活动的基础上，提出了神经系统的整合作用概念。他的《神经系统的整合作用》(1906 年)一书,是神经生理学的一部经典著作。40 年代末,加拿大临床神经生理学家怀尔德·潘菲尔德(Wilder G. Penfield,1891—1976)精细地绘制了大脑皮层功能定位图,实现了脑功能定位研究工作的一次飞跃。40 年代中后期,新生的一般系统论、控制论、信息论为脑科学研究带来了新观念,强化了大脑研究的综合化趋势。不断出新的智能模拟,为认识脑的功能提供了新的物质手段。1955 年 8 月,在荷兰召开的首届国际神经生物学会议,汇聚了神经解剖学、神经生理学、神经组织学、神经化学等学科的研究者,展示了从多个角度、利用多种实验手段、在各个水平上对脑进行综合性研究的发展前景。60 年代以后,认知科学的扩散性发展,进一步强化了神经科学(神经生物学)、脑科学与思维研究的联系。1973 年,苏联心理学家亚历山大·鲁利亚(Александр Р. Лурия,1902—1977)在《神经生理学原理》一书中指出,人脑可以分为三个基本机能联合区,每个联合区中的皮质都有层次结构,至少由彼此重叠的、功能上相互联系又相对独立的三种类型(三级)皮质区组成。鲁利亚用系统的观点考察人的思维机制,认为思维活动需要大脑不同部位的脑区共同参与。

千百年来,人类积累了大量关于思维的知识。然而,这些知识缺少横向联系。思维科学的创建,有望彻底改变这种状况。1980 年,钱学森关于建立"思维科学"的创议甫一提出,立即得到中国学术界的积极响应。1984 年 8 月,全国首届思维科学讨论会在北京召开,钱学森参会并做了长篇发言。此次会议成立了中国思维科学学会筹备委员会,钱学森担任顾问。北京、山西、辽宁等省市随后也成立了思维科学学会的筹备组织。中国管理科学研究院组建了思维科学研究所,北京理工大学等学校组建了思维科学研究中心等研究机构,陆续创办了《思维科学通讯》《思维科学》等内部刊物。1985 年 7 月,全国第二届思维科学讨论会在哈尔滨召开,就思维科学的名词术语、体系结构等进行了专门讨论。几年时间,"思维"就迅速成为一个学术热词。表 13.1 列出在《中国学术期刊(网络版)》中以"思维"作为"篇名"检索词的检索结果

(2016年的4646篇文献未列入此表)。由此表可见,1978年由于形象思维大讨论的蓬勃兴起,“思维”研究文献数量由前一年的0篇猛增到92篇。此后30多年,“思维”研究文献数量呈现小幅波动中的快速增长,1994年达到年产超1000篇,1999年超2000篇,2004年超3000篇,2007年超4000篇。目前的年产出量为7000篇以上。

表13.1 “思维”研究期刊文献的年度发表量统计(1977—2015年)

年　份	1977	1978	1979	1980	1981	1982	1983	1984	1985	1986	1987	1988	1989
文献数量	0	92	57	92	122	137	144	216	357	477	545	800	748
年　份	1990	1991	1992	1993	1994	1995	1996	1997	1998	1999	2000	2001	2002
文献数量	639	572	655	750	1163	1294	1393	1498	1586	2130	2482	2762	2877
年　份	2003	2004	2005	2006	2007	2008	2009	2010	2011	2012	2013	2014	2015
文献数量	2984	3106	3129	3492	4005	4323	4275	4405	4487	4566	4807	6136	7011

检索日期:2016年10月22日。

借助“读秀学术搜索”,目前在《读秀知识库》中可以检索到47部以“思维科学”作为书名主题词的著作(经过剔除处理),起始年份为1985年,平均每年约1.5部。这些著作对思维科学研究成果进行了学科化梳理,尝试着构建各有特点的学科体系,探讨了思维科学的各种一般性问题。以上情况表明,思维科学在中国已经受到学术界的普遍关注,展现良好的发展前景。

二、思维科学的学科结构

作为科学部类的思维科学,必然包含一定数量的分支学科,形成自身的学科结构。20世纪80年代初,钱学森参照自然科学的层次结构,将思维科学可以确认的分支学科划分为基础科学、技术科学、工程技术三个层次①。他认为,思维科学的基础科学研究人的有意识思维的规律,这一部分称为思维学,包括信息学、抽象(逻辑)思维学、形象(直感)

① 钱学森:《关于思维科学》,《自然杂志》1983年第8期。

思维学、灵感(顿悟)思维学等。思维科学的技术科学,则包括结构语言学和数理语言学、模式识别、情报学、科学方法论等。思维科学的工程技术,包括人工智能、计算机软件工程、密码技术、情报资料库技术、文字学、计算机模拟技术等。

30 多年来,许多研究者对思维科学的学科结构提出了自己的看法。有学者认为,思维的基础科学应当是深刻揭示人脑活动的本质和普遍规律的基础理论。因此,作为思维科学的基础理论不只是逻辑学、形象思维学和灵感学,还应当包括两大类学科,一类是总结人类思维经验,揭示思维对象的普遍规律和思维自身普遍规律的科学,即首先是哲学世界观和哲学史,其次是认识论和逻辑学,包括形式逻辑和辩证逻辑;另一类是包括研究人脑的生理结构和功能,揭示思维过程生理机制的神经生理学、普通心理学、神经解剖学、儿童心理学。思维科学的技术科学是探索表达思维活动的工具和规律,为模拟思维活动提供理论基础的科学,包括语言学、符号学、数学、数理逻辑、信息论、控制论、系统论等。应用技术包括电子计算机技术和人工智能技术等[①]。还有的学者提出,理论思维科学应由思维发展史、脑生理学、基础心理学、普通逻辑学、直觉心理学、形象思维学、思维语言学组成;应用思维科学是思维科学的应用理论,由应用心理学、应用思维方法、人工智能理论等组成。

借鉴各家观点,笔者提出如图 13.1 所示的思维科学学科结构建构方案。除概观思维学科之外,思维科学的分支学科按照具体研究对象和生成区位划分为自然思维学、心理科学、应用思维学、理论思维学、逻辑科学 5 个学科门类。

置于图 13.1 最上方的一组概观思维学科,包含普通思维学、思维科学史、思维科学哲学、思维科学美学、思维科学学、比较思维学等。这几门学科的使命是对思维现象、思维科学做概观性、整体性的研究。普通思维学是思维科学的标志性分支学科,其任务是探讨思维科学领域

① 曹利风:《思维科学体系初探》,《自然信息》1983 年第 4 期。

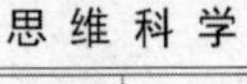

概观思维学科

普通思维学
思维科学史
思维科学哲学
思维科学美学
思维科学学
比较思维学
……

自然思维学 Ⅰ	心理科学 Ⅱ	应用思维学 Ⅲ	理论思维学 Ⅳ	逻辑科学 Ⅴ
脑科学史	心理学史	人工智能学	思维哲学	逻辑哲学
脑解剖学	比较心理学	智能机器人学	思维数学	逻辑科学史
脑生理学	计量心理学	软件工程学	原始思维学	逻辑科学哲学
脑电生理学	生理心理学	认知语言学	思维演化学	元逻辑学
脑生物化学	神经心理学	计算思维学	抽象思维学	形式逻辑学
分子神经科学	进化心理学	社会认知科学	意象思维学	辩证逻辑学
神经解剖学	临床心理学	创造学	逻辑思维学	概率逻辑学
神经病理学	社会心理学	科学研究方法学	直觉思维学	模糊逻辑学
认知神经科学	认知心理学	文艺创作方法学	创造性思维学	科学逻辑学
计算神经解剖学	思维心理学	医学思维学	群体思维学	社会科学逻辑学
系统神经科学	思维发展心理学	管理思维学	社会性思维学	法律逻辑学
思维生理学	语言心理学	决策思维学	思维能力学	司法逻辑学
认知信息论	思维语言心理学	思维测量学	认知科学哲学	教育逻辑学
认知控制论	心理语言学	思维教育训练学	思维系统论	新闻逻辑学
……	……	……	……	……

说明：用楷体字排印的名称，是思维科学各学科门类的第二层级分支学科。

图 13.1　思维科学的学科结构

的各种普遍性、共同性、基础性问题。目前已经出版的以“思维科学”作为书名主题词的著作，大多可以归类于普通思维学。思维科学史是研究思维科学孕育、兴起和演进的历史进程的学科。“思维科学”术语的出现虽然只有几十年的历史，但许多部以“思维科学”为名的图书中已经有了概述思维科学沿革的内容，近年还出版了思维科学史的专门著作[①]。思维科学哲学、思维科学美学对思维科学进行哲学审视、美学审视，可以分别看作是介于思维科学与广义科学哲学、广义科学美学之间的边缘分支学科。建立在思维科学元研究基础上的思维科学学，是思

① 朱长超：《思维科学史》，沈阳世纪高教出版社 2010 年版。

维科学自我认知的产物，是运用科学学的理论和方法对思维科学这个科学部类进行整体性研究而建立的学科。比较思维学是运用比较方法探讨思维活动、思维研究状况而建立的分支学科，其中既包括对同一地域、国家不同历史时期思维活动特点的纵向比较，也包括对同一历史时期不同地域、国家、民族的思维活动特点、思维研究状况的横向比较。

第Ⅰ学科门类包含脑科学史、脑解剖学、脑生理学、脑生物化学、分子神经科学、神经解剖学、神经病理学、认知神经科学、计算神经科学、系统神经科学、思维生理学、认知信息论、认知控制论等。这些学科以研究思维活动或认知活动的物质基础或生理机制为主旨，统称为自然基础思维学，暂简称为自然思维学。上述学科大部分是脑科学（brain sciences）、神经科学（neurosciences）、神经生物学（neurobiology）、认知科学的分支学科。脑科学、神经科学、神经生物学在许多场合下被视为等义概念①，它们在传统上归类于自然科学的生物学和生命应用科学。思维科学分立为一个科学部类之后，可以将它们视为介于自然科学与思维科学之间的边缘学科。最近一二十年，由于研究方法的移植，神经科学与社会科学学科、交叉科学学科、系统科学学科相渗透，建立了神经语言学、神经教育学、神经经济学、神经营销学、神经管理学、神经信息学、神经控制论等。认知科学在思维科学中的学科覆盖面，比脑科学或神经科学要大一些，除认知神经科学、认知信息论、认知控制论作为认知科学联系神经科学、系统科学的桥梁之外，还包括置于心理科学的认知心理学、置于应用思维学的社会认知科学和认知语言学、置于理论思维学的认知科学哲学等。

归属于第Ⅰ学科门类的一系列学科，在分子、细胞、脑功能区、全脑等多个层次上，借助技术手段通过实验、观察方法揭示以大脑为核心的神经系统的工作机制，即信息加工过程和机制。这些学科各有各的来路、各有各的历史，相互之间有论题的重合、有内容的交叠。最近几十年来，这些学科的发展为我们认识大脑与思维或大脑与认知的关系提

① 萧静宁：《脑科学概要》，武汉大学出版社1986年版，第2页。

供了越来越多的细节性研究成果。恩格斯说："这绝不是说，每一个高级的运动形式并非总是必然地与某个现实的机械的(外部的或分子的)运动相联系；正如高级的运动形式同时还产生其他的运动形式一样，正如化学作用不能没有温度变化和电的变化，有机生命不能没有机械的、分子的、化学的、热的、电的等变化一样。但是，这些次要形式的存在并不能把每一次的主要形式的本质包括无遗。终有一天我们可以用实验的方法把思维'归结'为脑子中的分子的和化学的运动；但是难道这样一来就把思维的本质包括无遗了吗？"[①]为了在物质与精神的关系上准确地把握思维的本质，我们要充分地利用脑科学、神经科学的研究成果，同时还要运用哲学、社会科学、系统科学所提供的理论观点和思维工具对细节性研究成果进行更高层次、更为综合的概括和阐释。

第Ⅱ学科门类包含心理学史、比较心理学、计量心理学、生理心理学、神经心理学、进化心理学、临床心理学、社会心理学、认知心理学、思维心理学、语言心理学、心理语言学等，均属于心理学的分支学科。心理学"成建制"地归入思维科学之后，为了标示其学科门类的地位，将心理学的所有分支学科统称为心理科学。萌发于古代的心理学，长期附着于哲学的母体。19 世纪 70 年代末，心理研究引入实验方法之后，心理学得以独立，但其属性或归属成为一个长期争论不休的问题。有人主张将心理学归类于社会科学，也有人将其归类于同社会科学相分立的人文科学或人文学科，还有人认为应该将其划归自然科学。在《中华人民共和国国家标准·学科分类与代码》中，"心理学"(代码 180.74)被列为"生物学"的最后一个二级学科。20 世纪 80 年代，笔者思考思维科学的学科构成问题，先后在《思维科学之我见》[②]和《关于思维科学研究对象及若干基本概念的思索》[③]两文中提出了将心理学划归思维科学的设想。现在看来，将心理学归入思维科学，既符合思维科学发展的

① 恩格斯：《自然辩证法》，人民出版社 1971 年版，第 226 页。

② 王续琨：《思维科学之我见》，《潜科学杂志》1983 年第 4 期。

③ 王续琨：《关于思维科学研究对象及若干基本概念的思索》，《延边大学学报(社会科学版)》1990 年第 1 期。

需要，又为心理学做出了相对合理的科学定位。

一般而言，心理学的研究对象是人的心理现象，包括认识过程、情感过程、意志过程和个性心理特征。传统心理学将思维理解为人脑对客观事物的间接的、概括的反映。有人可能以这种狭义理解的“思维”圈定思维科学的范围，不赞成将心理学划归思维科学。要知道，思维是人的认知活动乃至所有的心理活动的核心。格奥尔格·黑格尔在《小逻辑》一书中曾说到思维的统摄作用和普遍性品格：“在人的一切直观中都有思维。同样，思维是〔贯穿〕在一切表象、记忆中，一般讲来，在每一精神活动和在一切意志、欲望等等之中的普遍的东西。所有这一切只是思想进一步的特殊化或特殊形态。这种理解下的思维便与通常单纯把思维能力与别的能力如直观、表象、意志等能力平列起来的看法，有不同的意义了。当我们把思维认为是一切自然和精神事物的真实共性时，思维便统摄这一切而成为这一切的基础了。”①“人总是在思维着的，即使当他只在直观的时候，他也是在思维。假如他观察某种东西，他总是把它当作一种普遍的东西，着重其一点，把它特别提出来，以致忽略了其他部分，把它当作抽象的和普遍的东西，即使只是在形式上是普遍的东西。”②即使是狭义理解的思维，它也要贯穿于从感性认识到理性认识的整个认识过程③，影响情感过程、意志过程和个性心理特征。其实，在很多场合下，人们使用的是广义的“思维”概念。“思维与存在的统一性”这个哲学命题，其中的“思维”就是广义的；“视觉思维”“视觉思维学”“操作思维”“临床思维学”等术语，其中的“思维”也是广义的。思维科学所研究的“思维”，也应该是广义“思维”。扩大思维科学的对象范围，必然有利于思维科学的发展。

笔者主持编撰的《社会科学交叉科学学科辞典》收录了心理科学的200多个分支学科词目，尚有很多遗漏。目前，可以认为心理科学是分支学科最多的思维科学学科门类。图13.1仅以举例方式列出一部分

① ［德］黑格尔：《小逻辑》，贺麟译，商务印书馆1980版，第80—81页。

② ［德］黑格尔：《小逻辑》，贺麟译，商务印书馆1980版，第82页。

③ 王续琨：《科学认识：思维与认识过程》，《潜科学杂志》1984年第4期。

心理科学分支学科。其中，语言心理学(psycholinguistics)和心理语言学(psychology of language)是一对汉字名称倒序学科。一部分学者认为两者是一门学科的不同称谓，也有学者认为两者在今后的发展中将逐渐分离开来。语言心理学和心理语言学都生成于语言科学与心理科学的交汇区域，两者都涉及语言现象与心理现象的关系问题。但是，语言心理学更靠近心理科学，重点研究语言、文字符号的心理加工过程；心理语言学则更靠近语言科学，重点研究心理活动的语言、文字符号表述或呈现过程。

第Ⅲ学科门类包含人工智能学、软件工程学、认知语言学、计算思维学、社会认知科学、创造学、科学研究方法学、文艺创作方法学、医学思维学、管理思维学、思维测量学、思维教育训练学等，统称为应用思维学。归属于这个学科门类的学科，有一部分承接了自然思维学、心理科学的研究成果，为电子计算机、智能机器人等人工智能装置的生产、使用提供智力支持；还有一部分承接了理论思维学、逻辑科学的研究成果，为提高各个实践领域脑力劳动的效能提供智力支持。创造学是以创造力、创造活动作为研究对象的学科群组。经过几十年的演进发展，创造学目前已经初步形成一二十门分支学科，如创造哲学、创造社会学、创造人类学、创造生态学、创造教育学、创造人才学、技术创造学(发明学)等①。创造力以思维能力为核心，创造活动以思维活动为主线，因此将长期以来归属关系不明确的创造学归类于应用思维学，也许是一种“学以致用”的合理选择。

人的各种脑力劳动和各个领域的社会实践活动，都离不开思维。科学家、学生和一切人要认识自然界、社会和人类自我，需要思维；发明家、工程师、领导者、管理者、教师、军人、医生、营销人员、工人、农民等参与改造自然界和社会，在发明、规划、设计、施工、决策、预测、咨询、领导、管理、教育、训练、作战、疾病诊疗、市场营销、生产等职业活动中，同

① 王续琨：《创造学的学科结构和科学定位》，《河南师范大学学报(哲学社会科学版)》2004年第6期。

样需要思维。面向脑力劳动和社会实践活动的应用思维学,有生成一系列分支学科的开阔空间。科学研究方法学、文艺创作方法学等虽然以"方法学"命名,实际上以科学研究、文艺创作中的思维方法作为主要研究对象。科学研究方法学与科学方法论有联系,但又有研究层面的差异。科学研究方法学在工艺学即操作层面上研究科学方法的类型、运用规则和技巧,科学方法论在哲学层面上对一般科学方法进行哲理性分析。除前面列出的医学思维学、管理思维学(含决策思维学、指挥协调思维学)等之外,目前在《读秀知识库》中可以检索到一些以"××思维学"作为书名主题词的著作,如军事思维学、教育思维学、写作思维学、编辑思维学、翻译思维学、交际思维学、临床思维学、中医思维学等。一本书的问世通常并不能即时标示着一门学科的创生。上述学科能否为社会所接纳,真正地进入学科之林,还有待于深入的探索和时间的检验。

第Ⅳ学科门类包含思维哲学、思维数学、原始思维学、思维演化学、抽象思维学、意象思维学、逻辑思维学、直觉思维学、创造性思维学、群体思维学、社会性思维学、思维能力学、认知科学哲学等。这些学科具有较强的理论色彩,因而统称为理论思维学。思维哲学探讨思维领域的各种哲学问题,对思维主体、思维对象、思维过程、思维方法、思维创造产物等进行哲理性解析。思维数学(含机器思维数学等)探讨思维领域的各种数量关系和结构关系,包括思维品质定量分析方法、思维平面和思维空间的量度、思维函数的运算和评价等①。以研究人类社会早期阶段的思维起源和特征为使命的原始思维学,肇始于法国社会学家吕西安·列维—布留尔(Lucien Levy-Bruhl,1857—1939)的《原始思维》(1922年)一书。思维进化学探讨神经进化、思维形态进化、思维时空进化、思维表征进化、思维结构和功能进化、思维素养进化等一系列进化问题②。原始思维学和思维演化学对于全面认识思维现象、开发

① 孟凯韬:《思维数学引论》,科学出版社1991年版。

② 丁峻:《思维进化论》,中国社会科学出版社2008年版。

思维功能具有重要意义。

抽象思维学、意象思维学、逻辑思维学、直觉思维学是按照两组对应的思维型式划分出来的理论思维学基础学科①。抽象思维与意象思维的区分,基于思维过程所运用的基元材料的差异。抽象思维亦称之为概念思维、理论思维,它所运用的基元材料,是由感觉、知觉、表象中抽象出来的概念。抽象思维的产物是新的概念以及由概念所构成的判断、理论或理论体系。意象思维又称之为形象思维、具象思维,它所运用的基元材料,是在感觉、知觉、表象基础上形成的反映事物直观状态的意象(image)。意象与表象(representation)的差别,在于表象只是客观事物状态(物象)的受动映象,而意象则是经人脑调整过的、寄予主体一定寓意的"赋值"映象,亦即在主体"心理建构"影响下形成的选择性表象。意象思维的产物,是新的意象以及由意象所构成的场景,如文学艺术典型、情节、画面、连续图案、具象的模型、图形等。逻辑思维与直觉思维的区分,基于思维结构(即思维的步骤、进程)程式化程度的不同。逻辑思维,是指思维过程具有较严格程序性、规范性的一类思维,主要用于证明、揭示事物的具体属性。直觉思维,是指思维过程不具有严格程序性、规范性的一类思维。直觉思维的某些阶段是在潜意识中进行的,其展开形式是直觉判断、想象,多出现于创造、发明过程。30多年来,抽象思维学、意象思维学、逻辑思维学、直觉思维学都出版了专门著作,关注这几门学科的研究者相对多一些,已经具备了良好的发展基础。

创造性思维学(创造思维学)、群体思维学、社会性思维学是按照其他思维类型划分出来的理论思维学分支学科。在《读秀知识库》中目前虽然仅能检索到5部以"创造性思维学"和"创造思维学"作为书名主题词的著作,但"创造性思维""创造思维"在中国是一个热度较高的学术研究论题。在《中国学术期刊(网络版)》中以"创造性思维""创造思维"

① 王续琨:《关于思维科学研究对象及若干基本概念的思索》,《延边大学学报(社会科学版)》1990年第1期。

作为检索词，各检出文献 5574 篇、765 篇，起始年份分别为 1981 年、1982 年(检索日期 2016 年 11 月 27 日)。群体思维学、社会性思维学分别以群体思维、社会性思维作为研究对象。相对于个体思维而言，群体思维、社会性思维有着不同的特点。群体思维学重点研究群体思维成果(如学术群体的学术观点、领导群体的决策意见等)的形成过程及其机理。社会性思维学重点研究社会性思维成果(如社会共同价值观、社会主流舆论等)的形成过程及其机理。思维能力学探讨思维能力的基本结构、评价原则、训练和提升机制等课题。认知科学哲学可以看作是思维科学哲学的近邻学科，其任务是对作为科学知识体系的认知科学进行哲学解析，探讨认知科学的哲学基础和本体论、认识论、方法论问题[①]。思维系统论运用系统论的思想研究思维活动、思维过程。

第Ⅴ学科门类包含逻辑哲学、逻辑科学史、逻辑科学哲学、元逻辑学、形式逻辑学、辩证逻辑学、概率逻辑学、模糊逻辑学、科学逻辑学、法律逻辑学、教育逻辑学、新闻逻辑学等，均属于逻辑学的分支学科。逻辑学“成建制”地归入思维科学之后，为了标示其学科门类的地位，可以称之为逻辑科学。逻辑哲学研究逻辑领域中的各种哲学问题，是逻辑科学与传统哲学相联系的桥梁。逻辑科学史习称逻辑史，是研究成果较多的一门分支学科。逻辑科学哲学的使命是对逻辑科学进行哲学解析的学科，可以视为思维科学哲学的近邻学科。严格意义的元逻辑学，探讨逻辑学的各种一般性、基础性问题，如逻辑科学的理论范式、研究方法、学科结构、演进态势、发展进路等，可以称之为逻辑科学学。目前阶段的元逻辑学，尚局限于研究形式逻辑系统的形式性质问题，有待于扩充研究疆域。形式逻辑学、辩证逻辑学、概率逻辑学、模糊逻辑学分别以形式逻辑、辩证逻辑、概率逻辑、模糊逻辑作为研究对象，其中历史最为悠久的形式逻辑学有较高的成熟度。

科学逻辑学[②]、法律逻辑学、教育逻辑学、新闻逻辑学等是一组应

① [英]罗姆·哈瑞：《认知科学哲学导论》，上海科技教育出版社 2006 年版；魏屹东等：《认知科学哲学问题研究》，科学出版社 2008 年版。

② 陈紫明：《科学逻辑学》，福建科学技术出版社 1991 年版。

用逻辑学学科,分别研究各个社会活动领域的逻辑问题。其中,研究立法、司法、执法、检察等法律活动的逻辑问题的法律逻辑学,研究成果最多,目前在《读秀知识库》中可以检出59部以"法律逻辑学"作为书名主题词的著作。另外,在《读秀知识库》中还检出其他一些应用逻辑学分支学科名称,如经济逻辑学[①]、艺术逻辑学、管理逻辑学、安全逻辑学、侦查逻辑学、医学逻辑学、诊断逻辑学等。应用逻辑学向越来越多的社会领域扩散,是逻辑科学发展的必然现象。值得注意的是,研究者需要观照应用逻辑学与应用思维学具有对应关系的一些分支学科。例如,科学逻辑学与科学思维学(科学研究方法学)、艺术逻辑学与艺术思维学(文艺创作方法学)、教育逻辑学与教育思维学、管理逻辑学与管理思维学、医学逻辑学与医学思维学等,这些对应学科具有共同的研究指向,研究思路、方法有所不同,研究成果互为补充,无须强求划定清晰的界限。

在图13.1所示的思维科学学科结构框图中,仅列入语言心理学、心理语言学、认知语言学等少数几门语言科学分支学科。思维与语言的关系,一直是哲学、语言科学的一个饶有兴味的话题。格奥尔格·黑格尔说:"思维形式首先表现和记载在人的语言里。"[②]马克思、恩格斯说:"语言是思想的直接现实。……在哲学语言里,思想通过词的形式具有自己本身的内容。"[③]思维离不开语言,语言是人类思维最有效的工具,这是我们大多数人对两者关系的基本共识。考虑到语言在人的社会交往和人类社会运行中的重要作用,笔者认为应该将语言科学完整地留给社会科学,从而更充分地从社会视角开展语言科学研究。同时,思维科学当然也要从思维工具的视角开展相关的语言研究,将语言科学作为同社会科学协同发展的中介,并且从特定的角度丰富语言科学的内容,推进语言科学的发展。

---

① 瞿麦生:《经济逻辑学导论》,人民出版社2013年版。

② [德]黑格尔:《逻辑学》上卷,杨一之译,商务印书馆1962年版,第二版序言第7页。

③ 马克思、恩格斯:《德意志意识形态》第一卷,《马克思恩格斯全集》第三卷,人民出版社1956年版,第525页。

三、思维科学学科的发展对策

在人类所创造的庞大科学知识体系中,自然科学、社会科学和思维科学是其中的三个基础科学部类。自然科学能够充分满足人类的生存和发展对物质世界的各种需求。社会科学能够帮助人类处理好参与社会活动所面临的各种关系,促进社会在物质文明的基础上不断提高精神文明、政治文明、社会文明、生态文明程度。思维科学能够使人类实现身心的和谐、全面发展,学会正确、有效地运用认识世界和改造世界的思维手段和工具,创造更多的科学知识。相比较而言,思维科学的确认时间较晚,成果积累较为单薄。筚路蓝缕,始创维艰。面对思维科学学科今后要走的“爬坡”之路,笔者提出以下几项发展对策。

1.强化部类内部学科之间的渗透

从整体上看,思维科学作为一个科学部类尚处于初期发展阶段,其内部散布着大量的新学科生长点。在图 13.1 思维科学学科结构框图中列出的学科以及一些没有列出的学科之间,存在着相互渗透、相互融合进而生成某些新学科的内在需求和环境条件。

20 世纪中期以来,研究人类神经活动的神经科学借助磁共振功能成像技术等先进的脑成像技术手段,能够直接观察受试者在思维或感知时大脑的活动模式,神经心理学、心理生理学、生理心理学等神经科学传统分支,同认知科学渗透融合,建立了认知神经科学的一系列分支学科,如认知神经心理学、认知心理生理学、认知生理心理学、认知神经生物学、神经计算科学等。这些学科的发展使认知神经科学领域充满了勃勃生机,为教育理论和教育实践活动提供了有关语言认知、数学认知、道德认知等方面的研究成果,为认知功能障碍和精神障碍的诊断、分类、矫治、预防提供有关阅读障碍、计算障碍、注意缺陷障碍、情绪障碍、社会认知障碍以及抑郁症、焦虑症、脑老化等疾病的研究成果。萌发于 19 世纪末的发展心理学,研究从动物心理到人类心理意识的演化发展历程。“资深”学科发展心理学的创新发展,受到了神经科学,特别是认知神经科学的支持。20 世纪 90 年代,认知神经科学同发展心理学渗透融合，促成发展认知神经科学的创生。1997 年，美国神经科学家马克·约翰逊（Mark H. Johnson）出版《发展认知神经科学》一书。发展认知神经科学的分支学科，包括发展认知神经心理学、发展认知心理病理学等①。认知神经科学通常关注正常的认知功能，发展认知神经科学侧重于研究异常的认知发展，关注神经与认知发展的关系，两者由此形成了一种互补关系。

在思维科学的学科门类之间，在每个学科门类内部，都有学科与学科之间发生理论渗透、方法移植的可能性。例如，归类于应用思维学的创造学，在建立了创造心理学之后，还可以同归属于心理科学的比较心理学、社会心理学、思维心理学等相互渗透，建立比较创造心理学、创造社会心理学、创造思维心理学等第二层级边缘分支学科。正处于萌发状态的思维能力学，在其初生阶段有可能同归类于理论思维学的抽象思维学、意象思维学、逻辑思维学、直觉思维学、创造性思维学、群体思维学和归类于应用思维学的计算思维学、医学思维学、管理思维学、军事思维学、教育思维学等相互渗透，衍生出抽象思维能力学、意象思维能力学、逻辑思维能力学、直觉思维能力学、创造性思维能力学、群体思维能力学和计算思维能力学、医学思维能力学、管理思维能力学、军事思维能力学、教育思维能力学等第二层级边缘分支学科，从能力评价的角度深化对各种思维类型的研究。这些分支学科在形成过程中还有可能同思维测量学相渗透，既丰富了自身的研究内容，又为思维测量学扩展了应用范围。

2.强化部类内外学科之间的交汇

思维科学的分支学科在形成或生成的过程中，始终同哲学科学、数学科学、系统科学、自然科学、社会科学各个科学部类和交叉科学中的管理科学、体育科学等学科门类保持着密切的联系。思维哲学、逻辑哲学、认知科学哲学等是沟通思维科学与哲学科学的桥梁，思维数学、计

① [美]马克·约翰逊：《发展认知神经科学》，徐芬译，北京师范大学出版社 2007 年版，第一版序言第 3 页。

算思维学等是沟通思维科学与数学科学的桥梁，处于创生阶段的思维系统论[①]、认知信息论、认知控制论等是联系思维科学与系统科学的边缘学科，科学研究方法学、社会性思维学、管理思维学、体育思维学等是联系思维科学与自然科学、社会科学、交叉科学的边缘学科。

在未来的演进发展进程中，思维科学仍将与其他科学部类相扶相依，携手共进。马克思说："人的思维是否具有客观的真理性，这不是一个理论的问题，而是一个实践的问题。人应该在实践中证明自己思维的真理性，即自己思维的现实性和力量，自己思维的此岸性。"[②]思维的真理性需要实践来证明，思维科学的演进需要各个社会实践领域、各个科学领域的有效思维成果来支撑。各个科学领域的思维成果为思维科学研究提供了不可或缺的例证，从而也为思维科学的分化延展创设了活跃的生长点。因此，思维科学学科与其他科学部类学科之间的交汇融合，是科学知识体系演化过程中的一种必然现象。

近年来，哲学科学、社会科学领域出现了一系列思维科学分化延展的线索。20 世纪 90 年代初，教育思维学在中国进入初创时期[③]。20 多年来，在教育实践需求的拉动下，教育思维学已经形成和正在形成教学思维学、物理教学思维学[④]、德育思维学（思想政治教育思维学）等第二层级边缘分支学科。传统的道德研究，主要探讨道德观念、道德修养、道德行为、道德实践、道德教育、道德评价等问题。有学者认为，人形成自己的道德意识，激发自己的道德需求，启动自己的道德动力系统，都是在道德思维的指导下完成的[⑤]。研究人们在道德实践中的思维活动，是道德研究的新视角，也是思维研究的新开拓。这个研究方向，为边缘学科道德思维学的建立创造了重要契机。

---

① 王颖：《大系统思维论》，中国青年出版社 2001 年版。

② 马克思：《关于费尔巴哈的提纲》，《马克思恩格斯选集》第一卷，人民出版社 1995 年版，第 55 页。

③ 施羽尧：《教育思维学》，黑龙江教育出版社 1990 年版。

④ 朱铁成：《物理教学思维学》，吉林教育出版社 1996 年版。

⑤ 唐凯麟：《黄富峰〈道德思维论〉序》，《道德思维论》，中国社会科学出版社 2003 年版，序第 1 页。

在数学科学领域，数学思维学是一个值得特别关注的学科生长点。数学思维学研究数学研究和数学教学中的思维活动，其主要内容包括数学思维特征、结构、过程、模式、策略等①。尽管现在尚未出现"数学思维学"这个学科名称，但中国学者对于"数学思维"的研究已经有了很厚实的成果积累。在《中国学术期刊(网络版)》中，可以检索到1444篇以"数学思维"作为篇名主题词的文献，起始年份为1982年(检索日期2016年10月31日)，2012年以来的文献年产出量为100篇以上。数学思维学与正在创建的计算思维学，构成近邻互补关系。数学思维学有可能建立的分支学科包括数学分析思维学、小学数学思维学、中学数学思维学、数学思维教育学等。在自然科学领域，思维科学分化延展的线索主要有自然科学逻辑学、自然科学研究方法学、物理思维学②、地球科学思维学等。在交叉科学领域，思维科学分化延展的线索则有地理思维学、军事思维学③、安全思维学、设计思维学、思维生态学等。

3.强化思维科学元研究

思维科学元研究是指对各种元问题的研究，包括思维科学的对象范围、科学定位(科学学科关联)、理论范式、研究方法、学科结构(分支学科)、应用领域、演进态势、发展环境、发展思路、国际比较、代表人物和学派述评、重要文献述评、课程教学、学术队伍等。思维科学学是思维科学元研究成果的学科化集结，是思维科学自我认知的产物。

思维科学元研究在"思维科学"之名提出之时就已经开始，倡导创建思维科学的第一篇文献就是思维科学元研究的第一篇文献④。笔者在《中国学术期刊(网络版)》中以"思维科学""思维学"作为检索词进行"篇名"检索，分别检出277篇、136篇文献。表13.2列出2015年以前的274篇"思维科学"研究文献和135篇"思维学"研究文献的年度发表量统计结果。

---

① 任樟辉:《数学思维论》,广西教育出版社1990年版。
② 田世昆、胡卫平:《物理思维论》,广西教育出版社1996年版。
③ 毕文波、严高鸿主编:《军事思维学前沿问题研究》,军事科学出版社2005年版。
④ 钱学森:《自然辩证法、思维科学和人的潜力》,《哲学研究》1980年第4期。

表 13.2 "思维科学""思维学"研究期刊文献的年度发表量统计(1980—2015 年)

年份	1980	1981	1982	1983	1984	1985	1986	1987	1988	1989	1990	1991
"思维科学"文献	1	4	1	2	4	17	11	6	12	6	10	5
"思维学"文献	0	1	0	0	2	5	3	2	3	5	6	2
年份	1992	1993	1994	1995	1996	1997	1998	1999	2000	2001	2002	2003
"思维科学"文献	7	2	11	12	8	6	7	9	5	7	19	15
"思维学"文献	2	3	6	5	8	10	7	3	2	3	6	6
年份	2004	2005	2006	2007	2008	2009	2010	2011	2012	2013	2014	2015
"思维科学"文献	6	11	8	5	10	7	7	12	5	8	3	5
"思维学"文献	5	7	4	6	0	6	1	6	0	3	2	5

检索日期:2016 年 11 月 1 日。

"思维科学"研究文献的数量,可以表征思维科学元研究的基本规模和活跃程度;"思维学"研究文献的数量,可以表征思维科学分支学科元研究的基本规模和活跃程度。由表 13.2 可见,思维科学元研究 30 多年来没有出现中断,表明中国学术界对作为新科学部类的思维科学已经形成较高的认同度。然而,文献数量偏少,则表明思维科学元研究的基本规模偏小,活跃程度偏低。检视思维科学元研究文献篇名可知,关于思维科学研究队伍建设、思维科学课程建设、思维科学和分支学科的发展路径、心理科学和逻辑科学纳入思维科学框架后的发展策略等问题,都缺乏相应的研究。

思维运动是一种比自然界物质运动、社会运动更为复杂的运动形式,因此思维科学研究的"难度系数"必然更高。新兴科学部类思维科学的成长,期待着有更多的研究者加入思维科学元研究行列,期待着尽快填补思维科学元研究的一些空白,尽早出现以"思维科学学"作为篇名、题名的文献,对思维科学元研究的已有成果进行全面的学科化梳理。

4.强化思维科学研究队伍建设

思维科学领域能不能出数量多、水平高的研究成果,最终取决于人力资源因素。没有一支相对稳定、结构合理、勇于探索、思想活跃的研究队伍，就无法保证思维科学的健康、有序、可持续发展。20 世纪 80 年代初以来，思维科学在中国经历了艰难的起步期，30 多年来一直处于不温不火的生存状态。这种情况，同研究队伍不齐整有着直接的关系。

举办系列学术会议，组建学术团体，创办学术期刊，是交流研究成果、聚合研究队伍的重要途径。1984 年、1985 年，先后在北京、哈尔滨召开了两届全国思维科学专题讨论会，此后全国性的思维科学学术会议便出现了中断。中国思维科学学会筹备组于 1984 年成立，学会至今也没有组建起来。1984 年创办的内部刊物《思维科学通讯》季刊，每期刊发 4—6 篇文稿，一直没有公开发行，其影响面、影响力十分有限。思维科学领域至今还没有公开发行的专门刊物，这同思维科学作为科学部类的地位是不相称的。

由于思维科学还没有在《中华人民共和国国家标准 · 学科分类与代码》《学位授予和人才培养学科目录》中占有一席之地，思维科学研究者都属于来自于其他科学领域的"志愿者"。在思维科学没有被"体制"规范所接纳的背景下，强化思维科学研究队伍建设，必须从教育抓起。

首先，充分利用思维科学与各个科学部类存在广泛联系的方便条件，在各级各类学校中开设各种同思维、思维科学有关的课程，在各门基础课程、专业课程中添加同思维、思维科学有关的内容。例如，在小学、中学开设数学思维游戏、语文思维练习、科学思维演练等课程；在高等学校，为文科类学生开设意象思维学（形象思维学）、文艺创作方法学、社会科学逻辑学、创造性思维学等课程，为工科类学生开设科学研究方法学、科学逻辑学、创造性思维学等课程。在高等学校开设思维科学类课程，一方面可以通过编写教材、讲授课程为思维科学集聚研究力量，另一方面又可以在学生中播撒思维科学的学术种子。

其次，鼓励硕士研究生、博士研究生从相关学科的视角关注思维研究，以同思维科学相关的内容作为学位论文的选题方向。在"中国知网"的《中国优秀博硕士学位论文全文数据库》中，笔者检索到 3368 篇以“思维”作为题名主题词的硕士、博士学位论文，涉及 37 个学科、专业（检索日期 2016 年 11 月 1 日）。其中学位论文数超过 100 篇的 8 个学科、专业是课程与教学论（883 篇）、设计艺术学（169 篇）、外国语言学及应用语言学（163 篇）、英语语言文学（133 篇）、教育技术学（132 篇）、马克思主义哲学（132 篇）、音乐学（132 篇）、教育学原理（101 篇）。令人感到遗憾的是，目前仅检索到 3 篇以“思维科学”作为题名主题词的硕士学位论文。今后，对思维科学有所了解的研究生指导教师，可以有意识地引导对思维科学有兴趣的硕士研究生、博士研究生做“思维学”“思维科学”文章。涉足思维研究的研究生，将是思维科学研究队伍的高层次后备人力资源。

第十四章 系统科学学科概览

系统是由若干相互联系、相互作用的要素所组成的具有特定功能的有机整体。系统科学是研究系统的所有学科的统称，是一个以自然界、社会和思维领域各种运动形式的共同方面作为研究对象的方法性横向科学部类。整个世界都是系统和系统的集合，因此系统科学的原理和方法，不仅向自然科学、社会科学、思维科学、交叉科学的各个领域全面渗透，而且有效地运用于社会活动的各个方面。

一、系统思想的演进和系统科学的孕育

系统思想起源于古代，古希腊思想家曾提出“秩序”“组织”“整体”“部分”等概念，用之于认识世界。古希腊哲学家、朴素辩证法的奠基人赫拉克利特(Heraclitus，约公元前540—约前480)，认为火是世界的本原，整个世界是一团永恒的活火，按一定的规律燃烧和熄灭；世界是包括一切的整体，世上的万事万物都处于火的燃烧或熄灭的不同程度、不同阶段上。“这个世界对一切存在物都是同一的，它不是任何神所创造的，也不是任何人所创造的；它过去、现在和未来永远是一团永恒的活火，在一定的分寸上燃烧，在一定的分寸上熄灭。”[①]他还认为，“互相排斥的东西结合在一起，不同的音调造成最美的和谐；一切都是斗争所产生的。”“自然也追求对立的东西，它是从对立的东西产生和谐，而不是从相同的东西产生和谐。……艺术也是这样造成和谐的，显然是由

① 《古希腊罗马哲学》，北京大学哲学系外国哲学史教研室编译，生活·读书·新知三联书店1957年版，第21页。

于模仿自然。”[①]赫拉克利特不仅提出了系统思想的核心理念——世界的整体性存在方式，而且还指出和谐来自于对立因素的相互作用。“赫拉克利特在某个地方说：一切皆流，无物常住；他把万物比作一道川流，断言我们不能两次走下同一条河。”[②]对立产生和谐、一切都在流动变化的辩证法思想，包含了复杂性观念的萌芽。

古希腊学术成果的集大成者亚里士多德（Aristotle，公元前 384—前 322）认为，不同等级事物间的区别同样会表现在这些事物的部分与整体的关系中。他在《形而上学》一书中指出：“一个手不是任何的或每一个状态下都是人的一部分，而只有当它能实现它的功能的时候，从而只有当它是活的时候[才是人的一个部分]；如果它不是活的，它就不是一个部分。”[③]亚里士多德主张，越是复杂性程度高的事物，其整体性质先于部分性质的特征越是明显。部分离不开整体，若干个部分通过相互作用而形成具有整体性质的复杂性事物。美籍奥地利裔生物学家、一般系统论奠基人路德维希·冯·贝塔朗菲（Ludwig von Bertalanffy，1901—1972）根据亚里士多德的相关观念，概括出“整体大于部分之和”的整体性思想，并将这个观点当作系统思想的最高原则。他在《普通系统论的历史和现状》（1972 年）一文中说：“亚里士多德的世界观及其固有的整体论和目的论的观点就是这种宇宙秩序的一种表达方式。亚里士多德的论点‘整体大于它的各部分的总和’是基本的系统问题的一种表述，至今仍然正确。”[④]

中国古代典籍中虽然没有出现现代意义的“系统”概念，但包含着非常丰富的系统思想。成书于公元前 11 世纪至公元前 5 世纪之间的《周易》，是中国传统思想文化的主要源头。《周易》承续远古以来的阴

---

① 《古希腊罗马哲学》，北京大学哲学系外国哲学史教研室编译，生活·读书·新知三联书店 1957 年版，第 19 页。

② 《古希腊罗马哲学》，北京大学哲学系外国哲学史教研室编译，生活·读书·新知三联书店 1957 年版，第 17 页。

③ [古希腊] 亚里士多德：《形而上学》，李真译，上海人民出版社 2005 年版，第 217 页。

④ [美] L.V.贝塔朗菲：《普通系统论的历史和现状》，《科学学译文集》，中国社会科学院情报研究所编译，科学出版社 1980 年版，第 305 页。

阳概念，用阴爻和阳爻两种符号或两个要素，构建了“太极生两仪、两仪生四象、四象生八卦”的完整体系，描述世间万物的发展、演化、变易的机理和规律。八卦代表八种基本物象，总称为经卦。以八个经卦中的两个为一组进行排列组合，则构成六十四卦。两个要素各种排列组合所构成的不同卦象，可以表达事物的层次性和不同的有序性程度。六十四卦的排列，透露出明显的层次性：宇宙中先有天地（干卦、坤卦），随之混沌初开、万物萌生（屯卦、蒙卦），然后供给万物生长所需之物（需卦），排在最后的既济卦、未济卦表明事物发展无穷无尽，没有终止。如此以来，世界就是由一对基本矛盾关系所规定的有层次的整体，是动态的循环演化的整体。

春秋时期的思想家老子（约公元前571—约前471）对世界的整体性、统一性有进一步的阐发。他说：“有物混成，先天地生。寂兮寥兮，独立而不改，周行而不殆，可以为天地母。吾不知其名，强字之曰‘道’，强为之名曰‘大’。大曰逝，逝曰远，远曰反。”（《道德经·二十五章》）老子认为“道”存在于天地之间，它无形无声，循环运行而永不衰竭，可以作为万物的根本；“道”广大无边而运行不息，而伸展遥远，进而返回本原。他还说：“道生一，一生二，二生三，三生万物。万物负阴而抱阳，冲气以为和。”（《道德经·四十二章》）世间万物有同一个来源，“人法地，地法天，天发道，道法自然”（《道德经·二十五章》），“道”以自然为本性。老子以有与无、始与母、难与易、长与短、高与下、阴与阳的对立统一关系来表达自然界的统一性。

在阴阳学说兴起之后，中国古代还出现了具有朴素唯物主义特征的五行学说。五行学说认为，宇宙间的万事万物都由金、木、水、火、土五种基本物质及其运行和变化所构成。五行学说通过五行相生相克的基本原理，同样在整体上描绘了事物的结构关系和运动形式。公元前3世纪前后，阴阳学说和五行学说渐趋合流，形成阴阳五行学说。按照阴阳五行学说的解释，世界之初，天地混沌，一片模糊，是为太极；太极一分为二，轻清上升之气为天、为阳，重浊下降之气为地、为阴；由两仪生出四象，对应于空间是东南西北四方，对应于时间是春夏秋冬四季，对应的五行是水火木金，而土则为太极直接下降而成，其方位居于中央，时间上对应于四季末，这样就产生了五行。阴阳五行学说是对自然界基本状态的模拟，认为阴阳两种相反的气是天地万物的源泉；事物的阴阳两面互相依存、交替推移，两者有时互为消长盛衰，如白天为阳盛阴衰，黑夜为阴盛而阳衰；世界万物的产生、运动、变化、发展，都离不开阴阳五行的相互作用、相互制约、相互影响。

中国传统医学是阴阳五行学说的主要应用领域。中医运用阴阳属性和水、火、木、金、土五类物质的生克制化规律，认识、解释自然界的系统结构和方法论，建立其自身的基本理论，用以解释人体的组织结构、生理功能、病理变化、人体内脏之间的相互关系、脏腑组织器官的属性、运动变化以及人体与外界环境的关系。中医主张将自然现象、生理现象、精神活动三者结合起来考察疾病的根源，运用整体的观点和方法分析病因、诊断病情、确定治疗方案。中医理论的奠基著作《黄帝内经》(包含《灵枢》《素问》两部分)，是现存最早的中国医书。《黄帝内经》据说起源于轩辕黄帝，代代口耳相传，大约在战国后期、西汉初年经医家、医学理论家的整理修补，最终成书。《黄帝内经》认为人的五脏六腑等十二官是一个有机整体，人的器官各有不同功能，它们既相互区别，又有密切联系，人的任何一部分器官发生病变，都会影响到其他部分，而全身的状况必然影响局部的病理变化，所以说“五脏，主藏精者也，不可伤，伤则失守而阴虚，阴虚则无气，无气则死矣。”(《灵枢・本神第八》)人生活在自然界和一定社会环境之中，外部环境的变化对人的健康可能产生或强或弱、或大或小的影响，例如四季气候的变化都有正常规律，若气温反常，或者人不能适应季节和地区环境的变化，就会引起疾病。因而，《黄帝内经》提出了“人与天地相参也，与日月相应也”(《灵枢・岁露论第七十九》)的观点，即“人天相应”的养生原理和医疗原则。

公元 5 世纪下半叶至 15 世纪下半叶，欧洲经历了中世纪长达 1000 年的漫漫长夜，学术研究的凋敝导致系统思想的中断和系统观的缺失。16 世纪，初兴的近代自然科学学科，如力学、物理学、天文学、地质学、生物学等，着力于搜集事实材料。17 世纪至 18 世纪，自然科学进入以分析方法为主导的分析科学时代,各门学科专注于细节研究,只见树木,难见森林,造成自然科学世界图景的缺陷。"18 世纪上半叶的自然科学在知识上,甚至在材料的整理上大大超过了希腊古代,但是在观念地掌握这些材料上,在一般的自然观上却大大低于希腊古代。"①

前期近代自然科学虽然不能引申出宏观的系统思想,但却可能看到微观的系统思想在某些学科、某些理论中的闪光。力学是近代以后最先发展起来的自然科学基础学科,得到数学家的极度青睐。法国数学家、哲学家让·勒朗·达朗贝尔(Jean Le Rond d'Alembert,1717—1783)首先将微分法引入力学,于 1743 年提出了动力学的一项基本定律。这项后来被称为达兰贝尔原理,其现代表述为:在质点运动的任一瞬时,作用于质点上的主动力、约束反力和惯性力互相平衡。达兰贝尔原理研究的对象非自由质点,实际上是由受力体、施力体两大要素构成的系统。这两大要素可以由下一个层次的要素组成,亦即受力体和施力体既共构系统又自成系统。面对复杂问题(如机器动力学问题)时,简单分解、简单相加的方法难以奏效。达兰贝尔抛弃了机械分解的做法,把受力体和施力体作为整体系统来考察:虽然子系统处于力的非平衡状态,但对于确定的问题来说,整个大系统却能提供使子系统在逻辑上平衡的力——惯性力。惯性力是当物体受力而改变运动状态时由于物体的惯性引起的对外界抵抗的反作用力,它作用于施力物体上。当把惯性力由施力体假想地虚加到受力体上时,非自由质点就逻辑地处于力的平衡状态。系统方法的整体性思想、相互联系原则,都在达兰贝尔原理中得到了具体运用②。

可以认为,达兰贝尔原理的提出,得益于达兰贝尔的哲学素养。曾与达兰贝尔合作主编《科学、艺术和工艺百科全书》(简称《百科全书》)的法国启蒙思想家、哲学家德尼·狄德罗(Denis Diderot,1713—1784),在其著作中也阐释了丰富的系统思想。狄德罗涉猎多个学术领

① 恩格斯:《自然辩证法》,《马克思恩格斯选集》第四卷,人民出版社 1995 年版,第 265 页。

② 张忠伦:《达兰贝尔原理中的系统思想》,《东北林业大学学报》1986 年增刊第 2 期。

域，知识面开阔，从18世纪40年代开始，主持《百科全书》的编纂工作长达20年多年，亲手编定正篇28卷（含文字本17卷、图册11卷）。狄德罗的主要哲学著述有《哲学思想录》（1746年）、《对自然的解释》（1753年）、《达朗贝尔和狄德罗的谈话》（1769年）、《关于物质和运动的哲学原理》（1770年）、《哲学思想录增补》（1770年）等。在《对自然的解释》这部颇具科学哲学意味的著作中，他数十次使用了“系统”概念。狄德罗指出，宇宙是“人类理智能给自己提出的最大的对象；这就是自然的无所不包的系统”①，“这是一个整体，其中各个元素是有秩序地排列着”②。他将宇宙视为一个弹性物体，认为宇宙系统是有层次结构的，“在宇宙的一般系统或弹性体中，组成成分的数目总是如此之大”③，“一个混合的弹性体”可能是“由两个或好几个系统合成的系统”④。他多次以动物、人为例，说到动物是“一个全体！一个完整的系统，它对于它的完整性是有意识的”⑤。动物和人的知觉不是各个部分知觉的简单加和，“聚集并组合在一起的元素的知觉，就会得到一个唯一的知觉，和质量及结构成比例；而在这一知觉的系统中，每一元素将失去其本身的记忆而共同来形成全体的意识，这一知觉的系统就是动物的灵魂。”⑥这里已经十分清晰地表述了系统整体的功能大于局部功能之和的含义。

由伊曼努尔·康德（Immanuel Kant，1724—1804）开创、格奥尔格·黑格尔（Georg W. F. Hegel，1770—1831）集大成的德国古典哲学，

① [法]狄德罗：《对自然的解释》，《狄德罗哲学选集》，江天骥、陈修斋、王太庆译，商务印书馆1997年版，第93页。

② [法]狄德罗：《对自然的解释》，《狄德罗哲学选集》，江天骥、陈修斋、王太庆译，商务印书馆1997年版，第96页。

③ [法]狄德罗：《对自然的解释》，《狄德罗哲学选集》，江天骥、陈修斋、王太庆译，商务印书馆1997年版，第78页。

④ [法]狄德罗：《对自然的解释》，《狄德罗哲学选集》，江天骥、陈修斋、王太庆译，商务印书馆1997年版，第79—80页。

⑤ [法]狄德罗：《达兰贝尔的梦》，《狄德罗哲学选集》，江天骥、陈修斋、王太庆译，商务印书馆1997年版，第139页。

⑥ [法]狄德罗：《达兰贝尔的梦》，《狄德罗哲学选集》，江天骥、陈修斋、王太庆译，商务印书馆1997年版，第97页。

为系统思想的复兴和传续做出了重要贡献。康德把知识理解为一种有秩序、有层次、由一定要素组成的统一整体,从哲学的视角提出了人类知识的系统性问题。黑格尔在坚信世界整体性的基础上,对系统观念做了多方面的阐发。他赞同德国文学家、思想家约翰·冯·歌德(Johann W. von Goethe,1749—1832)的观点:“自然没有核心,也没有外壳,一切都是内外不可分的整体。”(《自然科学的愤激的呼吁》)①黑格尔反复强调把哲学、科学和真理作为有机的科学系统加以考察的重要性。在谈到哲学、哲学史时,他指出:“哲学是在发展中的系统,哲学史也是在发展中的系统;这就是哲学史的研究所必须阐明的主要之点或基本概念。”②从历时态的角度看,不同时期的哲学是相互联系的,“我们的哲学,只有在本质上与前此的哲学有了联系,才能够有其存在,而且必然地从前此的哲学产生出来。”③“前此的哲学”其实就是整体哲学系统的部分或要素。从共时态的角度看,“哲学的每一部分都是一个哲学全体,一个自身完整的圆圈。但哲学的理念在每一部分里只表达出一个特殊的规定性或因素。每个单一的圆圈,因它自身也是整体,就要打破它的特殊因素所给它的限制,从而建立一个较大的圆圈。因此全体便有如许多圆圈所构成的大圆圈。”④“单一的圆圈”“较大的圆圈”“大圆圈”表征着哲学系统的不同层次。在谈到真理、知识时,黑格尔指出:“真理的要素是概念;真理的真实形态是科学系统。”⑤“真理存在的真实形态,只能是真理的科学系统。”⑥“知识只有作为科学,或者作为

---

① [德]黑格尔:《小逻辑》,贺麟译,商务印书馆 1980 年版,第 290 页。

② [德]黑格尔:《哲学史讲演录》第一卷,贺麟、王太庆译,商务印书馆 1959 年版,第 33 页。

③ [德]黑格尔:《哲学史讲演录》第一卷,贺麟、王太庆译,商务印书馆 1959 年版,第 9 页。

④ [德]黑格尔:《小逻辑》,贺麟译,商务印书馆 1980 年版,第 56 页。

⑤ [德]黑格尔:《精神现象学》,《十八世纪末——十九世纪初德国哲学》,北京大学哲学系外国哲学史教研室编译,商务印书馆 1960 年版,第 197 页。

⑥ [德]黑格尔:《精神现象学》,《十八世纪末——十九世纪初德国哲学》,北京大学哲学系外国哲学史教研室编译,商务印书馆 1960 年版,第 200 页。中文版《精神现象学》上卷(贺麟、王玖兴译,商务印书馆 2011 年版,第 4 页),将这句话翻译为:“只有真理存在于其中的那种真正的形态才是真理的科学体系。”

系统，才是现实的，才能够表述出来"①。在黑格尔看来，系统是哲学、哲学史、真理、科学、知识的存在形式。

马克思、恩格斯在批判继承德国古典哲学的过程中，对黑格尔及其哲学成就给予了极高的评价，马克思认为黑格尔"第一个全面地有意识地叙述了辩证法的一般运动形式"②，恩格斯赞誉黑格尔是"第一个想证明历史中有一种发展、有一种内在联系的人"③。马克思、恩格斯对黑格尔的系统思想做了精彩的概括，进而在唯物主义的立场上发展了黑格尔的系统思想。恩格斯说："在这个体系中，黑格尔第一次——这是他的伟大功绩——把整个自然的、历史的和精神的世界描写为一个过程，即把它描写为处在不断的运动、变化、转变和发展中，并企图揭示这种运动和发展的内在联系。"④"黑格尔哲学的革命方面"，形成"一个伟大的基本思想，即认为世界不是一成不变的事物的集合体，而是过程的集合体"⑤。

马克思、恩格斯创立的辩证唯物主义，是现代系统科学方法论的一个重要思想来源。马克思、恩格斯运用系统的观点观察世界，辨识问题、分析问题、解决问题，提出了建立在系统观念基础上的自然观、历史观、社会观、经济观、发展观。马克思在其著作中多次使用了"系统""有机系统""系统发展为整体性"等概念。在分析生产及其与分配、交换、消费的关系时，他清晰地阐释了系统具有整体性特征、系统整体与要素

---

① ［德］黑格尔：《精神现象学》，《十八世纪末——十九世纪初德国哲学》，北京大学哲学系外国哲学史教研室编译，商务印书馆 1960 年版，第 211 页。中文版《精神现象学》上卷（贺麟、王玖兴译，商务印书馆 2011 年版，第 16 页），将这句话翻译为："知识只有作为科学或体系才是现实的，才可以被陈述出来"。

② 马克思：《资本论》第一卷，《马克思恩格斯选集》第二卷，人民出版社 1995 年版，第 112 页。

③ 恩格斯：《卡尔·马克思〈政治经济学批判。第一分册〉》，《马克思恩格斯选集》第二卷，人民出版社 1995 年版，第 42 页。

④ 恩格斯：《反杜林论》，《马克思恩格斯选集》第三卷，人民出版社 1995 年版，第 362 页。

⑤ 恩格斯：《路德维希·费尔巴哈和德国古典哲学的终结》，《马克思恩格斯选集》第四卷，人民出版社 1995 年版，第 244 页。

之间和不同要素之间存在着相互作用等思想。他说:“在生产本身中发生的各种活动和各种能力的交换,直接属于生产,并且从本质上组成生产。”“一定的生产决定一定的消费、分配、交换和这些不同要素相互间的一定关系。当然,生产就其单方面来说也决定于其他要素。”“不同要素之间相互作用。每一个有机整体都是这样。”[①]恩格斯在分析自然界的辩证性质时指出:“我们所接触到的整个自然界构成一个体系,即各种物体相联系的总体”,“宇宙是一个体系,是各种物体相互联系的总体”[②]。这个“体系”或“总体”,就是“自然系统”“宇宙系统”。19世纪中叶前后,自然科学家获得了细胞学说、能量守恒与转化定律、生物进化论三项重大发现和其他重要成果,深刻地揭示了自然界中各种事物和运动形式之间的普遍联系。在这样的背景下,恩格斯又指出:“由于这三大发现和自然科学的其他巨大进步,我们现在不仅能够说明自然界中各个领域内的过程之间的联系,而且总的说来也能说明各个领域之间的联系了,这样,我们就能够依靠经验自然科学本身所提供的事实,以近乎系统的形式描绘出一幅自然界联系的清晰图画。”[③]

19世纪下半叶至20世纪初,一方面由于哲学中的系统思想向自然科学、社会科学领域的渗透和扩散,另一方面由于自然科学家、社会科学家在自身科学研究中的感悟,系统思想在许多科学学科中受到前所未有的重视并得以具体运用。在语言学领域,瑞士语言学家费尔迪南·德·索绪尔(Ferdinand de Saussure,1857—1913)提出了具有广泛影响的语言系统观。在代表作《普通语言学教程》(1916年)一书中,索绪尔反复强调语言是一个系统的观点。“语言是一种表达观念的符

① 马克思:《〈政治经济学批判〉导言》,《马克思恩格斯选集》第二卷,人民出版社1995年版,第16—17页。

② 恩格斯:《自然辩证法》,《马克思恩格斯选集》第四卷,人民出版社1995年版,第347页。

③ 恩格斯:《路德维希·费尔巴哈和德国古典哲学的终结》,《马克思恩格斯选集》第四卷,人民出版社1995年版,第246页。

号系统"[①]。"语言是一种纯粹的价值系统,除它的各项要素的暂时状态以外并不决定于任何东西。"[②]他讨论了语言系统内部要素之间的关系:"语言是一个系统,它的任何部分都可以而且应该从它们共时的连带关系方面去加以考虑。"[③]"语言既是一个系统,它的各项要素都有连带关系,而且其中每项要素的价值都只是因为有其他各项要素同时存在的结果"[④]。同时,他也讨论了语言作为系统与社会事实的关系:"符号的任意性又可以使我们更好地了解为什么社会事实能够独自创造一个语言系统。"[⑤]另外,他还论及语言系统的整体性、动态性特征等。他认为,"系统永远是暂时的,会从一种状态转变为另一种状态。"[⑥]

20 世纪初,学者们在看到分析方法局限性的背景下,越来越向体现整体性理念的综合方法、系统方法靠近。这一时期陆续出现的一些科学理论、学派,如物理学中的场论、量子力学中的测不准关系原理、心理学中的格式塔学派、生物学中的整体主义思潮等,都为系统科学的兴起提供了坚实而丰厚的学术热土。

二、系统科学主要分支学科的兴起历程

15 世纪下半叶起步的近代科学,经过 3 个多世纪的演进发展,经历了搜集科学事实的阶段,成功地运用分析方法,对客观世界的各个方面都有了较全面、较具体的认识。进入 20 世纪,自然科学沿着微观和

① [瑞士]费尔迪南·德·索绪尔:《普通语言学教程》,高名凯译,商务印书馆 1980 年版,第 37 页。

② [瑞士]费尔迪南·德·索绪尔:《普通语言学教程》,高名凯译,商务印书馆 1980 年版,第 118 页。

③ [瑞士]费尔迪南·德·索绪尔:《普通语言学教程》,高名凯译,商务印书馆 1980 年版,第 127 页。

④ [瑞士]费尔迪南·德·索绪尔:《普通语言学教程》,高名凯译,商务印书馆 1980 年版,第 160 页。

⑤ [瑞士]费尔迪南·德·索绪尔:《普通语言学教程》,高名凯译,商务印书馆 1980 年版,第 159 页。

⑥ [瑞士]费尔迪南·德·索绪尔:《普通语言学教程》,高名凯译,商务印书馆 1980 年版,第 128 页。

宏观两个维度向纵深发展，科学学科分化越来越细，同时，科学综合的要求也越来越强烈。科学技术正在进入一个新的更高级的综合阶段，不仅需要揭示了事物之间的纵向联系，而且需要揭示事物之间的横向联系。一般系统论、控制论、信息论作为系统科学的三门基础性先导学科，就是在这样的背景下孕育和兴盛起来的。

具有基础导向性质的一般系统论，萌生于生物学领域。20 世纪 20 年代，一些生物学家、哲学家针对生物学研究中长期盛行的机械论观点和分析方法，提出了“机体”概念，主张将生命有机体看作“有机系统”。路德维希·冯·贝塔朗菲 1926 年在维也纳大学获得博士学位后留校任教，1928 年出版《现代发育理论》一书，述评当时流行的各种生物学理论思潮，显露了他的有机论生物学观点。在随后出版的《理论生物学》第一卷（1932 年）等著作中，他运用机体系统论的生物学研究方法，把协调、秩序和目的性等概念和数学模型应用于有机体的研究，主张将有机体作为一个整体或系统，用生物与环境相互关系的观点来说明生命现象的本质，从而解释以往机械论所无法解释的生命现象。1937 年，贝塔朗菲来到美国进行学术访问，在芝加哥大学的系列讲座中提出“一般系统论”（general system theory，又译为“普通系统论”[①]）概念，初步构思了一般系统论的学科框架。1945 年，他在《德国哲学周刊》上发表《关于一般系统论》一文。此文被视为一般系统论进入创生阶段的起点。由于战争的影响，《关于一般系统论》一文并没有引起很多人的注意。贝塔朗菲 1947 年在美国讲学时再次提出一般系统论的相关问题。他于 50 年代发表和出版《物理学和生物学中的开放系统理论》（1950 年）、《生命问题——对现代生物思潮的评价》（1952 年）、《流动平衡态生物物理学》（1953 年），1955 年出版一般系统论的奠基性著作《一般系统论》。1954 年，贝塔朗菲任加里福尼亚州斯坦福行为科学研究中心研究员，与经济学家肯尼思·博尔丁（Kenneth E. Boulding，1910—1993）、生物数学家阿纳托尔·拉波波特（Anatol Rapoport，

① 作为学科名称的“一般系统论”，在很多场合下被简化为“系统论”。

1911—2007)、神经生理学家拉尔夫·杰拉德(Ralph W. Gerard, 1900—1974)共同发起,组建了一般系统论学会(后改名为一般系统论研究会),出版会刊《行为科学》,编辑出版《一般系统年鉴》,用以汇集一般系统论领域每年发表的重要论文。

20世纪60年代,一般系统论开始受到学术界的重视。贝塔朗菲先后出版了《机器人、人和意识》(1967年)、《有机心理学和系统理论》(1968年)、《一般系统论:基础、发展和应用》(1968年)等著述,1972年发表《一般系统论的历史和现状》一文,1973年出版《一般系统论:基础、发展和应用》修订版[①],再次阐述了机体生物学的系统与整合概念,提出开放系统理论用于生物学研究的思路和方法。贝塔朗菲对于一般系统论的界说,几经变化。起初,他认为,"普通系统论乃是逻辑和数学的领域,它的任务乃是确立总的适用于'系统'的一般原则。"[②]在《一般系统论的历史和现状》(1972年)一文中,他为一般系统论赋予了较为广泛的科学意义,作为"一个新的科学范式",其内容包括三个部分:一是关于"系统"的科学、数学系统论,前者"对各种不同的具体科学(物理学、生物学、心理学、社会科学)的系统进行科学的理论研究和作为适用于一切(或一定的)种类的选题的根本学说",后者是"数学概念上的一般系统论";二是系统技术,"涉及一般称之为系统工程学或其他类似名称的关于技术方法、模式、数学方法等无限广阔的领域";三是系统哲学,包括系统本体论、系统认识论、人与世界的关系(价值论)等[③]。1986年,先后参与博弈论、语义符号学等学科创建的拉波波特,作为一般系统论学会的主要发起人之一,也出版了一部以"一般系统论"作为

① [美]冯·贝塔朗菲:《一般系统论:基础、发展和应用》,林康义、魏宏森等译,清华大学出版社1987年版;[美]路德维希·冯·贝塔朗菲:《一般系统论(基础·发展·应用)》,秋同、袁嘉新译,社会科学文献出版社1987年版。

② [美]L.贝塔朗菲:《普通系统论的历史和现状》,《科学学译文集》,中国社会科学院情报研究所编译,科学出版社1980年版,第305页。

③ [美]L.贝塔朗菲:《普通系统论的历史和现状》,《科学学译文集》,中国社会科学院情报研究所编译,科学出版社1980年版,第313—333页。

书名主题词的著作《一般系统论:基本概念和应用》[①]。拉波波特的著作,一方面恪守贝塔朗菲对"系统""一般系统论"的原初理解,另一方面又放弃了贝塔朗菲要用一般系统论统一各种科学的宏大抱负,满足于阐述用关于系统的一般理论所构成的科学新范式。拉波波特的《一般系统论》已经没有理论生物学的明显痕迹,书中使用的实例和应用的范围都更为广泛,作者以数学家特有的缜密思维对术语做了更精确的定义并给出了更清晰的数学阐释。

控制论同样经历了二三十年的孕育过程。控制论主要创始人、美国数学家诺尔伯特·维纳(Norbert Wiener,1894—1964)在1958年发表的一篇回忆文稿中说:"我接触控制论的思想要追溯到1919年,恰在第一次世界大战后,当时我服完兵役,正在我的数学家职业中寻求值得我专心致力的问题。"[②]当时,他从研究勒贝格积分起步走上数学探索之路,开始思索数学发展方向和科学方法层面的问题,寻找突破机械决定论局限性的途径。20年代末至30年代,维纳在马萨诸塞理工学院执教期间,接触到许多工程学问题,同电子工程学教授万尼瓦尔·布什(Vannevar Bush,1890—1974)合作完成一部关于电工运算方法的著作,一起在微分分析器上研究微积分运算,由此引起他对机器运算的兴趣。他做出用光学方法获得傅立叶换算器的设计,进而产生了用数字计算机代替模拟计算机的想法。1940年,他提出数字电子计算机设计的五点建议和实施计划。在研究计算机的过程中,他认识到数字计算机与人脑有相似之处。第二次世界大战期间,维纳参加防空火力自动控制系统的研制工作。这是继研究计算机代替人实现复杂计算后,又一项用于特殊功能的机械电子学系统的工作,对于产生控制论思想具有决定性意义。他研究了随机过程的预测、滤波理论在自动火炮上的运用,为控制理论提供了数学方法,在将火炮自动打飞机的动作与人狩

① [加]拉波波特:《一般系统论:基本概念和应用》,钱兆华译,福建人民出版社1994年版。

② [美]N.维纳:《我和控制论的关系——它的起源和前景》,《自然辩证法研究通讯》1964年第2期。

猎的行为进行类比的基础上，提出负反馈概念，成功地应用了功能模拟法。1943 年，维纳与墨西哥神经生理学家阿托洛·罗森勃吕特(Arturo Rosenblueth，1900—1970)、美国计算机学家朱利安·别格罗(Julian H.Bigelow，1913—2003)合作发表《行为、目的和目的论》一文，从反馈角度研究目的性行为，论析了神经系统和自动机之间的一致性。1946 年春季，维纳邀集一批生理学家、通讯工程师、计算机专家等参加一系列关于反馈问题的讨论会。1947 年 10 月，维纳在罗森勃吕特供职的墨西哥国立心脏研究所进行合作研究期间完成《控制论(或关于在动物和机器中控制和通讯的科学)》(*Cybernetics*)一书的写作，1948 年出版发行，立即引起学术界的广泛关注。

维纳在《控制论》一书初版“导言”中说，1944 年之前，他和一批志同道合者感到迫切需要用一个新词来称呼关于动物和机器中控制和通讯理论这个新的研究领域。他们依据希腊文 κυβερνητηζ(意为掌舵人)一词，创用了 Cybernetics 这个英文新词汇。维纳认为，“船舶的操舵机的确是反馈机构的一种最早而且最发达的形式。”[①]控制论以机器、生物体、社会各类系统所共有的通讯和控制活动作为研究对象，是一门以数学为纽带，由自动控制技术、电子技术、无线电通讯技术、计算机技术和计算机科学、统计力学、行为科学、生物学、神经生理学、数理逻辑学、语言学等学科相互渗透而形成的方法性多边缘学科。1950 年，维纳出版《人有人的用处——控制论与社会》一书，对控制论做了更为广泛通俗的阐述，论析了通信、法律、社会政策等与控制论的联系。

一般系统论、控制论都涉及事物的信息方面，与一般系统论、控制论几乎同时进入创生期的信息论，是专门研究信息的获取、储存、传递、计量、处理和利用等问题的一门方法性多边缘学科。信息论的孕育同现代通信工程技术及其理论研究的发展密切相关。1922 年，美国通信工程学家约翰·卡松(John R. Carson，1886—1940)建立了边带理论，提出信号保护法则，即信号在调制(编码)过程中频谱展宽的法则。美

① [美]N.维纳：《控制论》，郝季仁译，科学出版社 1963 年版，第 12 页。

国物理学家哈利·奈奎斯特(Harry Nyquist,1889—1976)1924年在《贝尔系统技术杂志》上发表《影响电报速度传输速度的因素》一文,1928年发表《电报传输理论的一定论题》,探讨了通信系统传输信息的能力,并试图度量系统的信道容量,发现电信号的传输速率与信道带宽度成比例关系。美国通信工程学家拉尔夫·哈特莱(Ralph V.L.Hartley,1890—1970)1928年在《贝尔系统技术杂志》上发表《信息传输》一文,提出信息概念并为其做出初步的定义,认为信息是代码、符号、序列而不是内容本身;同时提出信息量概念,力图用数学公式加以描述,为信息论的创立奠定良好的基础。

20世纪40年代,在美国贝尔电话公司数学部工作的应用数学家、电子工程学家克劳德·申农(Claude E. Shannon,1916—2001)运用概率论方法和数理统计方法对通信系统进行了深入研究,1948年在《贝尔系统技术杂志》上分两期发表了《通信的数学理论》一文。该文将通信的基本问题归结为通信的一方能以一定的概率复现另一方发出的消息,并针对这一基本问题对信息做了定量描述,给出信息的定义,提出负熵的信息公式和信息量概念。申农在这篇论文中还精确地定义了信源、信道、信宿、编码、译码等概念,建立了通信系统的数学模型,提出了信源编码定理和信道编码定理等带有普遍意义的结论。1949年,申农发表《噪声下的通信》一文,进一步充实了信息理论。申农的信息理论是通信研究史上的一个转折点,它使通信问题的研究从经验走向科学,其核心是指出了通信系统实现高效率和高可靠性传输信息的方法,就是采用适当的编码。申农编码定理给出了编码的极限性能,在理论上阐明了通信系统中各种因素的相互关系,为人们寻找最佳通信系统提供了重要的理论依据。《通信的数学理论》一文后来被视为信息论进入创生起点的标示性文献,申农也由此被视为信息论的主要创始人。

一般系统论、控制论、信息论奠定了以系统、控制、信息作为研究对象的一类学科持续发展的坚实理论基础,20世纪50年代以后形成同时向纵深和广延方向进军的演化格局。50年代后期,在美国马萨诸塞理工学院任教的系统科学家杰伊·福雷斯特(Jay W. Forrester,

1918— 2016)在研究工业企业管理问题的过程中,基于系统论的思路并吸收了控制论、信息论的精髓,提出“系统动力学”(system dynamics)的基本思想。他先后出版《产业动力学》(1961 年)、《系统原理》(1961 年)、《城市动力学》(1969 年)、《世界动力学》(1971 年)等著作。以其门生丹尼斯·米都斯(Tennis L. Meadows)为首的研究小组,运用福雷斯特在系统动力学基础上建立的世界模型研究全球问题,于 1972 年出版《增长的极限:罗马俱乐部关于人类困境的研究报告》,系统动力学由此产生了世界性影响。

20 世纪 70 年代末,伴随着改革开放大潮进入中国的一般系统论、控制论、信息论,起初被中国学术界、理论界统称为“三论”。1986 年前后,耗散结构论、协同学(协同论)、突变论作为新的系统理论被中国学术界所熟悉之后,一部分中国学者将它们统称为“新三论”,一般系统论、控制论、信息论随之变成了“老三论”①。20 世纪六七十年代,系统科学在纵深发展方向上形成的主要分支学科有耗散结构论、协同学、突变论以及超循环论。

耗散结构论的主要创始人是比利时理论物理学家、物理化学家、理论生物学家伊利亚·普里戈金(又译为普里高津、普利高津,Ilya Prigogine,1917—2003)。他长期从事关于不可逆热力学(非平衡态热力学)的研究,1945 年提出最小熵产生定理,成为线性不可逆过程热力学理论的一个主要基石。他在热力学研究中发现,19 世纪 50 年代由德国物理学家鲁道夫·克劳修斯(Rudolf J. E. Clausius,1822—1888)等人建立的热力学第二定律,无法解释系统从无序到有序、从简单到复杂、从低级到高级的进化过程。通过多年研究,他得出新颖的结论:一个开放系统在从平衡态到近平衡态再到远离平衡态的非线性区时,系统内某个参量的变化达到一定阈值,通过涨落,系统就可能发生突变,由原来的无序状态变为在时间上、空间上或功能上的有序状态,形成一

① “新三论”之说有不同的理解,多数人将耗散结构论、协同学、突变论合称为“新三论”,有人将耗散结构论、协同学、超循环论合称为“新三论”,再后来还有人将耗散结构论、协同学、混沌论合称为“新三论”。也有人不赞成使用“老三论”“新三论”这样的称谓。

种动态稳定的有序结构。这种新的有序状态只要不断地与外界进行物质、能量和信息的交换，就能维持一定的稳定性，而且不会因为外界的微小扰动而被破坏，因而称之为耗散结构。耗散结构能够产生自组织现象，所以耗散结构理论也叫做非平衡系统的自组织理论。这个理论能够解释开放系统如何从无序走向有序，为处理可逆与不可逆、有序与无序、平衡与非平衡、整体与局部、决定论与随机性等关系提供了有效的思路，为认识生命体系中发生的各种自组织现象提供了新的方法，将一般系统论向前推进了一大步。1969 年，普里戈金在国际理论物理学和生物学会议上宣读《结构、耗散和生命》一文，标志着耗散结构论(dissipative structure theory)的初步建立。由于在这个领域的学术贡献，他获得了 1977 年诺贝尔化学奖。

协同学是研究协同系统从无序到有序的演化机理的综合性系统学科。协同论的主要创始人是德国理论物理学家赫尔曼·哈肯(Hermann Haken，1927—)。自 20 世纪 50 年代开始，哈肯先后从事固体物理学、激光物理学研究。在研究激光理论的过程中，他发现合作现象的背后隐藏着某种更为深刻的普遍规律。1969 年，哈肯在讲课中说到自己正在思考一门新学科，他利用希腊文词根将这门学科命名为"协同学"(德文 Synergetik，即英文 synergetics)，其含义是"一门关于协作的科学"，或者说"一个系统的各个部分协同工作"[①]。在 1970 年出版的《激光理论》一书中，他多处探讨了不稳定性问题，为过渡到协同学做了学术铺垫。1971 年，他与门生、同事罗伯特·格雷厄姆(Robert Graham)合作发表《协同学：一门关于协作的科学》一文，将协同学作为一门学科正式推向前台。1972 年在联邦德国埃尔姆召开了第一届国际协同学会议，1973 年出版会议论文集《协同学》，协同学至此获得国际学术界的认可。1976 年，哈肯出版《协同学导论》一书，1978 年出版第二版时增加了"混沌态"一章，建立了协同学的基本理论框架。1983

① [德]赫尔曼·哈肯：《协同学：理论与应用》，邹珊刚、黄麟雏、李继宗等：《系统科学》，上海人民出版社 1987 年版，第 417 页。

年，哈肯出版进一步全面阐释这门学科的《高等协同学》。

协同学以一般系统论、控制论、信息论等为基础，研究远离平衡态的开放系统在与外界有物质或能量交换的情况下，如何通过自己内部协同作用即在序参量的作用下，自发地出现时间、空间和功能上的有序结构；采用统计学和动力学相结合的方法，通过对不同领域对象的分析，建立了一整套数学模型和处理方案，在微观到宏观的过渡上，描述了各种系统和现象中从无序到有序转变的共同规律。哈肯说："我写的《高等协同学》一书研究各种系统的一个重要方面，即'自组织'。"① 1971 年，在协同学的初创期，哈肯就意识到协同学与一些以系统作为研究对象的新兴研究领域，特别是同其他自组织理论存在着内在的联系。首先是耗散结构论与协同学的联系。这一年，保罗·格兰斯多夫(Paul Glansdorff)和普里戈金出版《结构、稳定和涨落的热力学理论》一书，哈肯发现，该书"提出的问题与协同学的问题相当相像，也是寻找生命与非生命界结构形成所遵循的基本规律。普里戈金的出发点是热力学，在他那里'熵'这一概念起着中心的作用。"②协同学对耗散结构论做了推广和延伸。协同学认为，一个系统从无序转化为有序的关键，并不在于热力学平衡还是不平衡，也不在于离平衡态有多远，主要看其是不是一个由大量子系统构成的开放系统。耗散结构论只讨论了远离平衡态系统从无序向有序的转化，而协同学除了分析系统的协同作用外，进一步解决了近平衡态系统从无序向有序的转化。其次是突变论与协同学的联系。"托姆(R.Thom)的突变论(灾变论)在这前后诞生了。这一理论的目的也是研究系统的质变，托姆将之称为'突变(灾变)'。尽管这一词用得有点粗糙，但它恰当地表述了其研究内容：当一个系统受到额外干扰时，其平衡位置(或平衡状态)将如何改变。"③再

① ［德］H.哈肯：《高等协同学》，郭治安译，科学出版社 1989 年版，中译本序第 1 页。

② ［德］H.哈肯：《协同学的发展路线》，《协同学：理论与应用》，杨炳奕译，中国科学技术出版社 1990 年版，第 259 页。

③ ［德］H.哈肯：《协同学的发展路线》，《协同学：理论与应用》，杨炳奕译，中国科学技术出版社 1990 年版，第 258 页。

次是超循环论与协同学的联系。“在同一年里还出现了艾根(M. Eigen)对于前生物进化,即生物分子进化所进行的方向性的工作。在此之前我们就从艾根的报告中了解到他的研究的一些成果,并注意到艾根方程与激光方程之间形式上存在着惊人的类似性。由此我们又发现了一个重要的支柱来支持我们的命题,即截然不同的系统在行为上的普遍类似性。”①

突变论是运用数学方法研究客观世界非连续性突然变化现象的一门学科,其主要创始人是法国数学家雷内·托姆(René Thom,1923—2002)。20 世纪 50 年代,托姆的主要研究领域属于应用数学的微分拓扑学。进入 60 年代,他开始专注于突变现象的研究。他于 1967 年发表《形态发生动力学》一文,通过对胚胎形成过程的解释阐述了突变论的基本思想;1969 年发表《生物学中的拓扑模型》一文,为建立突变论奠定了基础;1972 年出版《结构稳定性和形态发生学》,对突变论做了较为系统的阐释,运用形象的数学模型来描述连续性变化突然中断而出现的突变过程。托姆这部具有标示意义著作的出版,宣告一个新的数学分支领域的出现,引起国际学术界的广泛注意,同时也引起了一场争论。“突变论引起的争论如此激烈,实为牛顿、莱布尼兹的微积分问世以来所罕见。”②英国应用数学家克里斯托弗·齐曼(E. Christopher Zeeman,1925—2016)对托姆提出的新理论给予热情的支持,将其命名为“catastrophe theory”(突变论),积极推进突变论在一些领域的实际应用。齐曼和苏联—俄罗斯数学家弗拉基米尔·阿诺德(Владимир И. Арнольд,1937—2010)等人运用奇点理论等数学工具丰富和完善了突变论。

300 多年来,人们在科学研究中运用微积分、微分方程成功地建立了形式各异的数学模型,描述各种连续、渐进变化的现象。然而,自然

① [德]H.哈肯:《协同学的发展路线》,《协同学:理论与应用》,杨炳奕译,中国科学技术出版社 1990 年版,第 260 页。

② [法]勒内·托姆:《突变论:思想和应用》,周仲良译,上海译文出版社 1989 年版,译者的话第 1 页。

界和人类社会还存在着大量不连续和突变的现象，例如火山喷发、地震海啸、细胞分裂、生物变异和市场变化、经济危机、政权更迭、战争爆发等。突变论弥补了传统的连续数学的不足。在拓扑学、奇点理论、系统结构稳定性理论的基础上，突变论发展出一套研究不连续现象的数学方法。突变论认为，系统的相变，即由一种稳定态演化到另一种不同质的稳定态，可以通过连续的渐变，也可以通过非连续的突变来实现，相变的方式依赖于相变条件。如果相变的中间过渡态是稳定态，相变过程就是渐变；如果中间过渡态是不稳定态，相变过程就是突变。突变论通过探讨客观世界中不同层次上各类系统普遍存在着的突变式质变过程，揭示出系统突变式质变的一般方式，展现了客观物质世界演进变化的复杂性，说明了突变在系统自组织演化过程中的普遍意义。突变论与耗散结构论、协同学、控制论等均有密切的联系。

超循环论的主要创始人是德国生物化学家曼弗雷德·艾根（Manfred Eigen，1929—）。艾根早年主要从事快速化学反应动力学及其反应机理的研究，1967 年他与两位英国化学家共同获得诺贝尔化学奖。在快速化学反应研究中，艾根注意到生物体内发生的快速生物化学反应，由此引起他对生物信息起源问题的思考。他在 1970 年的一次学术讲演中提出了超循环的思想，1971 年在德国《自然杂志》上发表《物质的自组织和生物大分子的进化》一文，对超循环理论做了初步的论述。1975 年，他和乌特德·温克勒（Ruthild Winkler）出版《博弈论——偶然性的自然选择》一书，探讨生物大分子的自组织过程和机制。1977—1978 年，他和理论化学家彼特·舒斯特尔（Peter Schuster）合作，在德国《自然杂志》上发表了 3 篇系列论文，系统地阐释了超循环论（hypercycle theory）。1979 年，他们出版由系列论文整理而成的《超循环：一个自然的自组织原理》一书。

地球上的生物有数百万种之多，其形态结构、生理机制和生态习性各异，因而存在着多样性。超循环论的中心思想，是在生命起源和发展中，从化学阶段到生物进化之间有一个分子的自组织过程。在这个分子自组织进化阶段，既要产生、保持和积累信息，又要能选择、复制和进化，从而形成具有统一遗传密码的细胞结构，而这种遗传密码的形成有赖于超循环组织，这种组织具有“一旦建立就永远存在下去”的选择机制。循环性自组织系统的形成和演化是通过各种循环的形式展开的。分散的个体要素之间通过反应循环完成有序的初创，循环系统随着层次的不断增加，趋向于更大的复杂性、组织性和有序性。超循环系统以循环作为子系统，并通过功能连接构成再循环，通过循环过程的进行，使系统具有自组织所需的全部性质，从而能够稳定有序地不断演化。艾根认为，在超循环自组织过程中，不仅存在“生存竞争”“空间隔离”，而且存在“协同作用”“整合作用”。超循环组织作为一个远离平衡的开放系统，既竞争又协同，既隔离又整合，从而不断选择和进化。超循环论在分子水平上把竞争和协同结合起来，发展了达尔文的生物进化原理。艾根认为，在神经组织和社会组织中也存在超循环的组织形式，超循环论的许多结论，不仅具有自然科学意义，而且具有社会科学意义①。

20 世纪 70 年代至 80 年代，系统科学在纵深发展方向上形成的主要分支学科有混沌学（混沌论）、孤子论（孤立子论）、分形学（分形论）等。混沌学（chaology）研究演变过程对初态非常敏感的系统——混沌系统或混沌现象。1979 年 12 月，气象学家爱德华·洛伦兹（Edward N. Lorenz）在美国科学促进会的一次讲演中说，一只蝴蝶在巴西扇动翅膀，几周后有可能在美国得克萨斯州引起一场龙卷风。这个被人们称之为“蝴蝶效应”的说法，就是对混沌现象的形象描述。混沌现象可以视为在确定系统中出现的一种无规则运动。孤子论（soliton theory）研究在传播过程中形状、幅度和速度都维持不变的脉冲状行波——孤立波。孤立波在遭遇碰撞后仍保持原来的形状和速度，犹如微观粒子，因而又被称为孤立子或孤子系统。孤子系统反映了客观世界相当普遍的一种非线性现象。分形学（fractals，fractal theory）研究无序（随机和

① ［德］M.艾根、P.舒斯特尔：《超循环论》，曾国屏、沈小峰译，上海译文出版社 1990 年版，译者的话第 3—5 页。

无规则)而具有自相似性的系统。混沌学、孤子论、分形学的研究对象广泛地存在于自然界、社会和人类思维领域,伴随着混沌学、孤子论、分形学三门学科的发展,人们不断地发现三者之间的内在联系。例如,由于混沌现象中的奇异吸引子都具有分形结构,因此分形学现今已经成为混沌研究的重要支撑①。20 世纪 80 年代以来,混沌学、孤子论、分形学获得了较快发展,受到学术界的高度重视,被认为是非线性科学的三个前沿阵地②。有学者将混沌学看成是继相对论和量子力学之后 20 世纪物理学的第三次革命③。还有的学者将混沌学、分形学和耗散结构论视为 20 世纪 70 年代自然科学的三大发现④。以混沌学、孤子论、分形学为前沿的非线性科学,为我们提供了一幅崭新的世界图景,在阐释决定与随机、必然与偶然、有序与无序、稳定与非稳定、简单与复杂、局部与整体等矛盾关系和辩证转化条件与机制等方面,给人们以新的启迪。

20 世纪 50 年代以来,系统科学在广延方向上的发展,主要体现在一般系统论、控制论、信息论、耗散结构论、协同学、突变论、混沌学、孤子论、分形学等主线学科在各个相关领域的扩展,形成众多的分支学科。以控制论为例。旅美中国科学家钱学森(1911—2009)首先将控制论的理论和方法运用于工程领域,1954 年在美国出版《工程控制论》英文版。20 世纪 50 年代,多个国家的经济学家开始关注经济活动的控制问题,1957 年,英国数理经济学家罗伊·艾伦(Roy G. D. Allen,1906—1983)出版《数理经济学》一书,将控制论的一般原理引入经济学领域。1970 年出版的波兰经济学家奥斯卡·兰格(Oskar R. Lange,1904—1965)的遗作《经济控制论导论》英文版,是世界上第一部系统的经济控制论专着。除工程控制论、经济控制论之外,几十年来先后建立

① 敖力布、林鸿溢主编:《分形学导论》,内蒙古人民出版社 1996 年版,第 2 页。

② 周守仁:《孤立子理论的哲学和方法论问题》,《自然辩证法研究》1993 第 7 期。

③ 郝宁湘:《混沌学及其哲学意义》,《青海师范大学学报(社会科学版)》1993 年第 2 期。

④ 敖力布:《迅速崛起的交叉新学科——分形学》,《现代物理知识》1994 年增刊第 1 期。

了生物控制论、神经控制论、国家控制论、社会控制论等数十门控制论分支学科。系统科学其他主线学科也都有或多或少的分支学科，如混沌学之下有混沌生物学、历史混沌论、混沌经济学（混沌经济论）等，孤子论之下有光纤孤子论、光纤通信孤子论等，分形学之下有分形几何学（分形集几何学）、分形图像学、课程改革分形论等。

20 世纪 70 年代，在以系统、控制、信息、演化等作为研究对象的学科越来越多的背景下，一些具有战略眼光的科学家开始思考相关学科的整合化问题。1972 年，美籍匈牙利裔哲学家欧文·拉兹洛（Ervin Laszlo）出版《系统哲学引论：一种当代思想的新范式》一书，力图在一般系统论的基础上对系统理论进行哲学层次的概括，建立一种具有普适性的当代思想新范式。他在该书前言中说："一般系统论就给了我们这样一种理论工具，它能确保科学信息和哲学意义的相互关联。延伸成一种一般系统哲学，这个工具能极化当代的理论现状，就像一块磁铁极化一个带电粒子场：原先混乱的片断便有序化并成为一个富有意义的构型。"[①]1976 年，在一般系统论学术年会上，有学者提出将系统论、控制论、信息论综合成一门新学科的设想。1979 年，中国科学家钱学森在北京系统工程学术讨论会的演讲中，提出使用"系统科学"概念的倡议。他说："系统科学是并列于自然科学和社会科学的，是基础科学。"[②]1981 年，钱学森发表《系统科学、思维科学和人体科学》一文，对系统科学这个同自然科学、数学科学和社会科学相并列的一个科学"大部门"的科学地位、体系结构、发展重点等做了较详尽的论述[③]。从科学分类的角度来看，钱学森的贡献在于第一次提出将系统科学列为科学知识体系的第一级子系统，视为一个具有特殊功能的科学部类。

20 世纪 60 年代以来，国外学者已经开始使用 system science（系

① [美]欧文·拉兹洛：《系统哲学引论：一种当代思想的新范式》，钱兆华、熊继宁、刘俊生译，商务印书馆 1998 年版，前言第 7 页。

② 钱学森：《大力发展系统工程，尽早建立系统科学的体系》，《光明日报》1979 年 11 月 14 日第 2 版。

③ 钱学森：《系统科学、思维科学和人体科学》，《自然杂志》1981 年第 1 期。

统科学)这个词组,所指知识范围或学科领域都比较小。1968年,一般系统论主要创始人路德维希·冯·贝塔朗菲在《一般系统论:基础、发展和应用》一书的前言中,使用system science(系统科学)一词指称同“系统”“系统论”相关的一些学科[①]。在1973年出版的《一般系统论:基础、发展和应用》修订版中,贝塔朗菲将1972年发表的《一般系统论的历史和现状》一文改写为“修订版序言”,其中将一般系统论三个领域的第一个领域称之为system science(系统科学),“即各门科学(如物理学、生物学、心理学和社会科学)中的‘系统’的科学探索和科学理论,以及适用于所有系统(或确定的支级系统)的原理性学说”[②]。美国的《系统工程》杂志,在20世纪60年代改名为《系统科学》杂志。1994年在美国成立的国际一般系统论研究会(International Institute for General Systems Studies,缩写为IIGSS),其会刊使用的名称是《系统科学进展及应用》。国外学术界所使用的“系统科学”概念,均不具有同自然科学、社会科学相并列的知识层次和科学地位。

三、系统科学的学科结构

钱学森认为,各个科学大部门的主要区别在于研究世界的着眼点或角度。“系统科学的特征是系统的观点,或说系统科学是从系统的着眼点或角度去看整个客观世界。所以,系统科学处理的问题有自然界的,如生物学中的有序化现象;也有社会的,如经济系统、法治系统等。”[③]系统科学作为科学知识体系的第一级子系统,包含很多学科。钱学森主张像自然科学那样将系统科学的所有学科区分为三个层次:系统的工程技术层次,包括各门系统工程、自动化技术、通信技术);系统的技术科学层次,包括运筹学、控制论、巨系统理论、信息论;系统的

① [美]路德维希·冯·贝塔兰菲:《一般系统论(基础、发展和应用)》,秋同、袁嘉新译,社会科学文献出版社1987年版,前言第4页。

② [美]冯·贝塔朗菲:《一般系统论:基础、发展和应用》,林康义、魏宏森等译,清华大学出版社1987年版,修订版序言第3页。

③ 钱学森:《现代科学的结构——再论科学技术体系学》,《哲学研究》1982年第3期。

基础科学层次是系统学，数学科学（包括突变论）为系统学提供基础性支撑。系统观即系统的哲学和方法论，是系统科学与马克思主义哲学相联系的桥梁[①]。

近年来，"非线性科学"（nonlinear sciences）、"复杂性科学"（complexity sciences）两个科学术语频繁地出现在系统科学文献中。这两个科学类别与系统科学的联系，在此首先做一个简单陈述。由各种数据库检索结果可知，"非线性科学"概念首先出现于自然科学领域，"复杂性科学"概念首先出现在科学技术哲学、软科学领域。1989 年第 2 期《力学进展》杂志刊载的译文《非线性科学——从范例到实用（Ⅰ）》，是第一篇以"非线性科学"作为篇名主题词的中国期刊文献。1992 年地震出版社出版的会议论文集《非线性科学在地震预报中的应用》，是第一部以"非线性科学"作为书名主题词的中文版图书。1990 年第 2 期《自然辩证法通讯》杂志刊载的《决定论之谜：复杂性科学中的偶然性与必然性》一文，是第一篇以"复杂性科学"作为篇名主题词的中国期刊文献。1999 年民主与建设出版社出版的论文集《复杂性科学探索》，是第一部以"复杂性科学"作为书名主题词的中文版图书。中国学者对于"非线性科学""复杂性科学"两个概念的内涵的理解并不完全相同。有的学者将两者视为等义概念："非线性科学就是研究复杂性现象的新学科。"[②]有的学者将线性科学、非线性科学、复杂性科学看作是科学发展的不同阶段[③]。笔者将非线性科学、复杂性科学视为在很多场合下可以互换的近义概念。非线性科学、复杂性科学两个概念的形成，同系统科学有着直接的关联。但是，系统科学与非线性科学、复杂性科学在学科范围上并不完全重合。系统科学中有些学科主要研究线性系统，因而这些学科不能归入非线性科学、复杂性科学。非线性科学、复杂性科学中有些学科具有较强的数学科学属性或自然科学属性，而且系统方

① 钱学森：《再谈系统科学的体系》，《系统工程理论与实践》1981 年第 1 期。

② 魏诺：《非线性科学基础与应用》，科学出版社 2004 年版，第 1 页。

③ 李士勇、田新画：《非线性科学与复杂性科学》，哈尔滨工业大学出版社 2006 年版，前言第Ⅲ页。

法特征不显明，如非线性数学、非线性力学、非线性动力学、结构非线性动力学、符号动力学、非线性物理学、非线性光学、非线性光纤光学、非线性激光光谱学、非线性工程地质学、复杂疾病遗传学、复杂结构动力学等。笔者主张仍将这些学科留给数学科学、自然科学，目前暂时还不宜将它们归入系统科学。

借鉴已有研究成果，本书用科学学科框图的形式初步建构了系统科学的学科结构(图 14.1)。在这个学科结构框图中，依据系统科学的发展现状，将系统科学的直系分支学科、边缘分支学科按照具体研究对象、生成区位、基础功能相对地划分为理论系统科学和应用系统科学两个层次。除概观系统学科、系统哲学学科、系统数学学科之外，理论层次的系统科学分支学科目前划分为 4 个学科门类。应用层次的系统科学主要是指系统工程学及其大量分支学科。

置于框图上方中间的概观系统学科，包含普通系统科学、系统科学史、系统科学哲学、系统科学美学、系统科学学、比较系统科学等。这几门学科的使命是对系统、系统科学做概观性、整体性的研究。普通系统科学是系统科学的标志性分支学科，其任务是探讨系统科学领域的各种普遍性、基础性问题。普通系统科学是在传统的一般系统论(普通系统论)的基础上发展而来的，但其内容已经有了极大的扩充和延展，是对系统科学所有学科共同性问题的高度浓缩，将涉及一系列“系统导向”的非线性科学学科或复杂性科学学科。目前已经出版的以“系统学”“系统科学”作为书名主题词的著作，大多可以归类于普通系统科学。系统科学史的任务是研究系统科学孕育、兴起和演进的历史进程。“系统科学”术语的出现尽管只有几十年的历史，但许多部以“系统科学”为名的图书中已经有了概述系统科学沿革的内容，近年出现了以系统科学史为主要内容的著作①。

系统科学哲学、系统科学美学对系统科学进行哲学审视、美学审视，可以分别看作是介于系统科学与广义科学哲学、广义科学美学之间

① 李学伟、吴今培:《系统科学发展导论》，清华大学出版社 2010 年版。

说明：用楷体字排印的名称，是系统科学各学科门类的第二层级分支学科。

图 14.1　系统科学的学科结构

的边缘分支学科。系统科学哲学必然关涉系统论哲学、控制论哲学、信息论哲学、非线性科学哲学等，但并不是这些学科的简单加和。系统科学哲学的主要内容包括：系统科学基本概念的哲学意义，系统的本质与系统科学的世界图景，系统科学的方法论意义，研究复杂系统的方法论原则，系统与要素、整体与部分、结构与功能、有序与无序、动态与定态的辩证关系等。系统科学方法论是系统科学哲学可以分立发展的一门分支学科。系统科学学是运用科学学的理论和方法对系统科学这个科学部类进行整体性研究而建立的学科，是系统科学自我认知的产物。几十年来，系统科学元研究积累了较丰厚的研究成果，目前在《中国学术期刊(网络版)》中能够检索到1658篇以“系统科学”作为篇名主题词的期刊文献(检索日期2016年12月11日)。近年已有利用系统科学的元研究成果创建系统科学学的探索性著作问世[①]。比较系统科学是运用比较方法探讨不同时期系统科学研究状况或不同国家系统科学研究状况而建立的分支学科，前者为纵向比较，后者为横向比较。

图14.1上方左侧方框中列出的普通系统哲学、系统哲学史、信息哲学(含量子信息哲学[②]等)、自组织哲学(含自组织生命哲学等)、混沌哲学[③]、分形哲学、系统方法论等，统称为系统哲学学科。系统哲学与系统科学哲学有一定的联系，都是介于系统科学与哲学科学之间的边缘学科，但两者亦有明显的区别。系统哲学的研究对象是作为物质存在方式的系统，系统科学哲学的研究对象是由众多学科组成的科学知识体系——系统科学。图14.1上方右侧方框中列出的普通系统数学、系统数学史、系统分析数学、系统可靠性数学、系统工程数学、动力系统几何学、非线性系统几何学[④]等，统称为系统数学学科。这些学科是介于系统科学与数学科学之间的边缘学科。系统科学自20世纪40年代进入创生期以来就与许多数学学科有着不解之缘。数学方法的渗透程度，随着系统科学的发展而不断提高。70年代以后创生的非线性系统科学或复杂性系统科学学科，都仰仗数学方法的支撑。总体而言，系统科学的数学化程度接近于自然科学的力学、物理学等基础学科门类。系统数学学科目前大多还处于梳理体系的初创阶段。

置于框图中间位置的理论层次系统科学分支学科，按照理论源流

① 陈忠、盛毅华:《现代系统科学学》，上海科学技术文献出版社2005年版。
② 吴国林:《量子信息哲学》，中国社会科学出版社2011年版。
③ 刘福田:《混沌哲学本体论》，文化艺术出版社2005年版。
④ 程代展:《非线性系统的几何理论》，科学出版社1988年版。

归并为系统论科学、控制论科学、信息论科学、非线性系统科学 4 个学科门类。

第Ⅰ学科门类是在一般系统论基础上分化衍生出来的一系列学科，包括系统论史、系统论哲学、灰色系统论、模糊系统论、知识系统论、思维系统论①、社会系统论、经济系统论、教育系统论、文艺系统论、工程系统论、管理系统论、中医系统论、科学系统论、技术系统论、多元系统论等，统称为系统论科学。其中有些已经分化出第二层级分支学科，如经济系统论之下有循环经济系统论、区域经济系统论、物流系统论等，教育系统论之下有基础教育系统论、高等教育系统论、职业教育系统论等。这组学科的名称使用"××系统论"，意在强调它们与一般系统论存在着渊源关系。而有些学者则习惯于使用"系统××学"或"××系统学"作为这类学科的正式名称。以经济系统论为例。在《读秀知识库》中，目前检索到 6 部以"经济系统论"作为书名主题词的图书，同时还检索到以"系统经济学""经济系统学"作为书名主题词的图书分别为 22 部、1 部(检索日期 2016 年 12 月 11 日)。经济系统论的研究对象是经济系统，系统经济学②或经济系统学的研究对象同样是经济系统，它们的研究内容并没有很大的差别。

第Ⅱ学科门类是在控制论基础上分化衍生出来的一系列学科，包括控制论史、控制论哲学、量子控制论、空间控制论③、地质控制论、生物控制论、神经控制论、社会控制论、经济控制论、教育控制论、文艺控制论、工程控制论、管理控制论、大系统控制论、人口控制论、法律控制论、犯罪控制论、土地控制论、劳动控制论、会计控制论、体育控制论、新闻控制论、文献控制论(书目控制论)、情报控制论、心理控制论、智能控制论、数学控制论、控制论化学等，统称为控制论科学。上述学科在相关学科的扶持下，有的已经出现第二层级、第三层级分支学科。这组以控制论为理论源头的学科，多数以"××控制论"命名，但也有学者愿意

① 邹成效:《思维系统论》，中国地质大学出版社 1993 年版。

② 吴克烈:《系统经济学》，四川人民出版社 1987 年版，第 8 页。

③ 万绪英:《美军创立"空间控制论"》，《现代兵器》2002 年第 12 期。

以“××控制学”为之命名。例如,将控制论理论和方法运用到管理领域所建立的学科,有人称之为管理控制论,有人称之为管理控制学。研究企业等社会组织内部控制问题的学科,有人称之为内部控制论,有更多的人称之为内部控制学。在《读秀知识库》中,可以检索到 4 部以“内部控制论”(其中 1 部为“企业内部控制论”)作为书名主题词的图书,18 部以“内部控制学”(其中 6 部为“企业内部控制学”)作为书名主题词的图书(检索日期 2016 年 12 月 12 日)。

第Ⅲ学科门类是在信息论基础上分化衍生出来的一系列学科,包括信息论史、信息论哲学、光学信息论、量子信息论、化学信息论、生物信息论、思维信息论、社会信息论、经济信息论、教育信息论、文艺信息论、管理信息论、网络信息论[①][②]、工程信息论、模糊信息论、会计信息论、新闻信息论、档案信息论、政务信息论等,统称为信息论科学。这些以信息论作为理论源头的学科,有些学者习惯于称之为“××信息学”,例如将量子信息论、生物信息论、医学信息论、生物医学信息论称之为量子信息学、生物信息学、医学信息学、生物医学信息学。信息论的创生同自然科学的信息应用科学和信息技术—工程科学有着密切的联系,由信息论衍生而来的信息论科学同自然科学的信息应用科学和信息技术—工程科学必然有着割不断的联系。量子信息论(量子信息学)、化学信息论(化学信息学)、生物信息论(生物信息学)等,可以看作是信息论科学和信息应用科学共有的分支学科。

第Ⅳ学科门类是以非线性系统或复杂性系统为研究对象建立起来的一组学科,包括非线性科学史、非线性科学哲学、非线性动态经济学、汉语非线性音系学、耗散结构论、协同学、突变论、复杂适应系统论、混沌学、孤子论、分形学等,统称为非线性系统科学或复杂性系统科学[③]。其中,混沌学衍生的分支学科较多,如混沌物理学、量子混沌论、混沌电子学、混沌生物学、混沌保密通信学(混沌密码学)、激光混沌保密通信

① 樊平毅:《网络信息论》,清华大学出版社 2009 年版。

② [美]A.E.盖莫尔、[韩]金荣汉:《网络信息论》,张林译,清华大学出版社 2015 年版。

③ 苏恩泽:《复杂系统学引论》,陕西科学技术出版社 1998 年版。

论、工程混沌学、历史混沌论、混沌经济学(混沌经济论)[①]、语用混沌学等。就学科生成区位而言,突变论首先归属于应用数学,是微分流形拓扑学的一个应用分支学科,是奇点理论的一种具体形式。几十年来,学者们运用突变论得心应手地探讨和解释了系统的突发性变化,使之打上了很深的系统科学印记。因此,可以将突变论看作是非线性系统科学和应用数学共有的分支学科。20 世纪 80 年代中前期,中国学者将耗散结构论、协同学、超循环论等非平衡系统理论引入经济学,为创建非平衡系统经济学(开放系统经济学)做了积极的尝试。90 年代,美国密歇根大学计算机科学家和系统科学家、圣达菲研究所兼职研究员约翰·霍兰(John H. Holland)开启了复杂适应系统论(complex adaptive systems theory)的创建之门,出版多部重要著作。他通过引进"涌现"(emergence)概念,描述一个系统中个体间简单互动行为所造成的无法预知的复杂样态,指出系统由简单向复杂演化的途径,很好地解释了"整体大于部分之和"的机理。现在,复杂适应系统论在很多方面获得了有效应用,被人们称之为"第三代系统思想"和"21 世纪的新科学"[②]。

图 14.1 中间右侧方框列入暂时不能归类于前面几个学科门类的一些学科,包括系统运筹学、系统动力学(系统动态学)、神经网络系统学、系统生物学、生态系统生态学、地球系统科学、环境系统科学、农业系统科学、政治系统科学、军事系统科学等。运筹学(operational research)初创于 20 世纪 30 年代末,由于它建立在众多数学学科的基础之上,因此初期阶段被看作是应用数学的分支学科[③]。运筹学的问世,为管理研究开拓了另一个重要的疆域,使管理从以往的定性描述走向了定量预测的阶段。在西方国家特别是在美国,运筹学通常被归类于

① [美]理查德·H.戴等:《混沌经济学》,傅琳等译,上海译文出版社 1996 年版。

② 许萍、刘洪:《复杂适应系统观的组织变革——提升企业环境适应力的途径》,《复杂系统与复杂性科学》2007 年第 2 期。

③ 1980 年 4 月,中国数学会组建了运筹学分会。1992 年,中国数学会运筹学分会由中国数学会中独立出来,升格为国家一级学会中国运筹学会。

管理科学或管理学，有学者甚至将运筹学与狭义的管理科学视为近似等义概念[①]。系统科学崛起之后，人们又发现运筹学与系统工程学有着极为密切的联系。一般认为，运筹学是系统工程学的主要基础理论，为系统工程学提供数学理论和方法，两者相辅相成最终找到优化的系统决策方案[②]。由此可见，将运筹学视为数学科学、系统科学的学科门类和管理科学的分支学科都有各自的道理。为做出相对的区分，图14.1将“系统运筹学”列为“其他系统学科”的一个分支学科。

上述学科中，地球系统科学的兴起令人瞩目。在《中国学术期刊(网络版)》中，目前可以检索到以“地球系统科学”作为篇名主题词的期刊文献167篇；在《读秀知识库》中，可以检索到以“地球系统科学”[③]作为书名主题词的图书21部(检索日期2016年12月13日)。地球系统科学已经形成和正在形成的边缘分支学科有系统地理学、系统土壤学[④](地球表层系统土壤学[⑤])、地理信息系统学、地理信息系统社会学等。列为“其他系统学科”的环境系统科学、农业系统科学、政治系统科学、军事系统科学，与名称相近的环境系统论、农业系统学(农业系统论)、政治系统学、军事系统学(军事系统论)的区别，是前者综合运用系统论、控制论、信息论、复杂性系统科学的理论和方法，而后者主要运用一般系统论的理论和方法。

图14.1下方横向方框列出系统工程科学的一系列分支学科，包括农业系统工程学、农村系统工程学、城市系统工程学、采矿系统工程学(矿山系统工程学)、能源系统工程学、动力系统工程学、城市规划系统工程学、建筑系统工程学、安全系统工程学、机械制造系统工程学、腐蚀控制系统工程学、交通运输系统工程学、控制系统工程学、环境系统工程学、军事系统工程学、法治系统工程学、经济系统工程学、教育系统工

---

① 王续琨等：《管理科学学科演进论》，人民出版社2012年版，第351—353页。

② 董肇君：《系统工程与运筹学》，国防工业出版社2011年版，再版前言第1页。

③ 美国国家航空和宇宙管理局地球系统科学委员会：《地球系统科学》，陈泮勤、马振华、王庚辰译，地震出版社1992年版。

④ 林景亮、陈清硕：《系统土壤学》，福建科学技术出版社1987年版。

⑤ 潘根兴：《地球表层系统土壤学》，地质出版社2000年版。

程学、商业系统工程学、管理系统工程学等。系统工程学解决问题的思路和方法具有普遍适用性，有可能运用于人类社会活动的各个领域，因此系统工程科学理应是系统科学中分支学科较多的一个学科门类。

四、系统科学学科的衍生线索

系统科学是一个具有特殊功能和特殊地位的科学部类。伊利亚·普里戈金在《从存在到演化》一书的中文版序中在谈到耗散结构论关于时间不可逆性的研究所引发的思考时说："这个异乎寻常的发展带来了西方科学的基本概念和中国古典的自然观的更紧密的结合。正如李约瑟(Joseph Needham)在他论述中国科学和文明的基本著作中经常强调的，经典的西方科学和中国的自然观长期以来是格格不入的。西方科学向来是强调实体(如原子、分子、基本粒子、生物分子等)，而中国的自然观则以'关系'为基础，因而是以关于物理世界的更为'有组织的'观点为基础。"①随着系统科学一系列学科在中国的广泛传播，人们逐步认识到系统科学与自然科学的差异，理解了普里戈金上面这段话的含义。近代以来的自然科学，以研究各种"实体"(包括物质场)为中心；后起的系统科学，以研究"关系"为中心。系统科学将客观世界不同对象的共同方面，如系统、组织、信息、控制、调节、反馈等特征和过程抽取出来加以研究，其思考路径、研究结论对于解决自然界、社会和人类思维的各种问题具有普适性的方法论意义。

系统科学为自然科学、社会科学、思维科学、交叉科学提供了深度发展的有效工具，为许多数学科学学科提供了新的用武之地，为哲学科学提供了阐释手段。在理论需求、实践需求的拉动下，系统科学学科必将持续增加。把握系统科学的演进趋势，推进系统科学学科体系的扩张，是系统科学研究者的基本历史责任。概括而言，系统科学主要有以下几条学科衍生线索。

① [比利时]伊·普里戈金：《从存在到演化：自然科学中的时间及复杂性》，曾庆宏、严士健、马本堃、沈小峰译，上海科学技术出版社 1986 年版，中文版序第 1 页。

1.由理论递升为学科

在系统科学这个科学部类中,以"……论"(英文形式为"…… theory")命名的学科相对较多,如一般系统论、信息论、耗散结构论、突变论、超循环论、孤子论、复杂适应系统论等。这些学科起初以"××理论"的面目出现在学术领域,随着研究工作的深入和应用领域的扩展,有学者对丰富的研究成果进行系统的整理,逐渐使之成为有特定的研究对象、学科化的知识体系、满足需要的研究范式的学科。

复杂适应系统理论是20世纪90年代以后由具体系统理论递升为学科的一个范例。1975年,美国密歇根大学计算机科学家、系统科学家约翰·霍兰出版《自然系统和人工系统中的适应》(1992年再版)一书,提出通过模拟自然进化过程搜索最优解的计算方法——遗传算法。遗传算法作为一种随机化搜索方法,借鉴了生物科学适者生存、优胜劣汰的遗传进化规律,将复杂的生命现象与计算机科学、数学科学联系起来,从而为研究复杂性系统提供了一种有效的工具。1984年,由美国物理化学家乔治·考恩(George Cowan,1920—2012)和物理学家、1965年诺贝尔物理学奖获得者默里·盖尔曼(Murray Gell-Mann,1929—)等人倡议发起,在新墨西哥州圣达菲市成立了以研究复杂系统科学为宗旨的圣达菲研究所。该研究所是一家非盈利性研究机构,没有固定人员编制,致力于构建"没有围墙的研究所",侧重主攻涉及复杂相互作用的跨学科问题。为持续保持研究活力,研究团队随不同的课题而处于不断的建构和解构中,研究人员经常跨领域开展学术研究。研究所不定期举办专题学术讨论会,约翰·霍兰参与其中,广泛吸纳多学科的理论和方法。1994年,在研究所建所10周年之际首次开办的乌拉姆系列讲座①中,约翰·霍兰做了题为《隐秩序》的演讲,次年出版

① 为纪念波兰数学家斯坦尼斯拉夫·乌拉姆(Stanislaw Ulam,1909—1984),圣达菲研究所自1994年开始每年举办一次乌拉姆系列讲座。讲座面对的听众是普通的科学爱好者,演讲内容整理成专著公开出版。乌拉姆1935年来到美国,先后在普林斯顿高等研究院、哈佛大学、威斯康星大学、科罗拉多大学工作,参与了美国洛斯阿拉莫斯国家实验室的创建。他是一位兴趣广泛的科学家,热衷于推进跨学科研究和学科交叉,关注复杂性研究。圣达菲研究所成立后,乌拉姆夫人将乌拉姆私人图书馆的藏书捐赠给研究所。

《隐秩序——适应性造就复杂性》一书，按照一门学科的架构对复杂适应系统理论做了初步的全面阐释。他在该书序言中写道："我只是把我所做的工作总结成关于一门未成熟的学科的单一的并且一致的观点。……在尽量有条不紊地叙述的同时，我尝试着把一位科学家开创一门新学科的感觉写出来。"[①]1998年，他出版《涌现：从混沌到有序》一书，对复杂适应系统理论做了延展和深化。

在系统科学领域，今后一个时期有可能向学科层级递升的系统理论，有分岔理论、自组织临界理论、元胞自动机理论、开放复杂巨系统理论、复杂网络理论等。复杂网络理论已经在交通运输、经济管理、市场营销、大脑功能、人类行为、语言科学等领域获得成功的应用，出现了以"复杂网络控制系统动力学"[②]、"复杂网络传播动力学"[③]等分支学科名称作为书名主题词的著作。现在，研究者应该高度关注、积极参与对复杂网络理论研究成果的整体性体系化梳理。

2.已有学科持续分化

在系统科学的以往发展中，先行学科的不断分化是系统科学学科扩张的一种重要方式。20世纪40年代创建的一般系统论、控制论、信息论，都有数量可观的分支学科。第一层级分支学科之下，可能还会出现第二层级、第三层级以至第N层级分支学科。从理论上来说，学科的逐层分化是没有尽头的。学科分化的层次，可以表征研究工作细化和深化的程度。

经济控制论作为控制论科学的第一层级分支学科，其下有经济数学控制论、宏观经济控制论、微观经济控制论、全息经济控制论、循环经济控制论等第二层级分支学科；微观经济控制论之下的第三层级分支学科，有企业经济控制论、财政控制论、金融控制论、投资控制论、税收

① [美]约翰·H.霍兰：《隐秩序——适应性造就复杂性》，周晓牧、韩晖译，上海科技教育出版社2000年版，序言第3页。

② 方建安等：《复杂网络控制系统动力学及其应用》，科学出版社2011年版。

③ 傅新楚、[澳]M.斯摩尔、陈关荣：《复杂网络传播动力学：模型、方法与稳定性分析》，高等教育出版社2014年版。

控制论等；金融控制论之下的第四级分支学科，有货币控制论、金融风险控制论[①]、信贷控制论等。上述分支学科，有的已经为社会所认可，有的处于初创阶段，有的还属于待创学科。

工程控制论是20世纪50年代创立的分支学科，其分化程度远低于其他一些后起分支学科，目前在《读秀知识库》中仅搜索到1部以工程控制论分支学科名称（"工程环境控制论"[②]）作为书名主题词的图书。工程的类型很多，只要有研究某一类工程控制机理的社会需求，就可以创建相应的工程控制论分支学科。我们坚信，在作为工程大国的中国，工业工程控制论、农业工程控制论、军事工程控制论、矿山工程控制论、冶金工程控制论、机电工程控制论、航天工程控制论、市政工程控制论、交通工程控制论、环境工程控制论、大科学工程控制论、网络工程控制论、工程管理控制论、工程投资控制论、工程安全控制论、工程施工控制论、工程经济控制论等都有可能陆续进入研究者的视野。

3.科学部类内部的学科渗透

在系统科学内部，同一个学科门类的学科之间、分属不同学科门类的学科之间都存在着发生知识流动的可能性，从而在学科渗透中建立起新的边缘学科。几十年来，在系统科学的演进历程中，既建立了在名称上没有明显标示的隐性边缘学科，又建立了在名称上可以做出明确判断的显性边缘学科。前者如经济控制论、社会控制论、经济信息论、社会信息论等，这些学科名称中其实省略了"系统"二字，它们在实际研究中必然要借力一般系统论的理论和方法，它们应视为介于系统论科学与控制论科学、信息论科学之间的边缘学科。后者如介于社会系统论与运筹学之间的社会系统运筹学[③]。军事系统工程学既是系统工程学的分支学科，又是军事系统科学的分支学科，应该看作是介于军事系统科学与系统工程学之间的显性边缘学科。

在今后的知识体系演化中，系统科学内部仍是值得关注的新学科

① 展西亮：《金融风险控制论》，经济科学出版社2013年版。

② 黄杰民：《工程环境控制论》，清华大学出版社2010年版。

③ 唐恢一：《社会系统运筹学》，上海交通大学出版社2015年版。

生成区位，可能不时显露出新的边缘学科衍生线索。系统论科学、控制论科学、信息论科学等先行学科门类虽然活跃程度已经有所降低，但依然存在着生成新的边缘学科的可能性。方兴未艾的非线性系统科学(复杂性系统科学)和应用范围极广的系统动力学、系统工程科学，是值得格外给予关注的边缘学科生成区位。在非线性系统科学与系统动力学之间，有可能建立非线性系统动力学(非线性动力学)、混沌系统动力学、分形动力学等边缘学科；在非线性系统科学与控制论科学之间，有可能建立混沌系统控制论①、混沌系统自适应控制论②等边缘学科。

4.科学部类内外的学科交融

系统科学之外，天地广阔，学科众多，系统科学分支学科与其他科学部类分支学科发生关联的机会更多。系统科学早期形成的分支学科，大多属于一般系统论、控制论、信息论与外部学科形成的边缘分支学科。如系统论史、系统论哲学是介于系统论科学与历史学、哲学科学之间的边缘学科；量子控制论是介于量子力学、量子物理学与控制论科学之间的边缘学科，地质控制论是介于地质学与控制论科学之间的边缘学科。

大量的边缘学科生成于两门学科之间，还有些边缘学科生成于三门以上关联学科的交汇区。一般而言，生态系统动力学可以看作是生态科学与系统动力学相互渗透而形成的边缘学科；当生态系统科学或生态系统论建立起来之后，则可以将生态系统动力学看作是在生态科学、生态系统科学或生态系统论、系统动力学的交汇区衍生出来的多边缘学科，这样更有利于建构清晰的学科网络，推进科学知识体系的整合。信息系统安全工程学是生成于信息科学、信息论科学、安全科学、安全工程学、系统工程学等学科交汇区的多边缘学科。我们关注系统科学部类内外的学科交融，既要注目双边缘学科，更要注目多边缘学科，如海洋生态系统动力学③、湖沼生态系统动力学、草原生态系统动

① 张化光等:《混沌系统的控制理论》，东北大学出版社 2003 年版。

② 林达:《混沌系统自适应控制理论与方法》，科学出版社 2016 年版。

③ 陈长胜:《海洋生态系统动力学与模型》，高等教育出版社 2003 年版。

力学、森林生态系统动力学等。

系统科学的早期生长基地是自然科学和数学科学,在成长过程中因其具有鲜明的方法性特征而受到社会科学、哲学科学的青睐。今后,在继续推进系统科学与自然科学、数学科学相互交汇融合的同时,研究者要不遗余力地推进系统科学与社会科学、哲学科学、思维科学的交汇融合,一方面扩大系统科学理论和方法的应用范围,丰富系统科学学科自身的理论体系,另一方面扩充社会科学、哲学科学、思维科学的知识疆界,提高某些学科的数学化水平。就系统动力学而言,除创建和发展离散系统动力学、多体系统动力学、多柔体系统动力学、多刚体系统动力学、挠性结构系统动力学、非完整系统动力学、计算多体系统动力学、变质量系统动力学、混杂系统动力学、控制系统动力学、工程系统动力学、热力系统动力学、环境系统动力学等边缘学科而外,尚须积极推进物流系统动力学、循环经济系统动力学、农业系统动力学、交通运输系统动力学、社会系统动力学、复杂供应链系统动力学、商业生态系统动力学①、组织管理系统动力学、人地系统动力学等的创建和发展。

① [美]扬西蒂、莱维恩:《优者自优 商业生态系统动力学》,王凤彬等译,商务印书馆2005年版。

第十五章 交叉科学学科概览

交叉科学是所有生成于数学科学、自然科学与哲学科学、社会科学两大知识板块之间的交叉学科的统称。自然科学由研究对象同属自然界的所有学科聚合而成,社会科学由研究对象同属人类社会的所有学科聚合而成,而交叉科学由生成区位同属数学自然科学与哲学社会科学两大知识板块之间交汇区的所有学科聚合而成。正是由于生成区位的特殊性,交叉科学在现代科学知识体系中占据特殊的地位,在科学知识体系整体化的历史进程中发挥着不可替代的作用。

一、"交叉科学"术语的由来和界定

1.由"跨学科"到"交叉科学""交叉学科"

中文的"交叉科学""交叉学科"两个词组,同英文 interdisciplinary 一词有密切的关联。这个英文词汇由前缀 inter(介于……之间,介入,中间)和名词 discipline(学科,训练)组合而成,最初只是一个形容词,后来时常作为名词来使用,用以表示超越一个学科范围的学术研究活动。最先使用 interdisciplinary 一词的学者,是美国哥伦比亚大学实验心理学家罗伯特·伍德沃德(又译为罗伯特·吴伟士,Robert S. Woodworth,1869—1962)。1926 年,他在美国社会科学研究理事会(Social Science Research Council,缩写为 SSRC)的一次会议上指出,社会科学研究理事会是多个学科的集合体,有责任促进和组织两个或两个以上学科的研究者在合作的基础上进行跨学科研究。1930 年,美国社会科学研究理事会在一份文件中正式使用"跨学科的活动"这一说法。20 世纪 30 年代后期,《新韦氏大学词典》《牛津英语辞典(增补本)》首次收入 interdisciplinary 一词。20 世纪 60 年代以后,来源于 interdisciplinary 的缩写词 ID(跨学科)在欧美国家大为流行。1970 年,首届跨学科问题国际学术讨论会在法国召开。1976 年,《跨学科科学评论》(*Interdisciplinary Science Reviews*)在英国创刊。

按 interdisciplinary 的本意,中文将其译为“跨学科”“学科际”“学科互涉”都是较为贴切的。从词汇生成顺序来判断,“交叉科学”“交叉学科”两个术语是从“跨学科”概念延伸或派生出来的。近期,笔者在《中国学术期刊(网络版)》中以“跨学科”“交叉学科”“交叉科学”作为检索词进行“篇名”的“精确”检索,检出文献分别为“跨学科”2645 篇、“交叉学科”709 篇、“交叉科学”170 篇。表 15.1 列出这些期刊文献的年度发表量统计结果。2016 年的文献数据尚不完整,在表中加括号予以标示。

表 15.1 “跨学科”“交叉科学”“交叉学科”期刊文献的年度发表量统计(1979—2016 年)

年份	1979	1980	1981	1982	1983	1984	1985	1986	1987	1988	1989	1990	1991
跨学科	1	2	2	2	4	3	14	15	8	9	12	9	12
交叉科学	0	1	0	0	0	1	17	14	15	10	6	9	7
交叉学科	0	0	0	0	0	0	4	10	5	12	1	4	10
年份	1992	1993	1994	1995	1996	1997	1998	1999	2000	2001	2002	2003	2004
跨学科	13	20	35	23	22	25	37	28	38	33	52	53	69
交叉科学	5	5	4	7	3	6	1	8	7	4	5	4	1
交叉学科	12	5	8	12	14	17	10	7	11	11	21	16	23
年份	2005	2006	2007	2008	2009	2010	2011	2012	2013	2014	2015	2016	合计
跨学科	73	82	97	133	154	178	205	215	233	217	262	(252)	2645
交叉科学	3	5	5	4	4	2	1	0	1	0	3	(2)	170
交叉学科	17	26	41	43	45	37	38	37	55	47	57	(52)	709

检索日期:2016 年 12 月 19 日。

借助《中国学术期刊(网络版)》的“全文”检索功能,目前能够检索到在文中使用“跨学科”概念的第一篇期刊文献发表于 1965 年[①]。《国外社会科学》1979 年第 5 期刊载的《跨学科研究与历史学》(童斌)一文，是第一篇以“跨学科”作为篇名主题词的中国期刊文献。此文译介了日本《思想》杂志 1979 年第 3 期所刊联邦德国历史学家拉因哈特·科泽勒克(Reinhart Koselleck，1923—2006)在日本 3 所大学所做的学术演讲《学際研究と歴史学》(日文译者坂井荣八郎、若松准)。由此可见，日文的汉字词汇“学際研究”也是中文“跨学科研究”的一个来源。1980 年至 1983 年发表的 10 篇早期“跨学科”期刊文献，差不多都有“国际背景”，要么是译文，要么是介绍国外情况或国外学者的学术思想。由于“跨学科”对译 interdisciplinary 一词最为传神，以“跨学科”作为篇名主题词的期刊文献 30 多年来呈现明显的增长趋势。

第一篇、第二篇以“交叉科学”作为篇名主题词的中国期刊文献分别发表于 1980 年[②]和 1984 年[③]，两文均未对“交叉科学”概念做出解释。1984 年，国务院通过了《关于科学工作的六条方针》，其中特别提到“自然科学中有与社会科学交叉的学科，不要搞批判”。这是第一份涉及“交叉学科”问题的中国政府文件。1985 年，中国学术界正式认同“交叉科学”这个术语，并且将其视为必须给予高度重视的一种知识体系类型。这年 4 月，中国科学技术培训中心会同中国科学技术协会所属的 17 个学会、研究会，在北京召开了全国首届交叉科学学术讨论会，提出了激动人心的口号：“迎接交叉科学的新时代！”老一代科学家钱学森(1911—2009)、钱三强(1913— 1992)、钱伟长(1912—2010)和经济学家、中国社会科学院院长马洪(1920—2007)等出席会议并先后做了发言。会后，出版了会议论文集《迎接交叉科学的时代》[④]。在这次会议的影响下，中国期刊从 1985 年开始出现以“交叉学科”作为篇名主题

① 徐秉烜：《记忆的神经学基础研究进展》，《生理科学进展》1965 年第 4 期。

② 王宏经、侯渡舟：《基本建设优化学——一门新兴的交叉科学》，《基建优化》1980 年第 1 期。

③ 郭志平：《要重视科技信息、交叉科学、电子计算机及测验技术方面的工作》，《江苏水利》1984 年第 3 期。

④ 中国科学技术培训中心编：《迎接交叉科学的时代》，光明日报出版社 1986 年版。

词的文献[①],“交叉学科”被当作“交叉科学”的同义词或近义词来使用。

由表15.1可以看出,“跨学科”和“交叉科学”“交叉学科”这三个术语中,迄今为止“跨学科”的使用频度始终最高。原因在于三个术语所指事物的普遍性程度有差别。

依据通常的理解,“跨学科”至少可以包含或引申出三个层面的含义[②]:第一,表示一种超越单一学科范围的研究活动或教育活动,例如物理学家、化学家运用在传统上属于物理学的理论和方法研究化学问题,即属于跨学科研究;第二,表示一个超越单一学科范围的学术领域或知识领域,这个领域包含众多的学科,或者说能够建立起许许多多具有跨界特征的学科,例如地理科学、环境科学等交叉科学门类即属于跨学科领域;第三,表示一门以跨学科活动、跨学科领域作为研究对象的学科,即尚处于创生期的跨学科学。

就汉字的字面意义而言,跨学科的“跨”字的基本含义是跨出、跨越、横跨、飞跨。显然,跨学科无论是指跨学科活动,还是指跨学科领域,均与作为科学知识分支体系的学科有着密切的关系。那么,跨学科是否可以看成是一种学科类型呢?如果可以看成为一个学科类型,它与交叉学科、交叉科学有什么样的关系呢?

有人认为,跨学科可以被视为一系列具有跨界特征的学科的统称,甚至可以更为明确地称之为跨界学科。但跨界学科其实算不上一种新的学科类型,它与边缘学科具有相同的特征和相同的疆域。所谓跨界,必然游弋于学科与学科之间的边缘;所谓边缘,必然超出原有学科的界域,跨入另一门或几门学科的领地。因此,跨界学科只能被当作边缘学科的同义词,或者说跨界学科是边缘学科的别称。从实际使用情况来看,在中文语境下,“跨学科”经常需要同其他名词或动名词搭配起来使用,如“跨学科研究”“跨学科科学研究”“跨学科教育”“跨学科团队”“跨学科学术组织”“跨学科术语”“跨学科课程”“跨学科整合”“跨学科范

① 甘牛:《卫生事业需要交叉学科》,《中国社会医学》1985年第2期;《马洪谈改革社会科学研究体制发展交叉学科》,《管理现代化》1985年第3期。

② 刘仲林等:《跨学科学导论》,浙江教育出版社1990年版,第20—21页。

式”“跨学科视角”等。其中一些词组即使不包含“研究”二字，依然隐含着“研究”之意，如“跨学科团队”说的是“跨学科研究团队”，“跨学科范式”说的是“跨学科研究范式”。

由是观之，“跨学科”概念基本上保持了最初的含义，主要是指一种超越单一学科范围的研究方式或学术活动类型。边缘学科以及包含在其中的交叉学科，只能来源于跨学科研究。交叉学科是跨学科研究的产物，然而通过跨学科研究创建的所有学科并非都是交叉学科。解析几何学、微分几何学源于数学科学内部的跨学科研究，生物化学、天文物理学源于自然科学内部的跨学科研究，哲学社会学、社会哲学源于哲学科学、社会科学知识板块内部的跨学科研究，它们只是一般意义的边缘学科，还不是我们所说的交叉学科。交叉科学的生成区位是数学自然科学（含系统科学）与哲学社会科学（含思维科学）两大知识板块之间的交汇区域，只有在这个特定区域开展跨学科研究建立起来的交叉性边缘学科，才是本书所界定的交叉学科。例如，计量历史学、数理语言学形成于数学科学与社会科学之间，物理学哲学、数学哲学形成于自然科学、数学科学与哲学科学之间，才是真正意义的交叉学科，是具有大交叉、远交叉特征的跨界学科。

2.“交叉学科”“交叉科学”概念的界定

30 多年来，中国学者曾为交叉科学、交叉学科做过多种多样的定义，人们对于交叉科学、交叉学科的理解存在着明显的歧义。现列举如下几个略加选择的实例。

◎ 所谓交叉科学是指自然科学和社会科学相互交叉地带生长出的一系列新生学科。（钱学森:《交叉科学:理论和研究的展望》，《光明日报》1985 年 5 月 17 日第 3 版；又见中国科学技术培训中心编:《迎接交叉科学的时代》，光明日报出版社 1986 年版，第 1 页）

◎ 交叉科学狭义上指自然科学学科间或社会科学学科间的渗透、融合，在结合部形成的各门学科。广义上指自然科学、技术科学、社会科学与人文科学间的渗透、融合，在结合部生长的一类学科群。（汝信主编:《社会科学新辞典》，重庆出版社 1988 年版，第 403 页）

◎ 包括众多交叉性学科在内的学科群，如比较学科、边缘学科、软学科、综合学科、横断学科、超学科等，通常称为“交叉学科”。（刘仲林：《迈向跨学科研究的新阶段》，《天津师大学报（社会科学版）》，1994 年第 1 期）

◎ 交叉科学，本质上说来，乃是在社会科学和自然科学之间宽阔的交叉地带所出现的，包括边缘科学、横断科学、综合科学等在内的新兴学科群落。（赵红州：《交叉科学与马克思主义》，《中国青年报》1994 年 5 月 10 日第 3 版）

◎ 交叉学科是在两种或两种以上单一学科基础上，科学主体凭借对象整合、概念移植、理论渗透和类比推理等方法，对对象世界及其变化进行探测、体认和再现后形成的跨越单一学科性的独立的科学理论体系。（炎冰、宋子良：《“交叉学科”概念新解》，《科学技术与辩证法》，1996 年第 4 期）

◎ 交叉科学指包括两门以上学科的科学或一系列新兴学科群。包括边缘学科、软学科、综合学科和横断学科四大门类。交叉科学主要是指自然科学和社会科学之间的交叉，同时也指自然科学内部各学科或社会科学内部各学科之间的交叉。（亢世勇主编：《新词语大词典》，上海辞书出版社 2003 年版，第 576 页）

诸多解释或定义，主要分歧点在于交叉科学学科生成范围的不同。就此而言，有两种倾向性意见，相应地形成广义交叉科学概念和狭义交叉科学概念。

广义交叉科学概念的倡导者，认为交叉科学学科既生成于自然科学、工程技术与社会科学、思维科学之间的边缘区，又生成于自然科学内部的各学科之间和社会科学内部的各学科之间①。前者被称为二元交叉型、多元交叉型交叉学科，后者则被称为单元交叉型交叉学科。也有学者将这种广义交叉科学学科的生成途径区分为四个层次：一是自然科学各个学科领域内不同层次的交叉，人文科学各个学科领域内不

① 炎冰、宋子良：《“交叉科学”概念新解》，《科学技术与辩证法》1996 年第 4 期。

同层次的交叉和社会科学各个学科领域内不同层次的交叉;二是自然科学不同学科领域之间的交叉,人文科学不同学科领域之间的交叉和社会科学不同学科领域之间的交叉;三是自然科学不同学科领域与人文科学不同学科领域之间的交叉,人文科学不同学科领域与社会科学不同学科领域之间的交叉,自然科学不同学科领域与社会科学不同学科领域之间的交叉;四是自然科学、人文科学和社会科学不同学科领域之间的综合交叉①。

笔者赞同钱学森在1985年全国首届交叉科学学术讨论会发言中为交叉科学所做的界定:"所谓交叉科学是指自然科学和社会科学相互交叉地带生长出的一系列新生学科。"②也就是说,笔者不赞成采用广义交叉科学概念,主张将交叉科学学科的生成区域限定在数学科学、自然科学与哲学科学、社会科学之间的边缘区域(参见本书第三章图3.1)。这就意味着,《"交叉科学"概念新解》一文所说的单元交叉型以及二元交叉型中的"自然—工程"型学科,《关于交叉科学研究中的几个问题》一文所说的第一层次、第二层次以及第三层次的一部分学科,均不被视为交叉学科。同样按这种理解,《交叉科学学科辞典》③中所收的土力学、工程地质学、火山学、大气动力学、计算化学、太阳系物理学、生物力学等不属于交叉科学范畴,应归类于自然科学;广告学、方志学、文书学、比较法学、电影学、句法学、书评学、民俗学等也不属于交叉科学范畴,应归类于社会科学。

中文"交叉"一词通常可视为"交错"的同义词,其基本含义是几个方向不同的线条互相穿过或多个事物间隔错杂。自然科学内部的不同学科、社会科学(含人文科学)内部的不同学科,由于研究对象、研究方法等方面的相近性、相似性,学科之间的渗透、融合并不具有严格意义

---

① 邢润川:《关于交叉科学研究中的几个问题》,《天津师大学报(社会科学版)》1994年第1期。

② 钱学森:《交叉科学:理论和研究的展望》,《光明日报》1985年5月17日第3版。又见中国科学技术培训中心编:《迎接交叉科学的时代》,光明日报出版社1986年版,第1页。

③ 姜振寰主编:《交叉科学学科辞典》,人民出版社1990年版。

的交叉性。在近代以来的科学发育史上，数学科学、自然科学与哲学科学、社会科学都一直属于两大知识板块或知识“营垒”，前者略称为“理”，后者略称为“文”。两大知识板块长期处于隔绝状态。20世纪中期以来，在分属两大知识板块的学科之间，因方法移植、概念泛用、理论互动、知识整合而形成的一系列新兴学科，如数理社会学、计量经济学、历史自然学、科学学、科学哲学、技术学、技术教育学、工程美学、生态伦理学、城市环境学等，打破了数学科学、自然科学与哲学科学、社会科学之间的传统壁垒，架起了相互沟通、汇流的桥梁，极大地推动了科学知识体系的整合化进程。这是真正意义上的交叉，即体现了自然科学与社会科学相互汇流的交叉，体现了科学体系完整性的交叉。

选择狭义交叉科学（交叉学科）概念，不将交叉学科与边缘学科等同起来，更不将边缘学科包容在交叉科学之中，意在突出生成于数学科学、自然科学与哲学科学、社会科学之间边缘区域的交叉科学学科的特殊地位和作用。一切边缘学科都具有联结、整合相关学科的功能。数学科学和自然科学内部的边缘学科，可以强化“理”知识板块的紧密程度；哲学科学和社会科学内部的边缘学科，可以强化“文”知识板块的紧密程度。生成于“理”知识板块和“文”知识板块之间的交叉性边缘学科即交叉科学学科，能够使两大知识板块由疏离走向互通、由互通走向交融。基于以上认识，笔者在2003年出版的《交叉科学结构论》一书中为交叉学科、交叉科学做出明确界定：交叉学科是指形成于数学科学、自然科学与哲学科学、社会科学之间交汇区域的跨界学科或边缘学科；交叉科学是形成于数学科学、自然科学与哲学科学、社会科学之间交汇区域的科学部类，是所有交叉学科的总称或统称①。

为了反映交叉科学（交叉学科）与跨学科在中文语境下的内涵差异，交叉科学（交叉学科）的对应英文不宜再单独使用 interdisciplinary 或使用含有 interdisciplinary 的词组。在2003年版《交叉科学结构论》中，笔者选择了 cross-discipline 和 cross-science 作为交叉学科、交叉科

① 王续琨：《交叉科学结构论》，大连理工大学出版社2003年版，第14页。

学的对应英文译词。在国内,有学者持有同样的观点。“我们对于某一交叉学科必须问的问题是,‘叉’在哪里?也就是说两个或者多个学科的‘交集’在哪里?为了区别于跨学科 interdisciplinary,或许取名为 cross-discipline 更好。”①近期,在《中国学术期刊(网络版)》中翻查期刊文献英文篇名、关键词,找到了多篇使用 cross-discipline②、cross-science 或 cross discipline③、cross science 对译交叉学科、交叉科学的文献。

3.交叉科学学科门类的特征

据估计,在数学科学、自然科学、系统科学之与哲学科学、社会科学、思维科学两大知识板块之间的交汇区域创生的交叉学科,至少在千门以上。其中有些学科因整体研究对象相同的同源学科较少,呈散点状态分布,如介于数学科学与历史科学(社会科学)之间的计量历史学(历史计量学、数量史学),介于运载科学(自然科学)与经济科学(社会科学)之间的航天经济学、航天技术经济学。这些“游兵散勇”状态的学科发挥着联系两大知识板块的辅助作用,对科学知识体系整体化也有一定贡献。绝大多数交叉学科因为有一定数量的同源学科而聚合为若干个学科门类。例如,大约百门以上以海洋作为整体研究对象的学科聚合为海洋科学④,大约百门以上以城市作为整体研究对象的学科聚合为城市科学⑤。这些学科门类构成交叉科学的主体部分,它们犹如联系两大知识板块的一座座桥梁,其发展程度能够在总体上表征着科学知识体系整体化的发展水平。

1987 年中国学术界出现“学科群”一词⑥,此后这个词的使用频度

① 柯华庆:《跨学科还是交叉学科?》,《大学(学术版)》2010 年第 10 期。

② 万秀兰、尹向毅:《美国高校交叉学科发展模式及其启示》,《比较教育研究》2014 年第 12 期。

③ 黄林芳、陈士林:《中药品质生态学:一个新兴交叉学科》,《中国实验方剂学杂志》2017 年第 1 期。

④ 王续琨、宋刚等:《交叉科学结构论(修订版)》,人民出版社 2015 年版,第 54 页。

⑤ 王续琨、宋刚等:《交叉科学结构论(修订版)》,人民出版社 2015 年版,第 103 页。

⑥ 张光博:《宪法学科群建设浅议》,《现代法学》1987 年第 3 期。

越来越高。1992年国家技术监督局发布的《国家标准·学科分类与代码》(GB/T 13745-92)使用了"学科群"概念，并为其做出了界定："学科群是具有某一共同属性的一组学科。每个学科群包含了若干个分支学科。"①学科群可能包含几门学科，也可能包含几十门学科，所谓"具有某一共同属性"却未必拥有相同的整体研究对象。作为科学部类次级子系统的学科门类，可以看作是学科群，但并非所有的学科群都是学科门类。一般的学科门类，必须具有两个基本特征。

第一，一个学科门类的所有学科拥有相同的整体研究对象。在数学科学中，欧几里得几何学、三角学、解析几何学、仿射几何学、射影几何学、非欧几里得几何学、微分几何学、代数几何学、分数维几何学、计算几何学等学科都以空间区域关系作为整体研究对象，它们构成了几何学这个学科门类。在社会科学中，政治学史、政治哲学、比较政治学、政治社会学、发展政治学、非政府政治学、国家学、政党学、国际关系学、外交学、战争学、政策科学等都以政治现象作为整体研究对象，它们构成了政治科学这个学科门类。

第二，一个学科门类通常包含数十门甚至数百门学科。在同一个科学部类中，由于发展程度不尽相同，各个学科门类所包含的学科数量并不均衡。在不同的科学部类之间，学科门类所包含的学科数量可能存在很大差别。哲学科学、数学科学的某些学科门类，包含学科相对较少，有的可能只能列出一二十门学科；自然科学、社会科学的某些学科门类，包含学科门类相对较多。材料技术—工程科学作为自然科学第三个层次的一个学科门类，包含数百门以材料的制备、加工为对象的操作性理论学科。在社会科学中，历史科学至少包含数百门分支学科，社会学大约包含150门以上分支学科，政治科学大约包含将近100门分支学科②。

---

① 《中华人民共和国国家标准·学科分类与代码》(GB/T 13745-92)，中国标准出版社1993年版，第1页。

② 王续琨、冯欲杰、周心萍、于刚：《社会科学交叉科学学科辞典》，大连海事大学出版社1999年版。

林林总总的科学学科,从归属或亲缘关系的角度进行区分,主要有三类。一是数学自然科学属性学科,二是哲学社会科学属性学科,三是中介交叉性学科。中介交叉性学科是指既具有数学自然科学属性又具有哲学社会科学属性的学科,它们同数学科学、自然科学和哲学科学、社会科学都保持着密切的联系。

归类于交叉科学的所有学科门类,除具有一般学科门类的两个基本特征之外,还必须具有第三个特征,即所谓特殊属性特征。具有特殊属性特征的学科门类,有两种类型。第一种类型的交叉学科门类是文类理类学科均衡型(简称为学科均衡型):该学科门类除包含一部分中介交叉性学科外,既有一定数量的数学自然科学属性学科,又有一定数量的哲学社会科学属性学科,如地理科学、资源科学、城市科学等。第二种类型的交叉学科门类是中介交叉性学科主导型(简称为交叉主导型):该学科门类的绝大多数学科是中介交叉性学科,因此在总体上呈现交叉科学特征。例如,数学史、技术哲学、工程学等学科门类,它们的研究对象是数学科学、面向自然界的技术活动、面向自然界的工程活动,处于数学科学和自然科学的疆界之内,以哲学、社会科学众多学科(历史学、社会学、经济学等)的理论和方法研究这些对象,由此建立起来的学科理所当然地具有中介交叉性。

一个既有数学自然科学属性学科又有哲学社会科学属性学科的学科门类,是否可以归类于交叉科学,应以其文类边缘分支学科与理类边缘分支学科的数量比例关系作为主要判据。假定一个学科门类中具有哲学社会科学属性的边缘分支学科的数量为 PS,具有数学自然科学属性的边缘分支学科的数量为 MN,两者之比可以定义为交叉度指数 CR,即 CR= PS/MN。交叉度指数 CR 介于 0.5—2.0 之间,即可将该学科门类归入交叉科学。由于学科数量统计上的某些不确定性,0.5 和 2.0 都只能视为具有模糊性的参考取值。

现以兴起于 20 世纪中期的安全科学为例①。统计时,先将安全科

① 王续琨:《安全科学:一个新兴的交叉学科门类》,《科学学研究》2002 年第 4 期。

学具有比较纯粹中介交叉属性的分支学科，如安全系统工程学、生产安全管理学、军事事故学等置于统计范围之外。具有哲学社会科学属性的第一层级边缘分支学科，有安全哲学、安全文化学、安全战略学、安全社会学、安全伦理学、安全经济学、安全教育学、灾害历史学、安全管理史等约20门；具有数学自然科学属性的第一层级边缘分支学科，主要有灾害力学、灾害物理学、灾害化学、生物灾害学、安全运筹学、防灾工程学、爆炸安全工程学、矿山安全工程学、职业卫生工程学等约32门。交叉度指数CR为20比32，即0.6[①]，显然安全科学在我们所设定的交叉科学范围之内。

交叉度指数CR靠近1.0的学科门类，表明其具有哲学社会科学属性的第一层级边缘分支学科与具有数学自然科学属性的第一层级边缘分支学科在数量上大体相当，称之为强交叉学科门类。地理科学、广义资源科学(研究对象中包含人文资源)、环境科学、管理科学、建筑科学、城市科学、体育科学、人类学等，可归属于强交叉学科门类。

交叉度指数CR靠近0.5和靠近2.0的学科门类，称之为弱交叉学科门类。其中，交叉度指数CR靠近0.5的学科门类，表明其具有哲学社会科学属性的第一层级边缘分支学科明显少于具有数学自然科学属性的第一层级边缘分支学科，称之为偏理类弱交叉学科门类。安全科学、狭义资源科学(研究对象中不包含人文资源)、生态科学、军事科学等，可归入此类。交叉度指数CR靠近2.0的学科门类，表明其具有哲学社会科学属性的第一层级边缘分支学科明显多于具有数学自然科学属性的第一层级边缘分支学科，称之为偏文类弱交叉学科门类。科学史、技术史、工程史、科学哲学、技术哲学、工程哲学、科学学、技术学、工程学等，可归入此类。

交叉度指数CR低于0.5的学科门类，表明其具有哲学社会科学属性的第一层级边缘分支学科数量不多，在整体上应将其归入数学科

① 《社会物理学国际前沿研究透视》，范泽孟、刘怡君、汪云林等编译，科学出版社2007年版。

学或自然科学。例如能源应用科学所属的近百门学科中仅有能源经济学、石油经济学①、能源社会学、能源政策学②等少数学科具有哲学社会科学属性，只能将其整体性地归类于自然科学。

交叉度指数 CR 高于 2.0 的学科门类，表明其具有数学自然科学属性的第一层级边缘分支学科数量较少，在整体上应将其归入哲学科学或社会科学。例如社会学所属的上百门学科中，仅有数理社会学③、定量社会学④、社会物理学 25 等极少数学科具有数学自然科学属性，理应将其整体性地归类于社会科学。教育科学虽然已经建立了教育技术学（教育工艺学）、教育工程学、学校卫生学、数学教学心理学、自然科学教学心理学、教育生态学⑤、教室环境学和教育系统论、教育控制论⑥、教育信息论等具有数学自然科学属性或中介交叉属性的第一层级、第二层级边缘分支学科，但并不足以改变教育科学的整体属性。教育科学至今仍是社会科学的一个学科门类。

二、交叉科学学科门类的生成模式

交叉科学各个学科门类都有各自的演进历程，有的同自然科学、社会科学一样有着悠久的历史，只是在出现“交叉科学”术语之后才被视为交叉科学学科门类，如地理科学、人类学等；有的只有几十年的历史，如环境科学、城市科学；有的尚处于创生的初期阶段，如农村科学、工程学等。一般而言，交叉科学的学科门类都是通过学科聚集的方式逐步建立起来的。学科门类的生成模式可以从多个角度进行分析和分类。从数学自然科学属性学科和哲学社会科学属性学科的演进顺序来看，文类理类学科均衡型交叉科学学科门类有三种基本的生成模式。

---

① 徐亲知、陈淑华：《石油经济学》，黑龙江人民出版社 1989 年版。

② 邱立新：《能源政策学》，山西经济出版社 2016 年版。

③ 安田三郎：《数理社会学》，東京大学出版会 1973 年版。

④ ［德］韦德里希・哈格：《定量社会学》，郭治安、姜璐、沈小峰编译，四川人民出版社 1986 年版。

⑤ 李聪明：《教育生态学导论》，台湾学生书局 1989 年版。

⑥ 李诚忠、王序荪：《教育控制论》，东北师范大学出版社 1986 年版。

1.理类学科先行模式

理类学科先行模式的起点是自然科学领域，由一门自然科学学科衍生出若干门数学自然科学属性边缘分支学科，同时或延时向哲学科学、社会科学渗透，生成若干门哲学社会科学属性边缘分支学科。地理科学、海洋科学、生态科学、环境科学、网络科学等属于这种生成模式。

地理科学源于古代关于地理现象和地理知识的记载。古希腊学者埃拉托色尼（Eratosthenes of Cyrene，约前 278—前 194）首创地理学（希腊文 γεωγραφικά，拉丁文 geographica）一词，撰写了 3 卷本《地理学》，奠定了数理地理学的初始基础。古罗马初期学者斯特拉博（Strabo，约前 64/63—约 23），撰写了 17 卷本《地理学》，讨论了以天文学、几何学为基础的数理地理学和研究地表、大气圈的自然地理学。古罗马后期学者克罗狄斯·托勒密（Claudius Ptolemaeus，约 90—168）著有 8 卷本《地理学指南》一书，全面总结了古希腊的数理地理学知识。春秋战国时期，中国在地形学、物候学、水文学、土壤地理学、植物地理学、地图绘制和地理区划等方面均取得杰出成就。《山海经》《尚书·禹贡》《管子·地贡》是这一时期的重要著作。东汉历史学家班固（32—92）著《汉书》，专列一篇“地理志”，标志着中国传统地理学开始形成。

经过中世纪阿拉伯地理学的过渡，16 世纪以后近代地理学在欧洲崛起，德国是其主要发祥地。1650 年，德国地理学家伯恩哈德·瓦伦纽斯（Bernhardus Varenius，1622—1650）完成《普通地理学》（又译为《通论地理》）一书。他认为地理学可分成两部分，即普通地理学或通论地理学、特殊地理学或专门地理学。前者研究整个地球的整体情况，解释各种现象的性质；后者分别描述每个国家的地理结构和位置。

近代地理学的奠基人是德国地理学家亚历山大·冯·洪堡（Alexander von Humboldt，1769—1859）和卡尔·李特尔（Carl Ritter，1779—1859）。1808—1827 年，亚历山大·洪堡与人合作写成 30 卷本《新大陆热带地区旅行记》，被公认为近代自然地理学、植物地理学的创始者。1845—1862 年，他又陆续出版 5 卷本《宇宙：物质世界概要》，总结了自然地理学的研究原理和区域地理学的研究规则。1827—1859

年，李特尔陆续出版了19卷《地理科学与自然和人类历史》，认为地理学的研究对象是布满人的地表空间，人是整个地理研究的核心和顶点，其地理学思想奠定了人文地理学的基础。他在题为《地理科学的历史因素》(1833年)的讲演中，主张地理学与历史学携手并进，开近代历史地理学的先河。

19世纪下半叶，德国地理学家奥斯卡·佩舍尔(Oscar Peschel，1826—1875)的《地理学史》(1865年)、《比较地理学的新问题》(1870年)、《自然地理学》(1879年)，费迪南德·冯·李希霍芬(Ferdinand von Richthofen，1833—1905)的《当前地理学的任务和方法》(1883年)、《研究旅行指南》(1886年)等著作，进一步确立了自然地理学在地理学体系中的地位。德国地理学家弗里德里希·拉采尔(Friedrich Ratzel，1844—1904)的《人类地理学》(1882、1891年)、《政治地理学》(1897年)、《民族学》(1885、1886、1888年)、《德国：乡土地理导论》(1898年)等著作，推动了人文地理学的发展。地貌学、冰川学、动物地理学、民俗地理学等分支学科在这一时期逐步获得相对独立的地位。

法国是对近代地理学做出重要贡献的另一个国家。地理学家艾里塞·雷克吕(Elisée Reclus，1830—1905)先后出版2卷本《地球》(1868—1869年)、19卷本《新世界地理》(1876—1894年)、6卷本《人类和地球》(1905—1908年)等著作，创立了以区域为基础描述地球的方法，强调人在改变地球面貌中的作用。地理学家维达尔—白兰士(P. Vidal de la Blache，1845—1918)的《法国地理学概貌》(1903年)、《地理学的独特性质》(1913年)、《法国的东部地区》(1917年)、《人文地理学原理》(1922年)等著述，确立了其作为法国近代地理学创建者的地位。在他的影响下，形成了以其学生为骨干的法国地理学派。

20世纪以来，地理学作为现代科学的重要组成部分走向全面繁荣的新时期。这一时期，地理学著作的数量急剧增加，形成了众多的学术流派，其中尤以环境学派、区域学派、景观学派最具影响力。地理科学研究队伍的日趋壮大和其他学科门类研究方法、理论的不断渗入，电子计算机、遥感遥测技术手段的利用，为地理科学的对象细化和边缘渗透提供了重要条件，自然地理学和人文地理学都产生了大量的分支学科，如水文地理学、冻土学、景观地理学、资源地理学、化学地理学、人种地理学、地理信息系统学、计算机地图学、地理系统工程学和人口地理学、社会地理学、工业地理学、商业地理学、旅游地理学、城市地理学、感应地理学、行为地理学、文化地理学等，由此形成了蔚为壮观的地理科学学科体系，地理科学成为一个令人瞩目的交叉科学学科门类。

2.文类学科先行模式

文类学科先行模式的起点是社会科学领域，由一门社会科学学科衍生出若干门哲学社会科学属性边缘分支学科，同时或延时向数学科学、自然科学渗透，生成若干门数学自然科学属性边缘分支学科。城市科学、农村科学、管理科学、情报科学、知识科学等属于这种生成模式。

城市科学是以城市作为研究对象的所有同源学科的统称。城市是社会分工的产物。人类历史上的第二次社会大分工——手工业与农业分离，是早期城市产生的重要条件。而第三次社会大分工——商业和商人的出现，则为集市演变为城市提供了根本的社会基础。正如马克思(1818—1883)、恩格斯(1820—1895)所说:“一个民族内部的分工，首先引起工商业劳动同农业劳动的分离，从而也引起城乡的分离和城乡利益的对立。”[①]城市的不断涌现和城市数量的增加、城市规模的扩张，为社会进步源源不断地注入活力。列宁(1870—1924)曾对城市在社会发展中的地位和作用做了高度概括:“城市的发展要比农村快得多，城市是人民的经济、政治和精神生活的中心，是进步的主要动力。”[②]

社会的发达、进步程度同人类对于城市的关注程度成正比。人们对于城市各种问题的思考始于古代，中国古代的《管子·度地》《周礼·地官》《周易·系辞》《考工记》等，涉及了城市规划和建设等方面的问题。古希腊哲学家柏拉图(Plato，公元前427—前347)的《理想国》，描

① 马克思、恩格斯:《德意志意识形态》，《马克思恩格斯选集》第一卷，人民出版社1995年版，第68页。

② 列宁:《关于德国各政党的最新材料》，《列宁全集》第二十三卷，人民出版社1990年版，第358页。

绘了理想化的城市生活。古希腊学者亚里士多德(Aristotle,公元前384—前322)的《政治篇》,探讨了城市的社会、人口、家庭、伦理、贸易、政治、行政、组织、边防等问题。

现代城市科学是资本主义城市化进程的产物。1598年,意大利学者乔瓦尼·鲍泰罗(Giovanni Botero,1544—1617)出版近代西方第一部研究城市的著作《城市国家的伟大和光荣的原因》,探讨了城市的社会功能和地位、城市发展动力等问题。19世纪30年代,社会学进入创生期之后一直将城市社会作为重要的研究对象。德国社会学家费迪南德·滕尼斯(Ferdinund Tonnies,1855—1936)始终关注城市社会的变迁,1887年出版《社区与社会》(又译为《共同体与社会》)一书,对城市社会和农村社会进行对比研究。他将人类社会抽象为两种相互对立的类型,即以农村为代表的礼俗社会和以城市为代表的法理社会,认为礼俗社会是活生生的机体,而法理社会则是一种机械的组合,虽然礼俗社会比法理社会更有人情味,但法理社会取代礼俗社会是不以人的意志为转移的历史进程。滕尼斯的城市社会研究为城市社会学的创生奠定了理论基础。

19世纪下半叶,经历了第一次产业革命的西方资本主义国家先后走上城市化的历史进程。随着工业化、城市化进程的逐渐加快,城市建筑作为城市赖以存在的主要物质基础,所履行的功能愈来愈多,结构样式、规划布局愈来愈复杂,有许多特殊的问题需要专门加以研究。一系列以城市规划设计、城市建筑布局为对象的专门著作先后问世,其中影响最大的是奥地利城市规划学家和建筑师卡米诺·西特(Camillo Sitte,1843—1903)的《城市建设艺术:遵循艺术原则进行城市建设》①(1889年)一书。该书以建筑物、公共广场为中心,解析城市空间与人的生活方式的关系,论述了城市规划设计、城市景观营造、城市建设艺术原则等问题。这部著作内容厚重,不仅促使城市规划学从建筑学的

① [奥]卡米诺·西特:《城市建设艺术:遵循艺术原则进行城市建设》,仲德昆译,东南大学出版社1990年版。

母体中分离出来，而且成为城市设计学、城市形态学、城市建设学等一系列中介交叉性学科的重要源头。1898年，英国学者埃比尼泽·霍华德(Ebeneze Howard，1850—1928)出版《明日：一条通向真正改革的和平道路》一书。此书1902年出版修订版，书名改为《明日的田园城市》[①]，此后又多次再版。该书提出最早的城市规划理论——"花园城"或"田园城市"理论，主张把大城市多余的人口分散到城市周围若干个花园城市中去。1933年，国际现代建筑协会在希腊雅典市召开会议，制订了《城市规划大纲》(即著名的《雅典宪章》)，成为城市规划学进入稳步发展阶段的一个里程碑。

由19世纪末、20世纪初开始，城市史、城市地理学、城市社会学、城市经济学、城市人类学等渐次形成并发展起来，从而构成了现代城市科学的基本框架。英国生物学家、规划师帕特里克·盖迪斯(Patrick Geddes，1854—1932)在《城市发展》(1904年)、《进化中的城市》(1915年)等著作中，将生物学的原理和方法应用于城市研究，在进化的视角下研究城市，并首创urbanology(城市学)一词。1907年，德国地理学家库尔特·哈塞尔特(Kurt Hasselt，1866—1947)出版第一部城市地理学专著《城市地理观察》。1911年，法国学者拉乌尔·布兰查德(Raoul Blanchard，1877—1965)出版研究个体城市的著作《格勒诺布尔：城市地理的研究》。以美国社会学家罗伯特·帕克(Robert E. Park，1864—1944)为代表的芝加哥学派，开展卓有成效的城市社会研究，为城市社会学的分立做出重要贡献。1928年，美国社会学家安德森(N. Andersen)和爱德华·林德曼(Eduard C. Lindeman)合著教科书《城市社会学》。1933年，美国历史学家亚瑟·施莱辛格(Arthur M. Schlesinger，1888—1965)出版叙述19世纪下半叶美国城市的形成和演进历程的《城市的兴起：1878—1898》一书，城市史的研究范式趋于成熟。

1959年，美国未来资源研究所成立"城市经济学委员会"，组织一

① [英]艾比尼泽·霍华德：《明日的田园城市》，金经元译，商务印书馆2000年版。

批专家拟定城市经济学研究纲要。1969 年，美国经济学会将“城市、区域经济学”列为 12 个分科中的第 11 个分支领域，标志着美国学术界对城市经济学的接纳。20 世纪 60 年代后，美国相继创办了《城市研究》《区域科学与城市经济学》《城市经济学杂志》等期刊，一些高等学校开始培养城市经济学的硕士、博士研究生。1965 年美国经济学家威尔帕·汤普森(Wilbur R. Thompson)出版《城市经济学导论》一书，概括前人的相关研究成果，初步建立了比较完整的城市经济学学科体系。

20 世纪 30 年代初，日本东京大学学者曾发起组建都市学会，后因战乱而停止活动。1953 年，日本学术界重新成立日本都市学会，多学科研究者参与其中。1966 年和 1968 年，该学会出版以《都市学成立の理論と課題》《都市学の進展と地域理論》为题的年报。就世界范围而言，城市研究自 20 世纪 60 年代以后出现了由单科研究向综合研究过渡的重大转折。美国学者路易斯·曼弗德(Lewis Mumford，1895—1990)的《城市的形式和功能》(1968 年)一书，被认为是西方城市研究走向综合之路的开拓性著作，其中心内容是阐述城市发展与人类文明的关系。1972 年，日本社会学家磯村英一(1903—1997)在其主持编撰的《城市问题事典》修订版中增补了“都市学”条目。1976 年，磯村英一出版《都市学》一书①，对城市研究的基础部分进行整体性的整合。1979 年，《韦伯斯特英语大词典》收入 urbanology(城市学)一词。

20 世纪 70 年代末以来，随着城市化进程在新时期的启动、加速以及人们对于城市功能认识的渐次深化，中国学术界越来越关注城市研究，探讨城市建设、管理和发展问题的文献越来越多，形成一股推进城市科学的合力。1983 年，阜新、咸阳等城市成立了城市科学研究会。1984 年，中国城市科学研究会在北京成立。同年，中国期刊上出现了第一批以“城市科学”作为篇名主题词的论文②，出版了第一批以“城市

① 磯村英一. 都市学. 東京：良書普及会，1976。

② 马武定：《关于城市科学的几个基本问题》，《城市问题》1984 年第 1 期；张承安：《论城市科学发展的综合特征和我国城市科学的学科建设》，《城市问题》1984 年第 3 期。

科学”作为书名主题词的图书[①]。鉴于已经先期建立了一批以城市为对象的学科，中国学者将城市科学视为一个既同哲学社会科学有关又同数学自然科学有关的学科门类[②]。最近几十年来，中国学者在引介和推进城市社会学、城市经济学(含城市规划经济学、城市土地经济学、城市住宅经济学)、城市法学(含城市交通法学[③]、城市管理法学、城市环境保护法学)等哲学社会科学属性学科的同时，积极推进数学自然科学属性城市科学学科的创生和发展，出版了一大批以这类学科名称作为书名主题词的图书，如城市地质学、城市环境地质学[④]、城市生态学(城市环境生态学)、城市植物生态学、城市园林生态学、城市景观生态学、城市生态工程学[⑤]、城市昆虫学[⑥]、城市建设测量学、城市气候学[⑦]、城市灾害学[⑧]、城市医学等。城市科学作为交叉科学学科门类，文类学科与理类学科的比重正在趋于均衡。

3.理类文类学科并行模式

这种模式围绕一个具有中介交叉性特征的研究对象，相关数学自然科学学科和哲学社会科学学科陆续介入，逐渐衍生出越来越多的理类学科和文类学科以及交叉性学科，在交叉科学崛起的特定时段，这些学科被认定为交叉科学的学科门类。军事科学、安全科学、警务科学、体育科学等大体上属于这种生成模式。

军事科学的整体性研究对象是军事活动或国防事务。军事活动既涉及物质层面的自然因素，又涉及社会因素和智能因素。由于缺乏清晰的学科分野意识，军事研究长期以来具有文理综合的特点，专论军事

① 北京市社会科学研究所城市研究室选编:《国外城市科学文选》，宋俊岭、陈占祥译，贵州人民出版社1984年版。

② 王续琨:《城市科学的学科体系及其发展途径》，《大连理工大学学报》1993第1期。

③ 韦冬莉主编:《城市交通法学》，中国财富出版社2013年版。

④ 刘飞、万力、胡伏生:《城市环境地质学》，知识产权出版社2011年版。

⑤ 马光、胡仁禄:《城市生态工程学》，化学工业出版社2003年版。

⑥ 邓望喜主编:《城市昆虫学》，农业出版社1992年版;张宏宇主编:《城市昆虫学》，中国农业出版社2009年版。

⑦ 周淑贞、张超:《城市气候学导论》，华东师范大学出版社1985年版。

⑧ 金磊:《城市灾害学原理》，气象出版社1997年版。

工程技术的著作并不多见。

中国古代的军事研究称为兵学。春秋末期吴国将领孙武(约前6世纪末—前5世纪初)著兵书《十三篇》(后世习称《孙子兵法》,简称《孙子》),总结了春秋前和春秋时期的军事斗争经验。战国时期兵家蜂起,较有代表性的兵书有《吴子》《司马法》《孙膑兵法》《尉缭子》《六韬》等。这些兵书既包含现代军事人文社会科学某些学科的内容,又包含现代军事工程技术科学某些学科的内容,涉及战争观、谋略、战法、律法、将帅修养、军队组织、训练、纪律、奖惩制度、指挥、侦察、通信和攻防战具、行军渡水等诸多方面。宋代曾公亮(999—1078)和丁度(990—1053)编撰的《武经总要》是中国的第一部官修兵书,其中包括军事理论和军事技术两部分内容。明代军事家郑若曾(1503—1570)撰《筹海图编》,总结沿海防卫经验,涉及沿海地理形势、海防部署、海防方略、海战器具、抗倭战事等。明代军事家、抗倭名将戚继光(1528—1588)于抗倭战斗中先后写成《纪效新书》(约1560年)、《练兵实记》(1571年)等讲述练兵、教战、用器的兵书。学者茅元仪(1594—1644?)汇集兵书、术数之书2000余种,历时15年辑成大型军事类书《武备志》。全书200多万字,设类详备,收辑甚全,存录许多极为宝贵的军事资料。这一时期,出现了属于军事工程技术科学范畴的著作,如侧重研究火药、火器的《兵录》,传播西方火器制造、使用技术的《神器谱》《西法神机》《火攻挈要》等。

在西方国家,最早的军事研究成果是古希腊的军队史、战争史著作。如希罗多德(Herodotos,约前484—前425)的《希腊波斯战争史》、修昔底德(Thucydides,约前460—约前395)的《伯罗奔尼撒战争史》等。古罗马时期,军事理论家塞克斯图斯·尤利乌斯·弗龙蒂努斯(Sextus Julius Frohtinus,约35—约103)著有《谋略》一书。军事著作家弗拉维乌斯·韦格蒂乌斯·雷纳图斯(Flavius Vegetius Renatus,约4世纪)的5卷本《论军事》,依次论述了新兵的遴选、训练和军事纪律问题、罗马军团的组织机构和指挥官、战略和战术问题、筑垒地区的进攻和防御问题、海军的运用问题。该书在中世纪的最后几个世纪被欧洲军界奉为经典。中世纪的欧洲，科学沉寂，学术凋敝，军事著作数量极少。文艺复兴时期意大利学者尼可罗·马基雅弗利(Niccolo Machiavelli，1649—1527)的《战争艺术》等著作，在欧洲军事学术史上起到承前启后的作用。

近代科学的兴起和技术的进步，使各国军队的武器装备得以不断改进。17 世纪以后，军事研究呈现多角发展的态势。法国军队在 17 世纪出现新的专业技术兵种——工程兵。法国元帅、军事工程师德·沃邦(S.L.P.de Vauban，1633—1707)，依据实践经验写成《论要塞的攻击和防御》(1705—1706 年)、《筑城论文集》等军事建筑工程著作。18 世纪，英国军事理论家、军事历史学家亨利·劳埃德(Henry H. E. Lloyd，1720—1783)的《1756 年普鲁士国王与奥地利女王及其盟国之间在德国的战争史序言或劳埃德将军的军事政治回忆录》，探讨了战略、作战理论和战争与政治的关系等问题。18 世纪 90 年代，俄国军事家亚历山大·苏沃洛夫(Алексаыдр В. Суворов，1730—1800)著有《制胜的科学》一书，上半部分供军官使用，阐述野外对抗演习等军队训练方法；下半部分供士兵使用，讲述战术和战斗勤务要求。

18 世纪末 19 世纪初，法国大革命和拿破仑战争有力地推动了欧洲军事科学的发展。拿破仑一世(1769—1821)继承和发展了法国革命所创立的军事学术和作战原则。生于瑞士的军事理论家、军事家安东尼-亨利·德·若米尼(Antoine-Henri de Jomini，1779—1869)，先后在法国、俄国军队中担任军职，撰写了《论大规模军事行动》(1805 年)、《1792—1801 年革命战争批判军事史》(1806 年)、《战略学原理》(1818 年)、《拿破仑的政治和军事生涯》(1827 年)、《战争艺术概论》(1838 年)等多部著作，在总结战争经验的基础上全面阐发其军事理论思想，认为战争艺术应包括战争政策、战略、大战术、勤务学、工程学、初级战术 6 个组成部分。普鲁士将军、军事理论家卡尔·冯·克劳塞维茨(Care P. G. von Clausewitz，1780—1831)在总结以往战争实践的基础上，用 12 年时间完成《战争论》一书。该书运用黑格尔的辩证法探讨战争理论问题，提出了“战争无非是政治通过另一种手段的继续”等著名论断，其内容涉及战争性质、战争理论、战略、战斗、军队、进攻与防御、战争计划等。该书是西方军事理论发展史上具有里程碑意义的一部经典名著。

20世纪上半叶的两次世界大战,使军事研究呈现空前活跃的局面。第二次世界大战后,学术界开始频繁地使用"军事科学"概念[①],研究者逐渐形成自觉的"军事科学"意识,军事研究成果进入全面学科化梳理的阶段。经过半个多世纪的渐进积累,军事科学已经成为包含上百门学科的学科门类[②]。在大量交叉学科的影响下,军事科学形成一系列中介交叉性学科,如军事运筹学、军事系统工程学、军事侦察学、军事管理学、军事后勤学、军事交通运输学、军事物流学[③]、军事安全学、军事环境科学、军事海洋学[④]、军事生态学、军事地理学、军事工效学等。由于军事科学研究者引进数学自然科学若干学科的理论和方法,加之一部分数学自然科学研究者的参与,军事科学已经形成和正在萌生一系列理类学科,如军事工程数学、军事工程力学、兵器力学[⑤]、军事工程物理学、兵器物理学、军事化学、军事地图学、军事地形学、军事气象学、军事生物学、军事测绘学、军事遥感学、兵器学、弹药学、弹道学、射击学、投雷学、轰炸学、军事卫生学、军事医学[⑥]、军事兽医学、军事电子学、军事装备学、军事卫星学、军用雷达学、军事通信学等。由于军事科学研究者引进哲学社会科学各门学科的理论和方法,加之一部分哲学社会科学研究者的参与,军事科学已经形成和正在萌生一系列文类学科,如军事哲学、军事伦理学[⑦]、军事政治学、军事领导学、军事法学、军事社会学[⑧]、军事战略学、军事战役学、军事战术学、国家军制学、军

① [苏]A. 叶尔少夫等:《苏联的军事科学》,亚楼等译,华中新华书店1949年版。

② 王续琨、宋刚等:《交叉科学结构论(修订版)》,人民出版社2015年版,第187页。

③ 王丰、姜大立、彭亮:《军事物流学》,中国物资出版社2003年版。

④ 孙文心:《军事海洋学引论》,海洋出版社2011年版。

⑤ 王亚平、徐诚、王永娟等:《火炮与自动武器动力学》,北京理工大学出版社2014年版。

⑥ 军事医学科学院编译科:《国外军事医学参考资料》,人民军医出版社1960年版。

⑦ 《军事伦理学研究》编委会:《军事伦理学研究》,蓝天出版社1991年版。

⑧ 杨亚平、祁永信主编:《军事社会学概论》,南京大学出版社1989年版。

队政治工作学、国防教育学、军事技术学、军事考古学、军事未来学、军事指挥学、战争学、军队建设学、军队财务学、军事经济学、军事心理学等。

三、交叉科学的学科结构

1.交叉科学的学科门类结构

交叉科学的各门学科是在社会进步、经济繁荣的背景下，为满足人类正常生存和发展的需要，为解决环境、生态、生活质量、可持续发展等重大问题而形成和发展起来的。交叉科学的兴起，体现了现代科学对人类命运、人类未来的全面关照和呵护。交叉科学的兴起，为更好地实施通才教育和智能教育，为人的全面发展，提供了必要的知识背景。

随着交叉学科数量的持续增多，交叉科学学科门类也在持续增多。2003 年，笔者在《交叉科学结构论》一书初版中确认了 20 个交叉科学学科门类，即地理科学、资源科学、生态科学、环境科学、城市科学、农村科学、建筑科学、安全科学、军事科学、管理科学、科学学、技术学、科学哲学、技术哲学、科学史、技术史、情报科学、知识科学、体育科学、人类学。2015 年《交叉科学结构论(修订版)》，增补了海洋科学、服装科学、网络科学、设计科学、警务科学、工程史、工程哲学、工程学等 8 个学科门类。

交叉科学涉猎面非常之宽，包含学科特别之多，难以使用前面几章的学科框图展示其学科结构。本章将目前已经被确认的 28 个交叉科学学科门类，画成飞天轮式的学科门类结构示意图，粗略地展示学科门类之间的基本关系。28 个交叉科学学科门类，除人类学之外的 27 个学科门类每 3 个为一组，相对地区分为 9 个组团(图 15.1)。其中，地理科学、资源科学、管理科学涉及人类的生存基础，生态科学、环境科学、海洋科学涉及人类的生存环境，城市科学、农村科学、建筑科学涉及人类的生存界域，军事科学、安全科学、警务科学涉及人类的生存安全，服饰科学、设计科学、体育科学涉及人类的生存质量，情报科学、知识科学、网络科学涉及人类的身心发展，科学史、科学哲学、科学学涉及科学文化的积淀传承，技术史、技术哲学、技术学涉及技术文化的积淀传承，工程史、工程哲学、工程学涉及工程文化的积淀传承。交叉科学的宜人性，得到了较为充分、完整的体现。

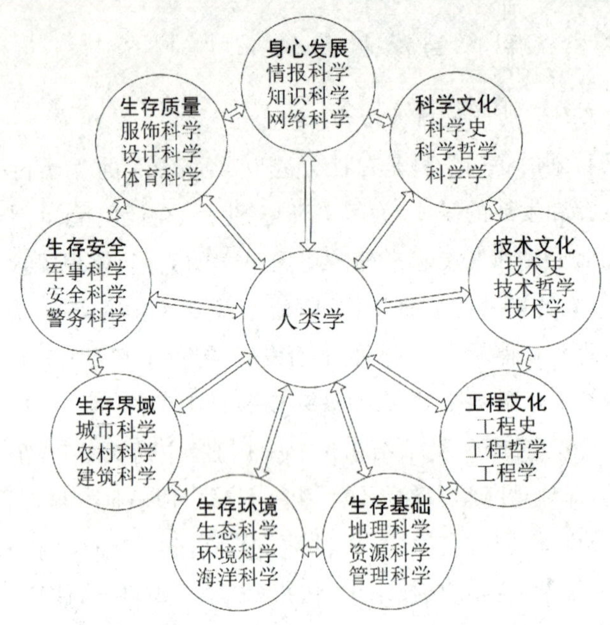

图 15.1　**交叉科学的学科门类结构**

应当说，人类所创造的一切科学知识，由科学知识聚合而成的所有科学学科，都属于文化的范畴，都服务于人类的生存和发展。然而，基于交叉科学学科的综合性、交叉性特征，交叉科学以文理交融的简约方式履行着为人类生存和发展服务的社会功能。27 个交叉科学学科门类以人类学为中心，围绕人类的生存、发展、文化积淀展开多学科交汇背景下的跨界研究。

作为人类学研究对象的人类，既具有自然属性，又具有社会属性。首先，人的血肉之躯是一种自然存在物，是自然界的一个重要组成部分。“我们连同我们的肉、血和头脑都属于自然界和存在于自然之中的”[①]。其次，人不是孤立的存在物，一个人只有同其他人、同社会发生各种各样的联系才能够获得生存和发展的必要条件。“人的本质不是单个人所固有的抽象物，在其现实性上，它是一切社会关系的总和。”[②]人类学对于人的研究必须兼顾自然属性和社会属性两个基本方面。

从人猿相揖别之时开始，人就在求生存的艰难历程中思考同自身相关的各种问题。然而，古代人对自身的认知仅限于自然属性。古希腊米利都学派哲学家阿那克西曼德（Anaximandros，公元前610—前546），在其著作中阐述了人是从动物祖先经过一系列的变化而产生的思想。亚里士多德（Aristotle，公元前384—前322）在《动物史》《动物分类论》《动物起源论》《精神论》等著作中，运用比较方法制订了动物分类的原则，提出有机体通过一系列等级逐步升高的生物阶梯说，阐释了人类区别于其他动物的形态特征，认为人是“社会”动物。

1501年，德国生理学家马格纳斯·亨德特（Magnus Hundt，1449—1519）撰写了世界上第一部以“人类学”（拉丁文 anthropopologium）命名的著作《人类学——人类是万物之灵》，其主要内容是人体解剖和人体生理方面的知识[③]。17世纪中叶，英文中出现“人类学”（anthropologie）一词。1655年，英国佚名作者的《抽象人类学或从哲学和解剖学主要搜集物看人类特征》一书，虽然赋予了“人类学”双重含义，认为人类学应当同时涉及人类的体质和精神（心理）两个方面，但在其后的将近两个世纪中，人类学仍以研究人的自然属性为主。

德国人类学家约翰·布鲁门巴哈（Johann F. Blumenbach，1752—1840）最先开辟了运用测量方法确定人类体质特征的研究方向。他在《人类的先天差异》（1775年）一书中，依据对人类头盖骨的实测结果，

① 恩格斯：《自然辩证法》，《马克思恩格斯选集》第四卷，人民出版社1995年版，第384页。

② 马克思：《关于费尔巴哈的提纲》，《马克思恩格斯选集》第一卷，人民出版社1995年版，第56页。

③ ［英］A.C.哈登：《人类学史》，廖泗友译，山东人民出版社1988年版，第1页。

主张将人类区分为白、黄、棕、黑、红五个人种。在西方,有人将他视为人类学的开创者。1859 年,英国生物学家查尔斯·达尔文(Charles R. Darwin,1809—1882)出版《物种起源》一书,为人类学的发展奠定科学的进化论基础。英国生物学家托马斯·赫胥黎(Thomas H. Huxley,1825—1895)的《人类在自然界的位置》(1863 年)和《人类和动物的表情》(1872 年)、德国动物学家厄恩斯特·海克尔(Ernst H. Hackel,1834—1919)的《人类进化论》(1879 年)等著作的相继出版,逐渐勾勒出体质人类学的基本轮廓。1871 年,英裔美国比较心理学家查尔斯·韦克(Charles S. Wake,1835—1910)创用"体质人类学"这一术语。

19 世纪上半叶,在体质人类学取得突破性进展的同时,从社会属性方面研究人类的文化人类学也走上了由潜到显的发展历程。英国医生、人类学家詹姆斯·普里查德(James C. Prichard,1786—1848)在《人类体质史研究》(1813 年)、《人类自然史》(1848 年)等著述中,认为人类学应当运用综合方法,将关于人类起源和原始文化两个方面的探索统一起来。1860 年,德国哲学家、人种学家阿道夫·巴斯蒂安(Adolf Bastian,1826—1905)出版 3 卷本《历史上的人类》,初步奠定文化人类学的理论基础。英国人类学家爱德华·泰勒(Edward B. Tylor,1832—1917)先后出版了《墨西哥和墨西哥人的过去和现在》(1865 年)、《原始文化:有关神话学、哲学、宗教、语言、艺术和习俗发展的研究》(1871 年)等著作,被学术界公认为文化人类学的主要奠基人。德国地理学家弗里德里希·拉采尔的《人类地理学》(1882、1891 年)、《民族学》(1885、1886、1888 年)等著作,提出了影响深广的文化传播学说,拓展了文化人类学的发展道路。

19 世纪 70 年代,美国文化人类学家路易斯·摩尔根(Lewis H. Morgan,1818—1881)先后出版《人类家庭的血亲和姻亲制度》(1870—1871 年)、《古代社会》(1877 年)两部著作,对人类进入文明时代以前的社会状况做了精湛独到的研究。马克思、恩格斯高度重视摩尔根的研究成果。1881—1882 年,马克思为了写作关于原始社会的著作,在阅读《古代社会》一书的过程中与其他人类学著作进行比照,做了详尽的摘要并写下相关批语[①]。1884 年,恩格斯出版《家庭、私有制和国家的起源》一书,阐述了人类历史开端的各种问题,在两版序言中对摩尔根的研究工作给予了高度赞扬[②]。上述著述和恩格斯的《劳动在从猿到人转变中的作用》[③]一文,提供了运用辩证唯物主义和历史唯物主义观点开展人类学研究的典范。

经过约 2000 年的孕育和发展,到 19 世纪下半叶人类学在学术界取得了独立的学科地位。1859 年,法国学者在巴黎创建了人类学会。1863 年,英国成立伦敦人类学会。1864 年,俄国学者在莫斯科成立自然科学爱好者人类学会。1879 年,美国成立人类学会。这些学术团体的建立,标志着人类学已经成为一门显学。1885 年,美国佛蒙特大学首开人类学导论课程,人类学正式进入大学课堂。

1901 年,美国人类学家、考古学家威廉·霍尔姆斯(William H. Holmes,1846—1933)在《美国国立博物馆的报告》中首创"文化人类学"这个术语,强调研究人类文化的这一部分在人类学中的独立地位。1908 年,英国人类学家詹姆斯·弗雷泽(James G. Frazer,1854—1941)在《社会人类学的范围》一书中创用了"社会人类学"这一名称。经过一段时间的磨合,有的学者主张将二者合称为社会文化人类学(sociocultural anthropology)。文化人类学或社会人类学在整个 20 世纪,有两个重要的发展标志。一是分支学科逐渐增多。20 世纪 20 年代至 40 年代,哲学人类学、符号人类学、心理人类学、历史人类学、政治人类学、经济人类学等陆续建立起相对独立的学科体系。20 世纪 50 年代以后,又有农村人类学、农业人类学、城市人类学、认知人类学、医疗人类学、人口人类学、教育人类学、军事人类学、法律人类学、文学人类学、艺术人类学等先后应运而生。二是文化人类学学派丛生,理论繁

① 马克思:《摩尔根〈古代社会〉一书摘要》,中国科学院历史研究所翻译组译,人民出版社 1965 年版。

② 恩格斯:《家庭、私有制和国家的起源》,《马克思恩格斯选集》第四卷,人民出版社 1995 年版,第 1—17 页。

③ 恩格斯:《劳动在从猿到人转变中的作用》,《马克思恩格斯选集》第四卷,人民出版社 1995 年版,第 373—386 页。

荣。在西方国家渐次形成法国社会年鉴学派、传播论学派或文化圈学派、美国历史学派、英国功能主义学派、美国文化心理学派或民族心理学派、新进化论学派、英国新结构主义学派、象征人类学学派、解释人类学学派等。学派蜂起在一定程度上标示着一个学术领域、一门学科具有充沛的发展活力。

有着悠长久远历史、学术文脉贯穿古今的人类学,不仅演进成为一个文理兼备的交叉科学学科门类[①],而且在其演进历程中诱导了大批交叉学科的创生,带动了地理学、海洋学、资源学、生态学、环境学、建筑学等走上交叉化的发展道路,逐步演化成为交叉科学学科门类。这样,就形成以人类学为核心的交叉科学学科门类的阵列。19 世纪 70 年代,恩格斯在《自然辩证法》手稿的一则札记中指出:"最近则有名称很别扭的所谓人类学,它是从人和人种的形态学和生理学过渡到历史的中介。"[②]人类学名称"别扭",很可能缘于覆盖面过宽,涉及人类研究的学科很多,人类学必然与其他的"涉人"学科呈现重叠关系。也许正是由于覆盖面偏宽,人类学才当仁不让地成为由自然科学(生物科学)过渡到社会科学(历史科学)的主桥梁,成为其他交叉科学学科门类的核心。

2.交叉科学学科门类的学科结构:以环境科学为例

各个交叉科学学科门类都有自身的学科结构。交叉主导型学科门类适于运用学科框图勾画其学科结构,而学科均衡型学科门类则适于运用五栏表呈现其学科结构。下面以环境科学的五栏表学科结构作为示例。

在这个"五栏表"(表 15.2)中,环境科学的第一层级分支学科和部分第二层级分支学科,按照数学自然科学属性、哲学社会科学属性的强弱,相对地区分为 5 个学科群组。各学科群组自左向右,数学自然科学属性由强到弱,哲学社会科学属性由弱到强。

① 王续琨、宋刚等:《交叉科学结构论(修订版)》,人民出版社 2015 年,第 381 页。

② 恩格斯:《自然辩证法》,《马克思恩格斯选集》第四卷,人民出版社 1995 年版,第 281 页。

第Ⅰ群组包括环境数学、环境力学、环境物理学、环境化学、环境天文学、环境地球科学、环境生物学、环境系统论、环境控制论等。这一群组学科大多属于环境科学与数学科学、自然科学、系统科学基础学科门类相互渗透而建立的边缘分支学科，它们都有多层级的分支学科。例如，环境力学是介于环境科学与力学之间的边缘学科，它的第二层级分支学科有环境动力学、环境固体力学、环境流体力学等；环境流体力学之下有环境流体静力学、环境流体动力学、环境流体运动学等第三层级分支学科；环境流体动力学之下有湖泊环境流体动力学、河流环境流体动力学、海洋环境流体动力学、环境水动力学、环境空气动力学等第四层级分支学科；海洋环境流体动力学之下则有近海环境流体动力学、海洋环境水动力学等第五层级分支学科。

第Ⅱ群组学科主要包括环境变迁学（环境演化学）、古环境学、放射环境学、材料环境学、土壤环境学、气候环境学、森林环境学、山地环境学、矿山环境学、能源环境学、环境灾害学等。这一群组学科也具有较为明显的自然科学属性，很多学科属于边缘学科。其中的一部分学科，研究特定时段（第三纪、第四纪、古代等）、特定对象（放射物、材料、土壤、气候等）和特定区域（草地、森林、山地、矿山等）的环境问题。环境材料学与材料环境学是一对词汇倒序学科，两者名称虽然相似但研究内容有明显的差异。环境材料学的研究对象是环境材料，涉及环境工程材料、环境友好材料、环境治理材料等的设计、加工、回收和影响评估；材料环境学研究各类材料与环境的相互作用，主要涉及金属材料的环境腐蚀及其防护措施、木质材料的环境特性等。环境灾害学是一门运用自然科学方法和手段研究环境灾害的学科。它一方面可以依据灾害（污染）的类型分化出空气污染学、土壤污染学、水污染学、工业污染学、农业污染学、城市污染学、农村污染学等，另一方面又可以同自然科学某些学科相渗透形成第二层级边缘分支学科，如污染水文学、污染气象学、污染生物学等。

表 15.2 环境科学的学科结构

数学自然科学（Ⅰ）	（Ⅱ）	（Ⅲ）	（Ⅳ）	哲学社会科学（Ⅴ）
		普通环境学		
环境数学	环境变迁学	环境统计学	**环境史**	**环境哲学**
环境力学	环境化学演化学	环境评价学	环境科学史	环境科学哲学
环境动力学	第四纪环境学	环境影响评价学	环境科学学	环境技术哲学
环境流体力学	古环境学	比较环境学	环境人类学	环境美学
环境物理学	环境自然地理学	**环境地理学**	环境人文地理学	环境伦理学
环境热学	放射环境学	环境规划学	交通运输环境学	环境文化学
环境声学	环境材料学	区域环境学	城市交通环境学	环境保护战略学
低温环境学	材料环境学	环境安全学	军事环境学	环境政治学
高温环境学	土壤环境学	环境污染生态学	旅游环境学	环境政策学
大气环境学	大气环境化学	**环境生态学**	生态旅游环境学	环境保护法学
水环境学	水环境化学	大气环境生态学	环境水利学	（环境法学）
环境化学	**气候环境学**	海洋环境生态学	农业环境学	犯罪环境学
环境有机化学	森林环境学	海洋环境学	工业环境学	**环境经济学**
环境分析化学	山地环境学	资源环境生态学	工业环境经济学	环境工程投资学
环境天文学	矿山环境学	**资源环境学**	环境工效学	环境经营学
环境地球科学	能源环境学	植物资源环境学	农村环境学	环境社会史
环境地球物理学	环境灾害学	矿山环境工程学	城市环境学	**环境社会学**
环境地球化学	污染水文学	**环境工程学**	人类聚居环境学	环境人口学
环境气象学	污染气象学	水环境工程学	建筑环境学	环境宗教学
环境地貌学	空气污染学	清洁生产工艺学	工程环境学	环境民族学
环境地质学	土壤污染学	实验动物环境学	住宅环境学	环境心理学
环境生物学	环境医学	环境系统工程学	办公环境学	环境行为学
环境微生物学	环境病理学	资源环境信息学	农村环境管理学	环境新闻学
环境基因组学	环境流行病学	**环境管理学**	教育环境学	**环境教育学**
环境系统论	环境卫生学	环境监测管理学	自然环境保护学	环境艺术学
环境控制论	工程环境控制论	环境污染治理学	环境景观学	环境色彩学
……	……	……	……	……

说明：用黑体字排印的名称，是环境科学的主干分支学科。用楷体字排印的名称，是环境科学的第二层级分支学科。

第Ⅲ群组是一些既具有数学自然科学属性又具有哲学社会科学属性的学科，主要有普通环境学、环境统计学、环境评价学、环境地理学、环境规划学、区域环境学、环境安全学、环境生态学、海洋环境学、资源环境学、环境工程学、环境系统工程学、环境管理学等。这些学科并不是绝对的"中性"学科，可能有的略偏向自然科学，有的略偏向社会科学。其中有几门学科是环境科学连接地理科学、资源科学、海洋科学、生态科学、安全科学、管理科学等交叉科学学科门类的“纽结”学科。普通环境学是环境科学的核心基础学科，研究有关环境的各种一般性、普遍性、共同性问题，如环境结构和功能、环境区划和规划、人类生态环境的合理布局、环境综合利用的原理和方法、人类活动引起的环境变化及其对人类的反作用等。

第Ⅳ群组是一些比第Ⅲ群组较为明显地偏向哲学社会科学的学科，包括环境史、环境科学学、环境人类学、交通运输环境学、军事环境学、旅游环境学、农业环境学、环境工效学、城市环境学、建筑环境学、工程环境学、教育环境学、自然环境保护学等。其中有些学科也是以特定环境（军事、旅游、城市、建筑、住宅环境等）作为研究对象的，但由于这些环境的主要构成要素是人工自然物（军事装备、人工景观、城市建成区、建筑物、住宅等），因而其研究内容必然同人类社会、文化有着密切的联系。环境科学学是介于环境科学与科学学之间的边缘学科，是环境科学因自我认识的需要而有待创建的学科，主要探讨环境科学的对象范围、学科定位、研究范式、理论体系、学科结构、应用领域、演进态势、发展环境、未来前景等。军事环境学、城市环境学、农村环境学、建筑环境学、工程环境学是环境科学同交叉科学学科门类军事科学、城市科学、农村科学、建筑科学、工程学相联通的主桥梁。

第Ⅴ群组是环境科学与哲学科学、社会科学一些学科门类相渗透而形成的边缘学科，包括环境哲学、环境美学、环境伦理学、环境文化学、环境政治学、环境保护法学、环境经济学、环境社会学、环境心理学、环境新闻学、环境教育学、环境艺术学等。这组学科的哲学社会科学属性最强，具有双栖性，可以分别归入哲学社会科学的相关门类。这个群组中的环境教育学与第Ⅳ群组的教育环境学是一对词汇倒序学科，两者名称相似但研究内容并不相同。环境教育学以环境教育活动作为研究对象，探讨环境教育的功能、目标、方式、内容、效果评价等；教育环境学以教育环境作为研究对象，探讨教育环境的效应、构成、优化原则、管理途径等。

四、交叉科学学科的发展对策

交叉科学、交叉学科、跨学科等术语在中国的扩散传播已有40多年时间。尽管学术界对于这些术语的理解并不一致，但它们毕竟已经进入了人们的视野，开始引起有关方面的关注或重视。属于交叉科学范畴的研究方向、研究项目得到了一定程度的支持，只是学科跨度、支持力度尚显不足。为了推进交叉科学学科的创建和发展，笔者提出如下三项主要对策。

1.管理制度建设对策

迄今为止，交叉学科或交叉科学在多数人的观念中只是一些具有交叉属性的学科的笼统称谓而已，并没有认识到它们在科学发展历程中的特殊地位，没有将它们在整体上视为一个科学部类。相应管理制度的调整，也没有提到议事日程上来。在现有的课题申报、成果报奖、学科专业设置、图书资料分类等各种目录中，均没有专设"交叉科学"这一大类，也没有为大部分交叉科学学科门类提供应有的发展空间。

在历年的《国家自然科学基金项目指南》《国家社会科学基金项目年度课题指南》中，除归入自然科学资助范围的生态学(归属生命科学部)、管理科学(归属管理科学部)、环境科学(归属专门领域)和归入社会科学资助范围的统计学、体育学之外，绝大部分交义学科、交叉科学学科门类均难以登堂入室，从而无法在研究上获得名正言顺的资金支持。进入21世纪以来的项目(课题)指南立项指导思想中，尽管已经增加了"注重新兴边缘交叉学科和跨学科综合研究"和"鼓励开展跨科学部的学科交叉研究"等文字，实际上能够列入资助范围的只是一些小交叉、近交叉的课题，还不是涉及数学自然科学与哲学社会科学两大知识板块的大交叉、远交叉课题。

在《授予博士、硕士学位和培养研究生的学科、专业目录》(1997年)中，具有交叉性的"军事学""管理学"被列为第11、第12个学科(专业)门类；在12个学科门类之下总计88个一级学科中，属于交叉科学范畴的有体育学(代码0403)、地理学(0705)、海洋科学(0707)、科学技术史(0712)、建筑学(0813)、环境科学与工程(0830),它们分属教育学、理学、工学3个门类;科学技术哲学(010108)、人类学(030303)、生态学(071012)、情报学(120502)等则被列为二级学科,分属哲学、法学、理学、管理学4个门类。《普通高等学校本科专业目录》(1998年)设有11个学科门类,仅有增设的"管理学"属于交叉科学。在门类之下总共71个二级类专业中,也只有教育学门类的体育学类(0402)、理学门类的地理科学类(代码0707)、环境科学类(0714)和工学门类的环境与安全类(0810)可以归入交叉科学。

2011年颁发的《学位授予和人才培养学科目录》,在13个学科门类之下总计110个一级学科中,属于交叉科学范畴的一级学科增加了公安学(0306)和公安技术(0838)[①]、生态学(0713)、设计学(1305)。该《目录》由于取消了二级学科,科学技术哲学、人类学、情报学失去了"露脸"的机会。这种只有纵向切分的学科、专业设置方式,很难使受教育者——未来的科学人员、技术人员、工程人员形成整体的交叉科学意识和学术眼光。

交叉科学在相关制度中的尴尬地位,显然不能适应科学知识体系发展的要求。相关管理制度的缺失,必然会束缚交叉科学的发展。在课题申报、成果报奖等各种"同行"评审活动中,交叉性课题、成果由于难以找到足够数量严格意义的"同行",且难以得到传统学科的普遍认同,会受到某种程度的不公正对待。今后,为了改变这种状况,一切热心于交叉科学的研究者仍要坚持不懈地利用各种时机、场合、渠道为交叉科学呐喊造势,宣传交叉科学的特征、地位、作用,从而引起各有关方面的充分重视,强化同交叉科学相关的各项制度的建设。例如,《学位授予和人才培养学科目录》除纵向切分的学科设置方式之外,还应该以某种方式增加现有学科之间的横向联系,如设置具有整合功能的"交叉科学"学科门类,具有交叉科学属性的一级学科既置于原学科门类之中,同时又置于"交叉科学"学科门类之中。在交叉科学及其学科门类

① "公安学"和"公安技术"对应于本章所列的警务科学这个学科门类。

获得应有地位之前，应当争取为交叉性课题申报、交叉性成果评奖建立“绿色通道”，使之得到有力度的支持和机会均等的鼓励。

2.学术组织保障对策

建立相应的组织、团体、机构，是开展学术研究的重要保障条件。有了组织、机构、团体，才可能组建和训练出有凝聚力、战斗力的学术研究队伍，才可能使相关领域、学科产生社会影响力、辐射力，从而进入良性循环的发展过程。

交叉科学至今在中国还没有建立起专门的学术团体和实体性的研究机构。1987 年 8 月，在全国交叉科学专题研讨会上，由 40 多所高等学校的代表发起，成立了全国高等学校交叉科学研究联合中心，挂靠于天津师范大学。1992 年创办内部交流资料《交叉科学信息》，先后出版了 10 期。进入新世纪，全国高等学校交叉科学研究联合中心挂靠中国科学技术大学，2006 年出版集刊《中国交叉科学》第一卷[①]，2008 年、2010 年依次出版第二卷、第三卷。没有进入“体制”的民间团体，缺资金、缺人力，难以开展有规模、有活力的学术活动。

在现有的软科学、政策研究机构中，有部分研究人员从事交叉性课题的研究，但并不是对交叉科学本身或交叉科学整体的研究。如隶属于国家科学技术部的中国科学技术促进发展研究中心，成立于 1982 年，是一个综合性跨学科性软科学研究机构。其主要任务是从事国家科学技术的发展战略、政策、体制、管理、预测、评价以及科学技术促进经济社会发展等方面的研究，为国家科学技术、经济社会发展的宏观决策提供咨询建议。2002 年 9 月，中国科学院成立自然科学与社会科学交叉研究中心、评估中心，挂靠于中国科学院科学技术政策与管理科学研究所。该中心联合相关高等学校、中国社会科学院、中国工程院等单位，组成一个虚拟的、网络式的研究体系，开展发展战略、国情和公共政策、金融和管理科学、创新政策方面的研究。它的成立，无疑为数学家、自然科学家、社会科学家、管理专家的相互交流、沟通搭建了一个不可

① 刘仲林主编：《中国交叉科学》第一卷，科学出版社 2006 年版。

多得的平台，但它的主要使命并不是推进交叉科学的学科元研究和整体性研究。

交叉科学的发展，提出了创建交叉科学学的历史任务。交叉科学学作为介于交叉科学与科学学之间的边缘分支学科，以交叉科学本身作为研究对象，运用科学学的思路探讨交叉科学的特征、功能、结构、发展态势、发展机制、发展模式等一系列基础性问题。面对这样一项历史性的学术使命，既需要积极组建中国交叉科学研究会这样的专门学术组织，又需要一些有条件的高等学校、研究机构建立交叉科学研究所、交叉科学研究室之类的实体性机构。这些学术组织和实体性机构将在促进和开展两大知识板块之间的交叉性研究的基础上，担负起创建和发展交叉科学学的历史使命。

3.人才队伍培育对策

人是学术研究的主体。广泛、深入地开展交叉科学研究，需要一支有规模、有实力的人才队伍。交叉科学人才队伍，只能来自于交叉科学教育。目前，中国高等学校中的交叉科学教育还比较薄弱。通常意义的"跨学科培养复合型人才"，往往还局限于在一个科学部类的范围之内进行小交叉、近交叉，如物理学专业与化学专业、力学专业与电子科学技术专业、机械工程专业与计算机科学技术专业、教育学专业与文学专业等相结合培养硕士、博士研究生。在我们看来，这类"交叉"，远没有达到交叉科学的学科跨度要求。

高等学校的交叉科学教育，包含两个基本对象范围。一是面向所有本科生、研究生的交叉科学教育，除了为哲学、社会科学类专业开设数学、自然科学、系统科学类课程，为数学、自然科学类专业开设哲学、社会科学、思维科学类课程之外，还要积极创造条件开设交叉科学概论或交叉科学学一类课程。面上的交叉科学教育，不仅要引导受教育者主动建构具有交叉性特征的知识结构，而且要启发他们积极地树立交叉科学意识，以便将来走上工作岗位后能够自觉地向"异类"知识板块靠拢，依据实际需要随时进行知识结构的调整，理智而又有准备地开辟交叉性的学术研究方向或研究领域，以至于开拓出新的学科。

二是面向某些交叉学科本科生、研究生的专业交叉科学教育。目前本科生、研究生专业目录中已有的地理科学、海洋科学、环境科学、建筑科学、设计科学、警务科学(公安学)、军事科学、管理科学、体育科学等类专业,要努力办出交叉科学的特色。一方面在课程设置上要兼顾哲学、社会科学和数学、自然科学两类课程,让受教育者充分领悟和意识到主修学科(专业)的交叉性特征,另一方面又要设置一些综合性、横向贯通性的研讨类课程,让受教育者对交叉科学有一个整体性的把握。在交叉科学还没有被当作一个独立的科学部类,没有被列为本科生、研究生专业目录的一个学科(专业)门类之前,可以通过现有的上述交叉性学科(专业)培养能够对交叉科学进行学科元研究和整体性研究的专业人才。这些人才可以聚合成一个具有特殊学术使命的科学共同体,成为创建和发展交叉科学学的中坚力量。

第十六章 结语:科学学科学走向未来

科学学科作为科学知识地图上的基本地标不会消亡,以科学学科作为研究对象的科学学科学也不会停止前进的步伐。科学学科的生成过程绵延不绝,科学学科的演进历程起伏跌宕,科学知识体系的整体扩张不断呈现新态势,这一切都为科学学科学注入了源头活水,拓展出新的话语空间。在科学学科学面前,正展现着生机勃勃的发展远景。

一、强化学术界的科学学科意识氛围

自古至今,特别是近代科学产生以来,人类积累的知识越来越多。为了对知识的具体属性和适用范围做出区分,力学家创造了固体力学、材料力学、结构力学、流体力学、空气动力学等术语,物理学家创造了固体物理学、半导体物理学、原子物理学、原子核物理学、粒子物理学、等离子体物理学等术语,生物学家创造了细胞学、生理学、微生物学、植物学、动物学、鸟类学等术语。为了给林林总总、形形色色的"分科之学"赋予一个概括的称谓,学者们历经数百年,创用并共同认可了被称之为"学科"(discipline、subject)的这样一个概念。确立了具有一定抽象性的"学科"概念,如同在测绘地图时确立了"聚落"概念一样,绘图师可以将"聚落"以圆圈的形式绘制到世界地图上。聚落是人或居民的聚集地,规模有大有小,可以区分为乡村聚落、城市聚落、矿山聚落、学校聚落等多个类型。学科是知识或学问的聚集地,知识聚集量有多有少,可以区分为母体学科、分支学科、边缘学科、交叉学科、综合性学科、方法性学科等若干个基本类型。

有了学科概念,未来的学术研究者可以大体勾画出自己的知识学习范围,明确自己应该熟悉的知识领域的学术发展脉络。有了学科概念，学术研究者可以确认自身所处的“学术区位”，知晓有哪些近邻知识领域、相关知识领域。总之，有了学科概念，学术研究者才能定位自身、照应关联，以此为基础才能助推各个知识领域交互作用、共同发展的局面。学科概念的渐趋形成和普遍认同，是科学知识自我认识的产物。科学学科不会停止演进发展的步伐，学科概念今后仍将是对科学知识进行功能分工和辨认区分的有效工具。走向未来的科学，永远需要这个有效工具，因而永远需要以科学学科作为研究对象的科学学科学。因此之故，学术界应该在认同学科概念的基础上，不断地强化科学学科意识氛围。

1.鼓励提出促生和发展新学科的创议

面对科学学科数量持续增加的发展态势，学术界应该鼓励研究者不失时机地提出促生和发展新学科的创议。科学知识的量增过程没有止境，科学知识体系所包容学科的量增过程也没有止境。在认识能力逐渐提高和技术手段不断进步的基础上，人类的活动范围越来越大，随之提出进一步扩大认识范围的新需求。接踵而至的新需求引出层出不穷的新问题，形成学术研究的新对象。新知识围绕着研究对象持续聚集，在知识量达到一定程度的背景下，有研究者审时度势地提出促进新学科创生的建议，理应受到舆论的支持。

先以正在走向创生期的创新创业教育学为例。20 世纪 80 年代初，中国由美国、日本引进了创造学、创造教育，创造教育成为教育领域的一个新话题。90 年代后期，由于政界对“创新”概念的高频使用，“创新教育”演变为与“创造教育”具有相同含义的热门词汇。2002 年 4 月，教育部在清华大学、中国人民大学、上海交通大学等 9 所学校开展创新教育、创业教育试点工作，“创新教育”理念得以强化，“创业教育”逐渐进入研究者的视野。2010 年 4 月，教育部召开推进高等学校创新创业教育和促进大学生自主创业工作视频会议，随后印发《关于大力推进高等学校创新创业教育和大学生自主创业工作的意见》(教办〔2010〕3 号)文件，第一次在政府文件中将创新教育和创业教育综合为“创新创业教育”。此后，“创新创业教育”迅速成为教育领域新的热门话题。

2015 年，国务院办公厅印发《关于深化高等学校创新创业教育改革的实施意见》(国办发〔2015〕36 号)文件。近期，笔者在“中国知网”的《中国学术期刊(网络版)》中进行“篇名”的“精确”检索，检出“创造教育”文献 1061 篇、“创新教育”文献 9980 篇、“创业教育”文献 11991 篇(剔除其中的“创新创业教育”文献数，则为 9787 篇)、“创新创业教育”文献 2204 篇。以下将这些文献统称为“创新创业教育”类期刊文献。它们的年度发表量统计结果列于表 16.1。表中的“创业教育”文献数，已经剔除了其中的“创新创业教育”文献。2016 年的文献尚未全部录入数据库，故而该年度数据加括号予以标示。由表 16.1 所列出的期刊文献数量检索结果，可以看出从“创造教育”研究→“创造教育＋创新教育”研究→“创新教育＋创业教育”研究→“创业教育＋创新创业教育”研究逐步过渡的历程。

表 16.1 “创新创业教育”类期刊文献的年度发表量统计(1981—2016 年)

年份	1981	1982	1983	1984	1985	1986	1987	1988	1989	1990	1991	1992
创造教育	1	1	1	2	11	8	11	9	8	5	4	9
创新教育	0	0	0	0	0	0	0	1	1	0	0	0
创业教育	0	0	0	0	0	0	0	0	1	0	0	6
创新创业教育	0	0	0	0	0	0	0	0	0	0	0	0
年份	1993	1994	1995	1996	1997	1998	1999	2000	2001	2002	2003	2004
创造教育	9	37	30	27	39	60	106	134	93	81	52	56
创新教育	0	1	0	1	2	12	214	668	866	835	735	624
创业教育	3	2	1	3	9	14	27	59	65	76	121	158
创新创业教育	0	0	0	0	0	0	0	0	4	1	3	7
年份	2005	2006	2007	2008	2009	2010	2011	2012	2013	2014	2015	2016
创造教育	37	20	35	33	22	23	26	16	15	13	12	(14)
创新教育	516	561	638	613	559	575	505	457	392	395	401	(396)
创业教育	163	257	398	464	722	930	1028	1007	951	1047	1142	(1109)
创新创业教育	6	5	8	12	33	86	97	142	144	190	439	(1020)

检索日期:2017 年 1 月 5 日。

"创造教育""创新教育""创业教育"先后成为教育科学领域新的研究对象，在研究热点渐次转移的过程中，不仅中国学者发表了创造教育学、创新教育学的学科元研究期刊论文，而且出版了以"创造教育学"(6部)①、"创新教育学"(6部)②、"创业教育学"(1部)③作为书名主题词的图书。创造教育学、创新教育学、创业教育学等学科名称的出现，是教育事业发展实际需要的拉动和相关研究成果积累两个方面综合作用的结果。

当今，万众创新、大众创业的情势，提出了高等学校普遍实施创新创业教育的迫切需求；高等学校创新创业教育的全面推进，又必然地提出了建立和发展创新创业教育学的迫切需求④。由创新教育(创造教育)研究和创业教育研究扩展而来的创新创业教育研究，目前已经积累了较为丰厚的研究成果，除2200多篇以"创新创业教育"作为篇名主题词的期刊文献之外，在《读秀知识库》中还可以检索到44部以"创新创业教育"作为书名主题词的图书(检索日期2017年1月5日)。对已有研究成果进行学科化梳理、整合，积极促进创新创业教育学的创生，是有效提升创新创业教育质量的需要，是助推万众创新、大众创业社会潮流的需要。以创造教育学(创新教育学)、创业教育学为前期先导学科的创新创业教育学，已经呼之欲出。

科学学科数量的增加，是一个不争的事实。思考新科学的创生和发展问题，是科学学科学的一项重要内容，是一个饶有兴味的学术研究课题。笔者以"关于……学""创建……学"作为检索词，在《中国学术期刊(网络版)》中进行"篇名"的"模糊"检索，检出2016年发表的文献分别为295篇、24篇(检索日期2017年1月6日)。经过逐篇核查，筛选出10余篇涉及新学科的文献。这些新学科包括组合材料学、设计图

① 田建国：《创造教育学》，辽宁教育出版社1989年版。

② 欧小松、刘洪宇、魏志耕主编：《创新教育学》，中南工业大学出版社2000年版。

③ 彭钢：《创业教育学》，江苏教育出版社1995年版。

④ 王占仁：《中国高校创新创业教育的学科化特性与发展取向研究》，《教育研究》2016年第3期。

学、蛋白质基因组学①、猪生产学、骨质疏松学、应急警务学、心理创伤评估学②、比较安全文化学、叙事文化学、裕固学、苏区学③、乐府史料学④、文艺评论学、江村学⑤、中国译释学、译传学、学位论文学⑥等。

有人主张慎言"创建"新学科,甚至反对在建立完整的学科体系之前将一个新的研究领域命名为"××学"。20 世纪 70 年代末,中国青年学者倡导建立"人才学",有人认为将人才研究当作一门学科有哗众取宠、拉花架子之嫌。"莫愁前路无知己,天下谁人不识君?"([唐]高适:《别董大》)时至今日,在众多参与者的共同努力下,人才学已经发展成为一个包含人才规划学、人才资源学、人才测评学、人才社会学、人才心理学、人才经济学、人才开发学、人才工程学、创新人才学、青年人才学、女性人才学、军事人才学、教育人才学、体育运动人才学、科学技术人才学等一系列分支学科的多边缘学科群组。在《读秀知识库》中,现今可以检索出 190 多部以人才学及其分支学科名称作为书名主题词的图书(检索日期 2017 年 1 月 6 日)。20 世纪 80 年代后期,中国引进美国工商管理教育的"人力资源管理"课程,迟迟没有将支撑这门课程的理论视为一门学科。直到 2001 年,中国期刊上才出现第一篇以"人力资源管理学"作为篇名主题词的文献⑦。这种对新学科的迟钝反应,有碍于科学学科的创生和发展。

我们坚决反对轻言自己或某人"创建"了某个学科。一门学科是否

---

① 胡旭、曹新、魏钦俊:《蛋白质基因组学的建立及其在转化医学中的应用》,《生物技术通讯》2016 年第 5 期。

② 吴超、王秉:《心理创伤评估学的创建研究》,《中国安全生产科学技术》2016 年第 8 期。

③ 黄惠运:《关于构建"苏区学"学科的思考》,《红广角》2016 年第 6 期。

④ 王立增:《关于构建乐府史料学的思考》,《河北学刊》2016 年第 6 期。

⑤ 刘豪兴:《创建"江村学"之再思考》,《湖北民族学院学报(哲学社会科学版)》2016 年第 5 期。

⑥ 王续琨、李丽、侯海燕:《关于学位论文学的初步思考》,《河北师范大学学报(教育科学版)》2016 年第 4 期。

⑦ 宋良荣、徐福缘:《人力资源管理学中的人性问题》,《上海理工大学学报(社会科学版)》2001 年第 3 期。

已经走进创生阶段，是否已经创建起来，要有一定的确认标准，要有一个或长或短的认同期。美国数学家、控制论主要创始人诺尔伯特·维纳(Norbert Wiener，1894—1964)，在 1947—1948 年写作《控制论》这部作为控制论创生标示点的著作时，将控制论视为“一门新的科学学科”[①]，但他从没有标榜过是自己创建了这门学科。他在该书初版“导言”中说：“这本书是十多年来我和当时在哈佛医科学院、现在任职墨西哥国立心脏学研究所的阿托罗·罗森勃吕特博士共同研究的成果。”[②]在赞扬和景仰维纳对于自己的科学贡献始终保持谦虚谨慎态度的同时，我们不应该笼统地反对研究者提出创建新学科的设想。只要新的研究对象确实存在，开展相关研究符合社会需要，创建新学科的构想言之成理、持之有故，就应该给予支持和鼓励。这种设想、构想是一种创议，其意不在于标榜自己，而在于向世人呈现自己的思维成果。首倡创建一门学科，如同在没有开垦过的地块上插上一个提示性的标志物，只会有利于引导相关研究者的注意力，有利于启发思考和推进学术思想的交流、碰撞，有利于对已有研究成果进行体系化梳理。

2.辩证看待学科分化与学科整合的关系

面对科学知识整体化的演进趋势，应该辩证地看待学科分化与学科整合的关系。在讨论科学知识整体化趋势时，人们经常引用马克思(1818—1883)的一句话：“自然科学往后将包括关于人的科学，正像关于人的科学将包括自然科学一样：这将是一门科学。”[③]马克思这句话意在强调自然科学和“关于人的科学”存在内在统一性，不应该将自然科学和“关于人的科学”绝对地割裂开来；发展自然科学不应该忽视体现人的需要的“关于人的科学”，发展“关于人的科学”不应该忽视自然科学所创造的知识基础和所能提供的帮助。“关于人的科学”和自然科学“将是一门科学”，是说两者是一个具有统一性的知识系统，绝不是

① [美]N.维纳：《控制论》，郝季仁译，科学出版社 1963 年版，原著第二版序言第Ⅷ页。

② [美]N.维纳：《控制论》，郝季仁译，科学出版社 1963 年版，第 1 页。

③ 马克思：《1844 年经济学哲学手稿》，《马克思恩格斯全集》第三卷，人民出版社 2002 年版，第 308 页。

说不要科学分类，抛弃科学部门在对象范围、功能作用等方面的相对分工。

有的人认为，今后的科学既然将成为一门科学，可以逐步淡化学科概念，重点关注科学知识体系的整合趋势。这种看法是有所偏颇的。世间一切事物的运动变化，都不会只有一种趋势或一个方向，应该是有退又有进，有下又有上，有分又有合。历史小说《三国演义》第一回“宴桃园豪杰三结义　斩黄巾英雄首立功”开篇第一句话写道：“话说天下大势，分久必合，合久必分。”[①]分而合之，合而分之，分分合合，合合分分，人类社会如此，科学知识体系也是如此。

科学知识体系来自于科学认识活动。人类科学认识活动所面对的客观世界，具有统一性和无限多样性。为摆脱人的有限认识能力所造成的认识困境，人们采用了科学分析与科学综合相结合的认识路径。科学分析即相对地将统一的和无限的世界分解成个别的有限的部分，每个部分就成了某个学科门类或学科的研究对象域；科学综合则将已有的局部知识整合成完整的认识成果。科学史证明，科学分析与科学综合、学科分化与学科整合并不相互排斥，而是相互交织、互为补充、彼此转化的。分化是为了更深更广的整合，而更深更广的整合又使新的分化成为可能。辩证的学术思维，应该在整合中关注分化，在分化中关注整合。

中华传统医学大体上走的是整合中有分化的演进道路。经过世世代代的探索和经验积累，中医学以天人合一和阴阳五行学说为哲学基础，以脏腑经络和精气血津液为生理病理学基础，建立了以整体思维为逻辑特征和以辨证论治为诊疗特点的理论体系。中国古代的医疗实践虽然有粗略的分科概念，如西周时期的疾医、疡医、食医、兽医和唐代的体疗、疮肿、少小、耳目口齿、角法等，但医者多为“全科医生”。从先秦和两汉时期《黄帝内经》《伤寒杂病论》到20世纪上半叶的名家医书，虽然出现过《外科精义》《外科精要》《外科正宗》《妇人大全良方》等具有分

---

① 罗贯中：《三国演义》，人民文学出版社1953年版，第1页。

科标示意义的著作，但在基础医学理论和临床医学理论领域尚未形成清晰的学科概念。

20 世纪 50 年代，中华人民共和国以“坚持中西医结合”“中西医并重，发展中医药”作为医疗卫生事业的基本工作方针，中医学引进西方医学的学科概念和分科方法，呈现明显的分化态势。几十年来，陆续出版了大量以学科名称作为书名主题词的中医著述，这些学科以“中医＋西医学学科名称”的方式来命名，如中医解剖学、中医病理学[①]、中医遗传学、中医药理学[②]、中医诊断学、中医治疗学、中医处方学和中医内科学、中医外科学[③]、中医妇科学、中医儿科学、中医伤科学、中医眼科学、中医喉科学、中医骨科学、中医性学、中医微创学、中医推拿学、中医急诊学、中医护理学[④]、中医心理学等。中医学的演进过程虽然在总体上表现为“合久而分”，但其中也有“分中有合”的成分。中医病理学、中医诊断学、中医外科学分别参照借鉴了西医学中病理学、诊断学、外科学的体系建构模式整理中医学的相关内容，其实就是一种特殊方式的整合。中西医结合诊断学[⑤]、中西医结合急症学、中西医结合皮肤病学[⑥]、中西医结合肾病学、中西医结合营养学等，首先是中医学与西医学整合的产物，同时也可以视为中医学、西医学某个学科的分化。例如中西医结合诊断学既是中医诊断学的分化，又是西医学中的诊断学的分化。

近代西方医学大体上走的是分化中有整合的演进道路。西医学的分化发展同生物科学、物理学、化学等自然科学和技术的发展息息相关。十六世纪的重要成就是人体解剖学渐趋成熟[⑦]。十七八世纪，英国医生威廉·哈维（William Harvey，1578—1657）出版《关于动物心脏

① 任应秋：《中医病理学概论》，上海卫生出版社 1957 年版。
② 胡光慈：《实用中医药理学》，锦章书局 1956 年版。
③ 中医研究院中医教材编辑委员会：《中医外科学概要》，中医研究院 1956 年印行。
④ 南京中医学院附属医院：《中医护理学概要》，人民卫生出版社 1960 年版。
⑤ 陈群主编：《中西医结合诊断学》，科学出版社 2003 年版。
⑥ 边天羽、俞锡纯：《中西医结合皮肤病学》，天津科学技术出版社 1987 年版。
⑦ 吕建林：《世界内科发展史略》，苏州大学出版社 2015 年版，第 21—23 页。

与血液运动的解剖研究》(1628 年),建立血液循环学说;瑞士生物学家、实验生理学家阿尔布雷希特·冯·哈勒(Albrecht von Haller,1708—1777)出版 8 卷本《生理学纲要》,使生理学成为显学;意大利解剖学家乔瓦尼·莫干尼(Giovanni B. Morgagni,1682—1771)的《论疾病的位置和原因》(1761 年)一书,奠定了病理解剖学的基础。19 世纪,西医学进入快速分化的发展阶段。在基础医学领域,在细胞学说、原子论等科学成就和显微镜、电热治疗仪器的支持下,先后建立了细胞病理学、细菌学、免疫学、药理学、组织胚胎学、病理生理学等学科。在临床医学领域,加拿大医学家、医学教育家威廉·奥斯勒(William Osler,1849—1919)出版《临床内科学原理》一书,此书多次再版并被译成多国文字,在很长一段时间是内科学的标准教科书,奥斯勒还参与创办了《内科学季刊》,被誉为西方医学的"内科学之父""临床医学之父"。19 世纪末、20 世纪初之后,外科学、产科学、妇科学、儿科学、眼科学、口腔科学、护理学等都出版了标示学科自立的代表性著作。20 世纪中期以来,西医学持续深度分化,例如内科学分化出呼吸内科学、消化内科学、神经内科学、血液内科学、心血管内科学、小儿内科学、口腔内科学、肾内科学等,护理学分化出内科护理学、外科护理学、妇产科护理学、神经科护理学、儿科护理学、老年护理学、社区护理学、急救护理学等。

在西医学渐次分化的过程中,由于大量边缘分支学科的出现,研究者逐渐看到了分化中的整合因素。就双边关系而言,内科护理学是内科学的分支学科,也是护理学的分支学科。就多边关系而言,内科护理学是在内科学、护理学的邻接交汇区建立起来的边缘学科,是它们共同的下位学科或分支学科。内科护理学的创生,既是内科学的分化、护理学的分化,同时又是内科学、护理学相关部分的整合,因为其中既有以内科学为依托的内容,又有以护理学为依托的内容。由内科护理学分化出来的下一层级分支学科,如呼吸内科护理学、口腔内科护理学、心脏内科护理学、消化内科护理学、肾内科护理学、神经内科护理学、内科常见病护理学、内科急救护理学、内科危重病护理学等,同样也应该视为学科整合的产物。可以认为,学科的层位越低,参与整合的学科就越多。近年进入中国研究者视野的肾内科护理学[①],首先被人们看作是内科护理学的分支学科。其实,肾内科护理学的创生和发展依赖于多学科的整合,其关联学科主要有内科学、肾脏病学、肾移植内科治疗学、肾内分泌学、护理学、内科护理学等。

事物的运动变化,不可能只有分没有合,也不可能只有合没有分,分合相依,分合互补。科学学科既有分化又有整合,整合中隐含着分化或蕴藏着分化的基因,分化中隐含着整合或蕴藏着整合的基因。20世纪70年代以来,医学界先后提出了“生物—心理—社会”医学模式、“环境—社会—心理—工程—生物”医学模式和循证医学(实证医学、证据医学)、整体医学、转化医学(转换医学)、系统医学等新理念,既能够引导医学学科的整合,出现整体医学[②]、转化医学、系统医学等综合性更强的学科,又能够引起新态势下的分化,如系统医学分化出系统诊断学、系统治疗学、系统病理学[③]、系统药理学[④]、系统中医学等。无论是学科整合还是学科分化过程,都是科学学科的量增过程。

二、推进科学学科学发展的基本对策

自1987年中国学者提出建立“学科学”的创议,至今已经过去了30年。依笔者之见,科学学科学在中国目前仍处于初创阶段。这门学科至今还没有一部体系完整的标志性著作问世,没有完全搞清楚自身的核心功能和作用范围,没有被学术界所充分认可和接纳。为了推进科学学科学的有序、可持续发展,今后一个时期,在充分利用科学学科研究已有成果的基础上,还需要实施强化学科元研究、借力亲缘学科、扩充学术队伍三项基本对策。

1.强化学科元研究

中国学术期刊中的“学科”研究论文,作者来自于数学、自然科学、

① 丁淑贞、朱旭芳主编:《肾内科护理学》,中国协和医科大学出版社2014年版。

② 袁冰:《整体医学:融汇中西医学的理论医学》,现代医药出版社2010年版。

③ [美]P.巴斯、S.伯勒斯、C.怀:《系统病理学》,北京大学医学出版社2005年版。

④ 王永华、李燕:《系统药理学:原理、方法及应用》,大连理工大学出版社2016年版。

哲学、社会科学的许多学科领域。他们构思和撰写这些论文，体现了具体学科领域的学科意识。例如，写作《创意写作学的学科定位》一文，作者必然需要在学科意识的导引下，从学科的视角审视和探讨创意写作学与相关学科的关系，从而辨析、确认这门学科在科学知识体系中的地位。写"学科"文章，当然要具有所涉学科的学科意识。关注和热心于科学学科学的研究者，只有形成清醒的学科意识，才有可能自觉地开展科学学科学的相关元研究。

对科学学科学而言，学科元研究就是对这门学科各种具有基础性、一般性特征的元问题的研究，主要涉及科学学科学的对象范围、学科定位、研究范式、理论体系、学科结构、分支学科、发展状态、演进态势等。学科元研究是一门学科的自我认知、自我反省，其涉猎广度和开掘深度，通常可以作为该学科成熟度的一个重要标尺。以"学科学""科学学科学"这两个等价学科名称作为书名主题词的图书，其中有可能包含学科元研究的内容。本书第一章的内容，即属学科元研究的范畴。以学科名称"学科学""科学学科学"作为篇名主题词的期刊文献，必然涉及这门学科的某个元问题，都应该归类于科学学科学元研究。

在《中国学术期刊(网络版)》中，目前可以检出以"学科"作为篇名主题词的文献 63082 篇，检出以"学科学"作为篇名主题词的文献 219 篇。对"学科学"期刊文献进行逐篇查验，筛选出 10 篇属于科学学科学元研究范畴的论文，相关信息列为表 16.2。

表 16.2 以"学科学""科学学科学"为篇名主题词的期刊论文

作　者	论 文 篇 名	期 刊 名 称	年份和刊期
陈燮君	关于开创学科学的思考	《社会科学》	1987(12)
王国荣	"新学科学"刍论	《社会科学》	1987(12)
陈燮君	论新学科学的战略凝思点	《社会科学》	1990(2)
管　文　熊绍华	从学科学的角度谈旅游地理学的几个理论问题	《旅游学刊》	1993(5)
吕　俊　兰　阳	从学科学的角度谈翻译学的建立	《解放军外语学院学报》	1997(1)
杨　红	关于中国传统音乐研究的学科学讨论	《中国音乐》	1999(2)

续表

刘小强	高等教育学学科分析:学科学的视角	《高等教育研究》	2007(7)
江　琴	现代学科学视域下的马克思主义理论诠释	《学校党建与思想教育》	2011(18)
周曾同	从“学科学”角度理解《口腔内科学》新概念	《临床口腔医学杂志》	2014(6)
王续琨　冯　茹	科学学科的自我认识:科学学科学	《科学与管理》	2015(1)

检索日期:2017年1月7日。

1987年以来的30年间仅发表了寥寥10篇科学学科学元研究论文,数量明显偏少。其中6篇论文均没有探讨元研究的核心论题,只涉及到一个边缘性问题,即科学学科学的应用。可以认为,学科元研究至今既没有广度也没有达到应有的深度。加强学科元研究,已经成为推进科学学科学有序演进,进而推动科学知识体系研究向纵深发展的当务之急。科学学研究者应该责无旁贷地担当引领者、传播者的角色,以自己参与科学学科学元研究的实际行动宣传这门意义特殊的新兴学科,吸引一批具有不同学科背景的“学科”研究者向科学学科学元研究这个方向靠拢乃至“转轨”。

思考和探讨科学学科学分支学科的各种问题,也是科学学科学元研究的题中之义。同其他学科一样,科学学科学也存在分化发展的空间。学科的分化可能缘于相关知识的充分积累,也可能缘于细化研究对象或新的研究视角的辨识和确认。目前,科学学科学的知识积累不足,但这并不妨碍我们去发掘比“科学学科”更为具体、更为细化的研究对象。例如,按照科学学科的具体类型展开研究,以科学学科学的思路和方法分别研究数学科学学科、自然科学学科、社会科学学科、交叉科学学科等,将为建立下一个层级的数学科学学科学、自然科学学科学、社会科学学科学、交叉科学学科学等打下基础。数学科学学科学、自然科学学科学、社会科学学科学、交叉科学学科学等具有边缘学科属性,既可以看作科学学科学的分支学科,又可以分别看作数学科学学(数学学)、自然科学学、社会科学学、交叉科学学等的分支学科。

当然,我们还可以沿着学科渗透的思路寻找新的研究视角。例如,对于“科学”这个研究对象，分别从美学、文化学、社会学、心理学等学科的角度进行研究，可以建立科学美学、科学文化学、科学社会学、科学心理学等科学学分支学科；对于“科学学科”这个研究对象，也可以分别从美学、文化学、社会学、教育学、心理学、系统论等学科的角度进行研究，积以时日，有可能打通科学学科美学、科学学科文化学、科学学科社会学、科学学科教育学、科学学科心理学等边缘分支学科的创生之路。

目前，在《中国学术期刊（网络版）》中，可以检出以“学科教育学”（含语文学科教育学、政治学科教育学、音乐学科教育学等）作为篇名主题词的文献 126 篇（始于 1987 年[①]），检出以“学科教育技术学”作为篇名主题词的文献 1 篇（2013 年[②]），检出以“学科社会学”作为篇名主题词的文献 1 篇（1987 年[③]），检出以“学科心理学”作为篇名主题词的文献 3 篇（始于 1992 年[④]），检出以“学科史学”作为篇名主题词的文献 1 篇（1995 年[⑤]）。需要说明的是，“学科教育学”“学科心理学”期刊文献和图书文献[⑥]所研究的“学科”，还只是本书第二章所界定的学科Ⅰ（学习科目意义的学科）和学科Ⅲ（教育管理意义的学科）。我们可以利用“学科教育学”“学科心理学”的已有研究成果，建立和发展科学学话语空间的科学学科教育学、科学学科心理学。在期刊数据库中，笔者还检索到一篇题为《刑事学科系统论》[⑦]的论文。受此启发，我们可以思考如何运用系统科学的理论和方法，做催生学科系统论、学科控制论、学科信息论、学科突变论、学科混沌学、学科系统动力学等边缘学科的

---

① 邹长源、原中枢：《从物理教育学看学科教育学的建设问题》，《新疆师范大学学报（哲学社会科学版）》1987 年第 3 期。

② 刘晓斌：《学科互涉视角下的外语教育技术——从创建学科教育技术学之必要性谈起》，《外语电化教学》2013 年第 2 期。

③ 肖宁灿：《学科社会学初探》，《西南师范大学学报（人文社会科学版）》1987 年第 3 期。

④ 姚尧：《学科心理学的建设与中学教师继续教育》，《江汉大学学报》1992 年第 1 期。

⑤ 陈燮君：《关于创立当代新学科史学的系统构想》，《上海社会科学院学术季刊》1995 年第 2 期。

⑥ 北京师范学院学科教育学研究中心：《学科教育学初探》，北京师范学院出版社 1988 年版；邰爽秋：《学科心理学》，教育编译馆 1935 年版。

⑦ 高维俭：《刑事学科系统论》，《法学研究》2006 年第 1 期。

尝试。

2.借力亲缘学科

科学知识体系演进的历史表明，任何学科都不可能各自为战、单兵独进。一门学科在其孕育、萌生、成长的过程中，同其他学科之间必然发生诱引、借鉴、移植、渗透、融合等互动作用。在科学知识体系这个复杂性事物的演进过程中，由于各个要素、局部或子系统所处的微观环境、原有的基础条件各不相同，必然存在着发展的不均衡，林林总总、难以尽数的学科既有萌生时间早晚的不同，又有演进速度快慢的差异。在任何一个时间点上，学科之间都不是齐头并进、并驾齐驱的。从哲学的角度来看，均衡是相对的，不均衡是绝对的。发展的不均衡就是矛盾，正因为学科之间不均衡状态的存在，导致知识体系在矛盾运动中趋向新的相对均衡状态。所以说，不断走向均衡化是学科体系演进的重要内驱力。具体而言，先期问世的学科能够对处于孕育、草创阶段的学科产生示范、导引作用，发展速度较快的学科能够对发展速度较慢的学科产生拉引、扶持作用。

按照互动作用的强弱程度，科学学科学的关联学科可以区分为亲缘学科、近邻学科、相关学科等几种类型。其中，最值得关注的是科学知识体系学和跨学科学这两门亲缘学科。

科学知识体系学是科学学科学的上位亲缘学科，即后者是前者的分支学科。中国科学家钱学森(1911—2009)于 1979 年第一次提出建立“科学技术体系学”的创议，数据库的检索结果表明，30 多年来所发表的研究成果数量不多。在《中国学术期刊(网络版)》中，目前检出以“科学技术体系学”“科学体系学”作为篇名主题词的论文分别为 5 篇和 1 篇，相关信息列为表 16.3。在《读秀知识库》中，笔者检出 2 部以“科学技术体系学”作为书名主题词的著作①。从学科元研究的涉猎广度、开掘深度和专著出版情况来看，科学知识体系学仍处于初期创生阶段，

① 姜井水：《科学技术体系学》，学林出版社 2002 年版；徐德明、俞薇薇、蒋惠琴：《钱学森学派：一个科学技术体系学在东方崛起》，武汉大学出版社 2014 年版。

同科学学科学的发展水平基本相似。在这种情况下,科学学科学不能消极地等待科学知识体系学向其输送"营养",研究者应该在准确把握两者层级关系的基础上建立互相促进的借力机制,以整体的谋划促局部的推进、以局部的突破促整体的延展。

表 16.3 以"科学技术体系学""科学体系学"为篇名主题词的期刊论文

作者	论文篇名	期刊名称	年份和刊期
钱学森	科学学、科学技术体系学、马克思主义哲学	《哲学研究》	1979(1)
钱学森	现代科学的结构——再论科学技术体系学	《哲学研究》	1982(3)
常绍舜	浅谈现代化科学技术体系学的建构方法	《民主与科学》	1992(1)
黄顺基	开创有中国特色的科学学研究 ——学习钱学森"科学技术体系学"的体会	《科学学研究》	1999(4)
王续琨	科学技术体系学的开创性探索者	《科学学研究》	2009(12)
陆近春	科学体系学与科学社会学	《科学学与科学技术管理》	2015(1)

检索日期:2017 年 1 月 8 日。

跨学科学以超越一个学科范围的研究活动或方式作为研究对象,是科学学科学的等位亲缘学科或姊妹学科。就研究内容而言,跨学科学与科学学科学之间有部分叠合关系,跨学科学侧重于探讨跨学科研究方式与科学知识体系演进的关系,科学学科学侧重于探讨科学学科与架构科学知识体系的关系,研究视角互为补充。1985 年,刘仲林著文提出创建和发展"跨学科学"的构想①。迄今为止,中国期刊总共发表了 11 篇以"跨学科学"作为篇名主题词的论文,涉及跨学科学的教育教学、发展态势②、理论基础③、学科个案解析等问题。在《读秀知识库》中,可以检索到 1 部以"跨学科学"作为书名主题词的图书④和 44

① 刘仲林:《跨学科学》,《未来与发展》1985 年第 1 期。

② 刘仲林、张淑林:《中外"跨学科学"研究进展评析》,《科学学与科学技术管理》2003 年第 9 期。

③ 杨良斌:《跨学科学的理论基础探讨》,《图书情报工作》2011 年第 16 期。

④ 刘仲林主编:《跨学科学导论》,浙江教育出版社 1990 年版。

部以“跨学科研究”作为书名主题词的图书[1]。总体而言,跨学科学的起点和发展程度略超前于科学学科学,研究者应该利用两门学科之间的叠合关系建立互为补充的借力机制,在学科层面上以某些有共通性的课题为节点形成协同发展的合力。

3. 扩充学术队伍

一门学科的发展速度,归根结底取决于学术研究队伍的数量规模和质量水平。科学学科学乃至科学知识体系学,至今尚未建立起“术业有专攻”的学术研究队伍。对于科学学科学、科学知识体系学这样的理论性较强的学科,可能永远不会出现类似于市场营销学、人力资源管理学、图书馆学、电子工程学等应用型、实践性学科那样人头攒动、熙来攘往的热闹景象。但是,通过扎扎实实的努力,凝聚人气,组建一支基本学术队伍还是必要的,还是可能的。

历史已经证明,进入高等学校的课堂是一门学科获得发展活力和后劲的重要保障。普通高等学校在已经普遍开设的自然辩证法概论、科学学基础或科学技术学概论等课程中,可以鼓励任课教师在自己学有所得和研有所得的基础上,将科学学科学、科学知识体系学的相关内容充实进来。在哲学门类、教育学门类、理学门类、管理学门类等的一些学科、专业中,可以为研究生开设某些建立在科学学科研究成果基础上的课程,如科学知识体系研究专题、科学学科研究专题、跨学科研究专题等。在本科教育层次上,可以面向本科学生开设同科学学科学、科学知识体系学相关的选修课,在广大青年学子的学术心田里播撒科学学科研究的种子。

在“中国知网”的《中国优秀博硕士学位论文全文数据库》中,目前可以检索到 2064 篇以“学科”作为题名主题词的学位论文,起始年份 2000 年。这些学位论文的年度统计结果列于表 16.4。2016 年的学位论文数据录入不完整,因而在表中加括号予以标示。

① 解恩泽主编:《跨学科研究思想方法》,山东教育出版社 1994 年版;金吾伦主编:《跨学科研究引论》,中央编译出版社 1997 年版。

表 16.4 “学科”研究学位论文数量的年度统计(2001—2016 年)

年 份	2001	2001	2002	2003	2004	2005	2006	2007	2008
论文数量	1	13	23	60	74	79	111	159	150
年 份	2009	2010	2011	2012	2013	2014	2015	2016	合计
论文数量	140	165	210	191	219	213	191	(65)	2064

检索日期:2017 年 1 月 8 日。

由表 16.4 的数据可见,“学科”研究学位论文数量 16 年来呈现快速增长的趋势,从 2001 年的 1 篇起步,2006 年超过 100 篇,2011 年超过 200 篇。学位论文的作者来自于 38 个学科,分属哲学、法学、教育学、文学、历史学、理学、工学、医学、管理学、艺术学等 10 个学科门类。这个统计结果表明,许多学科、学科门类都可以在“学科”研究中找到用武之地。遗憾的是,在《中国优秀博硕士学位论文全文数据库》中没有检索到以“学科学”或“科学学科学”“新学科学”等学科名称作为题名主题词的学位论文。我们坚信,通过连续开设相关课程,辛勤播撒的科学学科学的种子总有一天会发芽。相关学科的学术带头人、研究生指导教师可以引导和鼓励对科学学科学、科学知识体系学有兴趣的研究生,以科学学科学和科学知识体系学的某些元问题作为硕士研究生、博士研究生的学位论文选题方向。有了这样的学位论文工作经历,他们就可能成为科学学科学、科学知识体系学骨干研究队伍持续扩张的后备人力资源。

后记

2017年1月27日，在农历丙申年除夕夜的鞭炮声中，我完成了《科学学科学引论》第十六章书稿的审读修改工作。忙叨了一年时间，书稿完成，有一种解脱式的轻松感。

此书是我于2015年9月搬入大连市旅顺口区铁山街道乡间居所之后完成的第一部书稿。以辽东半岛最南端的老铁山命名的铁山街道位于老铁山北麓，20世纪50年代初曾被称之为旅顺市铁山区，后来变成了铁山人民公社，再后来又改称为铁山乡、铁山镇。这儿是我的家乡，作为新中国的第一代小学生，我从1950年初春开始了求学生涯，在家乡一直读到初级中学毕业。我在这里品尝过生活的苦涩、艰辛，接受了人生的启蒙、初训，认知了农民、农活，童年和少年时代的记忆凝成了浓得化不开的乡情、农情。

也许正是农村情结的强劲拉引作用，我和太太在考虑改变居住环境时不约而同地将目光投向了农村，最后投向了我的故乡。我们选中的新居所，同我出生地对庄沟村的老房子旧址的距离为5公里，同我童年居住地文家村的老房子旧址的距离为3公里。新居所对我们的吸引力，部分来自于这栋房子后面那一块60平方米的可耕地。我们在搬家之前，将其开垦出来，入伏后陆续种上了萝卜、胡萝卜、白菜等适于秋季生长的蔬菜。因为土质贫瘠、肥力不足，虽然没有多少收成，但我们收获了农耕的快乐。刚刚有了一点“半读半耕”的良好感觉，就到了秋末冬初，我筹划着在农村的“猫冬”季节，除了应对学校里的任务之外，将手头的一些零碎事情做完，尽快启动《科学学科学引论》一书的写作。

从2016年1月23日敲下这本书稿第一章的第一行文字，到2017年1月8日完成全书初稿，再到1月27日完成全本统改，这部书稿整整陪伴了我一年的时间。这一年里，我平均每个月去40公里之外的学校三四次，履行研究生院专业学位督导的职责，参加研究所的学术活动，或者做学术讲座，另外由于初居乡间，在亲友交往、接待宾客方面也要花些时间。这一年里，除了穿插着写了十来篇论文之外，大部分时间都用在这本书稿上了。春夏秋三个季节，在家不出门的日子，每天早晨、傍晚干点菜地里的活儿，播种、浇水、搭架子、除草，菜地面积不大，也用不了太多工夫。说“半读半耕”并不准确，就时间比例而言，大概只能说是“八读二耕”甚至“九读一耕”。干点农活儿，放松筋骨、休息调整，我的亲身感受是有利于提高工作效率。

除第一章、第十五章之外，本书的主要内容过去没有直接的文字积累，因此撰写书稿的过程多次遇到颇费周章、用时较多的部分。例如，哲学科学、数学科学、自然科学、社会科学、思维科学、系统科学的学科结构问题，曾有过一些思考，但没有为此专门写过文章。这次以学科框图的形式展示这些科学部类的学科结构，都用时不少，框图画出之后又经过反复修改，我感到大有收获。

《科学学科学引论》是被我称之为“科学学科三论”或“科学学科研究三部曲”的最后一部。我对科学学科研究产生兴趣，大约始于20世纪80年代初。每个人的求知求学过程都离不开“学科”，但无须每个人都来研究“学科”。读大学本科时，是否接触过“学科”这个术语，我已经完全没有印象了。1979年，在本科毕业13年之后，我的身份由学校机关干部转换为教师，成为新成立的自然辩证法教研室的一员。自然辩证法在中国是一个跨学科的学术概念，它既要探讨自然界的辩证法，又要探讨自然科学研究的辩证法和自然科学、技术发展的辩证法。研究自然科学发展趋势、发展规律，就要涉及一些科学学科（如物理学、化学、天文学、生物学等）的发展状况，涉及科学学科与自然科学整体的关系。自然辩证法的教学和研究工作，使我同科学学科研究结下了不解之缘。1982年，我发表了第一篇科学学科研究论文《略论自然科学学科体系的进化》（《科研管理》1982年第2期）。自此以后，我对科学学科便有了一种莫名其妙的亲切感。看到有关科学学科的文字，便兴奋不已，将相关资料从报纸上剪下来，从书本上抄下来，甚至还抄写在一张张专用卡片上。80年代后期，在我着手编撰《社会科学交叉科学学科辞典》的同时，组织自然辩证法专业的几位硕士研究生广泛搜罗数学自然科学学科名称，计划另外编撰一部《数学自然科学学科辞典》。1997年，我出版了第一本自选论文集，以《论科学学科与教育》（大连理工大学出版社）作为书名，其中收录了16篇研究科学学科的论文。1999年，出版了由我主持编撰的《社会科学交叉科学学科辞典》（大连海事大学出版社），该辞典共收录哲学、社会科学和交叉科学学科名称1500余个。

有了前面这些铺垫性的准备工作，我于2003年出版了第一部科学学科研究专著《交叉科学结构论》。现在回过头来看，这本书的写作可以看作是科学学科研究的一次集训式演练。在由所有的科学学科组成的科学知识体系中，交叉科学是作为第一级子系统的一个科学部类，是发展速度最快、在科学整体化进程中具有独特作用的一个新兴科学部类。通过这本书的写作，我对于科学学科研究有了新的整体性的感悟。就在出版此书的当年，我主持申报了一项国家自然科学基金项目《管理科学学科演化机理和发展对策研究》，获得立项资助，2007年项目按期完成，2012年出版结题成果《管理科学学科演进论》（人民出版社）一书。管理科学是交叉科学的一个学科门类，是参与研究人数最多的一个学科门类。在认识层面上看，交叉科学是科学学科整体的特殊部分，管理科学又是交叉科学的个别部分，研究这个个别部分，能够揭示出特殊部分研究中难以呈现的细节（如学科创生环境、演进机理等），从而加深对于交叉科学的认知。在此基础上，我和两位助手对《交叉科学结构论》初版做了全面的补充修改，于2015年出版了《交叉科学结构论（修订版）》（人民出版社）。由《管理科学学科演进论》到《交叉科学结构论（修订版）》，再到这部《科学学科学引论》，是一个由“个别——特殊——一般”的完整的认识递进过程，从研究学科门类管理科学到研究科学部类交叉科学，再到研究科学学科整体，最终形成对于科学学科整体、现代科学知识体系的较为全面、系统的认知。

在本书的写作过程中，我时常想起40年前编写《社会科学交叉科学学科辞典》时的情景。那个时候，搜集资料非常麻烦，耗时甚多。不上课的时候，我有时下午、晚上两个“单元”钻图书馆，在文科阅览室里逐个书架翻找与学科有关的图书，在报纸阅览室翻看按月装订的《光明日报》。星期日，我只要走得出去，就背上书包带上纸笔，坐上公共汽车到市区天津街新华书店总店，找书、查书、抄写。书稿写在每页340字的稿纸上，修改次数多了就字迹难认了。80万字的书稿，找人帮忙，花了两三个月才全部誊写一遍。如今写书，有了计算机网络，搜集资料方便了；稿子直接敲在电脑里，修改统稿方便了；书稿由激光打印机打印而无须誊清抄写，交付出版方便了。假如没有网络，只要作者勤奋努力，书也能写出来，但由于资料搜集难度加大，视界受限，绝不会写成现在这个样子。我们应该真心地感谢这个时代为学术研究者提供了高效的信息工具，学术研究者当然应该以高水平的研究成果回馈这个时代。

关于书稿，附带说明两个细节性问题。一是期刊、图书文献数据，伴随着写作进度随时检索而来。由于这些数据不影响研究结论的提炼，因而书稿修改过程中我没有在同一时点重新进行数据检索。二是人物在各章中第一次出现时，在姓名前后标示国籍、身份、生卒年份，对于西方人物，在中文译名之后夹注名姓母语原文（拉丁字母、斯拉夫字母等）。例如，清末民初思想家、学者梁启超(1873—1929)，英国哲学家和历史学家威廉·惠威尔（又译为威廉·休厄尔，William Whewell，1794—1866），俄国思想家、工人运动活动家格奥尔基·普列汉诺夫（Георгий В. Плеханов，1858—1918）等。提供这些基本信息，可以使读者在阅读时大致知道某种思想、某个观点形成的时空背景。

我研究科学学科创生、演进态势的兴致，不会因为“科学学科三论”均已出版而销匿。关于某些新学科的创建方略、某些学科群组和学科门类的学科结构问题，我还会继续进行思考和探索，文章也会继续写下去的。

王续琨

2017年1月28日于旅顺口区乡居眺山斋